面向21世纪高端技能型专业人才培养系列

机械图的识读与零件测绘

吴承恩　邓　宇　编著

MIANXIANG 21SHIJI GAODUAN JINENGXING ZHUANYE RENCAI PEIYANG XILIE

復旦大學出版社
www.fudanpress.com.cn

机械图的识读与零件测绘

吴承恩　邓　宇　编著

復旦大學出版社

图书在版编目(CIP)数据

机械图的识读与零件测绘/吴承恩,邓宇编著. —上海:复旦大学出版社,2013.8
(面向新世纪高端技能型专门人才培养系列)
ISBN 978-7-309-09998-0

Ⅰ. 机… Ⅱ. ①吴…②邓… Ⅲ. ①机械图-识别-高等职业教育-教材
②机械元件-测绘-高等职业教育-教材 Ⅳ. ①TH126.1②TH13

中国版本图书馆 CIP 数据核字(2013)第 189699 号

机械图的识读与零件测绘
吴承恩 邓 宇 编著
责任编辑/罗 翔

复旦大学出版社有限公司出版发行
上海市国权路 579 号 邮编:200433
网址:fupnet@fudanpress.com http://www.fudanpress.com
门市零售:86-21-65642857 团体订购:86-21-65118853
外埠邮购:86-21-65109143
上海春秋印刷厂

开本 787×1092 1/16 印张 25.75 字数 507 千
2013 年 8 月第 1 版第 1 次印刷

ISBN 978-7-309-09998-0/T·488
定价: 48.00 元

前言

《机械图的识读与零件测绘》是机电类专业的一门专业基础课，同时，也是一门专业核心课。本书把读图内容作为教材的主体部分，由浅入深、由简单到复杂、由形象到抽象，循序渐进贯彻到全书之中。本书还突出测绘和徒手绘图的能力培养，通过严格训练，使学生能够胜任一线专业技术人员的需要。

由于计算机绘图的普及和应用，在实际技术工作中人工绘图正逐渐被计算机绘图所替代，因此计算机绘图是学生必须掌握的技能。本书加强了计算机上机实训项目的拟定和实训指导，目的是使学生能达到中级国家制图员资格认证的教学目标。

本书采用了最新的机械制图国家标准，并以附录形式摘编了部分内容作为示例。同时，为使学生能加深对基础知识的理解，本书还附相配套的习题，并提供配套的电子课件。

由于编者水平有限，书中难免也有不足之处，恳请专家和广大读者赐教，以帮助我们不断改进和完善。

编者（重庆城市职业学院）

2013 年 7 月

目录

MU LU

机 械 图 的 识 读 与 零 件 测 绘

模块一

机械制图

任务一 基本知识

学习目标

1）熟悉有关机械制图国家标准
2）了解正投影及三视图的形成原理
3）掌握点、线、面的投影特性

项目1 机械制图国家标准

知识目标

图纸幅面、比例和字体的基本规定
图线的基本规定
尺寸的组成和基本规则
常见尺寸的标注方法

技能目标

识读图纸基本要素
读懂不同图线的含义
能正确识读和进行尺寸标注

任务描述

机械制图是一门实践性较强、工科学生必修的、重要的技术基础课。机械图样是按一定投影方法和有关标准规定表示的工程对象(如机器、零件、建筑物等),并有必要的技术说明的图。它用来表达设计思想,是进行技术交流的工具,是组织生产和指导生产的技术性文件,即图样是加工制造、检验、调试、使用、维修等方面的主要依据。

本项目主要学习国家标准对机械图样的有关规定。

图形只能表达机件的形状,而机件的大小则由标注的尺寸确定。标注尺寸是一项重要的工作,必须认真细致、一丝不苟。如果尺寸标注有误,就会给生产带来困难和损失,因此必须对图样进行正确的尺寸标注。

1. 图纸幅面及格式(GB/T14689—2008)

1) 图纸幅面

图纸幅面,简称图幅。即绘图图纸的尺寸大小,国家标准规定了五种图幅,代号从 A0 至 A4。绘图时,应优先采用下表中规定的幅面尺寸。

基本幅面尺寸

幅面代号	A0	A1	A2	A3	A4
$B\times L$	841×1 189	594×841	420×594	297×420	210×297
e	20		10		
c	10			5	
a	25				

2) 图框格式

在图纸上,必须用粗实线画出图框,其格式分为不留装订边和留有装订边两种,但同一产品的图样只能采用一种格式。

不留装订边和留有装订边的图纸,其图框格式如下图所示,尺寸按幅面尺寸表中的规定。

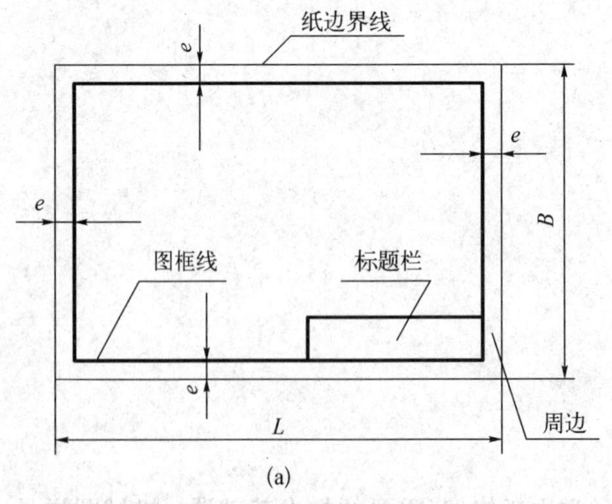

(a)

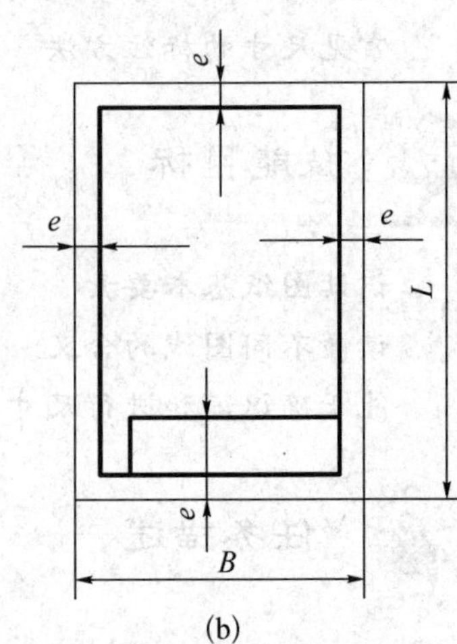

(b)

不留装订边的图样的图框格式

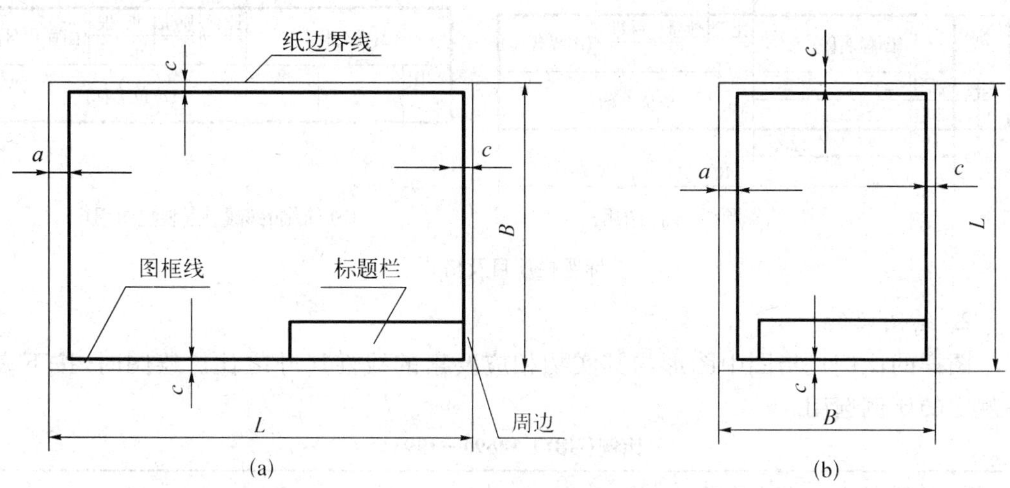

留装订边的图样的图框格式

3）标题栏

为了便于技术图样的识别、保管和交流，每张图纸上都必须画出标题栏。标题栏的格式和尺寸按(GB/T10609. 1—1989)中的规定，如下图所示。

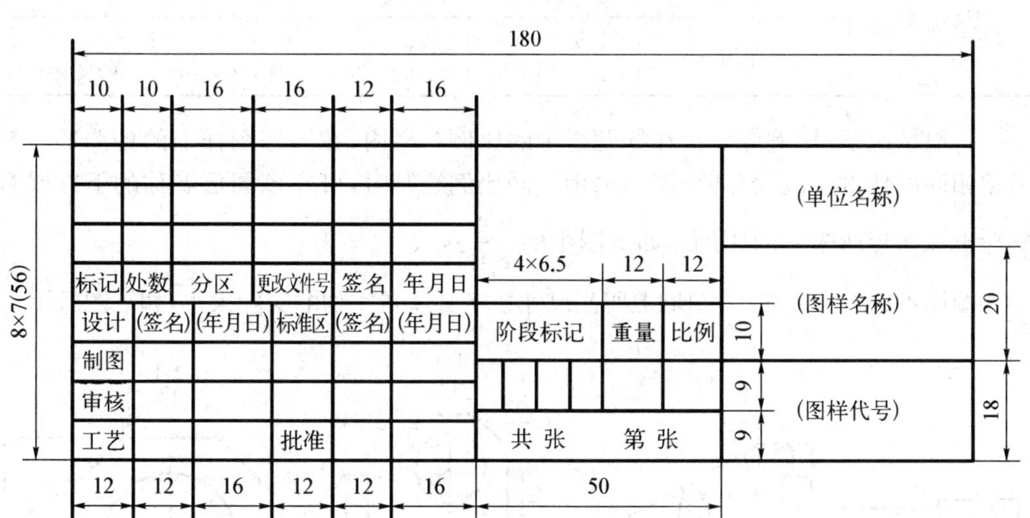

国标规定的标题栏

标题栏的位置应位于图纸的右下角，看图的方向与标题栏的文字方向一致，如上面的图框格式图所示。

制图作业中，建议用简化的标题栏，如下图所示。

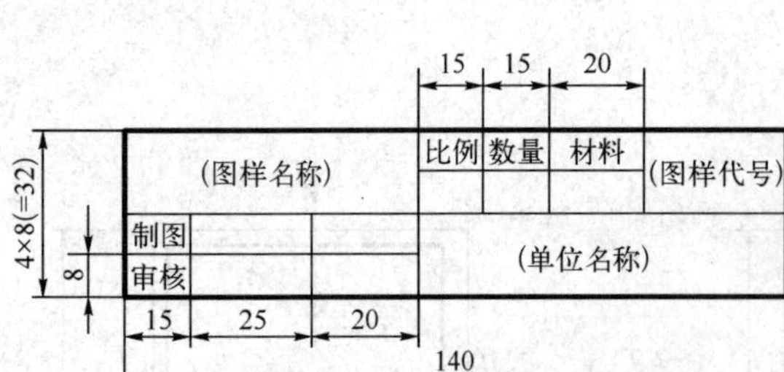

(a) 简化的标题栏(零件图用)

(图样名称)		比例	质量	共 张	(图样代号)
				第 张	
制图		(单位名称)			
审核					

(b) 简化的标题栏(装配图用)

标题栏项目及格式

2. 绘图比例

图样的比例是指图中图形与其实物相应要素的线性尺寸之比。绘图时，按下表中规定的比例选用。

比例(GB/T 14690—1993)

原值比例	优先使用	1∶1
放大比例	优先使用	5∶1　2∶1 5×10^n∶1　2×10^n∶1　1×10^n∶1
	可使用	4∶1　2.5∶1 4×10^n∶1　2.5×10^n∶1
缩小比例	优先使用	1∶2　1∶5　1∶10 1∶2×10^n　1∶5×10^n　1∶1×10^n
	可使用	1∶1.5　1∶2.5　1∶3　1∶4 1∶1.5×10^n　1∶2.5×10^n　1∶3×10^n　1∶4×10^n

一般情况下，比例应标注在标题栏中的比例一栏内，在同一图样上的各图形一般采用相同的比例绘制；当某个图形采用不同比例绘制时，可在该图形名称的下方或右侧标出该图形所采用的比例。如下图中的 $\dfrac{A}{2:1}$

图样不论放大或缩小，图形上所注尺寸数字必须是实物的实际大小，如下图所示。

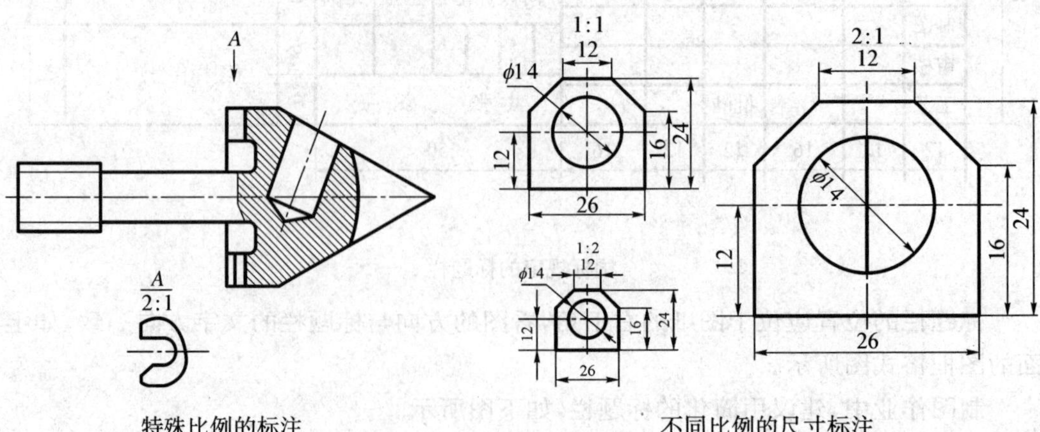

特殊比例的标注　　不同比例的尺寸标注

3. 字体(GB/T14691—1993)

图样上书写的汉字、数字、字母必须做到：字体工整，笔画清楚，间隔均匀，排列整齐。如果在图样上字体很潦草，不仅会影响图样的清晰和美观，而且还会造成差错，给生产带来麻烦和损失。字体高度的公称尺寸系列为：1.8、2.5、3.5、5、7、10、14、20 mm。字体高度即为字体号数。

汉字应写成长仿宋体，采用长仿宋体高宽比为 3∶2，并应采用国家正式公布推行的简化字。书写长仿宋体的要领是：横平竖直、起落筑锋、结构匀称、写满框格。长仿宋体由七种基本笔画组成：

名称	横	竖	撇	捺	钩	挑	点
形状							
笔法							

字体工整笔画清楚间隔均匀

排列整齐

技术制图机械电子汽车航空船舶土木建筑矿山纺织服装

字母和数字可写成斜体和直体。斜体字头向右倾斜，与水平基准线成 75°见下图。

4. 图线(GB/T4457.4—2002)

1) 图线的型式及应用

国家标准《机械制图 图线》规定了八种图线,见下表的应用示例。

图线及其用途

图线名称	图线型式及代号	图线宽度	一般应用举例
粗实线		B	可见轮廓线
细实线		B/3	1. 尺寸线及尺寸界线 2. 剖面线 3. 重合剖面的轮廓线
波浪线		B/3	1. 断裂处的边界线 2. 视图和剖视的分界线
双折线		B/3	断裂处的边界线
虚　线		B/3	不可见的轮廓线
细点划线		B/3	1. 轴线 2. 对称中心线 3. 轨迹线
粗点划线		B	有特殊要求的线或表面的表示线
双点划线		B/3	1. 相邻辅助零件的轮廓线 2. 极限位置的轮廓线

表中所列图线分为粗、细两种,粗线的宽度 B 应按图的大小和复杂程度在 0.5～2 mm 之间选择,细线的宽度约为 B/3。

2) 图线的尺寸

图线的宽度 B 选择:0.13 mm、0.18 mm、0.25 mm、0.35 mm、0.5 mm、0.7 mm、1 mm、1.4 mm、2 mm。图线只有粗(B)、细(B/3)之分,宽度 B 多选 0.7 mm或 1 mm。在同一张图样中,同类图线的宽度应一致。

3) 图线画法及其注意点

如下图所示:

(1) 同一图样中,同类图线的宽度应基本一致,虚线、点画线及双点画线的线段长度和间隔应各自大致相等。

(2) 两条平行线(包括剖面线)之间的距离应不小于粗实线的两倍宽度,其最小距离不得小于 0.7 mm。

(3) 点画线和双点画线的首末两端,应是线段而不是短画。

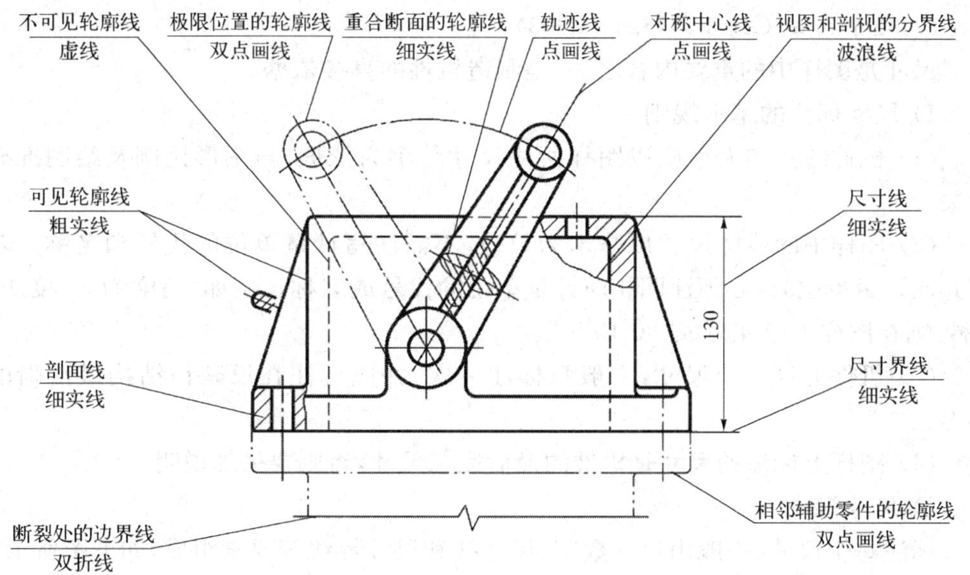

各种图线的应用举例

(4) 点画线应超出相应图形轮廓 2～5 mm。

(5) 绘制圆的对称中心线时，圆心应为线段的交点。在较小的图形上绘制点画线或双点画线有困难时，可以用细实线代替。

(6) 当虚线与虚线或与其他图线相交时，应以线段相交；当虚线是粗实线的延长线时，实线画到交点，在虚线处留有间隙。

(7) 线型不同的图线相互重叠时，一般按实线、虚线、点画线的顺序，只画出排序在前的图线。

(8) 当图形较小时，可用细实线代替点画线。

(9) 计算机绘图时，圆心处的中心线可用圆心符号代替。

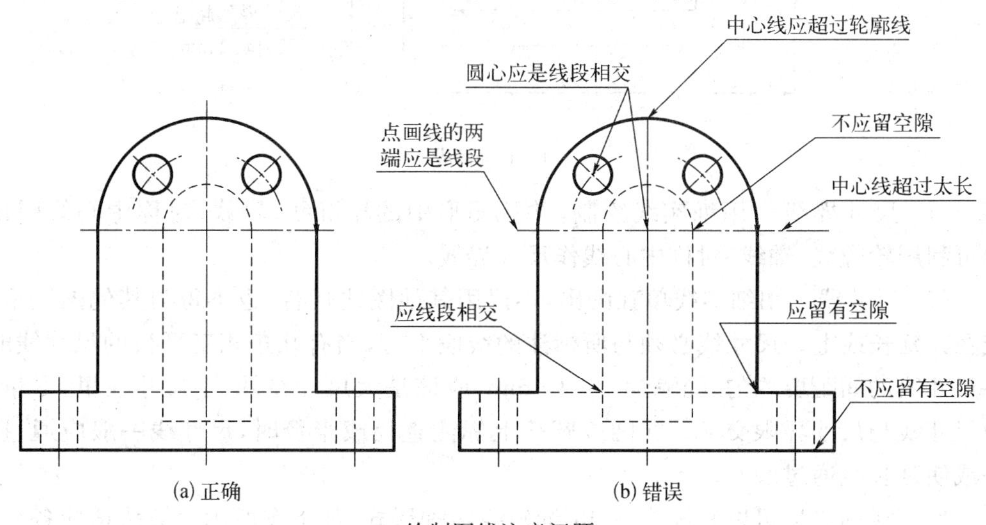

绘制图线注意问题

5. 尺寸注法(GB/T4458.4—2003)

尺寸是图样中的重要内容之一,是制造机件的直接依据。

1) 尺寸标注的基本规则

(1) 机件的真实大小应以图样所注尺寸数字为依据,与图形比例及绘图准确度无关。

(2) 图样中的线性尺寸以毫米为单位,不需注写计量单位的代号和名称。若应用其他计量单位时,必须注明相应计量单位的代号或名称。例如,角度为 30 度 10 分 5 秒,则在图样上应注写成“30°10′5″”。

(3) 机件上每一个尺寸,一般只标注一次,并应标注在反映该结构最清晰的图形上。

(4) 图样上标注的尺寸是机件的最后完工尺寸,否则要另加说明。

2) 尺寸组成

标注每个尺寸,一般由尺寸数字、尺寸线和尺寸界线等要素组成,如下图所示。

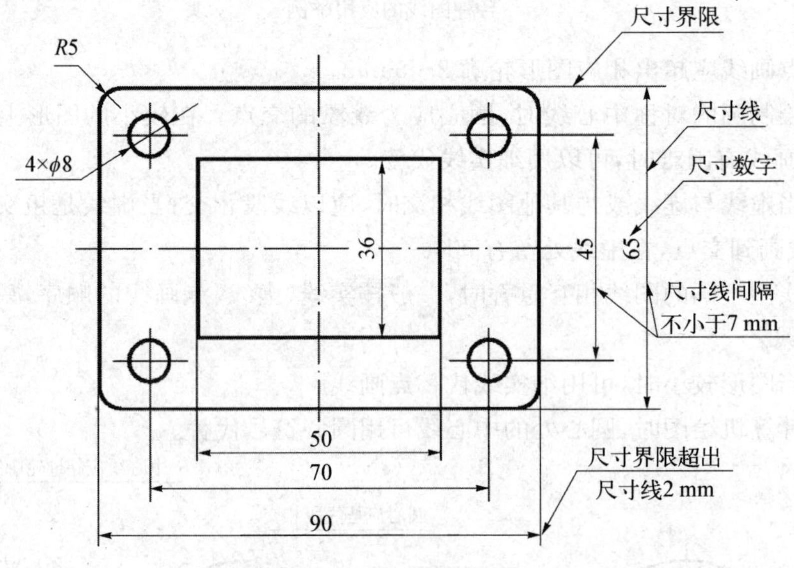

尺寸的组成

(1) 尺寸界线　用细实线绘制,并从图形中的轮廓线、轴线、对称中心线引出。也可利用轮廓线、轴线、对称中心线作尺寸界线。

(2) 尺寸线　用细实线单独画出,不得用其他图线代替,也不得与其他图线重合或在其延长线上。尺寸线必须与所标注的线段平行,当有几条相互平行的尺寸线时,各尺寸线的间距要均匀,间隔为 7～10 mm,应该是大尺寸在外、小尺寸在里,尽量避免尺寸线与尺寸界限交叉。在圆或圆弧上标注直径或半径时,尺寸线一般应通过圆心或使延长线通过圆心。

尺寸线的终端可以有箭头或 45°细斜线两种形式,如下图所示。箭头适应各种类型的图样，同一张图样只能采用一种尺寸线终端形式。一般机械图样的尺寸线终端画箭头，土建图样的尺寸线终端画 45°细斜线；

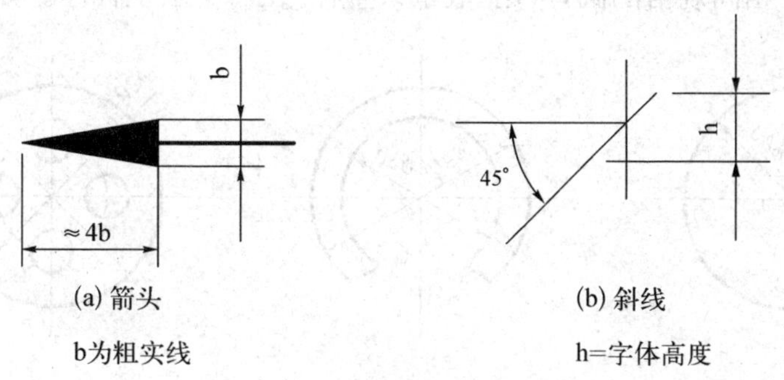

尺寸线的终端形式

（3）尺寸数字　线性尺寸的尺寸数字一般注在尺寸线上方，也可注写在尺寸线中断处，但同一张图样中标注形式应尽量相同。垂直方向数字字头朝左，倾斜方向数字字头保持朝上趋势。尽量避免在 30° 范围内标注尺寸，当不可避免时，可如下图所示形式注写。图中所注尺寸数字不允许被任何线穿过，当不可避免时，必须把图线断开，如下图所示。

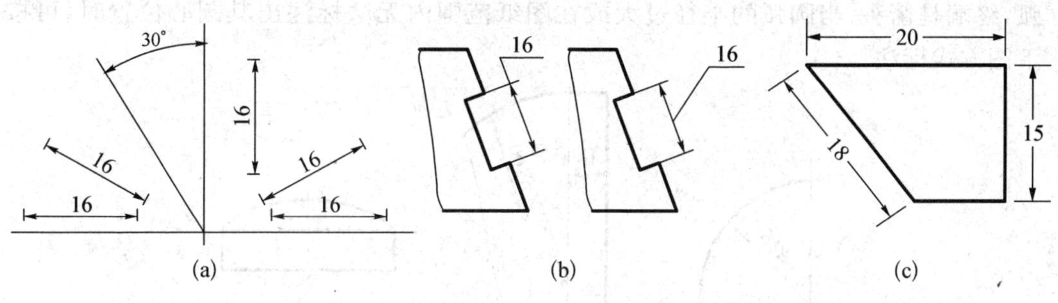

线性尺寸数字的注写方向

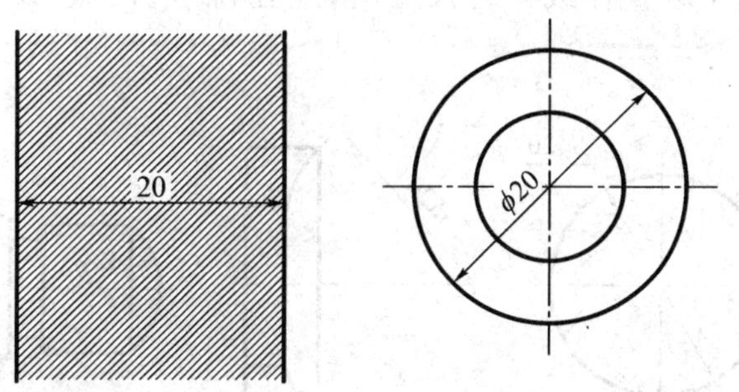

尺寸数字不允许任何图线通过

3）常用尺寸的标注

（1）圆　标注直径时，应在数字前加直径符号“ϕ”，尺寸线应通过圆心，尺寸线终端用箭头；多个相同规格的圆，可用“数量×直径”在一个圆上标注。如下图所示。

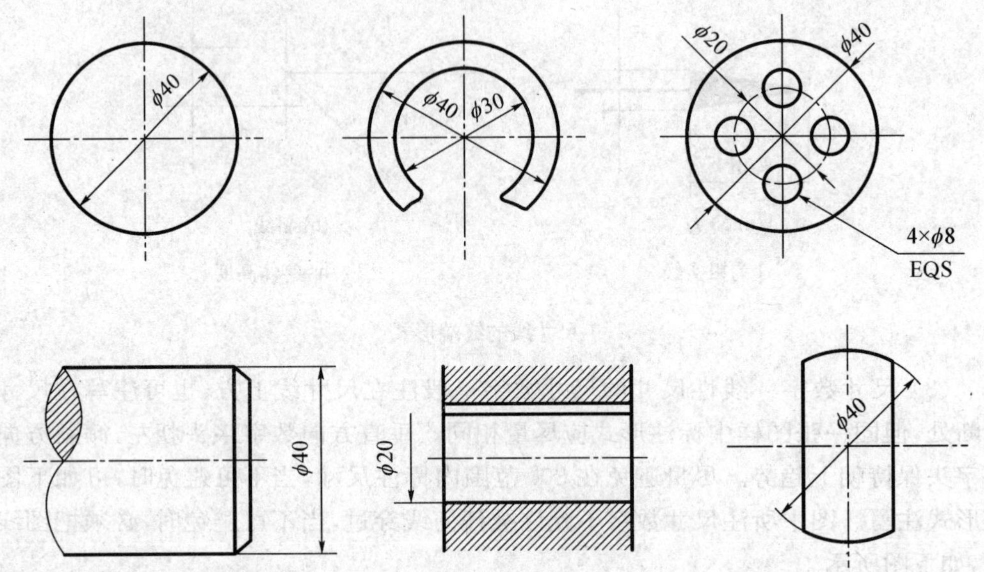

（2）圆弧　标注半径时，应在数字前加半径符号“R”，尺寸线从圆心引出指向圆弧，终端是箭头；当圆弧的半径过大或在图纸范围内无法标注出其圆心位置时，可按下图方式标注。

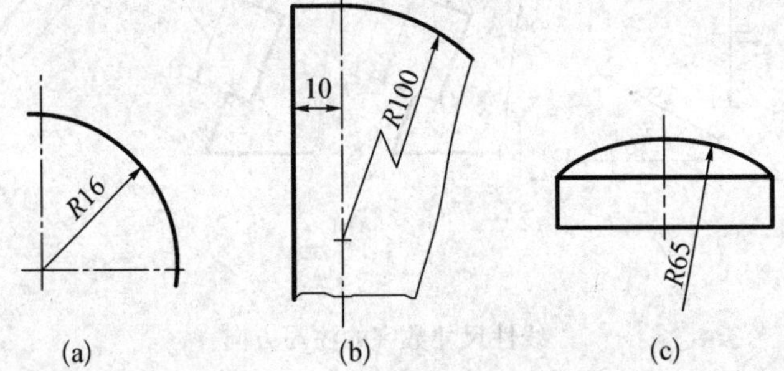

(a)　(b)　(c)

（3）球面　标注球直径或半径尺寸时，应在符号“ϕ”或“R”前再加注球面符号“S”，如下图所示。

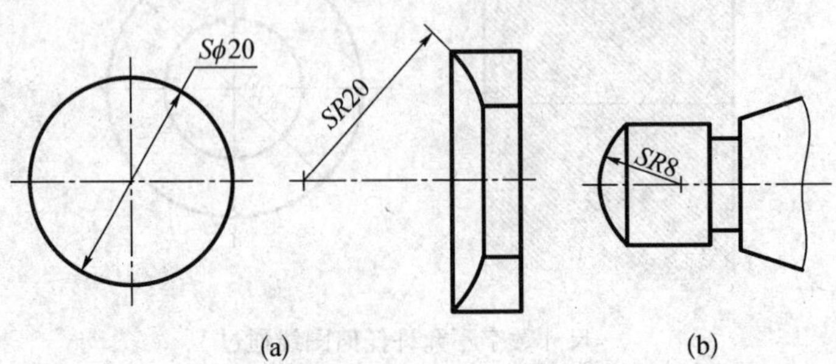

(a)　(b)

(4) 弦长及弧长　如下图所示，尺寸界线应平行于该弦的垂直平分线。当弧度较大时，可沿径向引出。弦长的尺寸线应与该弦平行。弧长的尺寸线用圆弧，尺寸数字上方或前面应加注符号“⌒”。

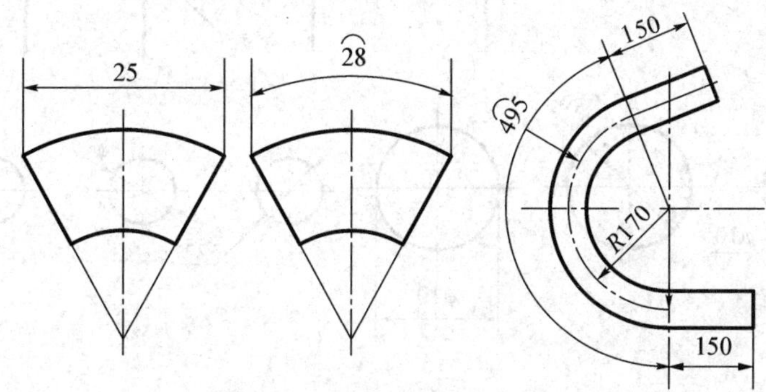

(5) 角度的标注　角度的尺寸界线应沿径向引出，如下图所示。尺寸线应以该角的顶点为圆心画圆弧，尺寸线终端画箭头。角度的数字一律写成水平方向，一般应注写在尺寸线的中断处，必要时可写在尺寸的上方、外面或引出标注。

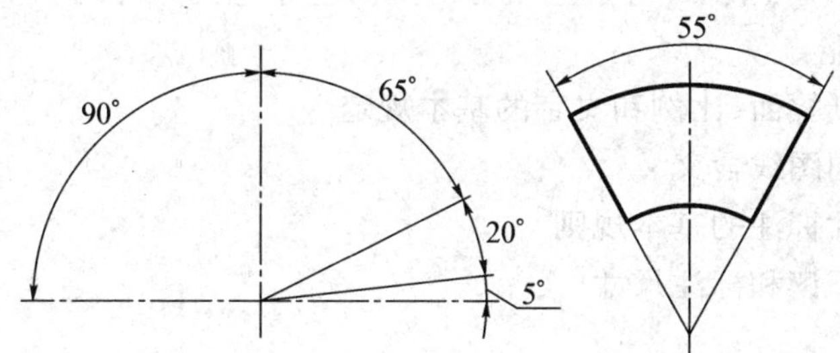

(6) 板的厚度　标注薄板零件的厚度尺寸时，可在尺寸数字前加注符号“δ”或“t”，如下图所示。

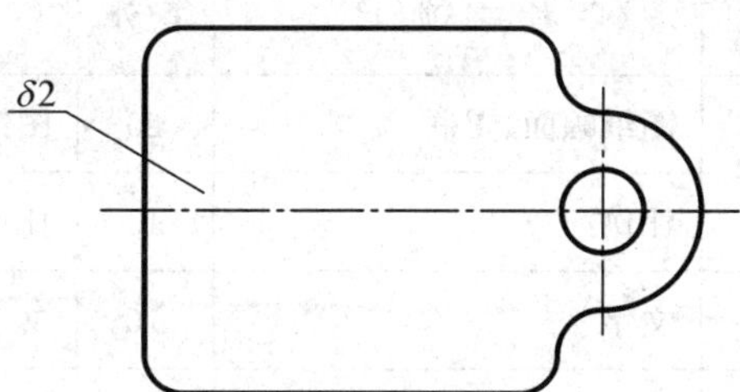

(7) 狭小尺寸　在没有足够的位置画箭头或写数字时，可按下图形式标注。

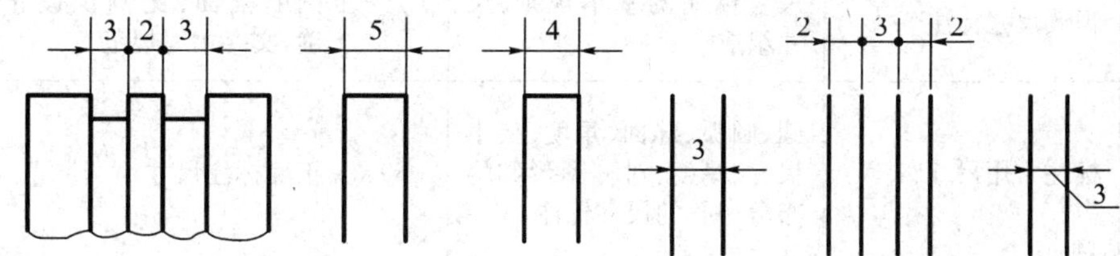

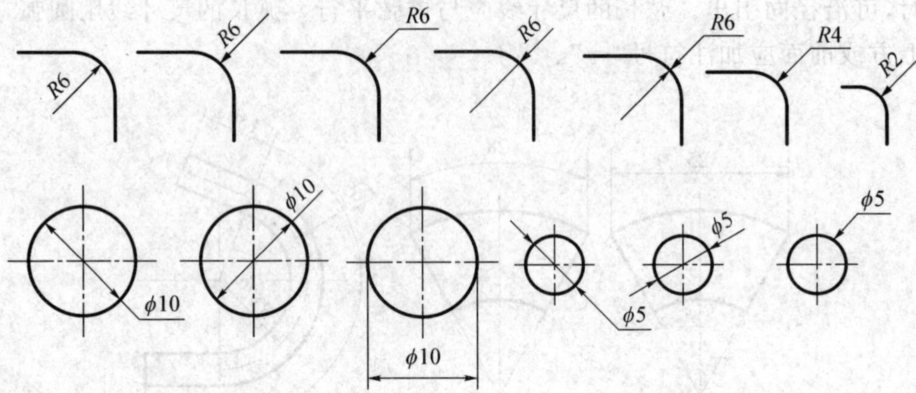

任务实施

通过教师的讲解、演示、与学生互动、引导学生自主学习和学生对图纸的观察，使学生达到如下技能：

(1) 熟悉图纸幅面、比例和文字的基本规定

(2) 读懂不同图线含义

(3) 熟悉尺寸标注的基本规则

(4) 能正确识读和标注尺寸

任务考评

序号	考核内容	考核项目	配分	检测标准	得分
1	识读图纸基本要素	图纸幅面、图框	20	图纸幅面、图框识读正确	
2	识读图纸基本要素	比例	10	比例识读正确	
3	识读图纸基本要素	文字	10	文字书写规范	
4	识读图线	图线含义	60	读懂各种图线含义	
5	识读尺寸标注	尺寸标注的基本规则、尺寸组成	20	图纸幅面、比例识读正确，文字书写规范	
6	标注常用尺寸	圆、圆弧、球面、角度、狭小尺寸、厚度、对称图形和均布分布孔的尺寸标注	80	正确标注尺寸	

项目2　几何作图

知识目标

等分线段及正多边形的画法

斜度和锥度

圆弧连接

技能目标

能利用尺规快速等分线段和绘制正多边形

能准确绘出有斜度和锥度要求的直线

能对圆弧进行各种光滑连接

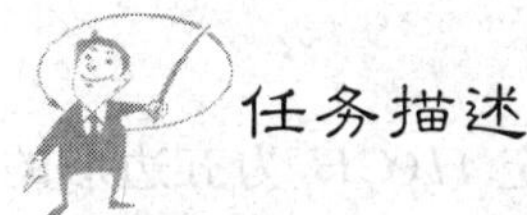

任务描述

机件零件的轮廓形状虽然各不相同,但分析起来,都是由直线、圆弧和其他一些非圆曲线组成的几何图形。熟练掌握几何图形的画法,是绘制图样必备的基本技能之一。本项目就是绘制常见几何图形。

常见几何图形都是由直线、圆弧和其他一些非圆曲线组成的,利用绘图技巧把这些直线、正多边形、圆弧或非圆曲线光滑地连接起来,就是制图所要求的标准图样。

1. 等分线段

可采用试分法,但一般常用的是平行线法,见下表。

等分线段的作图步骤

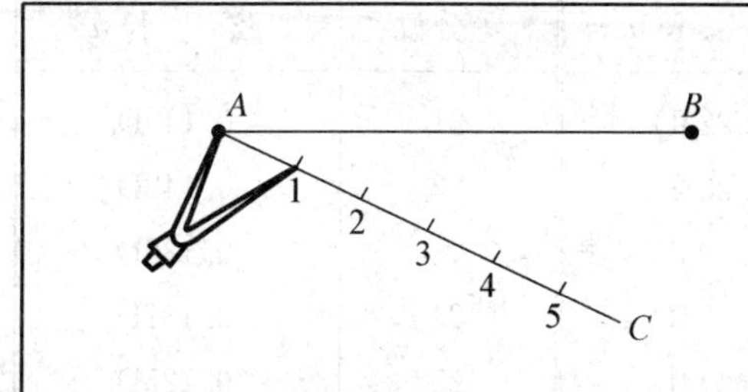	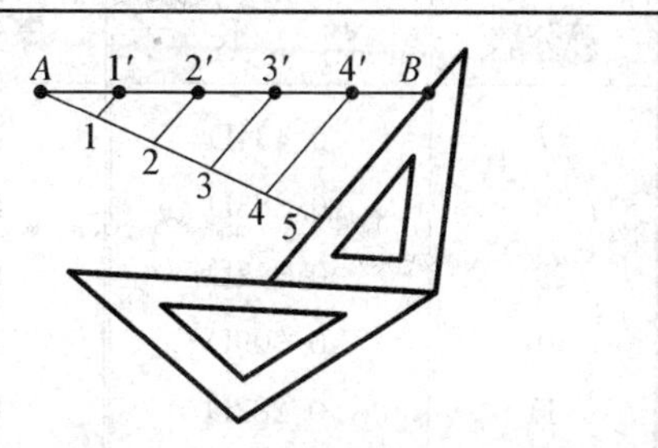
1. 过端点 A 任作一射线 AC,用分规以任意相等的距离在 AC 上量得 1、2、3、4、5 各个等分点	2. 连接 5、B,过 1、2、3、4 等分点作 $5B$ 的平行线,与 AB 相交即得等分点 $1'$、$2'$、$3'$、$4'$

2. 等分圆周及作正多边形

1）圆的六等分及作正六边形

如下图所示，有两种方法。

方法一：使用圆规，用半径六等分圆周。

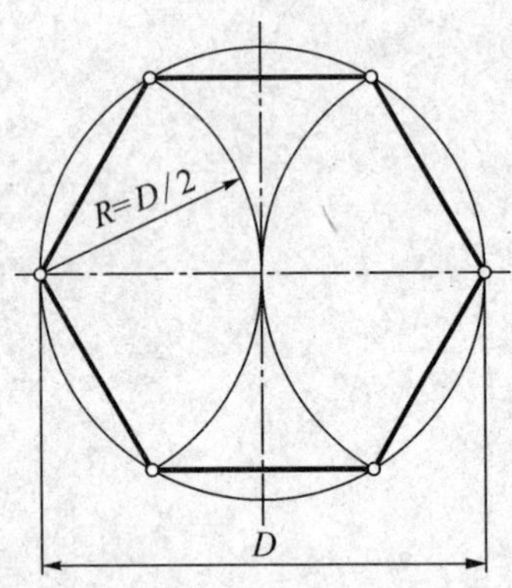

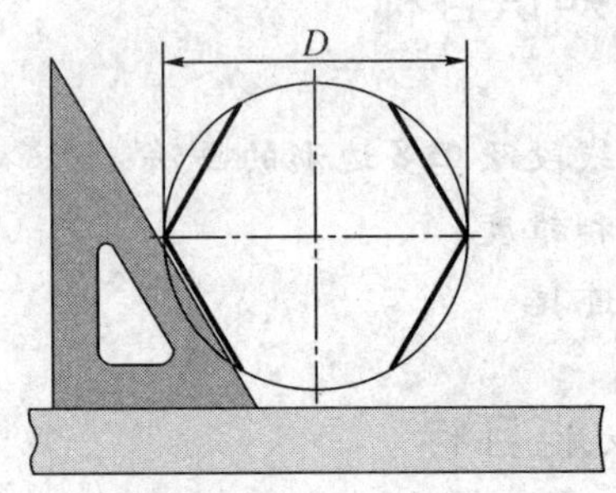

方法二：使用丁字尺、30°～60°三角板配合绘制正六边形。

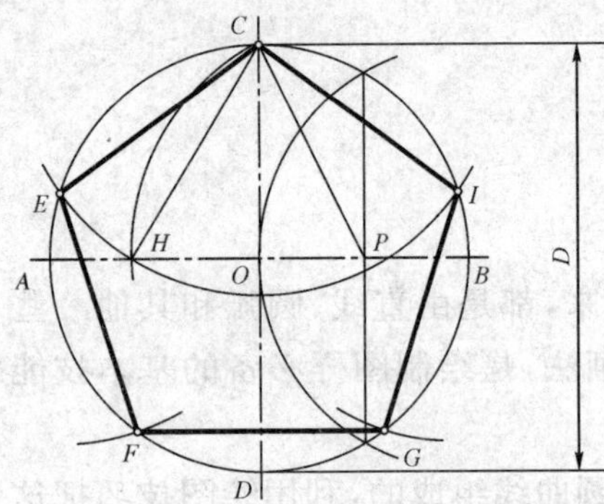

2）圆的五等分及作正五边形

如下图所示，作图步骤：

（1）确定 OB 的中点 P。

（2）以 PC 为半径，确定 H（CH 为五边形的边长）。

（3）以 C 为圆心，CH 为半径，求 E 和 I；

（4）分别以 E、I 为圆心，CH 为半径，求 F 和 G；

（5）依次连点得五边形。

3）任意等分圆周

圆周的任意等分可采用试分法或利用弦长表算出每一等分所对应的弦长，下表为弦长表。

等分数	弦　　长 a	等分数	弦　　长 a	等分数	弦　　长 a
7	0.434D	14	0.223D	21	0.149D
8	0.383D	15	0.208D	22	0.142D
9	0.342D	16	0.195D	23	0.136D
10	0.309D	17	0.184D	24	0.131D
11	0.282D	18	0.174D	25	0.125D
12	0.258D	19	0.165D	26	0.121D
13	0.239D	20	0.156D	27	0.116D

［例 1］ 已知圆的直径 $\phi 50$ mm，试作正七边形。

解： 查表得弦长：$a_7 = 0.434$，$D = 0.434 \times 50 = 21.7$ mm。以 21.7 mm 为弦长等分圆周并作七边形，也可用几何作图法任意等分圆周（误差 $\leqslant 0.01R$）。详介此略。

3. 斜度和锥度

1）斜度

斜度是指一直线（或一平面）相对于另一直线（或另一平面）的倾斜程度。其大小用其间夹角的正切来表示，如下图所示。

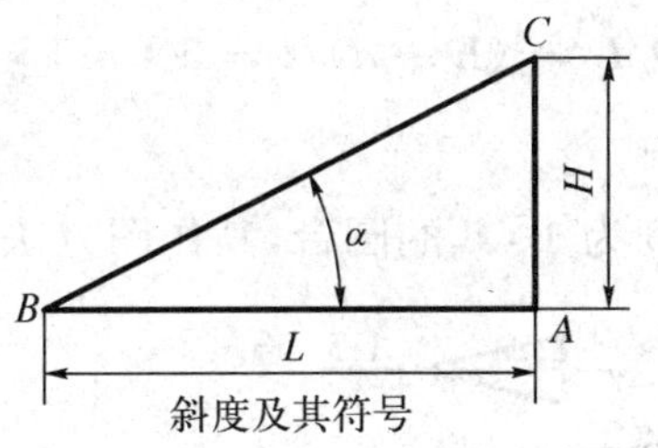

斜度及其符号

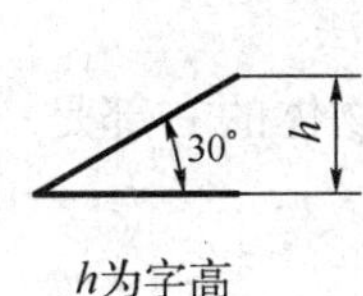

h为字高

斜度及其符号

$$\text{斜度} = \text{tg}\,\alpha = H/L$$

通常在图样中把比值化成 $1:n$ 的形式。

2）斜度的画法

下图所示为斜度 1∶10 的斜键的作图方法。

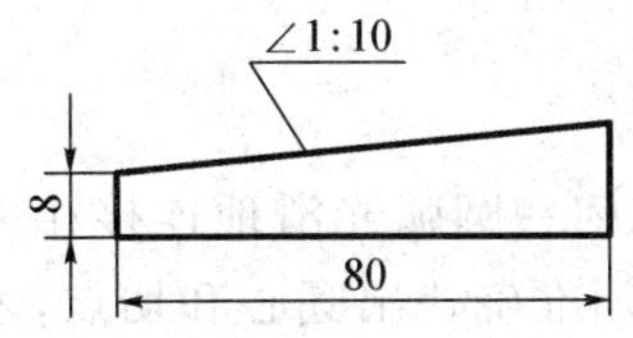

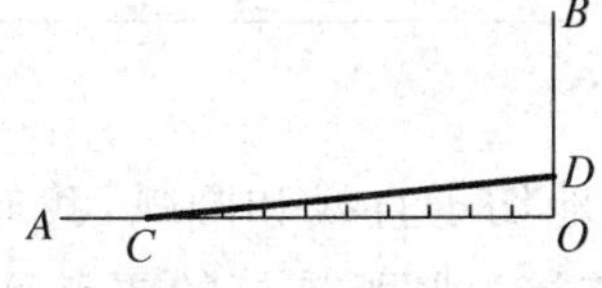

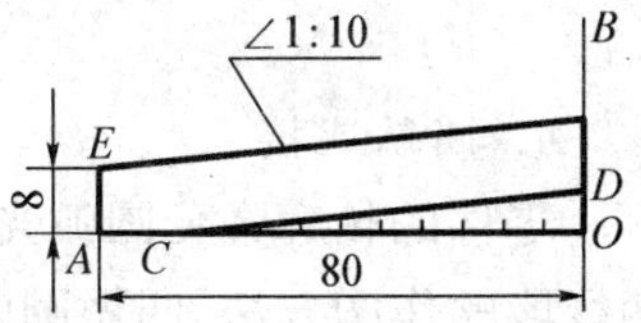

3）斜度的标注

如下图所示。

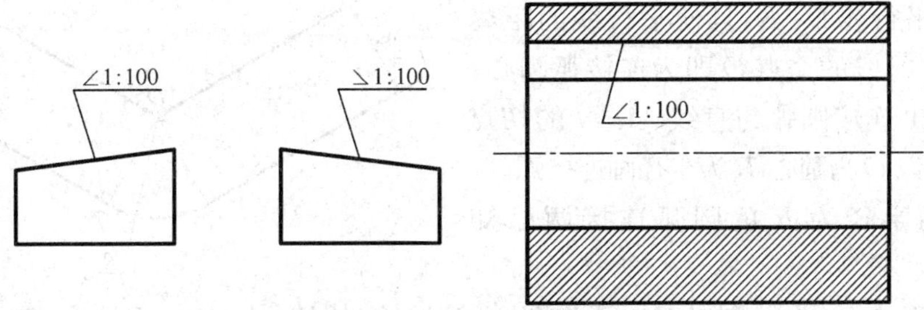

4）锥度

锥度是指正圆锥体底圆直径与锥高之比，如下图所示。

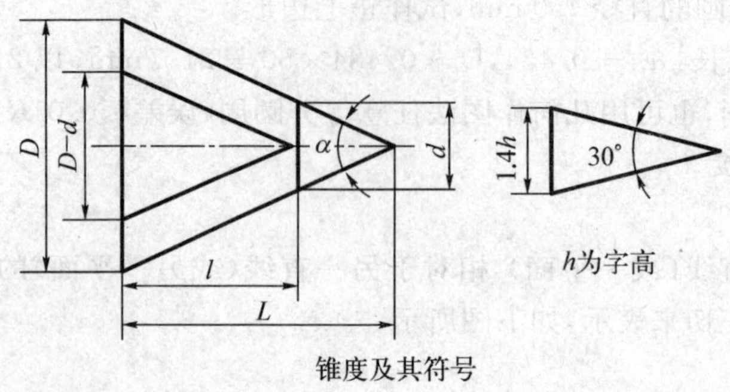

锥度及其符号

$$锥度 = 2\mathrm{tg}\,\alpha = D/L = (D-d)/l = 1:n$$

5）锥度的画法

下图所示为物体的右部是一个锥度为 1∶5 的圆台，其作图方法如图所示。

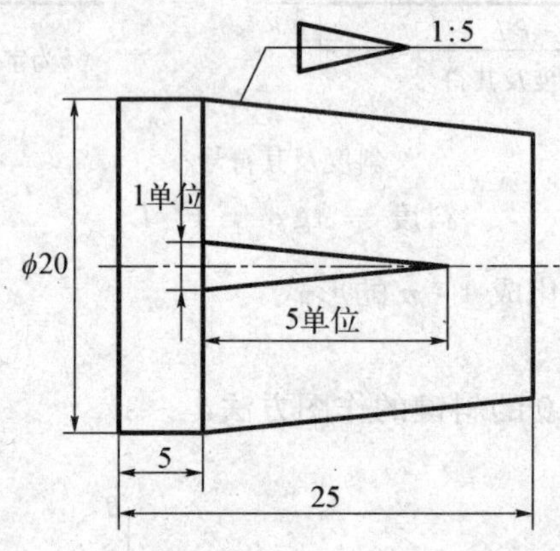

4. 圆弧连接

零件的轮廓常见圆弧光滑地切于直线和圆弧，我们把用一圆弧光滑地连接相邻两线段的作图方法，叫做圆弧连接。圆弧连接的要点是必须准确找出圆心和切点，才能光滑过渡。

1）用半径为 R 的圆弧连接两已知相交直线 M、N

如右图所示，先分别作两已知直线 M、N 的平行线 L、K，且使平行线的距离为 R，两平行线的交点 O 即为连接弧圆心；再分别找出连接圆弧与直线 M、N 的切点 T_1、T_2，再以 O 为圆心，R 为半径画连接弧。

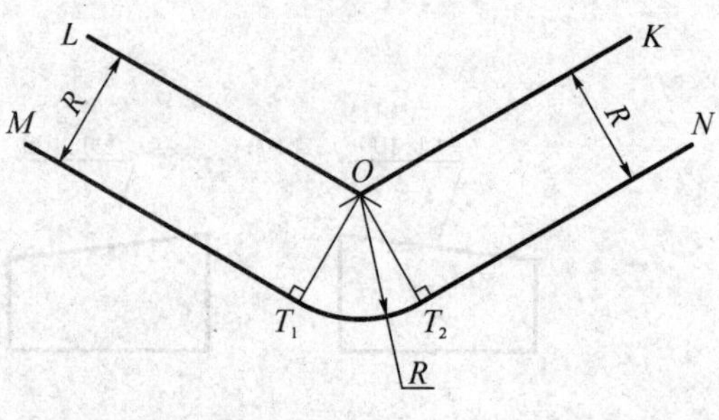

2）用半径为 R 的圆弧连接两已知圆弧

如下图所示，先分别以 O_1、O_2 为圆心，R_1+R（外切）或 $|R_2-R|$（内切）为半径画圆弧，两圆弧的交点即为连接弧的圆心 O；再分别找出连接弧与两已知弧的切点 T_1、T_2，以 O 为圆心，R 为半径画连接弧。

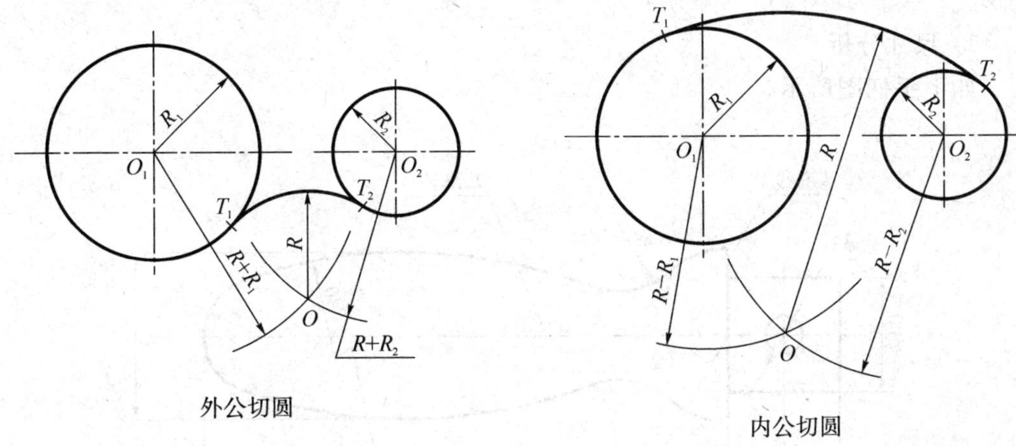

3）用半径为 R 的圆弧连接一直线和一圆弧

如下图所示，

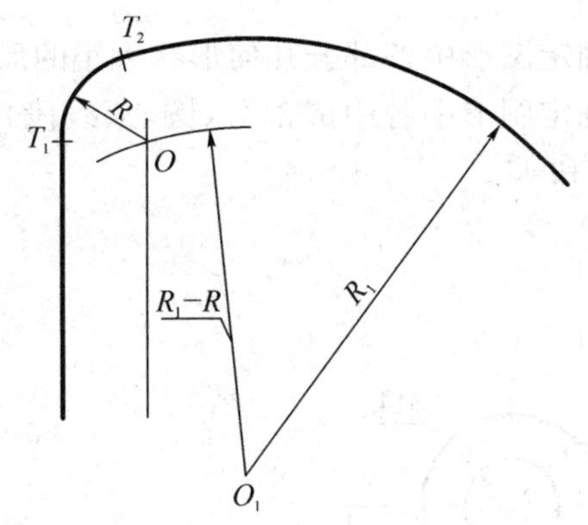

5. 椭圆的画法

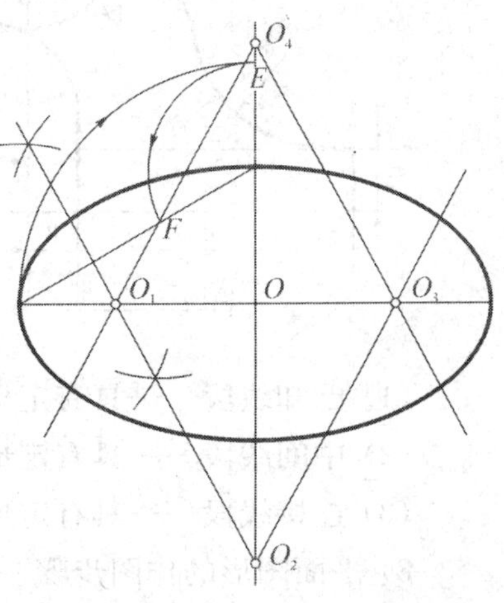

椭圆的画法有很多种，工程上常用近似四心法绘制椭圆，这里仅介绍常用的"四心法"。

如右图所示，作图步骤：

(1) 连接长短轴端点；向上、下延长短轴。

(2) 以 O 点为圆心画弧 AE；以短轴端点为圆心画弧 EF 交于 F。

(3) 作中垂线交长轴于 O_1，交短轴的延长线于 O_2。

(4) 求 O_1、O_2 的对称点 O_3、O_4。

(5) 分别以 O_1、O_2、O_3、O_4 为圆心画弧。

6. 平面图形的画法

画平面图形前，必须先对图形的尺寸进行分析，确定线段性质，才能正确画出图形。

1）尺寸分析

如下手柄图所示。

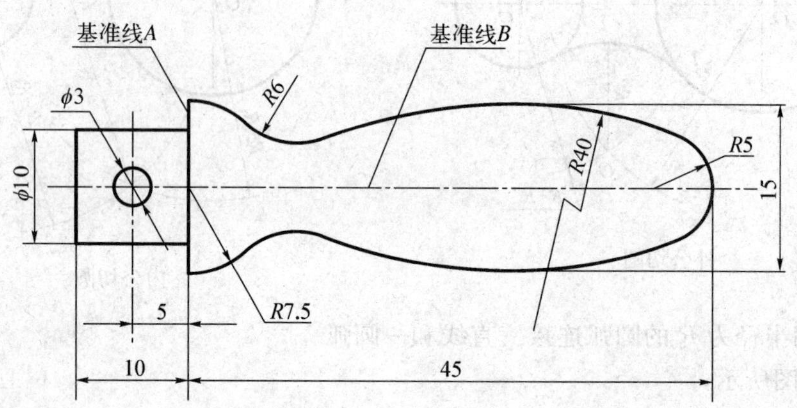

（1）定形尺寸——确定图形中各部分几何形状大小的尺寸。

（2）定位尺寸——确定图形中各组成部分（圆心、线段）与基准之间相对位置的尺寸，如上图中的尺寸 5 和 45。

2）线段分析

如下图所示。

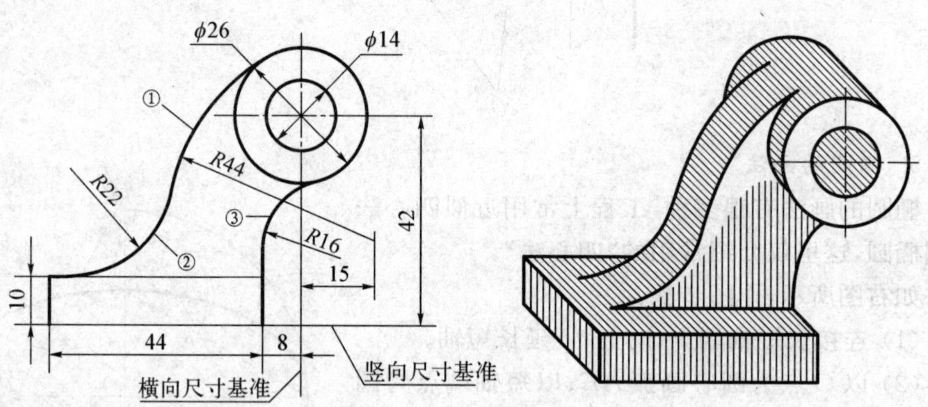

（1）已知线段——具有定形尺寸和两个方向的定位尺寸。

（2）中间线段——具有定形尺寸和一个方向的定位尺寸。

（3）连接线段——具有定形尺寸，没有定位尺寸的线段。

3）平面图形的作图步骤

画平面图形时，应先画出横、竖两个方向的作图基准线及已知线段，再画中间线段，再画连接线段，最后清理图面完成作图。见下表示例。

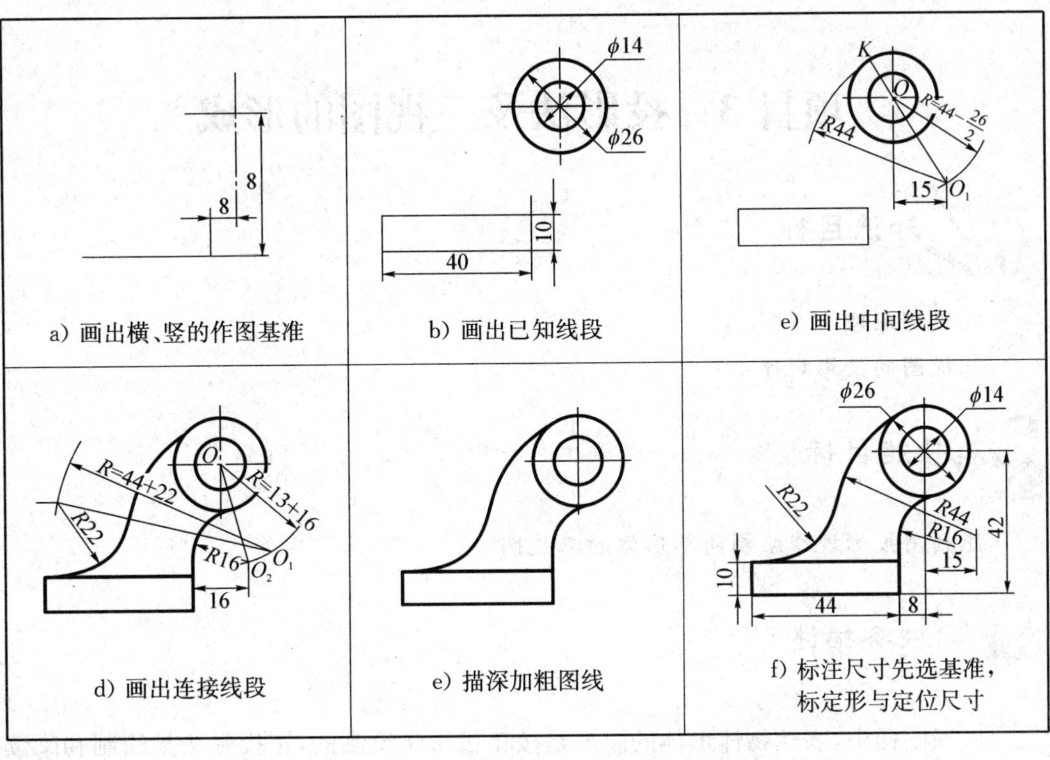

a）画出横、竖的作图基准　b）画出已知线段　e）画出中间线段

d）画出连接线段　e）描深加粗图线　f）标注尺寸先选基准，标定形与定位尺寸

任务考评

序号	考核内容	考　核　项　目	配分	检测标准	得分
1	正五边形的画法	作正五边形	20	用尺规作出标准五边形	
2	斜度和锥度的画法	抄画图形	20	斜度和锥度符合标准	
3	圆弧连接	抄画图形	40	线段间光滑连接	
4	椭圆的画法	用四心法作椭圆	20	用尺规作出标准五边形	

项目3　投影法及三视图的形成

正投影原理

三视图的投影规律

能利用投影规律绘制简单形体的三视图

机械图样中，表达物体形体的图形是按正投影法绘制的，正投影法是绘制和阅读机械图样的理论基础。所以掌握正投影理论，是培养空间思维能力、提高绘图和读图能力的关键。本项目就是学习掌握正投影原理，通过三视图的形成找出投影规律。

1. 投影原理及投影法的种类

投影源于自然，物体被灯光或日光照射，会在地面或墙面留下影子，这就是投影现象。人们经过科学抽象，把光线称为投射线，地面或墙壁称为投影面，这种投射线通过物体，向选定的面投射，并在该面上得到图形的方法，称为投影法。

投影法一般可分为两大类：一类叫中心投影法，一类叫平行投影法。中心投影法如下图所示，投射线汇交于一点 S，S 称为投影中心，工程上常用这种方法绘制建筑物的透视图。它具有较强的立体感，但不能反映物体真实形状和大小，度量性较差、作图复杂，因此机械图样较少采用。

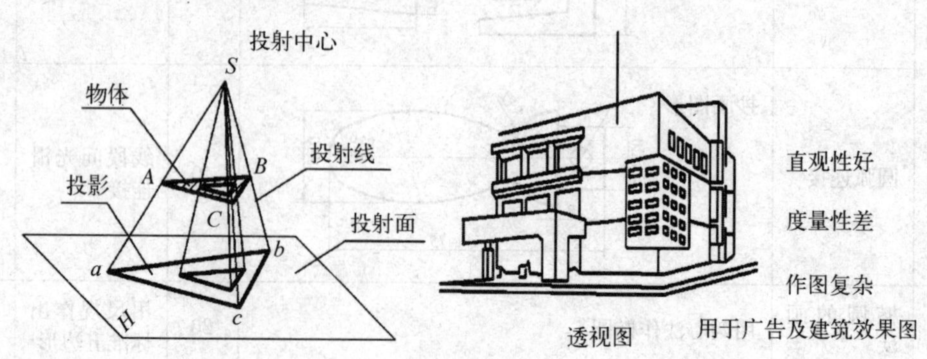

平行投影的投射线互相平行，平行投影法分为斜投影法和正投影法，如下图所示。

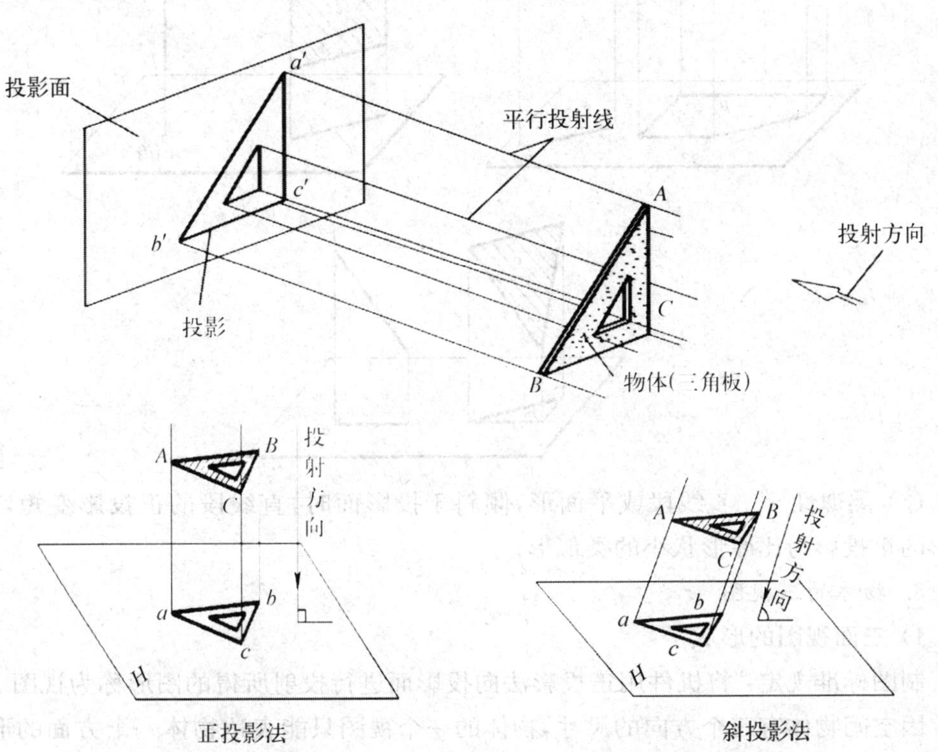

由于正投影法能反映物体的真实形状和大小，度量性好、便于作图，所以机械图样是按正投影法绘制的。

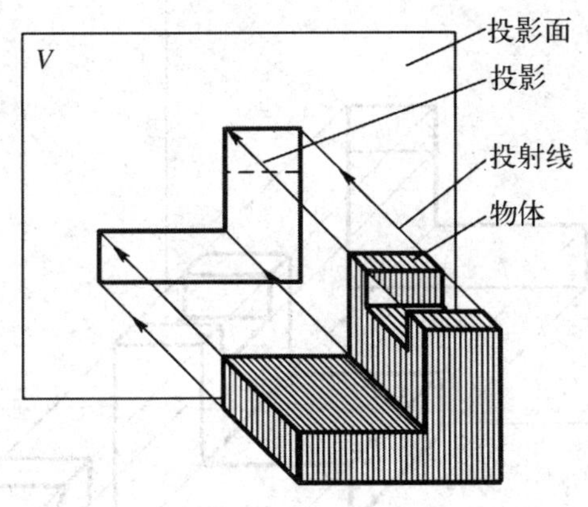

2. 正投影的基本性质

如下图所示，具有：

(1) 真实性(显实性、全等性)——直线段或平面形，平行于投影面时，其正投影反映实长或实形。

(2) 积聚性——直线段或平面形，垂直于投影面时，其正投影积聚为一点或线段。

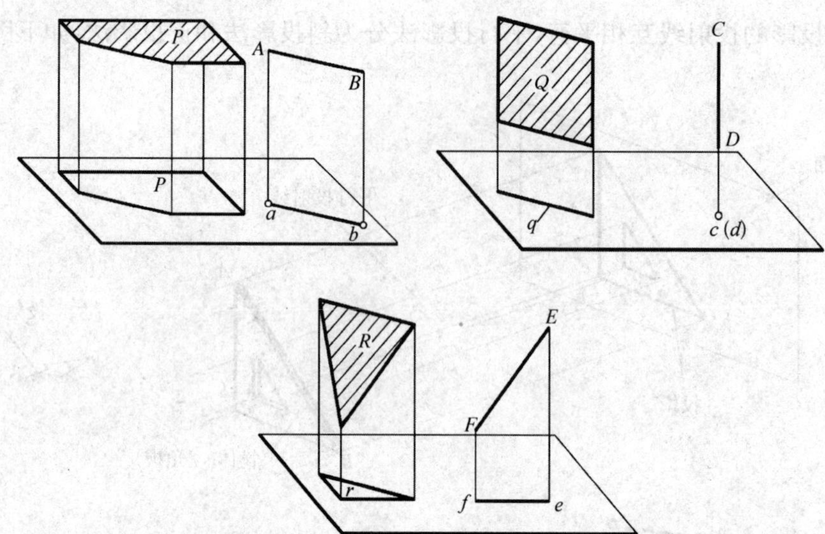

(3) 类似性——直线段或平面形，倾斜于投影面时，直线段的正投影变短，而平面形的正投影为比原形状小的类似形。

3. 物体的三视图

1) 三面视图的形成

制图标准规定：将机件用正投影法向投影面进行投射所得的图形称为视图。

因空间物体有三个方向的尺寸，物体的一个视图只能表达物体一个方面的形状，反映出两个方向的尺寸，所以只用一个视图不能完整、确切地表达出物体的形状。下图所示为两个形状不同的物体，但它们向 V 平面进行投影所得的视图都是相同的。

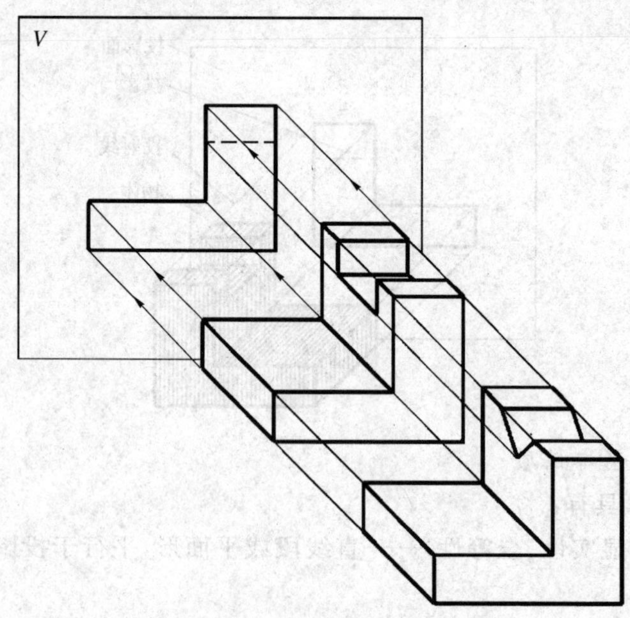

一个投影不能确定物体的形状

为了确切、完整地表达出物体的全部形状，必须从物体的不同方向进行投影，机械制图常采用多面正投影表示物体形状。工程上设置了三个互相垂直的投影面，称为三面投影体系，常将物体向三投影面投影得到三个投视图来表达物体的形状，如下图所示。

三个投影面的名称和代号是：正对观察者的投影面称为正立投影面（简称正面），用字母“V”表示；右边侧立的投影面称为侧立投影面（简称侧面），用字母“W”表示；水平位置的投影面称为水平投影面（简称水平面），用字母“H”表示。

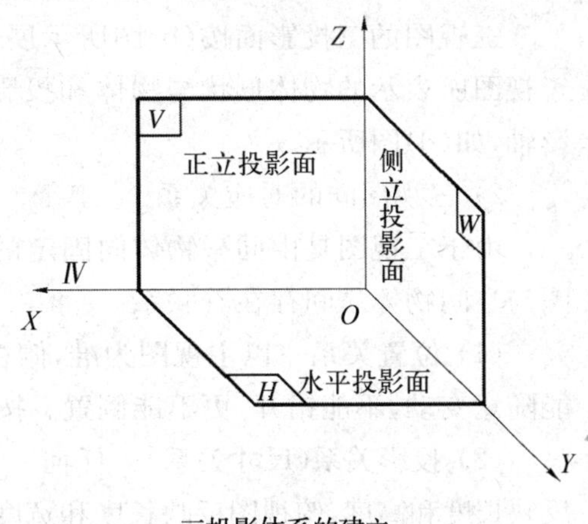

三投影体系的建立

由于三投影面彼此垂直相交，故形成三根投影轴，它们的名称分别是：OX 轴，简称 X 轴；OY 轴，简称 Y 轴；OZ 轴，简称 Z 轴。X、Y、Z 三轴的交点称为原点，用字母 O 表示。

将物体置于三投影面之中，并分别向 V、H、W 正投影，即如下图所示，得到三个视图，分别称为：

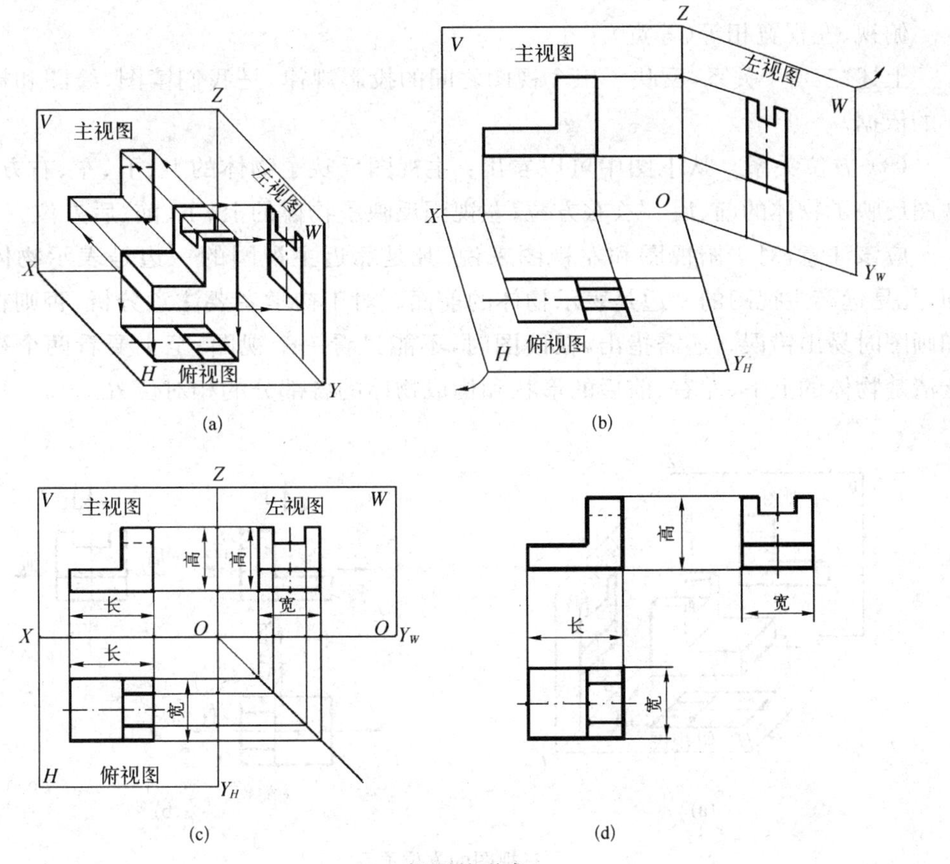

三视图的形成

主视图—由前向后投射，在 V 面所得的视图。

俯视图—由上向下投射，在 H 面所得的视图。

左视图—由左向右投射，在 W 面所得的视图。

三视图的三投影面按(b)图所示展开，即得三面视图展开位置，如(c)图所示；由于视图所表示的物体形状与物体和投影面之间距离无关，绘图时省约投影边框和投影轴，如(d)图所示。

2) 三视图间的对应关系

由于三视图是由同一物体向固定的三投影面投射得来，所以三视图之间及三视图与空间物体之间存在着联系。

(1) 位置关系　以主视图为准，俯视图在它的正下方，左视图在它的正右方。不能随意变动，不能错开，更不能倒置。按规定配置的三视图，不需标注其名称。

(2) 投影关系(尺寸关系)　任何一个物体都有长、宽、高三个方向的尺寸，主视图反映长度和高度，俯视图反映长度和宽度，左视图反映高度和宽度。由于三个视图反映的是同一物体，其长、宽、高是一致的，因此，三视图之间的投影对应关系可归纳为：

主视、俯视长对正(等长)；

主视、左视高平齐(等高)；

俯视、左视宽相等(等宽)。

上述“三等”关系，反映了三个视图之间的投影规律，是我们读图、绘图和检查图样的依据。

(3) 方位关系　从下图中可以看出：主视图反映了物体的上、下、左、右方位；俯视图反映了物体的前、后、左、右方位；左视图反映了物体的上、下、前、后方位。

应该注意，对于俯视图和左视图来说，凡是靠近主视图的一边是表示物体的后面，凡是远离主视图的一边是表示物体的前面。对于初学者要注意分析，否则在读图和画图时易出错误。还需指出，在读图时，不能只看一个视图，至少要看两个视图才能清楚物体的上下、左右、前后的形状和构成物体的各部分的相对位置。

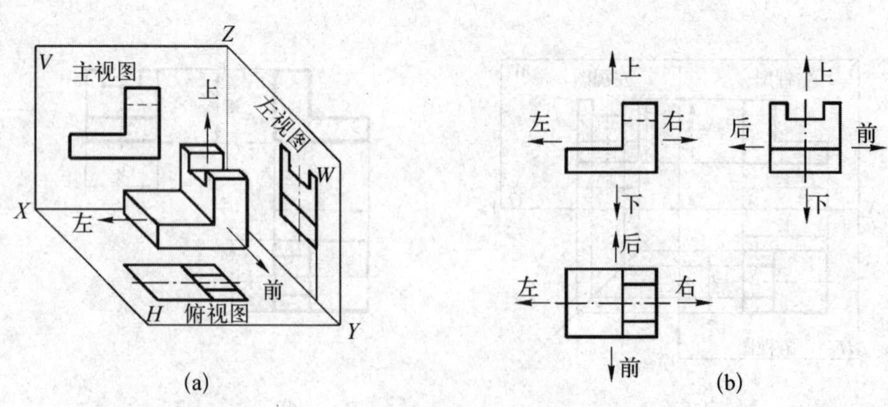

三视图的方位关系

画出下图所示形体的三视图，并标明其三等对应关系与方位的对应关系。

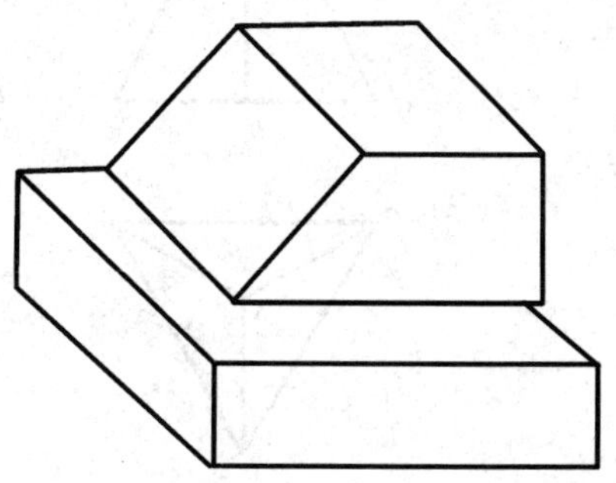

项目 4 点的投影

点的投影特性

点在三投影面体系中的投影规律

能根据点的两面投影分析求作第三投影

能分析点的投影与点的坐标之间的对应关系，能正确判别两点间的位置关系

任何立体都是由点、直线、面等几何元素所组成。例如，下图所示三棱锥的表面由三角形 *SAB*、*SBC*、*SAC*、*ABC* 四个平面所围成；两相邻平面有交线（称为棱线）*SA*、*SB*、*SC* 等六条，六条交线（棱线）汇交于 *A*、*B*、*C*、*S* 四个点。显然画三棱锥的三视图，实质上是画这些点、线、面的投影。因此，掌握点、线、面的投影及投影规律是正确、迅速画立体投影的基础。

点、线、面是构成物体形状的基本几何元素，学习和熟练掌握它们的投影特性和规律，能够透彻理解机械图样所表达的内容。

其中，点是最基本、最简单的几何元素。研究点的投影，掌握其投影规律，能为正

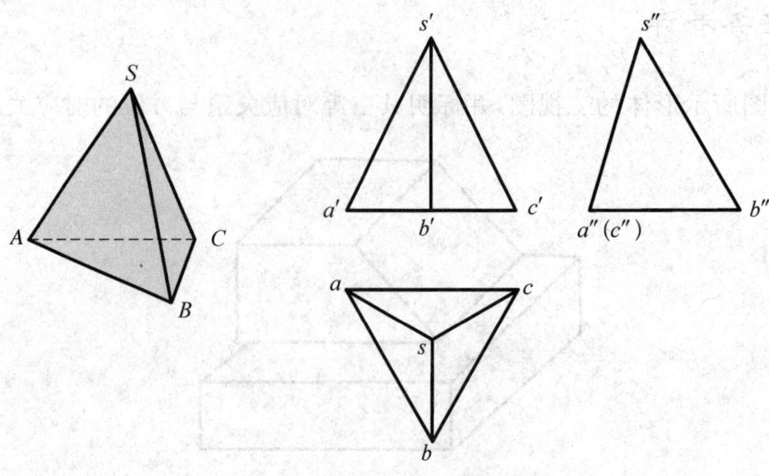

三棱锥表面上点、线、面的投影

确地理解和表达物体的形状打下坚实的基础。

1. 点的投影特性

点的投影永远是点。

2. 点的投影标记

如下图(a)所示，将形体上空间点 A 分别向 H、V 和 W 三个投影面作垂线(投射线)，其垂足 a、a' 和 a''即为点 A 在三个投影面上的投影。

按统一规定：空间点用大写字母表示，如 A、B、C 等；点的水平投影用相应的小写字母表示，如 a、b、c 等；点的正面投影用相应的小写字母加一撇表示，如 a'、b'、c' 等；点的侧面投影用相应的小写字母加两撇表示，如 a''、b''、c''。

3. 点的三面投影

将图(a)按投影面展开法展开如图(b)，进而得到如图(c)所示立体上 A 点的三面投影图。

为了便于进行投影分析，用细实线将点的相邻两投影连起来，a 与 a''不能直接相连，可用图(c)所示作辅助线的方法实现这个联系。

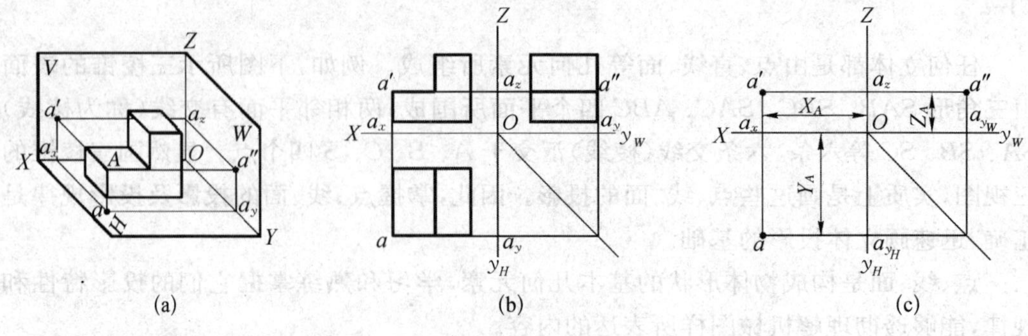

立体上点的三面投影

4. 点的投影规律

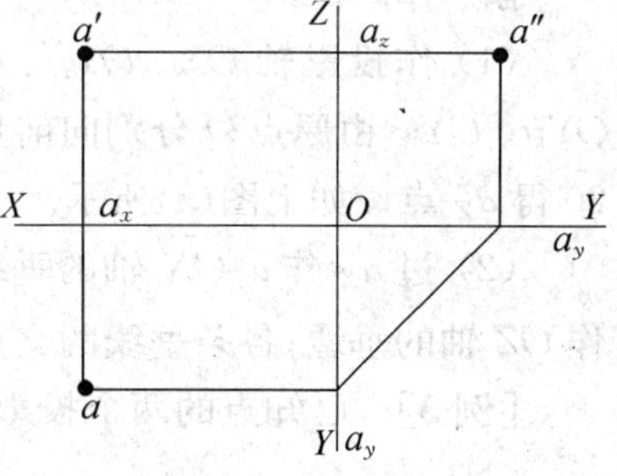

归纳起来，点的投影规律是：

(1) 点的正面投影与水平投影的连线一定垂直于 OX 轴，即 $aa' \perp OX$。

(2) 点的正面投影与侧面投影的连线一定垂直于 OZ 轴，即 $a'a'' \perp OZ$ 轴。

(3) 点的水平投影到 OX 轴的距离等于点的侧面投影到 OZ 轴的距离，即 $aax = a''az$。

点在三投影面体系中的投影规律，实质上也反映了"三等"对应关系。

5. 点的坐标

点的空间位置也可用其直角坐标值来确定。如果把三投影面体系看作是直角坐标系，则点到三个投影面的距离可以用直角坐标系的三个坐标 X、Y、Z 表示。点的坐标值的意义如下：

A 点到 W 面的距离 $Aa'' = aay = a'az = Oax$，以坐标 X 标记；

A 点到 V 面的距离 $Aa' = aax = a''az = Oay$，以坐标 Y 标记；

A 点到 X 面的距离 $Aa = a'ax = a''ay = Oaz$，以坐标 Z 标记。

由于 X 坐标确定了空间点的左右位置，Y 坐标确定了空间点的前后位置，Z 坐标确定了空间点的高低位置，因此，点在空间的位置可以用坐标 X、Y、Z 确定了。

直角坐标值的书写形式，通常采用 $A(X, Y, Z)$，$A(Xa, Ya, Za)$ 等。例如，点 $A(20, 15, 30)$，即表示 A 点的 X 坐标为 20、Y 坐标为 15、Z 坐标为 30。

6. 点的投影与坐标

空间点的任一面投影，都由该点的两个坐标值决定。点的三个坐标完全确定了点在三投影面体系中的位置，因而也就完全确定了点的三个投影。实际上，只要知道点的两个投影就可以完全确定点在空间的位置。

［例 2］ 已知点 $A(30, 10, 20)$，作点三面投影。

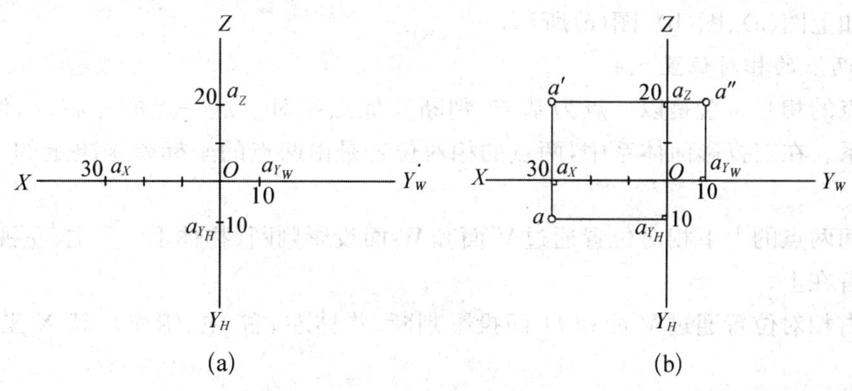

由点的坐标作三面投影

解：作图。

(1) 作投影轴 OX、OY_H、OY_W、OZ；在 OX 轴上，由 O 向左量取 30 得 a_X 点；OY_H、OY_W 由原点 O 分别向前量取 10，得出 a_{Y_H}、a_{Y_W} 点；在 OZ 轴上由 O 点向上量取 20 得 a_Z 点。如上图(a)所示。

(2) 过 a_X 作 a_ZOX 轴的垂线，过 a_{Y_H}、a_{Y_W} 分别作 OY_H、OY_W 轴的垂线，过 a_Z 点作 OZ 轴的垂线；各条垂线的交点 a、a'、a''，即为点 A 的三面投影，如上图(b)所示。

［**例 3**］ 已知点的两个投影，求作第三面投影。如下图所示。

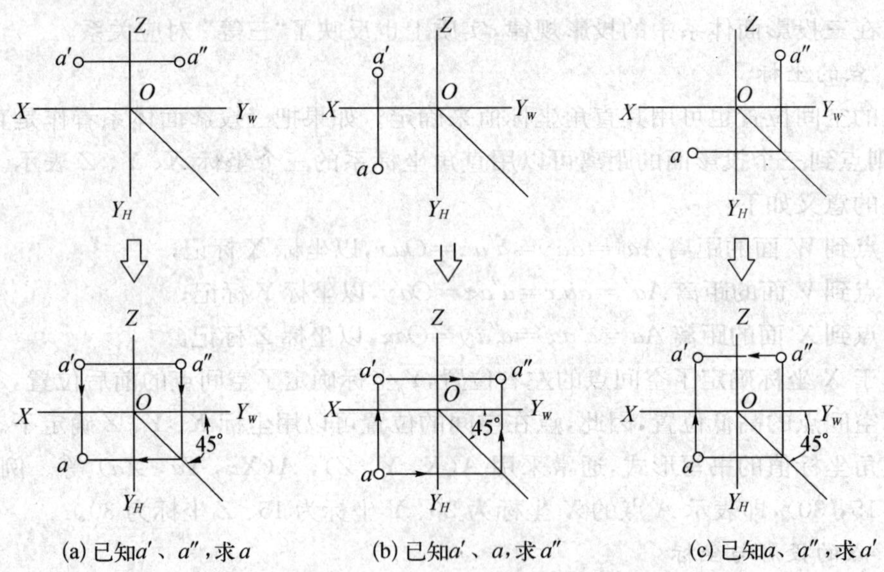

(a) 已知a'、a''，求a　　(b) 已知a'、a，求a''　　(c) 已知a、a''，求a'

由点的两投影求第三投影

解：给出点的两个投影，则点的三个坐标就完全确定了，因而点的第三投影必能唯一作出；或根据点的投影规律，按照第三投影与已知两投影的对正关系，也能唯一求出。如上图(a)、图(b)、图(c)所示。

7. 两点的相对位置

两点的相对位置是以一点为基准，判断其他点相对于这一点的左右、高低、前后位置关系。在三投影面体系中，两点的相对位置是由两点的坐标差来决定的，如下图所示。

空间两点的上下相对位置通过 V 面和 W 面投影判断(物体上、下 主、左视)，Z 坐标值大者在上；

左右相对位置通过 V 面和 H 面投影判断(物体左、右 主、俯视)，其 X 坐标值大者在左；

前后相对位置通过 H 面和 W 的投影判断(物体前、后 左、俯视，里是后外是前)，Y 坐标值大者在前。

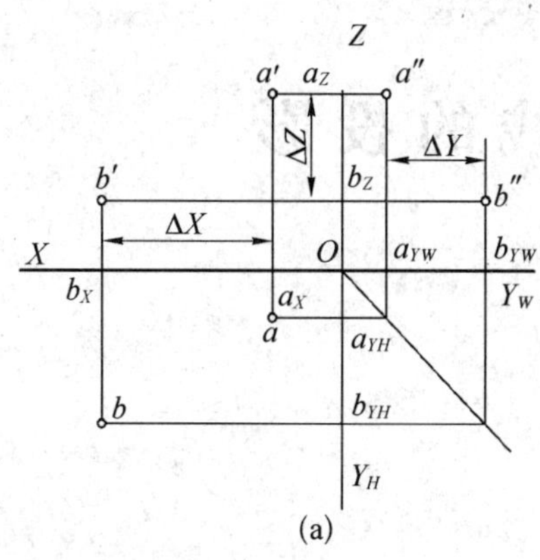

(a)

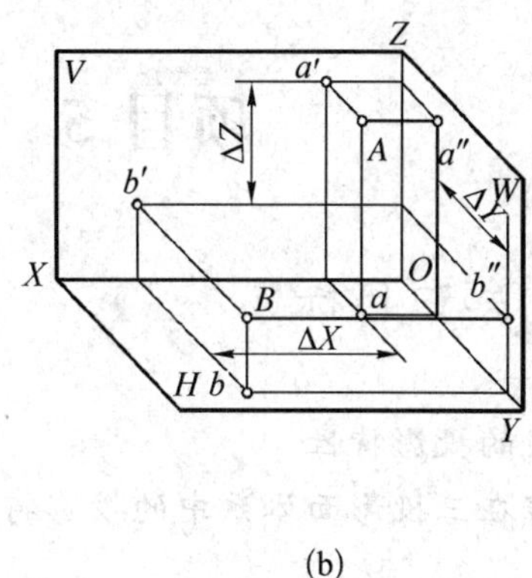

(b)

8. 重影点及可见性

当空间两点的某两个坐标值相同时，该两点处于某一投影面的同一投影线上，则这两点对该投影面的投影重合于一点。这种性质称为重影性，该两点称为重影点。

重影点有可见性问题。在投影图上，距离重合投影面较大的那个点是可见的，而另一点是不可见的，应将不可见的字母用括号括起来，如下图所示。

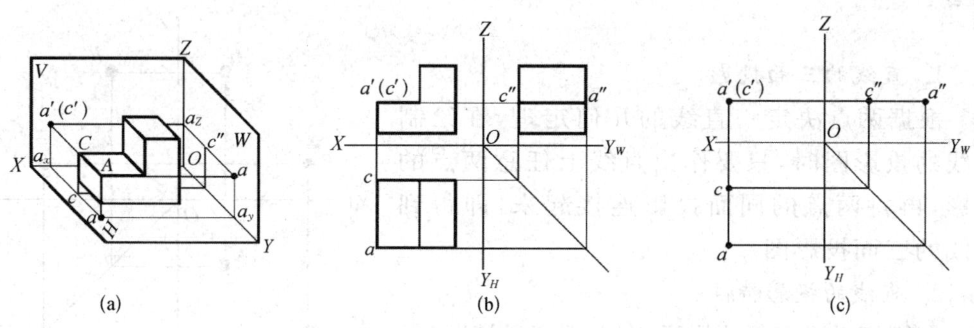

已知：下图所示 A 点和 B 点的三面投影，试确定其直角坐标值，并判断它们的相对位置。

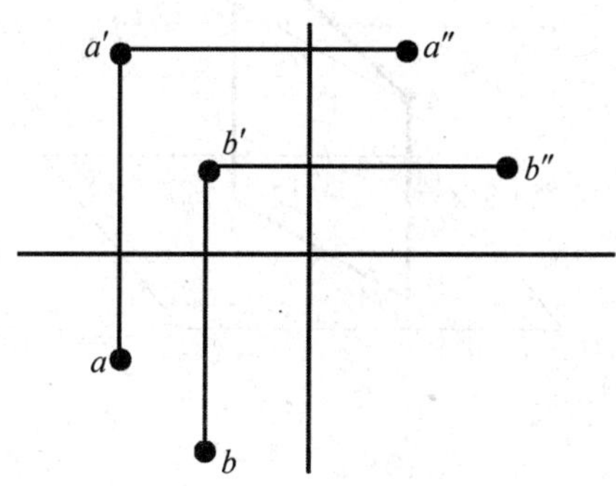

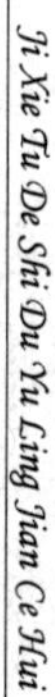

项目5 直线的投影

直线的投影特性

直线在三投影面体系中的投影特性

能根据直线的三面投影判别直线相对于投影面的位置

能正确判别直线与点、直线与直线的相互关系

1. 直线的三面投影

根据两点决定一直线的几何定理，在绘制直线的投影图时，只要作出直线上任意两点的投影，再将两点的同面投影连接起来，即得到直线的三面投影图。

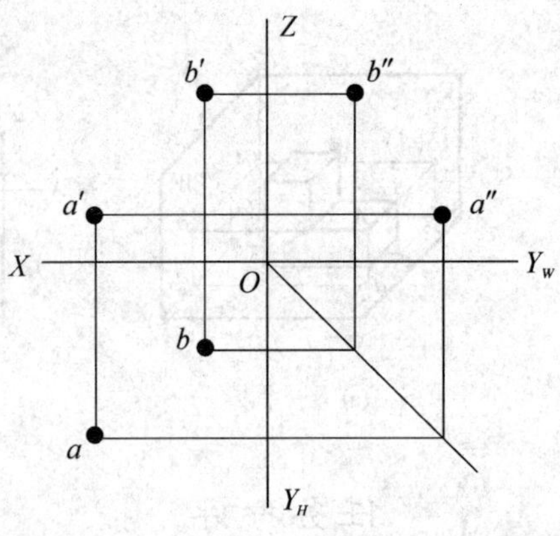

2. 直线的投影特性

直线相对投影面的位置，有以下三种情况：

(1) 直线倾斜于投影面，如下图所示。

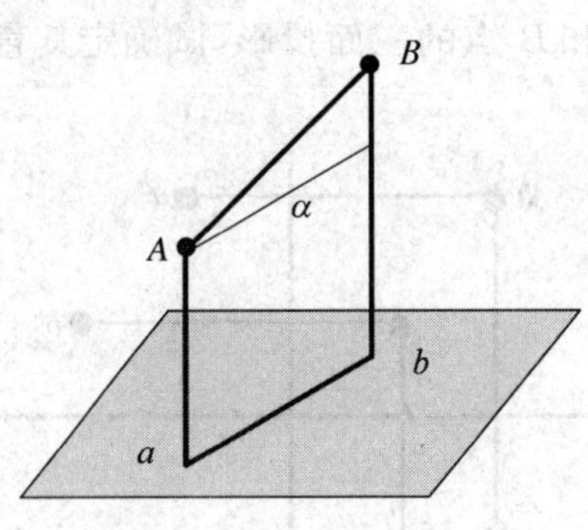

(2) 直线平行于投影面,如下图所示。

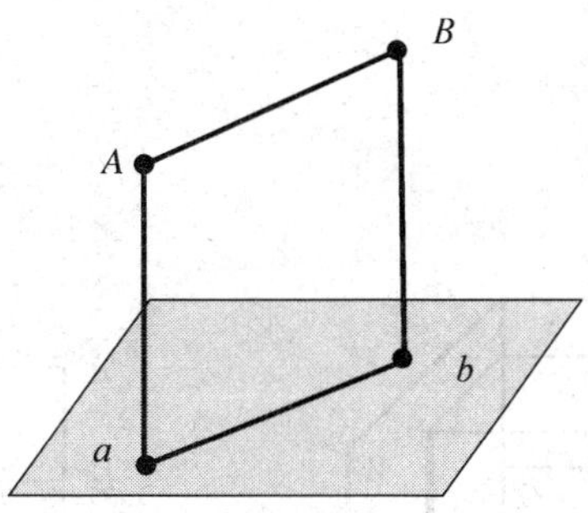

(3) 直线垂直于投影面,如下图所示。

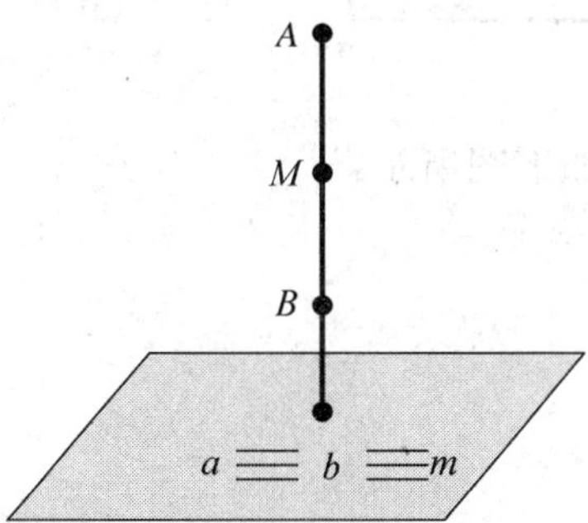

在第一种情况中,当直线 AB 倾斜于投影面时,它在投影面上的投影 ab 或 $a'b'$ 或 $a''b''$ 长度一定比 AB 长度要短,这种性质叫做收缩性。

在第二种情况中,当直线 AB 平行于投影面时,它在投影面上的投影 ab 或 $a'b'$ 或 $a''b''$ 长度一定等于 AB 本身实长,这种性质叫做真实性。

在第三种情况中,当直线 AB 垂直于投影面时,它在投影面上的投影 ab 或 $a'b'$ 或 $a''b''$ 一定重合成一点,这种性质叫做积聚性。

因此,直线的投影特性可简单归纳为:直线倾斜于投影面,投影变短线;直线平行于投影面,投影实长线;直线垂直于投影面,投影聚一点。

3. 直线在三投影面体系中的投影特性

在三投影面体系中,直线相对于投影面的位置可分为三类:① 一般位置直线,这类直线对三个投影面均处于倾斜位置;② 投影面平行线,这类直线平行于一个投影面,而与另外两个投影面倾斜;③ 投影面垂直线,这类直线垂直于一个投影面,而平行于另外两个投影面。

后两类直线又称特殊位置直线,下面分别讨论这三类直线的投影特性。

1) 投影面垂直线

垂直于一个投影面并与另外两个投影面平行的空间直线,称为投影面的垂直线。垂直于 H 面的称为铅垂线,垂直于 V 面的称为正垂线,垂直于 W 面的称为侧垂线。

(1) 铅垂线投影特性，如下图所示：

$a(b)$积聚为一点；

$a'b' \perp OX$，$a''b'' \perp OY$；

$a'b' = a''b'' = AB$。

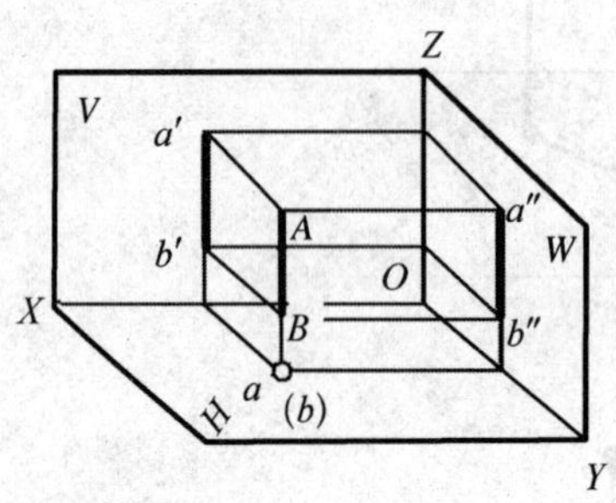

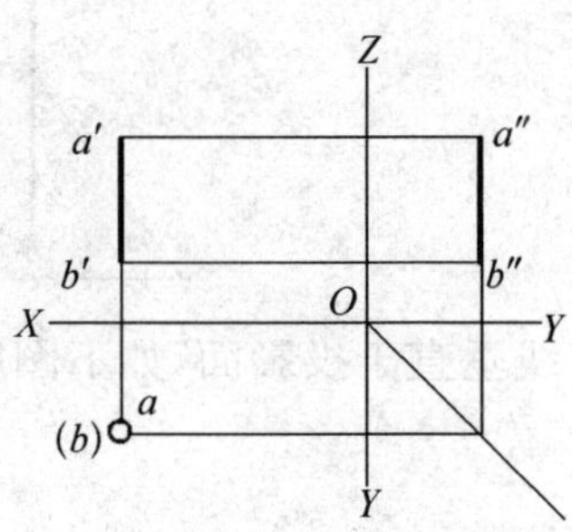

(2) 正垂线投影特性，如下图所示：

$b'(c')$积聚为一点；

$bc \perp OX$，$b''c'' \perp OZ$；

$bc = b''c'' = BC$。

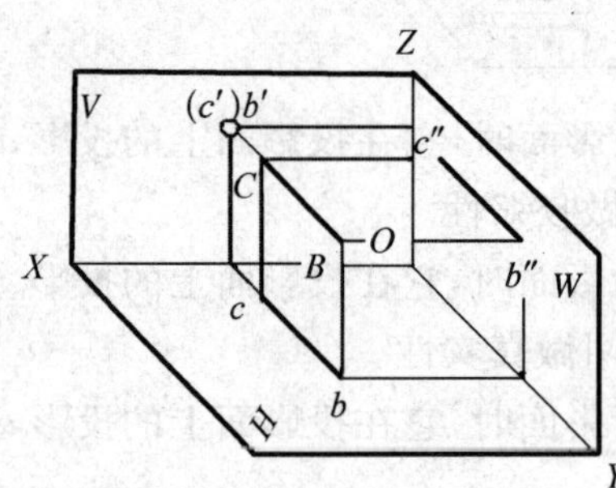

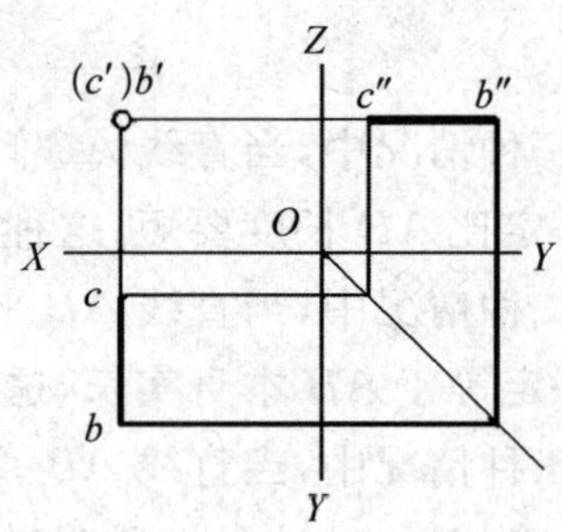

(3) 侧垂线投影特性，如下图所示：

$d''(b'')$积聚为一点；

$d'b' \perp OZ$，$db \perp OY$；

$d'b' = db = DB$。

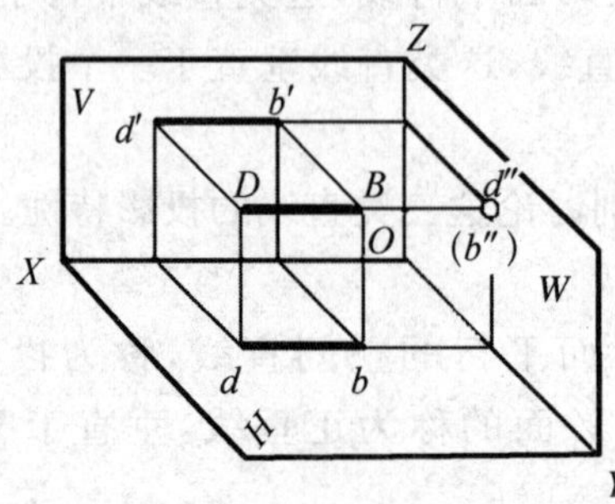

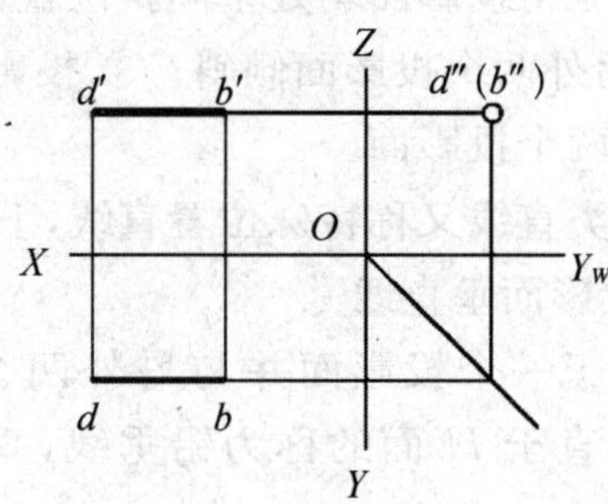

投影面垂直线的投影特性：在所垂直的投影面上的投影积聚成一点；在另外两投影面上的投影反映空间直线的实长，且与空间直线所垂直的投影面的两轴垂直。

2）投影面平行线

平行于一个投影面并与另外两投影面倾斜的空间直线，称为投影面的平行线。平行于 H 面，且与 V、W 面倾斜的直线，称为水平线；平行于 V 面，且与 H、W 面倾斜的直线，称为正平线；平行于 W 面，且与 V、H 面倾斜的直线，称为侧平线。

（1）水平线投影特性，如下图所示：

$a'b' \parallel OX$，$a''b'' \parallel OY$，且均不反映实长；

$ab = AB$；

β、γ反映真实倾角。

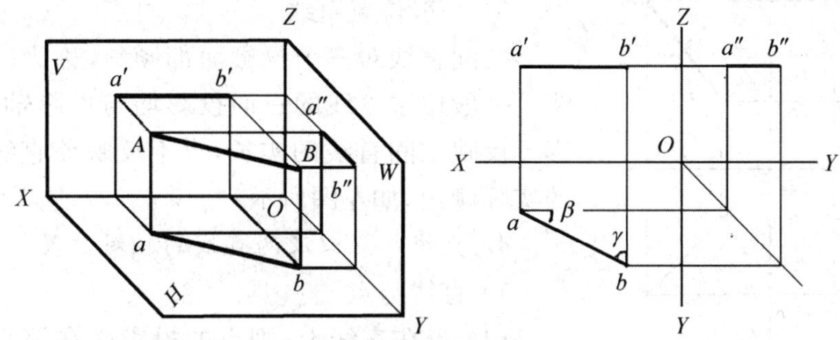

（2）正平线投影特性，如下图所示：

$cb \parallel OX$，$c''b'' \parallel OZ$，且均不反映实长；

$c'b' = CB$；

α、γ反映真实倾角。

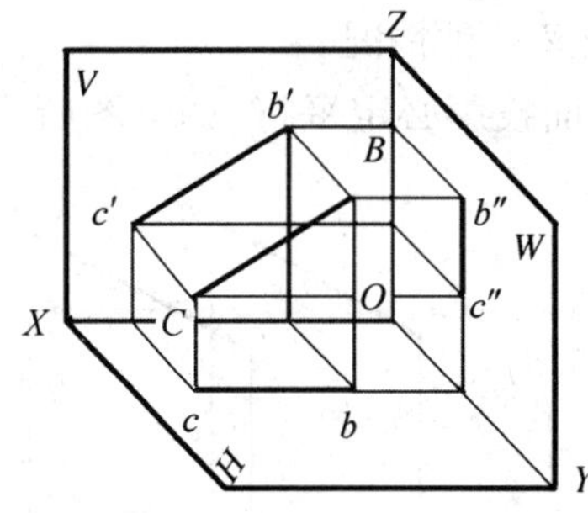

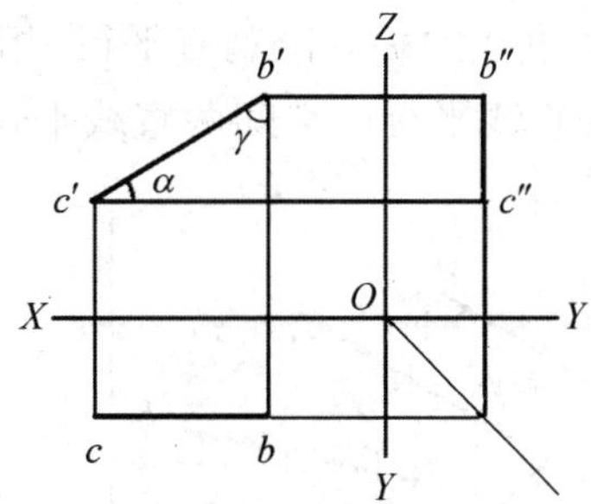

（3）侧平线投影特性，如下图所示：

$ac \parallel OY$，$a'c' \parallel OZ$，且均不反映实长；

$a''c'' = AC$；

α、β反映真实倾角。

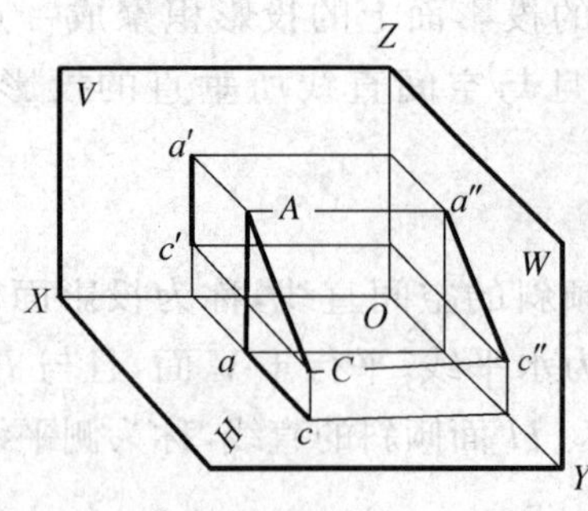

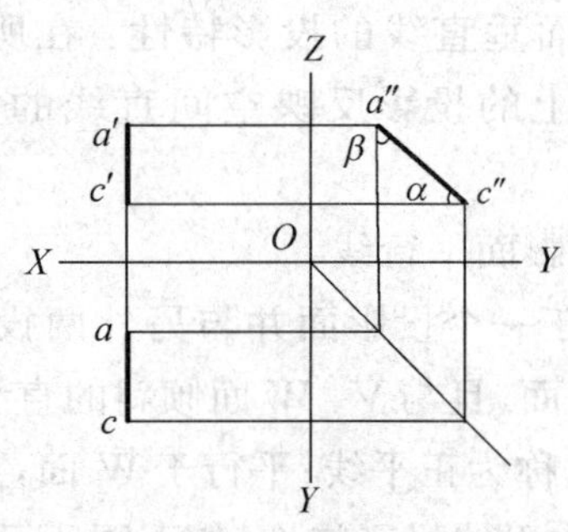

投影面平行线的投影特性：在所平行的投影面上的投影为反映空间直线实长的线段，该线段与投影轴的夹角为空间直线与其他两个投影面相应的夹角；其他两个面的投影为比空间直线缩短的线段，且分别平行于空间直线所平行的投影面上的两根投影轴。

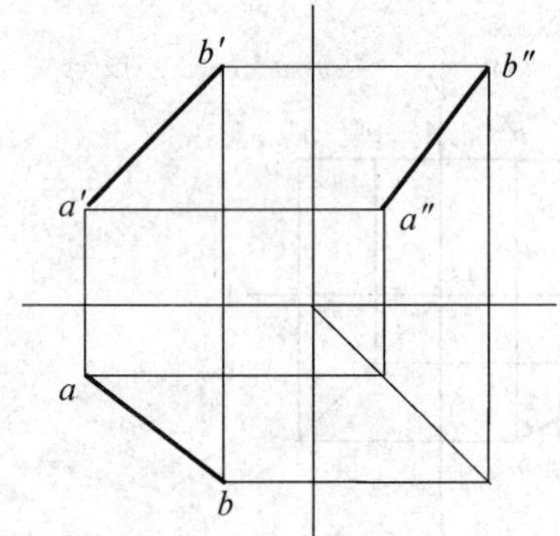

3）一般位置直线

空间直线对三个投影面都倾斜，称为一般位置直线。一般位置直线的三面投影均与投影轴倾斜，其投影不反映空间直线的实长，也不反映该直线与投影面的实际倾角，如左图所示。

4. 直线与点以及两直线的相对位置

1）直线与点

（1）点在直线上，则点的投影必在该直线的同面投影上。反之，如果点的投影均在直线的同面投影上，则点必在该直线上；否则，点不在该直线上。

（2）直线上的点分割直线之比，在投影后保持不变。这种点分线段成比例的投影特性，称为定比性。

2）两直线的相对位置

空间两直线的相对位置有平行、相交和交叉三种情况。

（1）两直线平行　空间两直线平行，其同面投影必定平行，如下图所示。

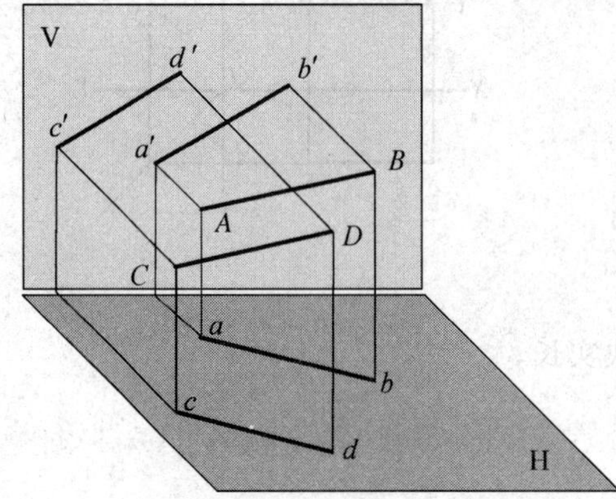

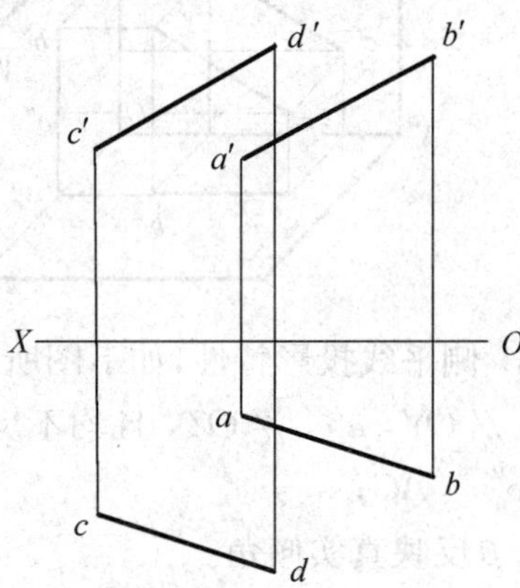

（2）两直线相交　空间两直线相交，其同面投影也一定相交，交点符合点的投影规律，如下图所示。

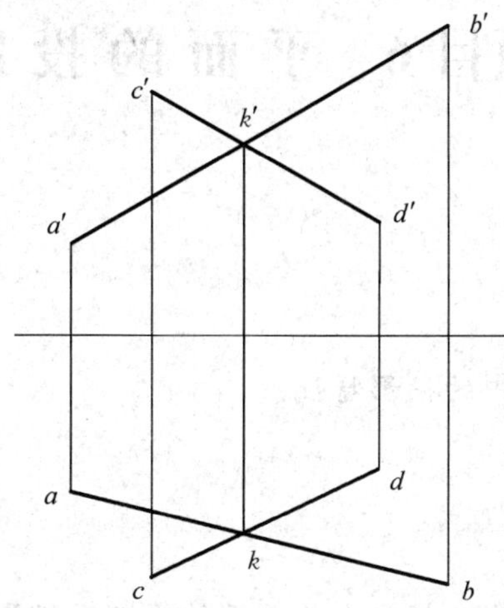

（3）两直线交叉　空间两直线既不平行也不相交，则称两直线交叉（异面直线），如下图所示。

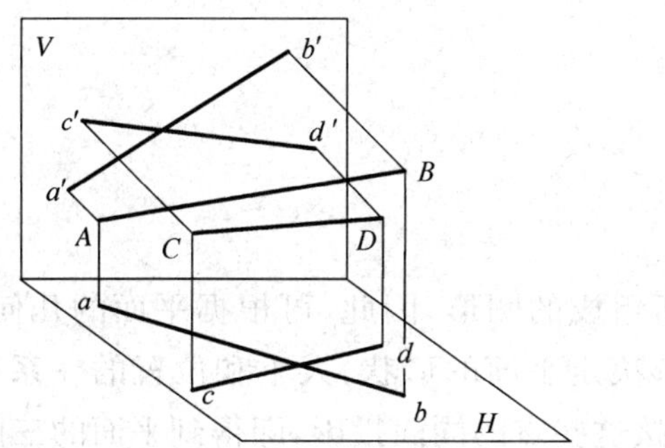

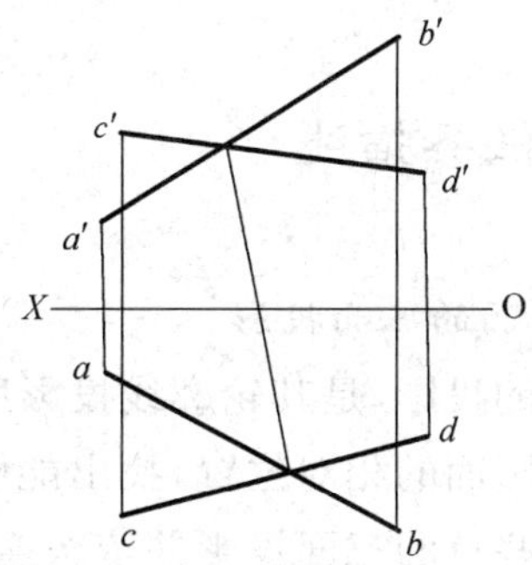

上图所示两交叉直线 AB、CD，其同面投影虽有交点，但交点不符合点的投影规律，其交点为两直线上两个点的重影。

任务考评

已知：如下图所示，直线 AB 的三面投影，有一水平线 CD 与其相交，CD 距离 H 面 30 mm，与 V 面的倾角为 45°，试求作 CD 的三面投影。

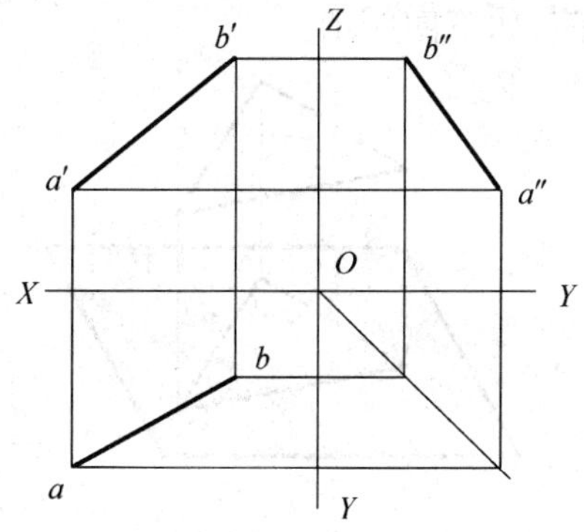

项目6　平面的投影

平面的投影特性

平面在三投影面体系中的投影特性

能根据平面的两面投影分析和求作平面的第三面投影

能根据投影正确判别空间点或直线是否在平面内

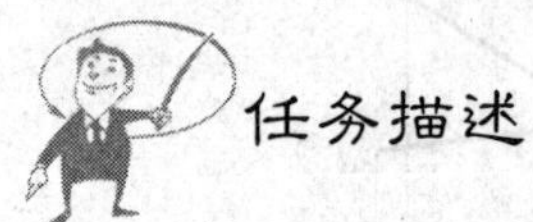

1. 平面的三面投影

平面的投影，是其轮廓线投影所组成的图形，因此，可根据平面的几何形状特点及其对投影面的相对位置，找出能够决定平面的形状、大小和位置的一系列点来，然后作出这些点的三面投影并依次连接这些点的同面投影，即得到平面的三面投影。

在求作多边形平面的投影时，可先求出它的各直线端点的投影，然后连接各直线端点的同面投影，即可得到多边形平面的三面投影。

在求作曲线平面的投影时，也可先作出能确定曲线轮廓的一些主要点的投影，然后用曲线板顺次光滑连接主要点的同面投影，即得到曲线平面的三面投影

由上可见，作平面图形的投影，实质上仍是以点的投影为基础而得的投影。

2. 平面的投影特性

平面相对于投影面的位置，有以下三种情况：

(1) 平面平行于投影面，如下图所示。

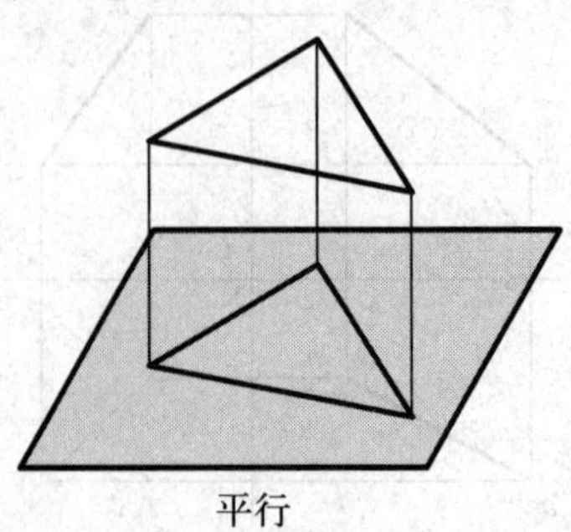

平行

(2) 平面倾斜于投影面，如下图所示。

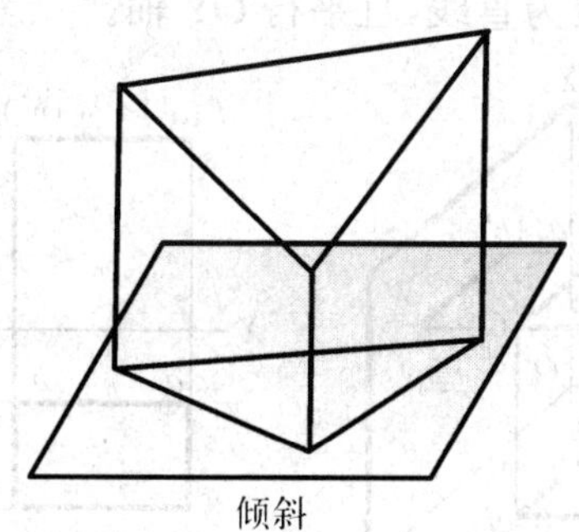

倾斜

(3) 平面垂直于投影面，如下图所示。

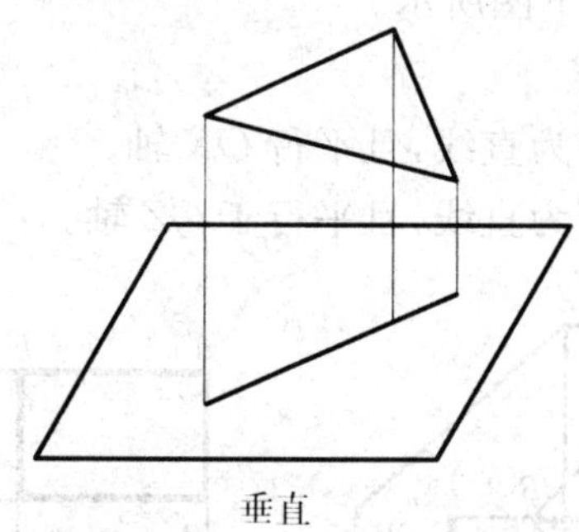

垂直

在第一种情况中，当平面平行于投影面时，其投影与原平面的形状、大小相同，这种性质叫做真实性；

在第二种情况中，当平面倾斜于投影面时，其投影与原形相类似且比原形缩小，这种性质叫做收缩性；

在第三种情况中，当平面垂直于投影面时，其投影积聚为一条直线，这种性质叫做积聚性。

上述平面的投影特性可以归纳为：平面平行于投影面，投影原形现；平面倾斜于投影面，投影面积变；平面垂直于投影面，投影聚成线。

3. 平面在三投影面体系中的投影特性

在三投影面体系中，平面相对于投影面的位置可分为以下三类：① 一般位置平面；② 投影面平行面；③ 投影面垂直面。

后两种平面又称特殊位置平面，下面分别讨论这三类平面的投影特性。

1) 投影面平行面

平行于一个投影面并与另外两个投影面垂直的空间平面，称为投影面的平行面。平行于 H 面的平面称为水平面，平行于 V 面的平面称为正平面，平行于 W 面的平面称为侧平面。

(1) 水平面投影特性，如下图所示：

水平投影反映真形；

正面投影有积聚性，积聚为直线，且平行 OX 轴；
侧面投影有积聚性，积聚为直线，且平行 OY 轴。

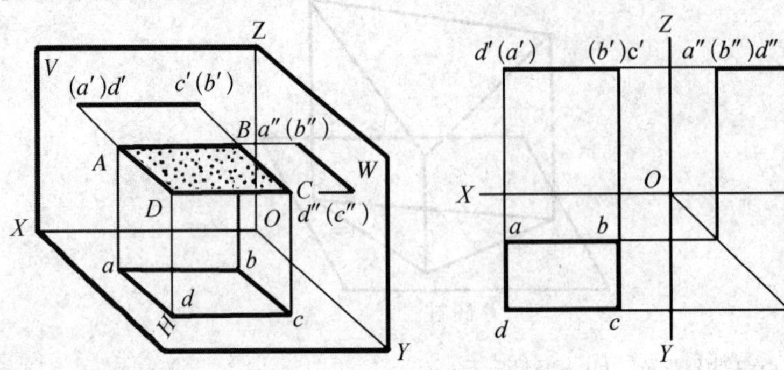

(2) 正平面投影特性，如下图所示。
正面投影反映真形；
水平投影有积聚性，积聚为直线，且平行 OX 轴；
侧面投影有积聚性，积聚为直线，且平行于 OZ 轴。

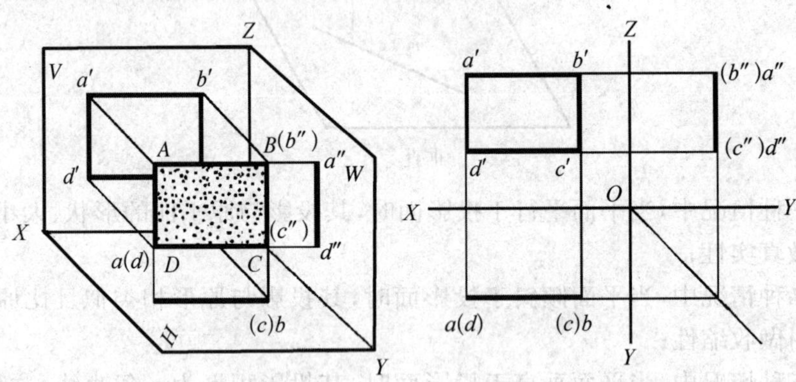

(3) 侧平面投影特性，如下图所示：
侧面投影反映真形；
水平投影有积聚性，积聚为直线，且平行 OY 轴；
正面投影有积聚性，积聚为直线，且平行 OZ 轴。

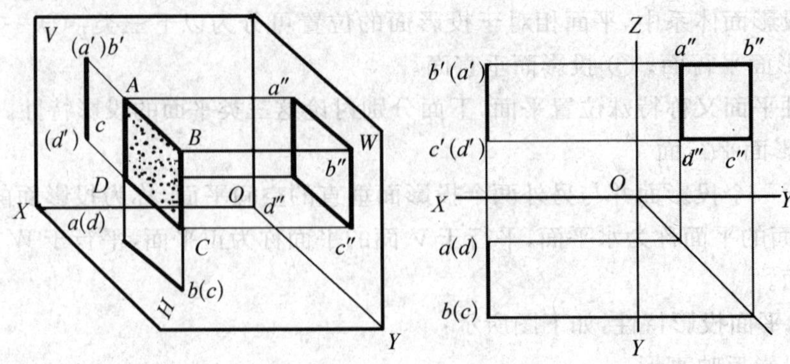

投影面平行面的投影特性：在所平行的投影面上的投影反映空间平面的实形；在另外两面上的投影积聚成直线，且分别平行于空间平面所平行的投影面的两根投影轴。

2）投影面垂直面

空间平面图垂直于一个投影面与另外两个投影面倾斜，称为投影面的垂直面。垂直于 H 面与 V、W 面倾斜，称为铅垂面；垂直于 V 面与 H、W 面倾斜，称为正垂面；垂直于 W 面与 H、V 面倾斜，称为侧垂面。

（1）铅垂面投影特性，如下图所示：

水平投影有积聚性，积聚为直线，且与其水平迹线重合；

水平投影与 OX 轴的夹角反映 β 角，与 OY 轴的夹角反映 γ 角；

正面投影和侧面投影均为类似形。

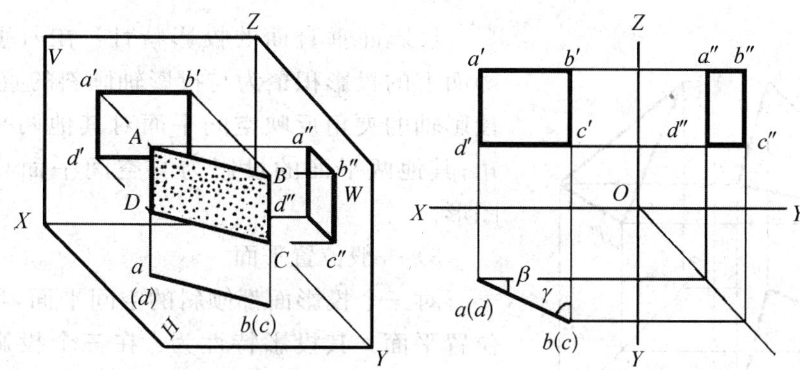

（2）侧垂面投影特性，如下图所示：

侧面投影有积聚性，积聚为直线，且与其侧面迹线重合；

侧面投影与 OY 轴的夹角反映 α 角，与 OZ 轴的夹角反映 β 角；

正面投影和水平投影均为类似形。

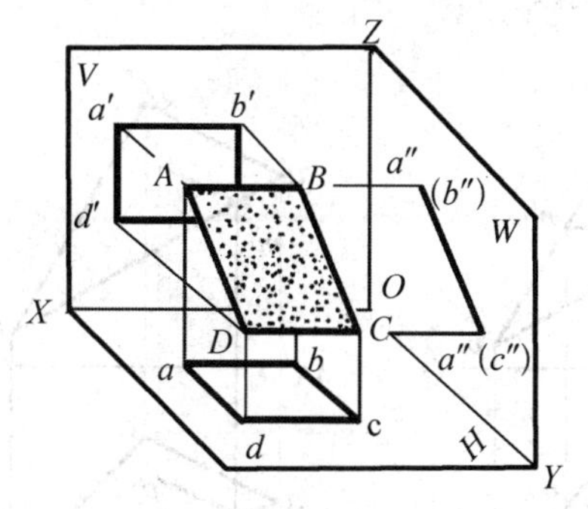

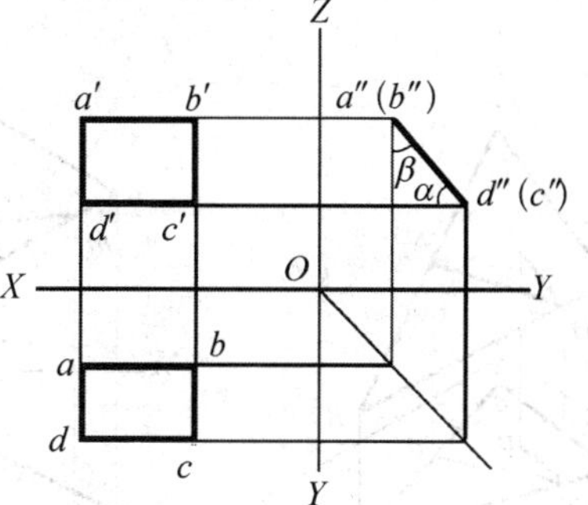

（3）正垂面投影特性，如下图所示：

正面投影有积聚性，积聚为直线，且与其正面迹线重合；

正面投影与 OX 轴的夹角反映 α 角，与 OZ 轴的夹角反映 γ 角；
水平投影和侧面投影均为类似形。

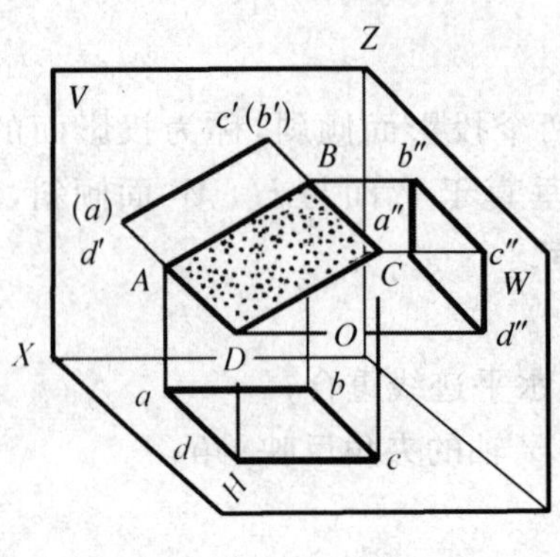

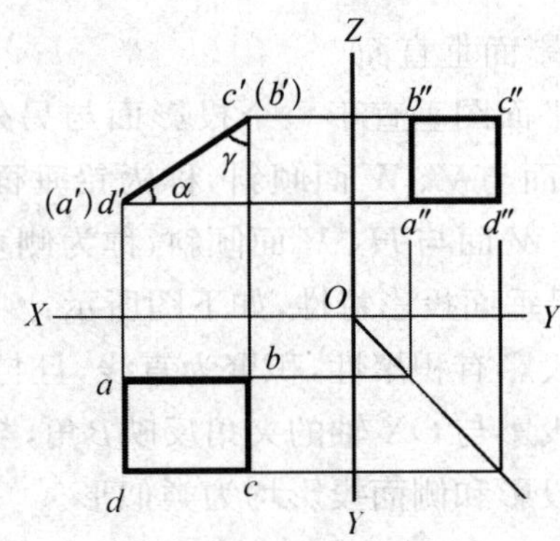

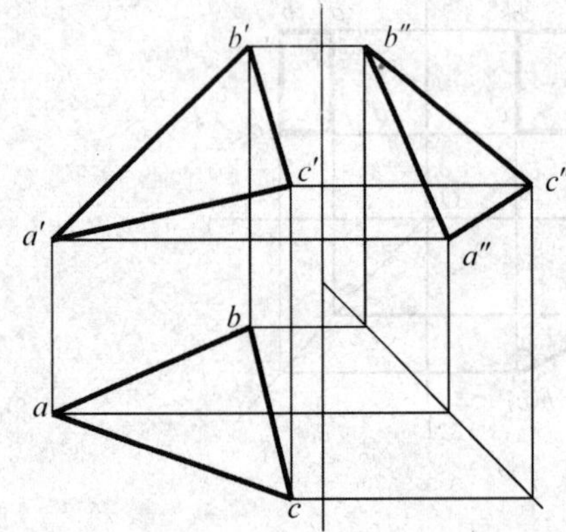

投影面垂直面的投影特性：在所垂直的投影面上的投影积聚为与投影轴倾斜的直线，与两投影轴的夹角反映空间平面对其他两平面的夹角；其他两平面的投影为与空间平面相类似的图形。

3）一般位置平面

对三个投影面都倾斜的空间平面，称为一般位置平面。其投影特性为：在三个投影面上的投影均是与空间平面相类似的图形，如左图所示。

4. 平面上的直线和点

1）平面上的直线

直线在平面上的几何条件为：直线通过平面上的两点，或直线通过平面上的一点，且平行于平面上的任一直线。如下图所示。

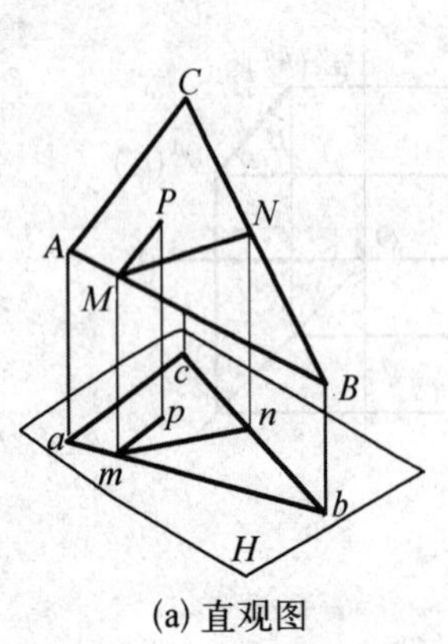

(a) 直观图

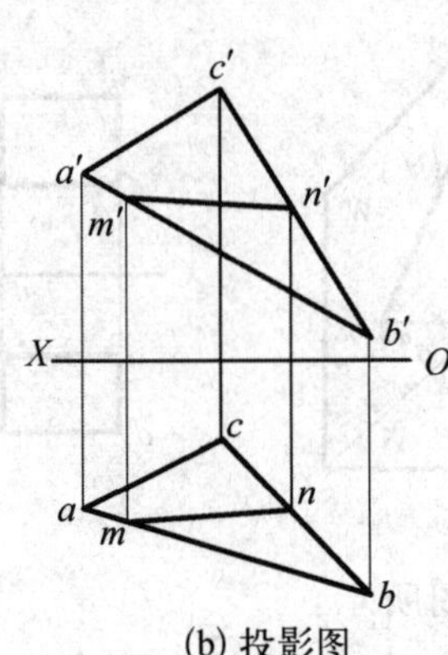

(b) 投影图

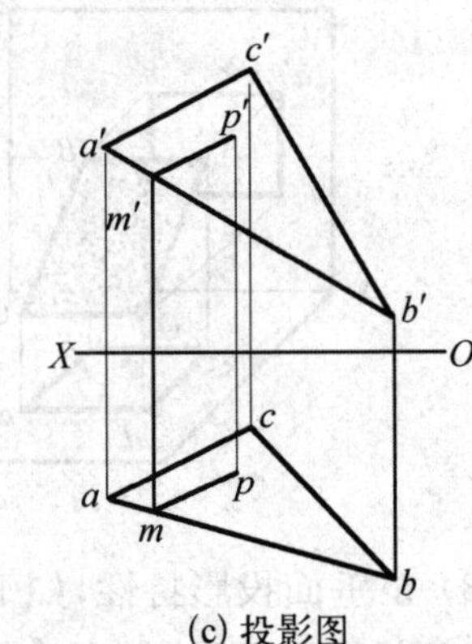

(c) 投影图

2）平面上的点

点在平面上的几何条件：点在平面上的任一直线上，则点在此平面上。

［例 4］ 已知 K 点在平面 ABC 上，求 K 点的水平投影。

解：（1）利用平面的积聚性求解（课堂上分析讨论，完成作图）。

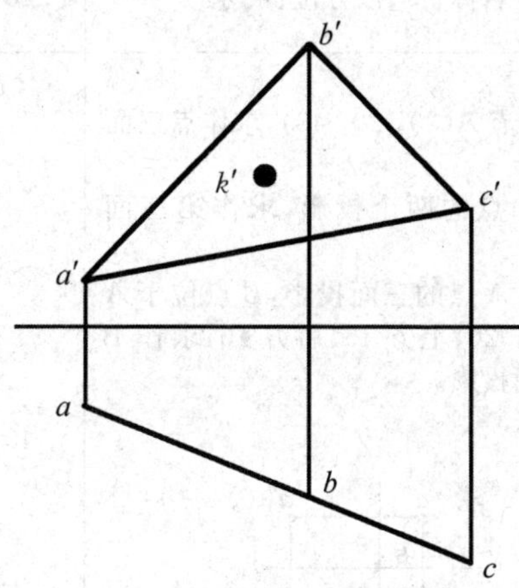

（2）通过在面内作辅助线求解（课堂上分析讨论，完成作图）。

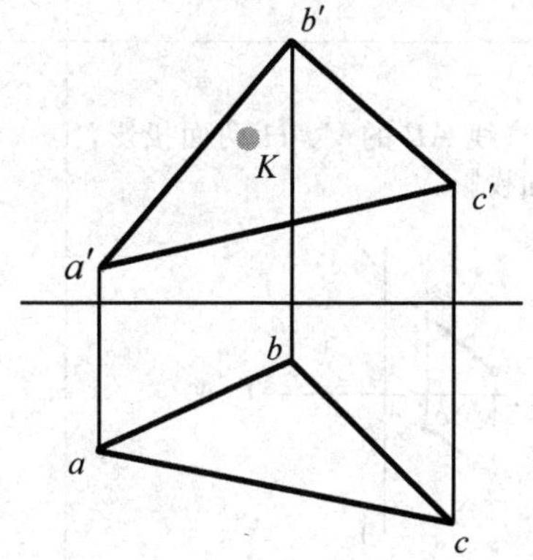

（1）问题分析

（2）规律分析

（3）找出特性

（4）画点或直线或平面的投影

任务考评

序号	考核内容	考 核 项 目	配分	检测标准	得分
1	认识三视图	三视图的名称、位置、方位、尺寸	20	名称、位置、方位、尺寸关系正确	
2	画点的投影	(1) 已知点 $A(30, 20, 40)$，求作点三面投影。 (2) 已知点的两个投影，求作第三面投影。 (3) 已知 A 点的三面投影，B 点位于 A 点的左方 20、上方 15、后方 10，求作 B 点的三面投影。 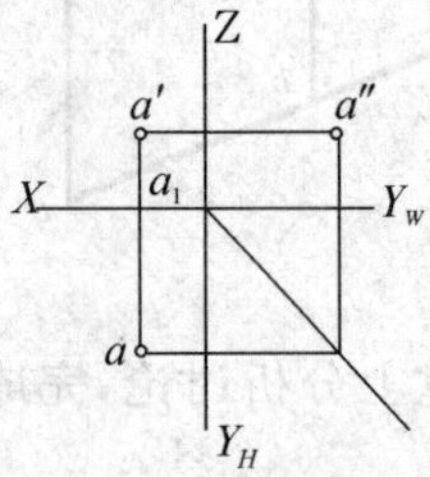	40	点的三面投影和标记正确	
3	画直线的投影	(1) 已知直线 AB 的 V、H 两面投影，求其 W 面投影。 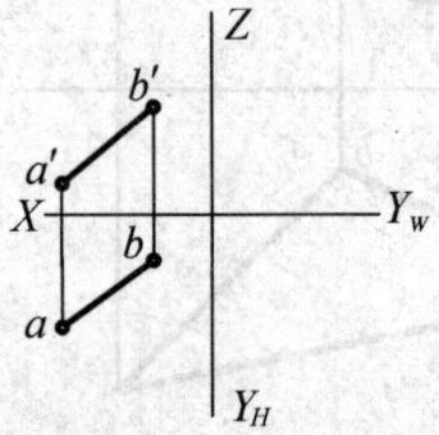 (2) 求直线 AB 上距 H 面和 V 面相等的 K 点的三面投影。 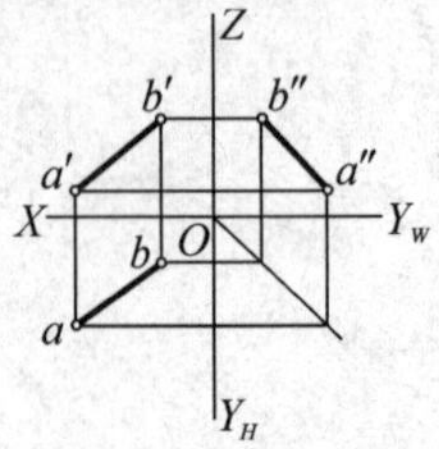	20	直线的三面投影和标记正确	

(续表)

序号	考核内容	考　核　项　目	配分	检测标准	得分
4	画平面的投影	已知平面的两投影,求第三投影。	20	平面的三面投影和标记正确	

任务一小结:(基本知识)

工程图样是工程界的技术语言,是制造业、建筑业等工程界以及工程技术质量监督部门最基本的技术文件。为了便于管理和交流,国家发布了一系列相关的标准,对图样的内容、格式、表示方法等作了统一的规定,所有工程技术人员必须严格遵守,认真执行。《机械制图》国家标准是机械图的识读与绘制的准则,必须熟悉。

本任务以必须和够用为原则,来处理投影基础理论和内容,主要是突出投影分析能力的培养。讲授点、直线、平面的投影,是从形象具体的物体上的点、直线、平面的投影分析引入,然后加以抽象化,为读图和绘图奠定投影分析的基础。本任务的重点内容是掌握点、直线、平面的投影特性,尤其是特殊位置直线与平面的投影特性;点、直线、平面的相对位置的判断方法。

一、直线上的点

1. 投影特性

(1) 点的投影在直线的同面投影上。

(2) 将直线成比例分割的点的投影,必然分线段的投影成定比——定比定理。

2. 判断方法

(1) 直线为一般位置时,如下图所示。

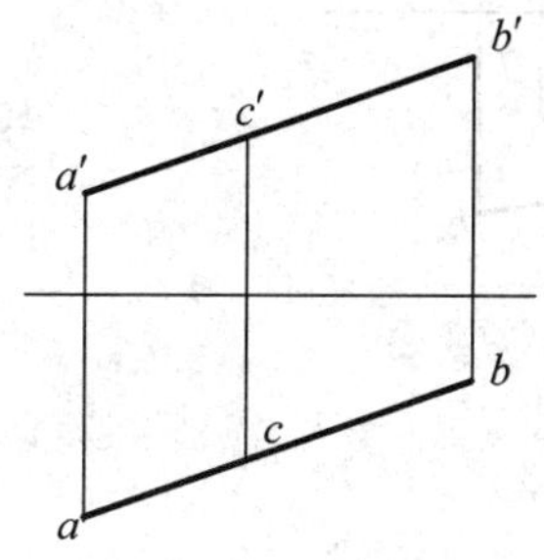

(2) 直线为特殊位置时，如下图所示。

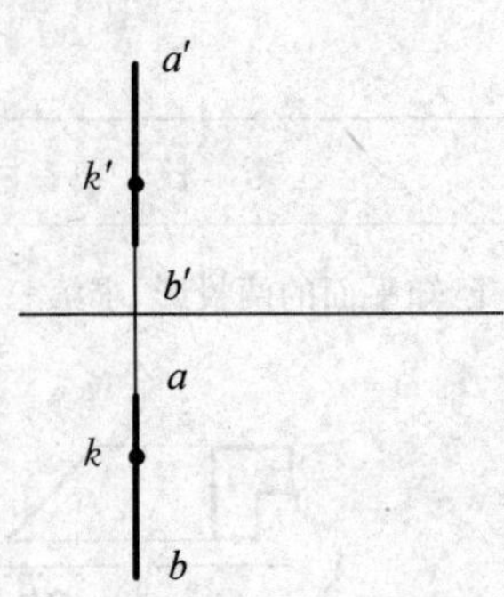

二、两直线的相对位置

1. 平行

同名投影互相平行。对于一般位置直线，只要有两个同名投影互相平行，空间两直线就平行；对于特殊位置直线，只有两个同名投影互相平行，空间直线不一定平行。如下图所示。

(1)

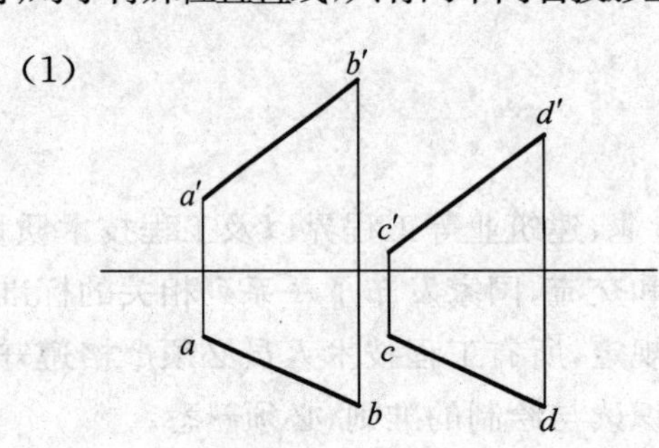

(2)

2. 相交

同名投影相交，交点是两直线的共有点，且符合空间一个点的投影规律，见下图(1)。但对于特殊位置直线，只有两个同名投影互相相交，空间直线不一定相交，参看下图(2)。

(1)

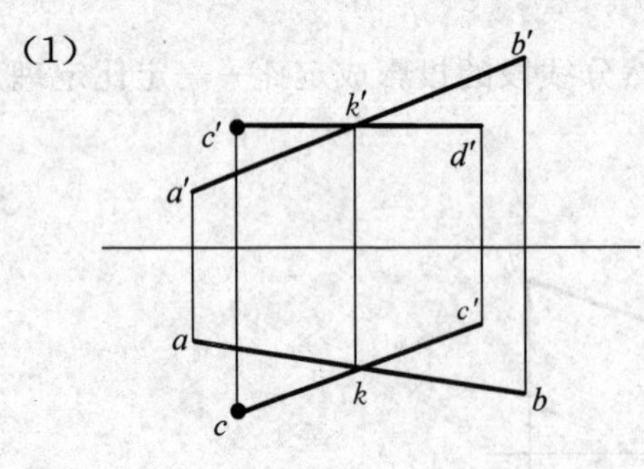

(2)

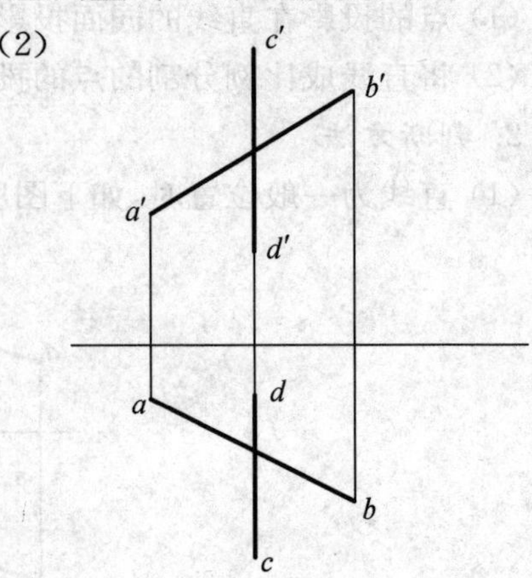

3. 交叉(异面)

同名投影可能相交,但“交点”不符合空间一个点的投影规律。“交点”是两直线上一对重影点的投影,如下图所示。

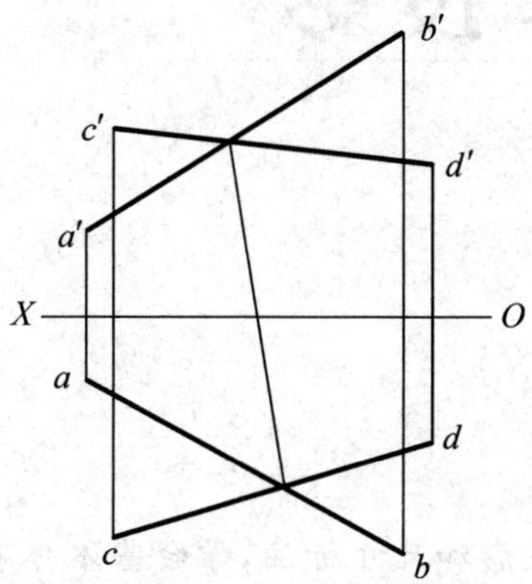

任务二 形体投影

学习目标

1）熟悉基本体的三面投影和尺寸标注，学会基本体表面取点的求作方法

2）掌握截交线、相贯线的分析方法和相应的作图方法与步骤

3）重点掌握用形体分析法和线面分析法来说明组合体的画图方法、看图方法和尺寸标注，并为后面的零件图、装配图作准备

项目 1 基本体的投影

机器上的零件，由于其作用不同而有各种各样的结构形状，不管它们的形状如何复杂，都可以看成是由一些简单的基本几何体组合起来的。

常见的基本体有：棱柱、棱锥、圆柱、圆锥、圆球、圆环等。

基本体的形体特征和三视图特点

基本体的三视图画法及表面上点的投影

基本体尺寸标注

熟悉基本体形体特征和三视图特点

能正确画出基本体三视图及表面上点的投影

能正确标注基本体的尺寸

根据基本体的表面几何性质，基本体可分为平面立体和曲面立体两大类：平面立体的每个表面都是平面，如棱柱、棱锥；曲面立体至少有一个表面是曲面，如圆柱、圆锥、圆球和圆环等。掌握基本体的形体特征和三视图特点，为绘制复杂轴类、盘类、箱体类零件的三视图打基础。本项目就是要求正确画出基本体三视图及表面上点的投影，并进行尺寸标注。具体操作：

分析基本体形体特征；

分析三视图特点；

画基本体三视图；

求作基本体表面上点的投影。

1. 棱柱

1）棱柱的三视图分析

下图所示为一六棱柱，顶面和底面是互相平行的正六边形，六个侧棱面都是相同的长方形，并与底、顶面垂直。

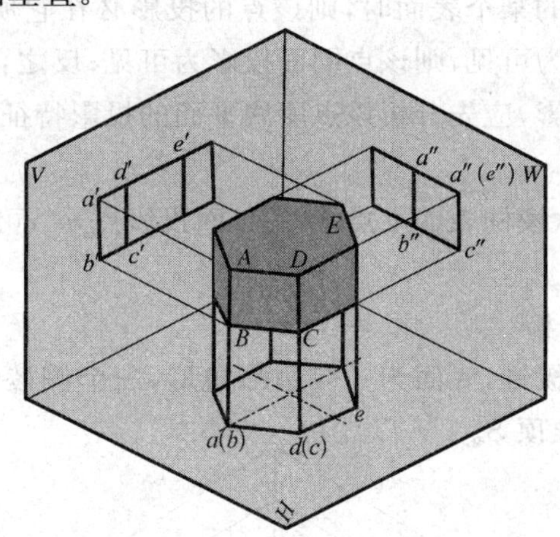

下图所示为六棱柱的三视图：

主视图——由三个长方形线框组成，中间的长方形线框反映前、后面的实形；左、右两个窄的长方形线框分别为六棱柱其余四个侧棱面的投影，由于它们不与 V 面平行，因此投影不反映实形；顶、底面在主视图上的投影和积聚为两条平行于 OX 轴的直线。

俯视图——为一正六边形，反映顶、底面的实形，六个侧棱面垂直于 H 面，它们的投影都积聚在正六边形的六条边上。

左视图——由两个长方形线框组成，是六棱柱左边两个侧棱面的投影，且遮住了右边两个侧棱面，由于与 W 面倾斜，因此投影不反映实形；六棱柱的前、后两个面在左视图上的投影有积聚性，积聚为右边和左边的两条直线；上、下两条水平线是六棱

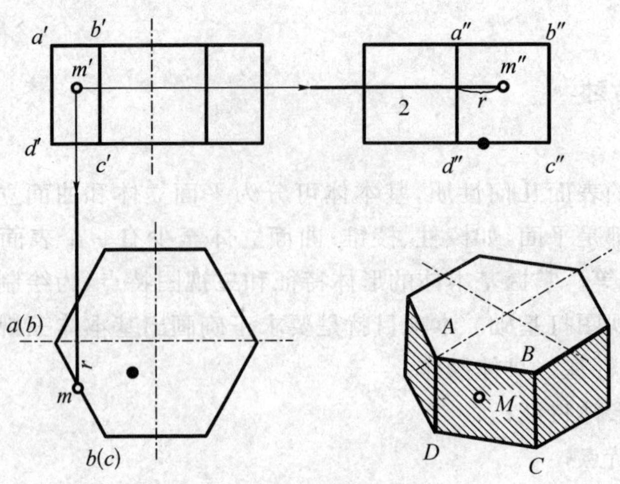

正六棱柱三视图及表面上点的投影

柱顶面和底面的投影，积聚为直线。

2）棱柱三视图的画图步骤

一般先从反映形状特征的视图画起；然后，按视图间投影关系完成其他两个视图。

3）在棱柱表面上求点的投影

当点属于基本立体的某个表面时，则该点的投影必在它所属表面的各同面投影范围内。若该表面投影为可见，则该点同面投影为可见；反之，则为不可见。因此，求作平面立体表面点的投影，应先分析该点所属平面的投影特征，然后再根据面上点的投影特性作图。

如上图所示，已知六棱柱表面上点 M 的正面投影点 m'，可求作另两个面的投影。

2. 棱锥

1）棱锥的三视图分析

下图所示为一正三棱锥，底面为一等边三角形，三个侧棱面均为等腰三角形，所有棱线都交于一点，即锥顶 S。

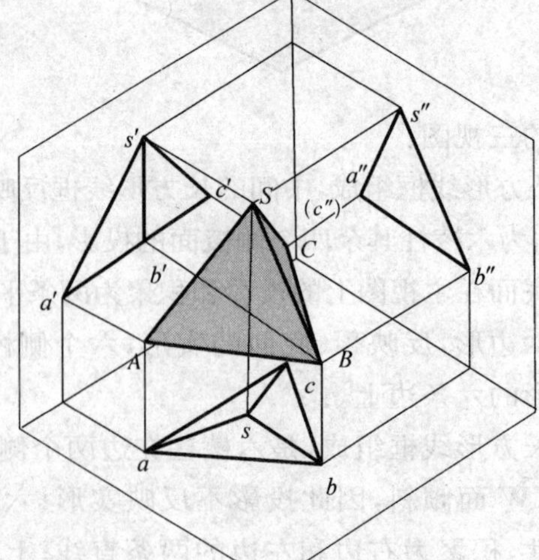

下图所示为三棱锥的三视图。

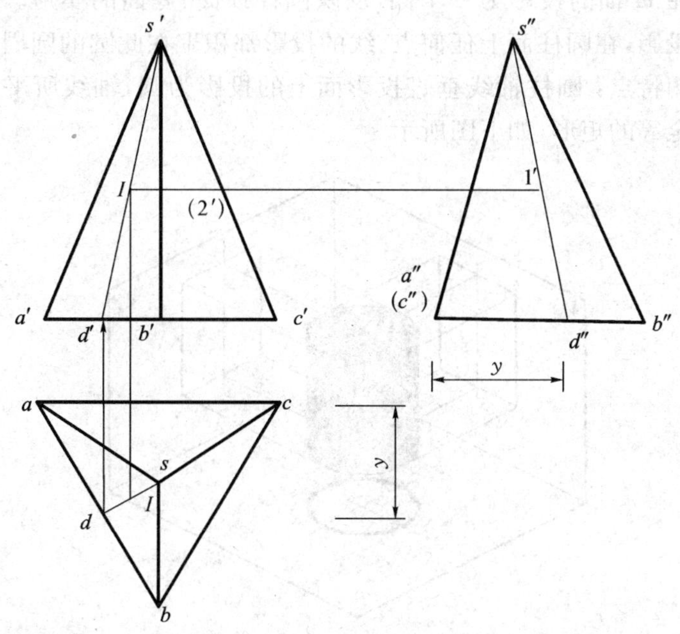

主视图——是两个三角形线框，分别是左、右两侧面的投影，整个三角形线框同时也反映了三棱锥后侧面在 V 面上的投影，但并不反映它们的实形。

俯视图——是由三个三角形组成的外形也为三角形的线框，三个三角形是三棱锥三个侧面在 H 面上不显实形的投影，外形三角形是三棱锥底面在 H 面上的投影，反映实形。

左视图——是一个三角形线框，是左、右两侧面在 W 面上的投影，但三角形两条斜边表示的是三棱锥后侧面的积聚投影和左、右两侧面相交的棱线的投影。

2）棱锥三视图的画图步骤

如上图所示三棱锥。先画底面的各个投影；然后根据棱锥高画出顶点的各个投影 $ss's''$；最后把锥顶与底面各顶点的同面投影连线，得三棱锥的三视图。

3）在棱锥表面上求点的投影

棱锥的表面可能是特殊位置平面，也可能是一般位置平面。凡属特殊位置表面上的点，可利用投影的积聚性直接求得；而一般位置表面上的点，可通过该面作辅助线的方法求得。

如上图所示已知三棱锥棱面上点 I 的正面投影 $1'$，可求作另外两面投影。

3. 圆柱

圆柱面可看成是由一条直线 AA_1（母线），绕与其平行的轴 OO_1 回转而成的。圆柱面上任意一条平行轴线 OO_1 的直线称为圆柱面素线。圆柱的表面是由圆柱面和上、下底面（圆平面）所围成的。

圆柱轴线垂直于 H 面，圆柱面上所有素线都是铅垂线，圆柱顶面、底面是水平面。因此圆柱在 H 面的投影为一个圆，反映圆柱顶面、底面的实形。而圆周又是圆柱面的积聚的投影，在圆柱面上任何点、线的投影都积聚在此圆的圆周上。

圆柱三视图特点：圆柱轴线垂直投影面上的投影为圆，轴线所平行两个投影面的投影为两个全等的矩形，如下图所示。

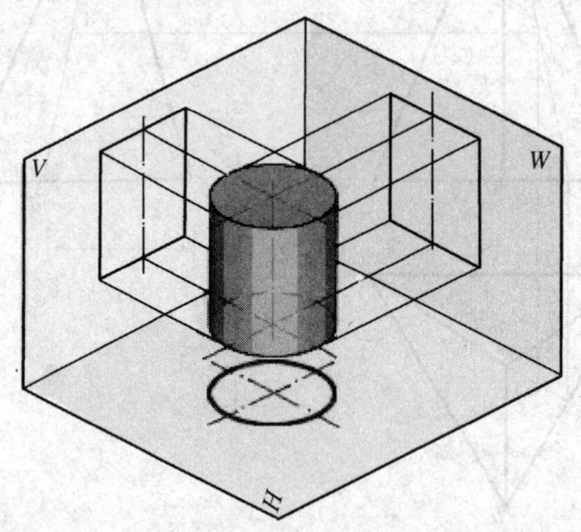

圆柱三视图的作图步骤：应先画出圆的中心线和轴线，再画反映圆的视图，然后画两个投影为矩形的视图。

圆柱表面上点的投影，均可利用投影的积聚性来作图。如下图所示，已知圆柱面上 A 点和 B 点的正面投影 a' 和 b'，可求作两点的另两面投影。

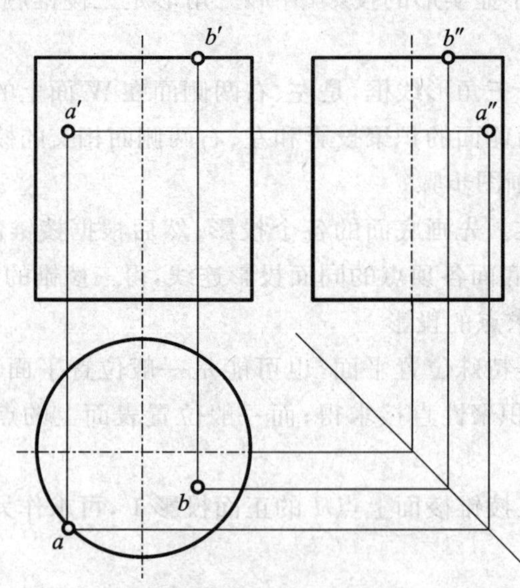

圆柱表面上点的投影

4. 圆锥

圆锥面可看成是一条直线（母线），围绕着与其相交成一定角度的轴线 SO 回转而成的。在圆锥面通过锥顶的任一直线，称为圆锥面素线。在母线上任意一点的运动轨迹为圆，因此圆锥是由圆面和圆锥面所围成的。

圆锥轴垂直于 H 面，圆锥底面的水平面投影为圆形，正面与侧面的投影积聚为直线。

圆锥三视图特点：在圆锥轴线所垂直投影面上投影为圆，在轴线所平行两个投影面的投影为两个全等等腰三角形，如下图所示。

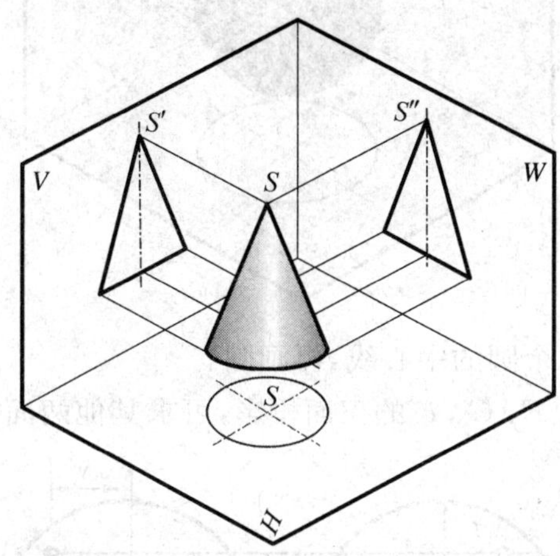

圆锥三视图的作图步骤：先画圆的中心线和轴线，然后画底圆的各个投影，再作出顶点各个投影，最后画圆锥轮廓线。

如下图所示，已知圆锥面上 N 点的正面投影 n'，可求作另两面投影。

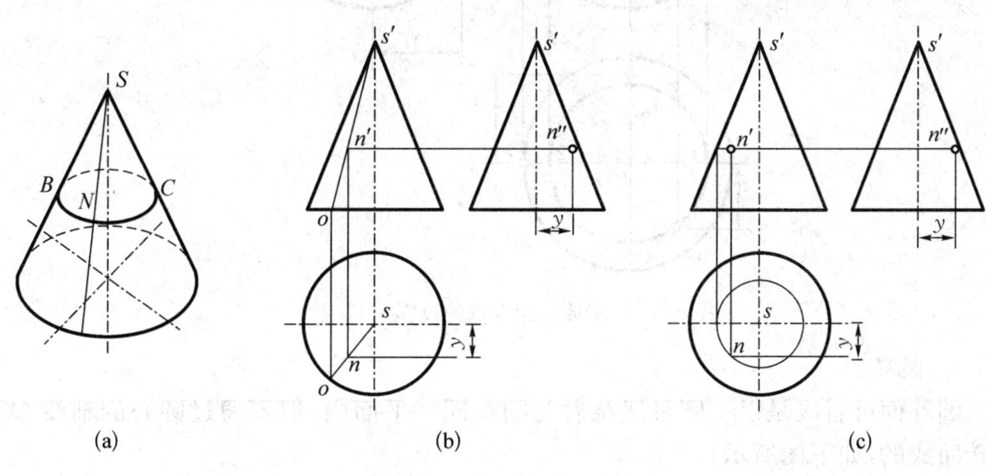

圆锥面上点的投影

5. 圆球

圆球面是由一个圆作母线，以其直径为轴旋转而成。三个视图分别为三个和圆球的直径相等的圆，它们分别是圆球三个方向轮廓线的投影。因此，圆球三视图都是圆，如下图所示。

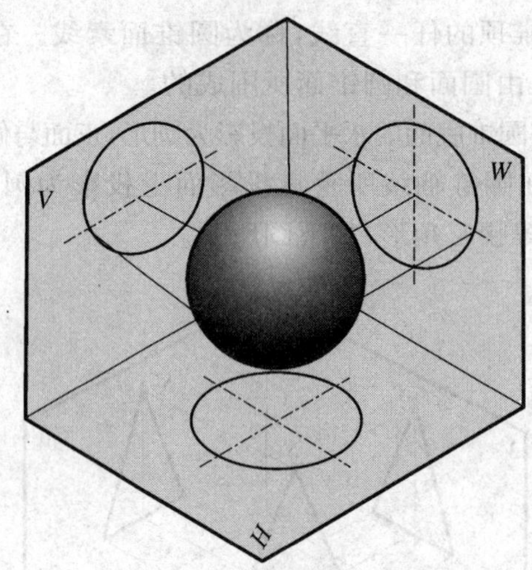

作图时，应先画出 3 个圆的中心线，再画圆。

如下图所示，已知点 E、G、F 的正面投影，可求其他两面投影。

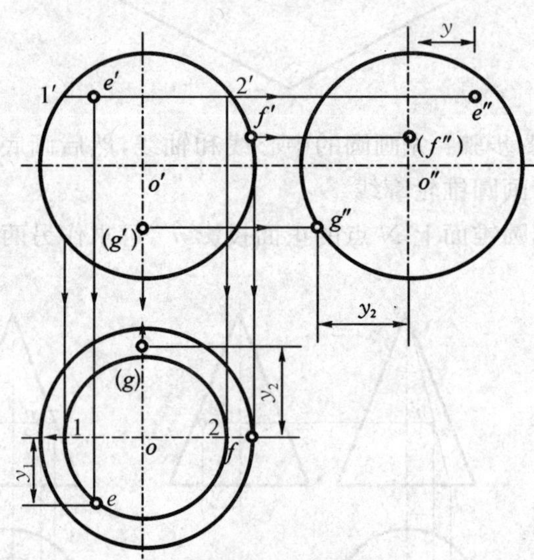

球体表面上点的投影

6. 圆环

圆环面可看成是以一圆母线绕着与圆在同一平面内，但不通过圆心的轴线 OO_1 回转而成的，如下图所示。

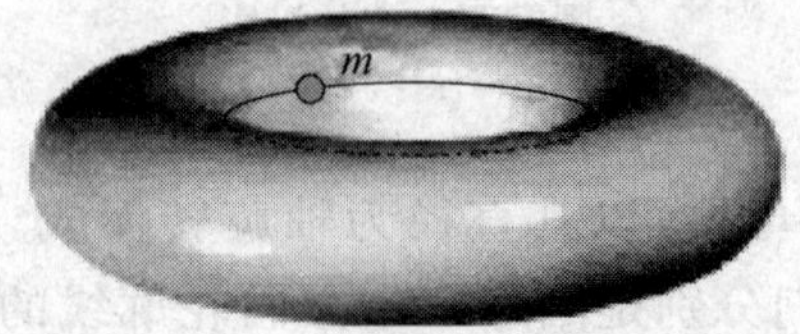

当圆环轴线垂直于 H 面，水平面投影是两个同心圆，分别表示上、下两个半环面

的分界线的投影，点画线的圆表示母线圆中心运动轨迹的水平投影。V 面的两个小圆是圆环面最左、最右素线圆的正面投影，靠近轴线的两个半圆轴线，表示内环面不可见。与两小圆相切线，表示内外环面分界圆的投影。圆环的三视图如下所示

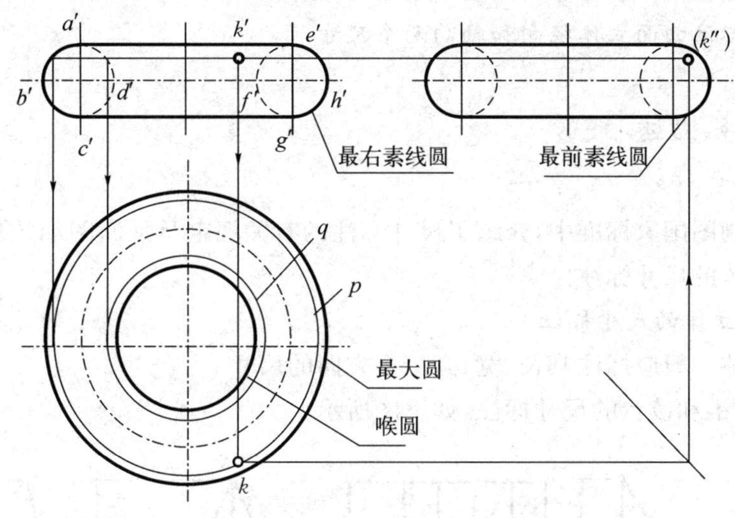

圆环的三视图

序号	考 核 内 容	考 核 项 目	配分	检 测 标 准	得分
1	作正六棱柱三视图	三视图及标记	10	三视图及标记正确	
2	作三棱锥、圆锥三视图	三视图及标记	20	三视图及标记正确	
3	作基本体表面上点的投影	(1) 作六棱柱表面上点的投影 (2) 用两种方法作棱锥和圆锥表面上点的投影 (3) 作圆球上点的投影 (4) 作圆环上点的投影	70	点的三面投影及标记正确	

项目 2　基本体的尺寸标注

平面立体的尺寸标注

曲面立体的尺寸标注

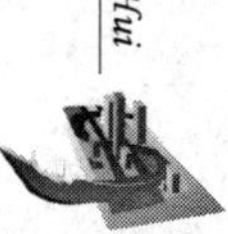

能正确标注平面立体长、宽、高三个方向的尺寸

能正确标注曲面立体径向和轴向两个尺寸

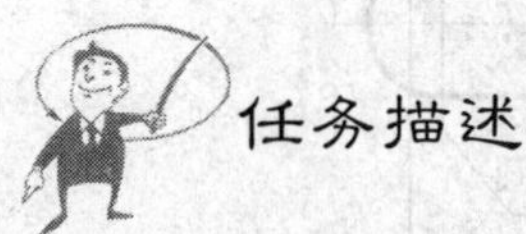

在机械制图国家标准中，介绍了尺寸标注的有关规定及平面图形的尺寸分析，现在介绍基本体的尺寸标注。

1. 平面立体的尺寸标注

平面立体一般应标注其长、宽、高三个方向的尺寸。

棱柱、棱锥和棱台的尺寸标注，如下图所示。

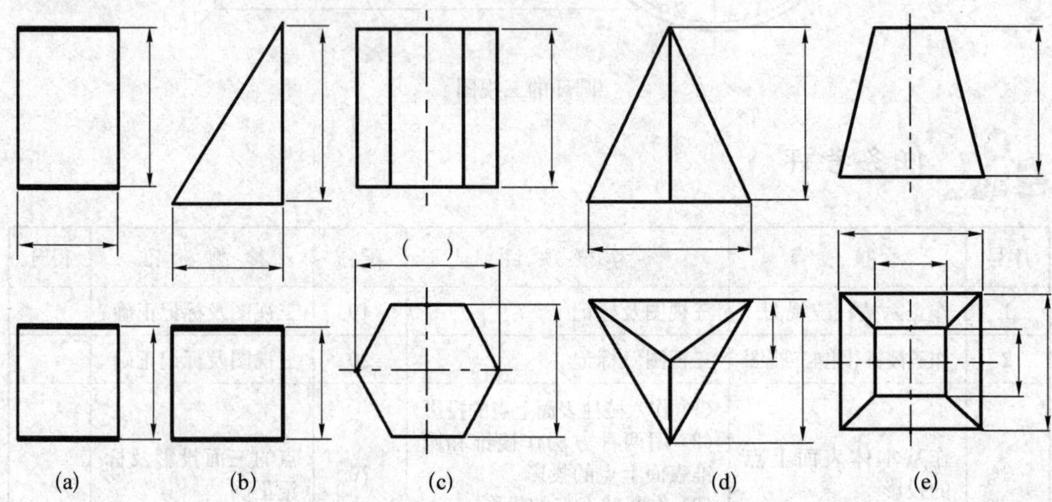

棱柱、棱锥应标注确定底面大小和高度的尺寸，棱台应注上、下底面大小和高度尺寸。注正方形尺寸时，可在正方形边长尺寸数字前加注符号“□”或“B×B”注出。

2. 曲面立体的尺寸标注

圆柱、圆锥应标注底圆直径及高度尺寸。曲面立体的直径一般应注在投影为非圆的视图上，并在尺寸数字前加注直径符号“ϕ”，若需标注半径尺寸，应标注在圆弧的视图上，在尺寸数字前加注符号“R”。圆球体标注直径“ϕ”或半径“R”，并加注符号“S”，对球头螺钉、手柄的端部圆球体等，允许省约“S”，如下图所示。

标注尺寸时，应注意下列问题：

(1) 应直接标注出物体总长、总宽、总高尺寸。但对一端为圆弧的视图，不注总尺寸，只注到圆弧中心位置尺寸。

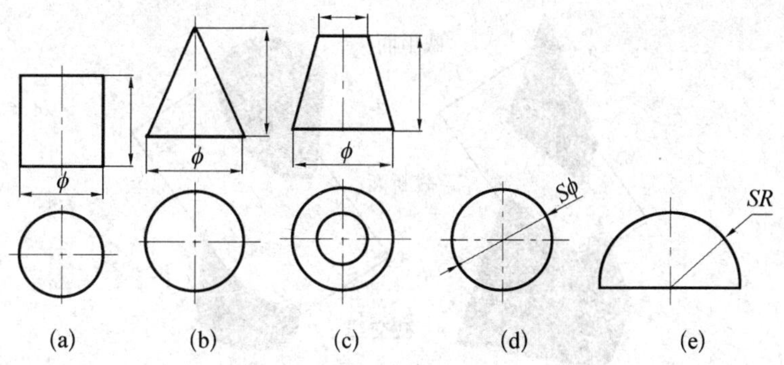

(2) 对称图形的尺寸，应以对称中心线为基准，把尺寸标注为对称分布。

任务考评

试绘制：(1) 正五棱柱；(2) 底面为等腰直角三角形的三棱锥；(3) 上部为半球下部为圆柱的同轴基本形体的三视图，并标注尺寸（形体空间位置和大小自定，绘图比例自取）。

项目3 截 交 线

知识目标

截交线的形成和性质

求截交线的方法和步骤

技能目标

增强对截交线的感性认识

掌握求截交线的基本方法——表面取点法、辅助素线法和辅助平面法

任务描述

基本体被截平面截断后的形体称为截割体，截平面与基本体表面的交线称截交线，截交线所围成的封闭形平面称为截断面，如下图所示。现在主要介绍机件上常见的截交线的画法。

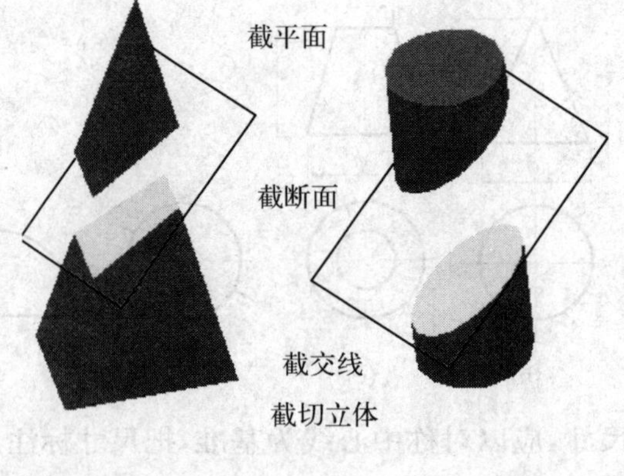

1. 平面体的截交线

平面体的截交线为直线，截断面为封闭的平面多边形，求平面体截交线的投影，实质上就是求截平面与立体上被截各棱的交点或交线的投影，然后依次连接而得。

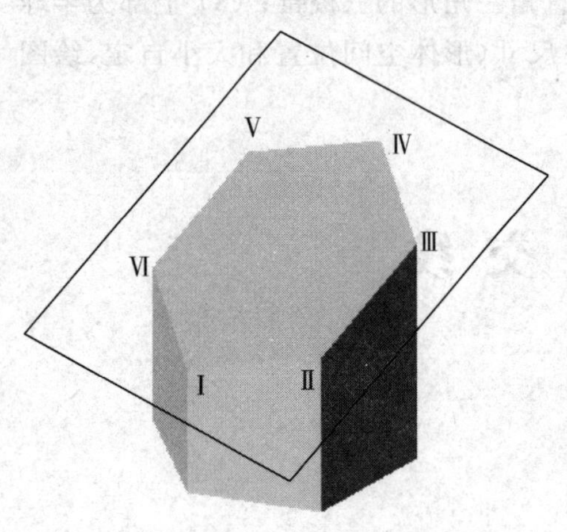

1）棱柱的截交线

［例 1］ 求作正垂面截切六棱柱的三视图。

解：(1) 分析：由图可以看出，正六棱柱各侧面都被正垂面截切，截交线是六边形，六边形顶点是六棱柱各棱线与截平面的交点。作图时，先利用投影积聚性，求出截平面与六棱柱各棱线交点的正面投影和水平投影；然后根据点的投影规律，求出各交点的侧面投影；依次连接各点，即为所求截交线的投影。

(2) 作图步骤：如下图所示(课堂上分析讨论，完成作图)。

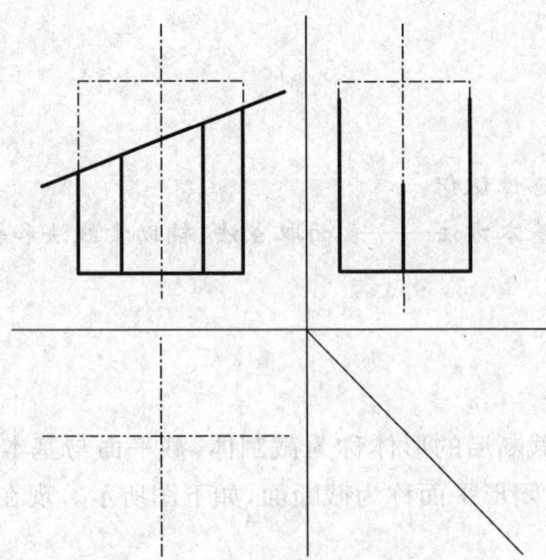

2）棱锥的截交线

［**例 2**］ 求作截切后三棱锥的投影。

解：(1) 分析：三棱锥被正垂面 P 截切，正垂面 P 与三棱锥的三条棱线都相交，所以截交线构成一个三边形，其交点 D，E，F 是各棱线与平面 P 的交点。由于这些交点的正投影与正垂面 P 的正投影重合，所以利用直线上的点的投影特性，由截交线的正面投影求出水平投影和侧面投影。

(2) 作图步骤：如下图所示(课堂上分析讨论，完成作图)。

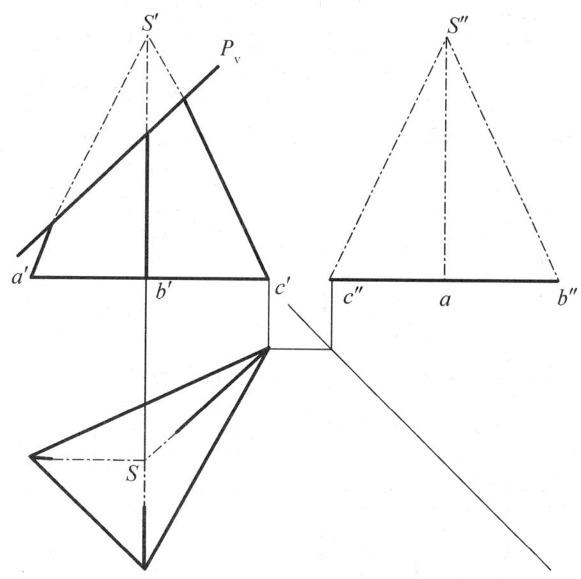

2．回转体的截交线

回转体截交线性质如下：

截交线一般是平面曲线，特殊情况为直线；

截交线是截平面与回转体表面的共有线，截交线上的点是两面的共有点。

求作回转体表面的截交线，实质是求截平面与曲面上被截各素线的交点，然后依次光滑连接。

1）圆柱的截交线

截平面与圆柱轴线的相对位置不同，其截交线有三种不同的形状，如下图所示。

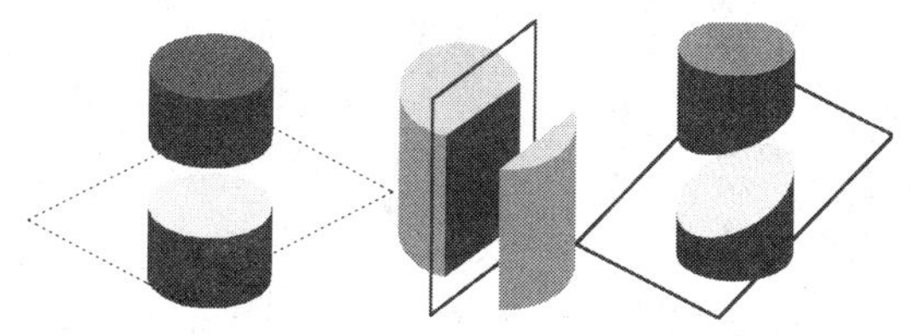

［例 3］ 求作右图所示圆柱切割后的投影。

解：(1) 分析：切口是由垂直轴线的侧平面 P、倾斜于轴线的正垂面 Q 和平行于轴线的水平面 R 截切而成。其中，平面 P 与圆柱面的交线是大于半圆的圆弧，平面 P 和 R 的交线是正垂线，它们组成了一个平行于侧面的弓形；平面 Q 与圆柱面的交线是大半个椭圆曲线，平面 Q 与 R 的交线是正垂线，它们组成了部分椭圆，其中水平投影是一段椭圆曲线，需求出一系列点；平面 R 与圆柱面的交线是两条素线，与平面 P、Q 的交线是两条直线，它们组成了一个平行于水平面的矩形。

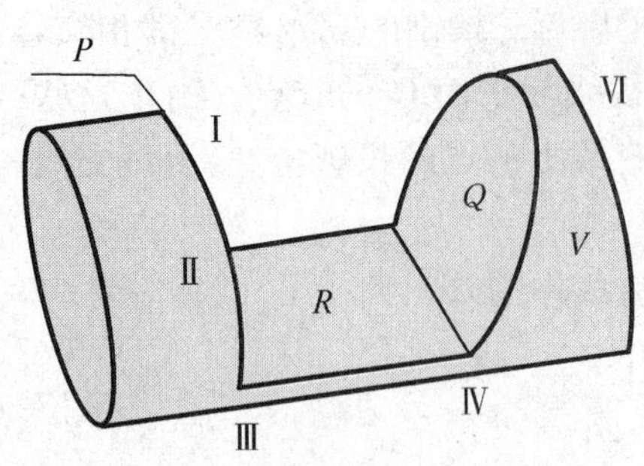

(2) 作图步骤：如下图所示。

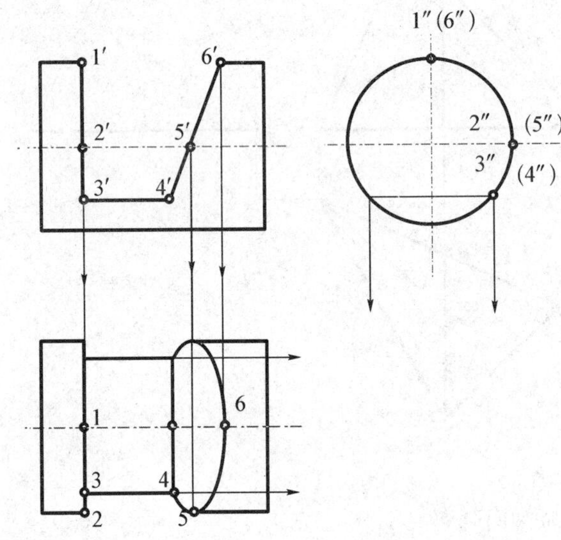

2）圆锥的截交线

截平面与圆锥轴线相对位置不同，其截交线有五种不同形状，如下图所示。

圆锥截交线为圆和直线，其投影可直接求得。若截交线为椭圆、抛物线或双曲线时，则需采用辅助素线和辅助平面法求作。

截交线垂直于轴线　　过锥顶　　$\theta > \alpha$　　$\theta = \alpha$　　$0° \leqslant \theta < \alpha$

圆　　三角形　　椭圆　　抛物线　　双曲线

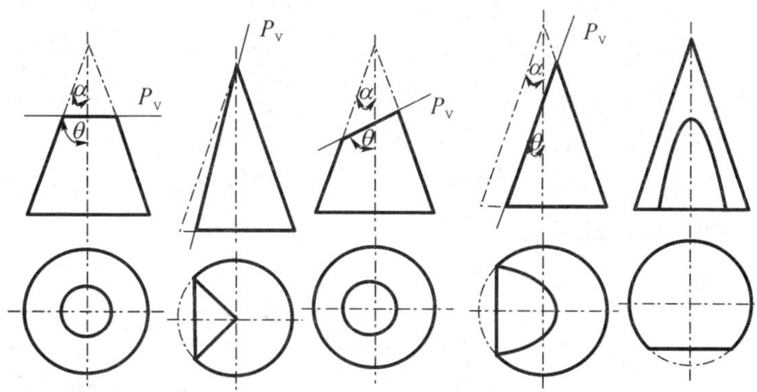

［**例 4**］ 圆锥被一正垂面截切,求其截交线。

解:(1) 分析:由给定的条件可知,截平面为正垂面,且截平面与圆锥轴线倾斜 $\theta > \alpha$,故截交线为椭圆。椭圆的正面投影与截平面的正面投影重合,积聚在一条直线上,其水平投影和侧面投影仍为椭圆。作图时,应先找出长、短轴的端点以及转向轮廓线上的交点,然后再适当找一般点,将它们光滑地连接起来即可。

(2) 作图步骤:如左图所示(课堂上分析讨论,完成作图)。

3) 圆球的截交线

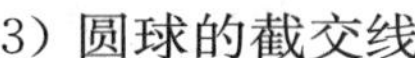

圆球被任意方向的平面截断,截交线都为圆,圆的大小取决于平面与球心距离。

当平面平行于某一投影面时,交线圆在该投影面的投影为圆,其他两个投影面的投影积聚为直线,其长度等于圆的直径,

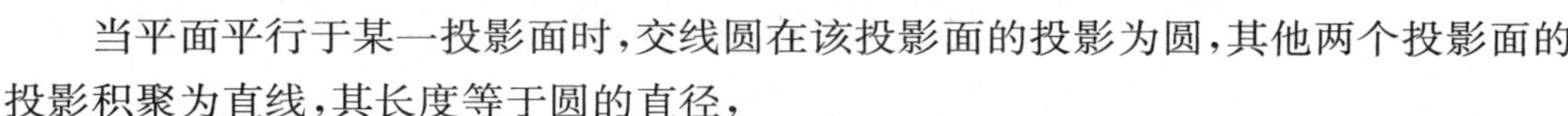

［**例 5**］ 求作正垂面截切圆球的截交线。

解:(1) 分析:由下图可知,圆球被正垂面所截切,截交线圆的正面投影积聚为直线,其水平投影和侧面投影均为椭圆。

(2) 作图步骤:如下图所示(课堂上分析讨论,完成作图)。

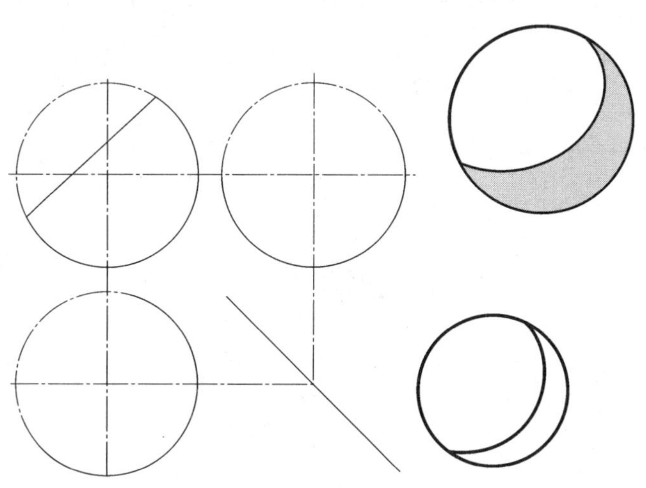

［例 6］ 绘制下图所示的顶尖头的水平投影。

解：(1) 分析：如图所示，顶尖头是由同轴的圆锥体和圆柱体组成，被两个截平面(P、Q)截切而成。P 为水平面，与圆柱、圆锥轴线平行，所以该平面与圆锥的截交线为双曲线，与圆柱的截交线为两条平行素线(Ⅱ Ⅳ、Ⅲ Ⅵ)；Q 为正垂面，与圆柱的轴线倾斜，所以该平面与圆柱的截交线为椭圆弧。其中，P、Q 两平面的交线Ⅳ、Ⅵ为正垂线。

(2) 作图步骤：如下图所示。

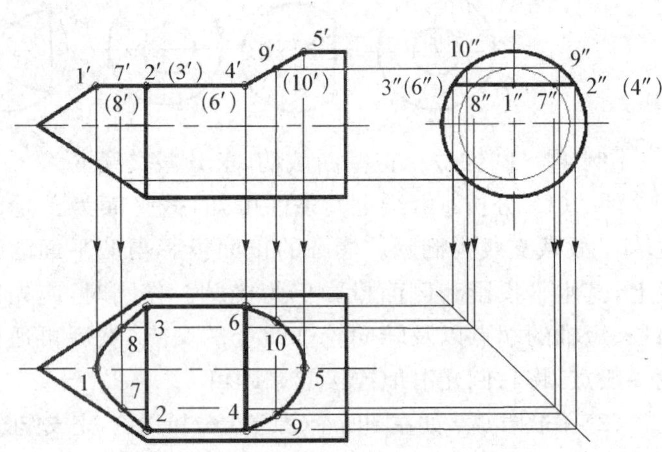

(1) 求作下图所示切口圆柱的水平投影和侧面投影。

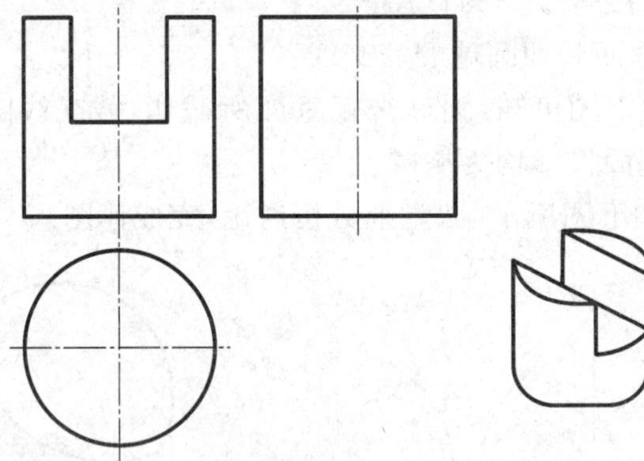

(2) 求作下图所示切口半球的三面投影。

项目4 相 贯 线

知识目标

相贯线的形成和性质

求相贯线的方法和步骤

技能目标

增强对相贯线的感性认识

掌握求相贯线的基本方法——表面取点法、辅助素线法和辅助平面法

任务描述

两基本体相交后的形体称相贯体,两形体表面相交的线称相贯线,如下图所示。现在主要介绍机件上常见的相贯线的画法。

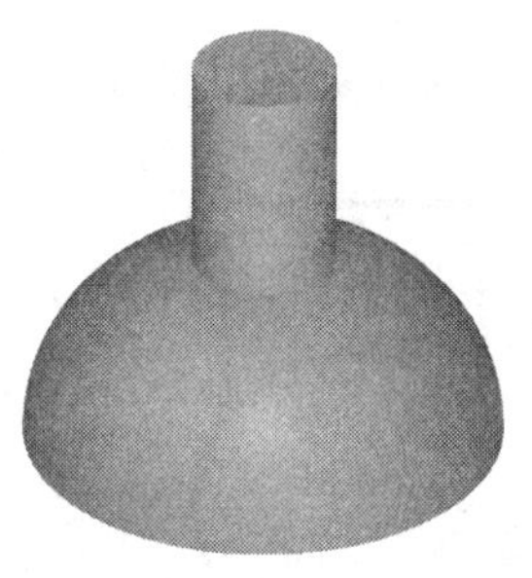

相贯线性质如下:

相贯线在一般情况下是封闭形空间曲线,特殊情况下是平面曲线或直线。

相贯线是两回转体表面共有线,是一系列共有点集合,求作相贯线实质是求作两回转体一系列表面共有点。因此,求作相贯线仍然是求回转体表面上点的投影。

1. 利用积聚性求相贯线

当相交的两圆柱轴线分别垂直于两投影面,圆柱面在两投影面的投影积聚为圆,相贯线也合并在圆上。即相贯线两个投影为已知,可利用点、线的两个已知投影,求

作相贯线的其他投影。

1）两圆柱正交

下图所示为两圆柱垂直正交相贯线的画法。

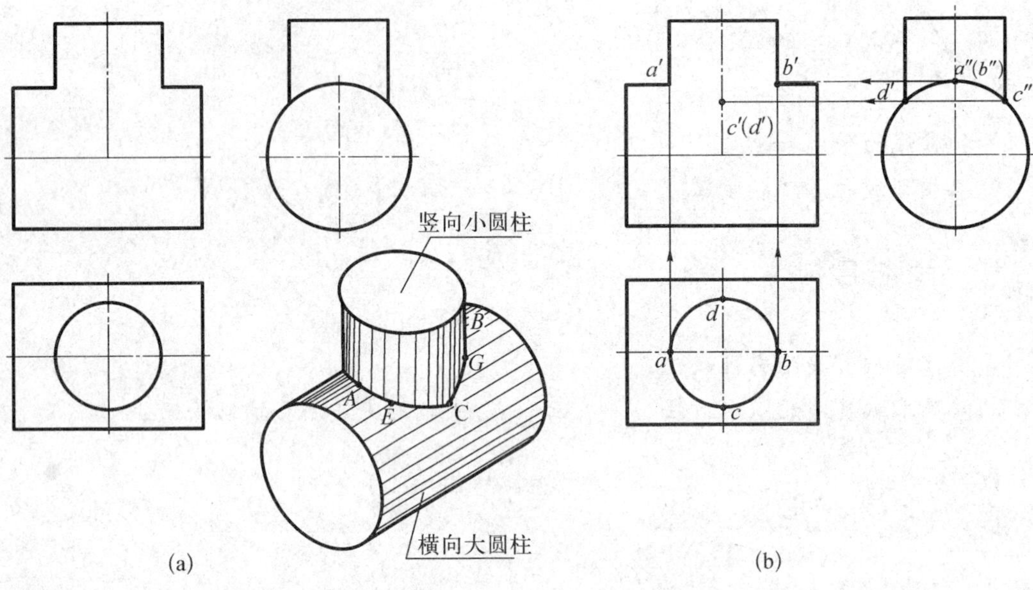

(a) (b)

当两正交圆柱的直径相差较大时，允许用圆弧代替空间曲线，其圆弧半径为大圆半径，圆心在小圆柱轴线上，如下图所示。

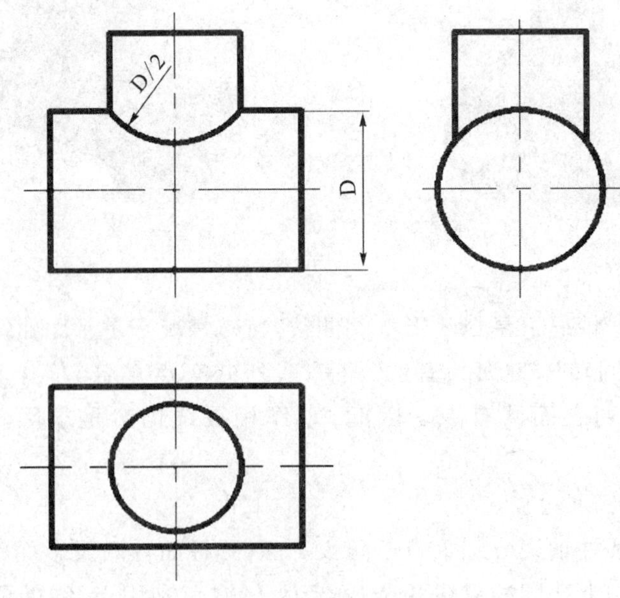

2）两圆柱内外表面相贯

如下图所示。

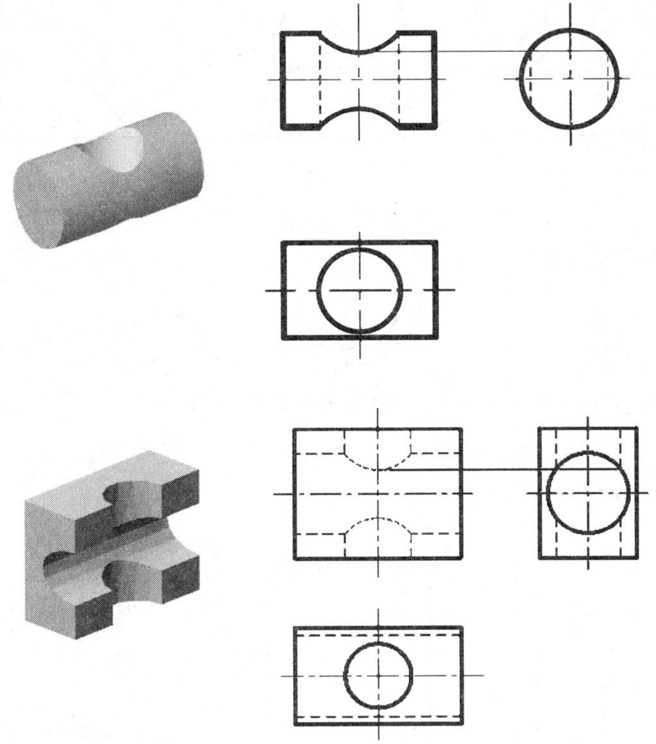

2. 相贯线的特殊情况和画法

1）两回转体相交

在特殊情况下，相贯线为平面曲线和直线。

当 $\phi_1 = \phi$，相贯线为两个相交的椭圆，其正面投影为两条相交的直线。

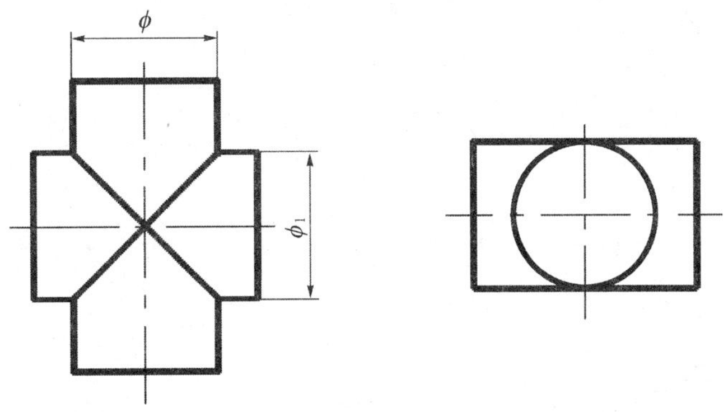

2）具有公共回转轴的两回转体相贯

如下图所示，当具有公共回转轴的两回转体相贯时，相贯线为垂直于公共回转轴线的圆。

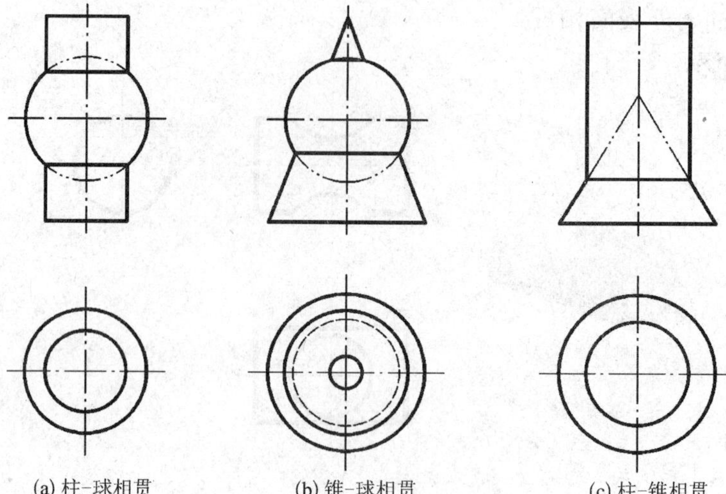
(a) 柱-球相贯 (b) 锥-球相贯 (c) 柱-锥相贯

3. 切口体与相贯体的尺寸标注

1）切口体的尺寸标注

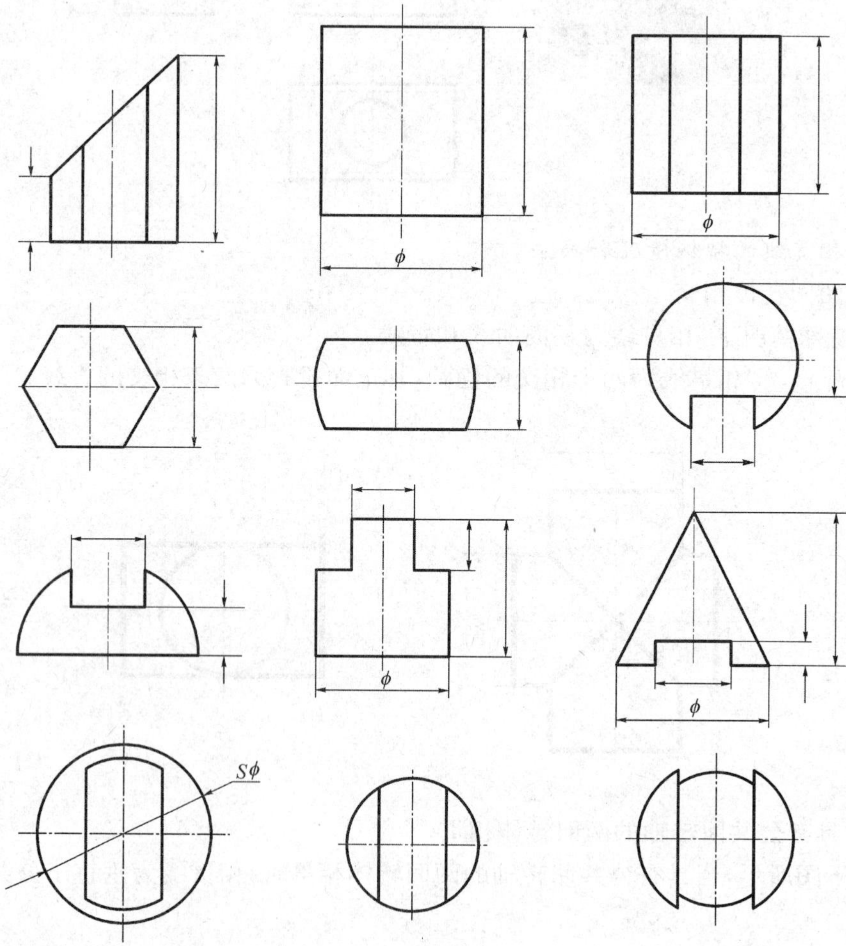

如上图所示，标注这类形体的尺寸时，除了标注基本体的定形尺寸外，还应标注确定截断面切口、凹槽的位置尺寸，并应把尺寸集中在反映切口、凹槽的特征视图上。

当切口和凹槽位置确定后，截平面与基本体的截交线随之确定，所以截交线不应标注尺寸。

2）相贯体的尺寸标注

如下图所示，标注相贯体的尺寸时，除了标注两相交基本体的尺寸外，还应标注两基本体的相对位置尺寸，并应注在反映两形体相对位置特征的视图上。

当两相交的基本体的形状、大小及相对位置确定后，相贯线的形状、大小及位置也自然确定了，因此相贯线不能标注尺寸。

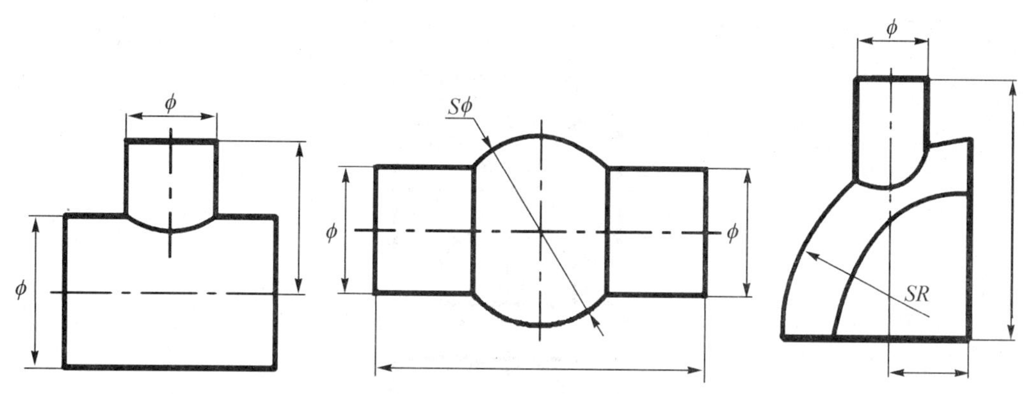

任务考评

标示出下列三个相贯形体三视图中相贯线上特殊点的三面投影：

（1）

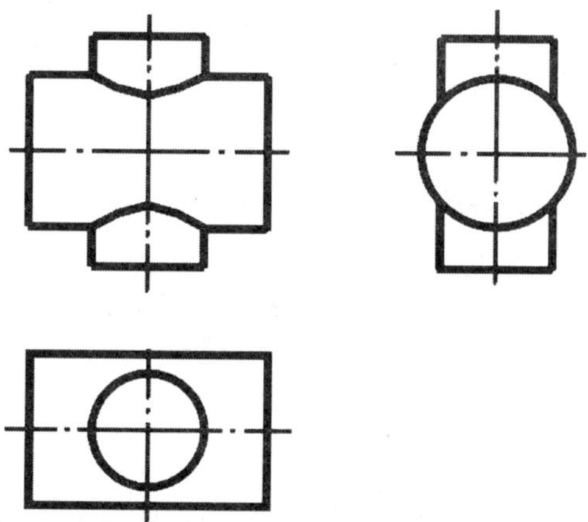

(2)

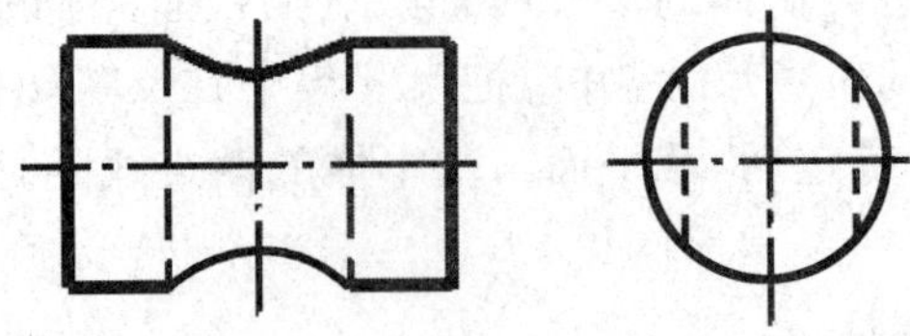

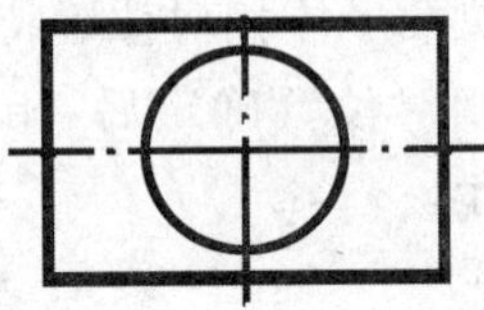

(3)

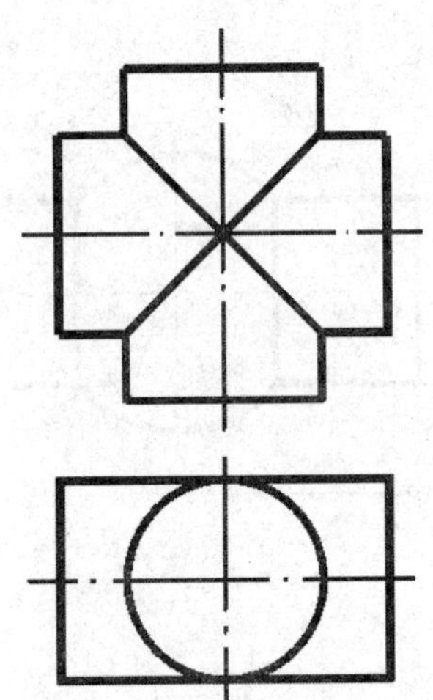

项目5　组合体三视图的画法

知识目标

形体分析法和线面分析法

用形体分析法和线面分析法分折组合体的画图方法

技能目标

能用形体分析法将较复杂的组合体分解为若干基本几何体，然后按其相互位置逐个完成各基本体的视图，即可得整个组合体的视图

掌握组合体表面交线的分析方法，运用线面分析法进行分析，做到画图时求作出交线

任务描述

组合体是由基本体组合而成，其形状、结构更接近于机件的形体。学好组合体三视图的画法、尺寸标注和读图方法，是读、画零件图的基础。

1. 组合体的组成形式

1）叠加式

叠加式组合体是由若干基本体叠加而成，如下图所示的螺栓（毛坯）是由六棱柱、圆柱和圆台叠加而成。

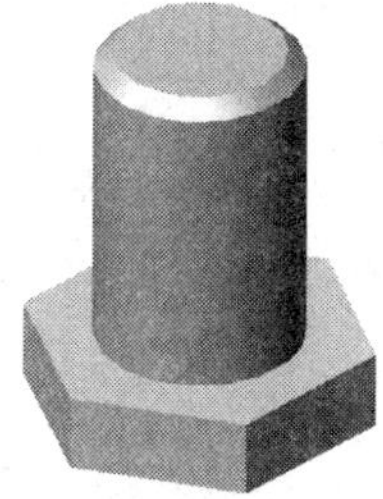

2）切割式

切割体式组合体可看成由基本体经过切割或穿孔后形成的，如下图所示的压块是由四棱柱经过两次切割再穿孔以后形成的。

3）综合式

综合式组合体是既有叠加又有切割的复杂形体，其应用最多，如下图所示的底座。

2. 表面连接关系

组合体上相邻两表面的连接关系可分为：平齐与不平齐、相切、相交三种情况。

1）平齐与不平齐

（1）当相邻两基本体的表面互相平齐，并连成一个平面时，结合处没有分界线。在画图时，主视图中上、下形体之间不应画线，如下图所示。

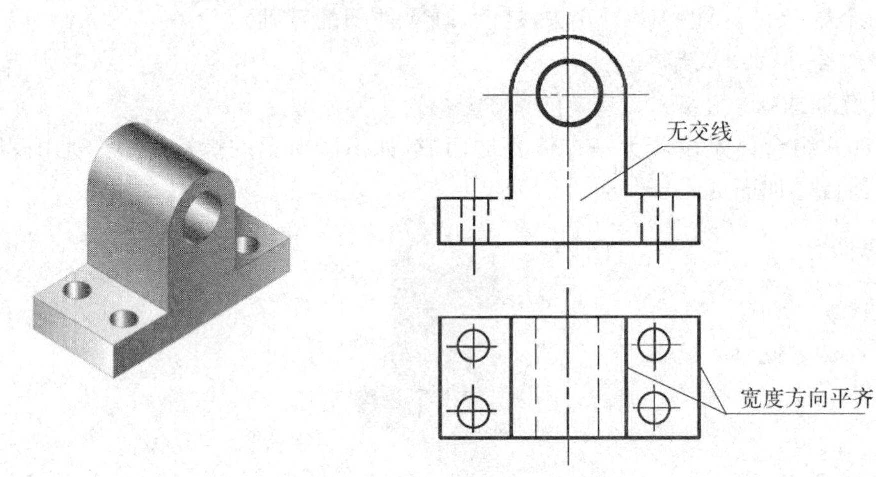

（2）如果两基本体的表面不共面，而是相错，要画出两表面间的分界线，如下图所示。

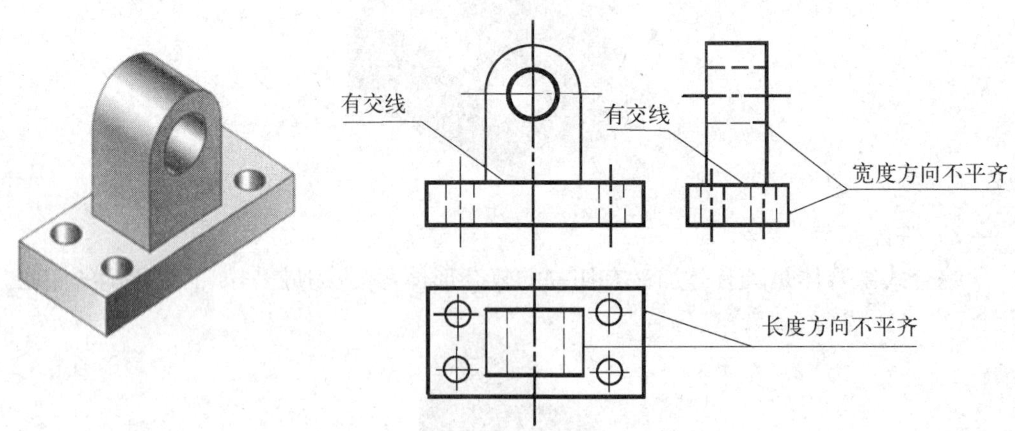

2）相切

相切是指两个基本体的相邻表面（平面与曲面或曲面与曲面）光滑过渡。相切处不存在轮廓线，在视图上一般不画出分界线，如下图所示。

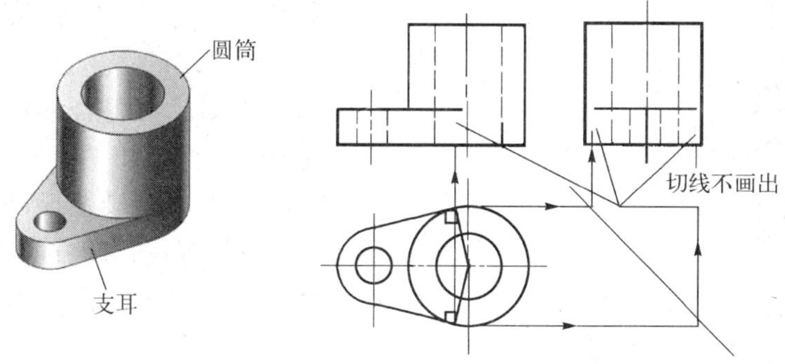

3）相交

当形体的表面相交时，两表面的交线是它们的分界线，图上必须画出，如下图所示。

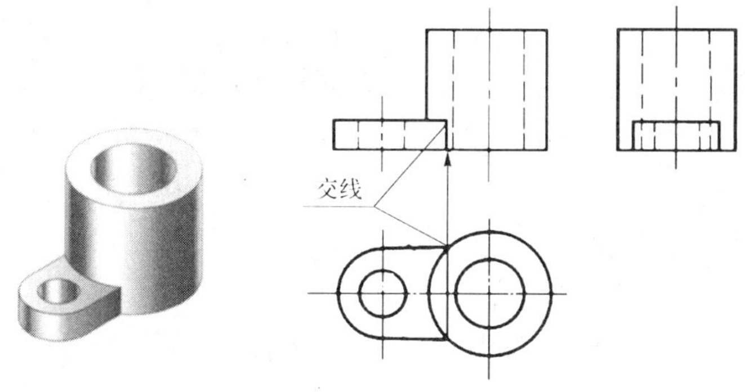

3. 组合体的画法

1）形体分析法

根据组合体的特点，从基本形体的投影分析出发，假想将组合体分解成若干个简单的基本体，如下图所示。然后，弄清楚它们的形状、大小，确定它们组合的方式和相对位置，分析它们的表面连接关系及投影特性，以便进行画图、读图和标注尺寸的方法。

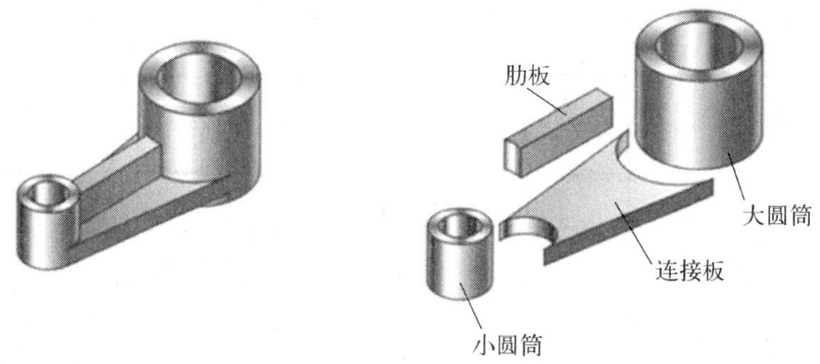

形体分析法：可以把一个复杂的物体分解为几个简单的基本几何体，然后画出或看懂每个基本体的投影及其相互关系，从而看懂或画出组合体的视图

2）画组合体三视图。

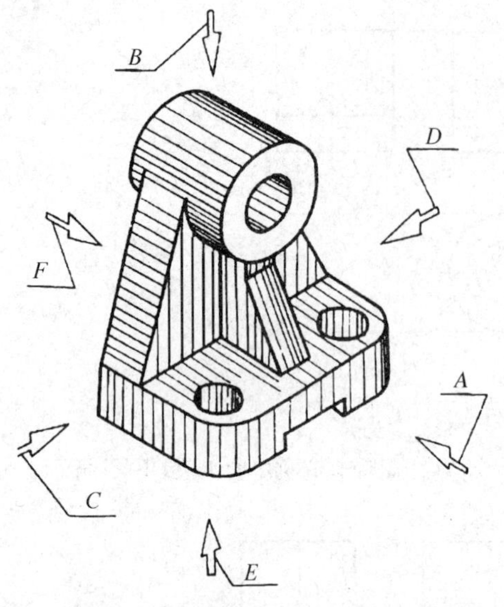

（1）选择主视图　选择主视图时，主要应从以下几个方面考虑：

自然放置原则。将组合体的主要表面或主要轴线放置在与投影面平行或垂直位置。

形状特征原则。以最能反映该组合体各部分形状和相对位置特征的方向作为主视图。

清晰性原则。使主视图和其他两个视图上的虚线尽量少一些。

其他原则。尽量使画出的三视图长大于宽。这样既能符合习惯思维，也能突出主视图。

（2）画图步骤　具体如下：

布置视图；

画底稿（细实线）；

检查（“三等”关系检查，相互位置检查，表面连接关系检查）；

描粗结果线。

［**例 7**］　画上图所示轴承座的三视图。

解：如下图所示。

(a)

(b)

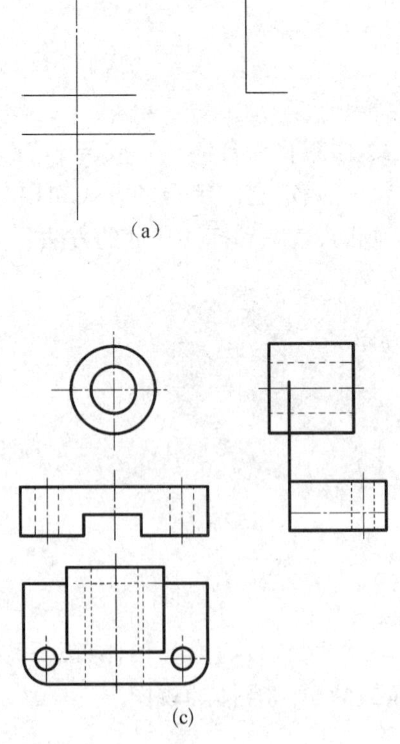

(c)

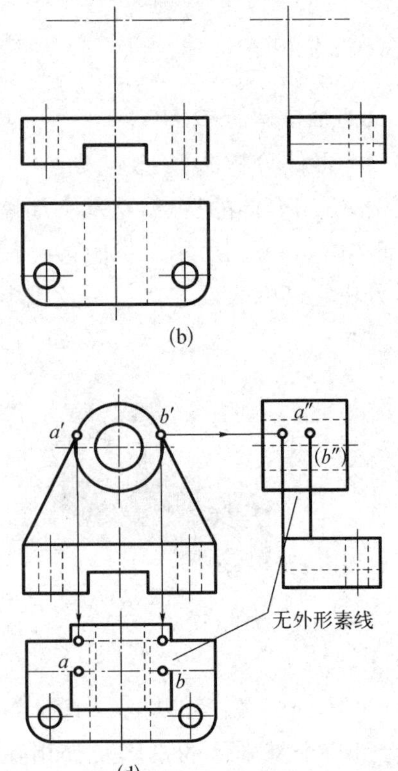

(d)

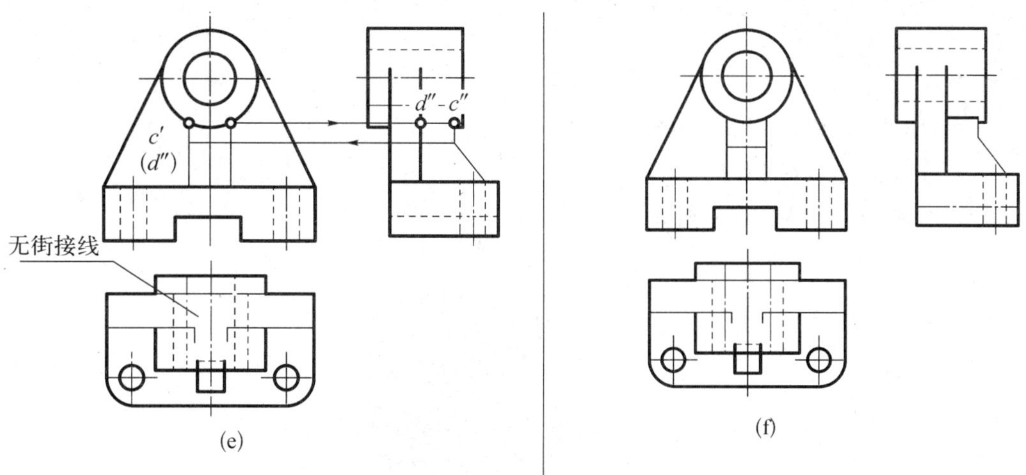

(e) (f)

［**例 8**］ 画出图示挖切式组合体的三视图。

解：(1) 分析：如下图所示，该组合体可看作是由一四棱柱经截切、挖切和穿孔而形成的左、右对称的组合体。该组合体立体为四棱柱，其前端被侧垂面截去一三棱柱；左、右端被水平和侧平面各截去一四棱台；上端被半圆柱面挖切去一块，下端各被水平和侧平面截去一四棱柱。

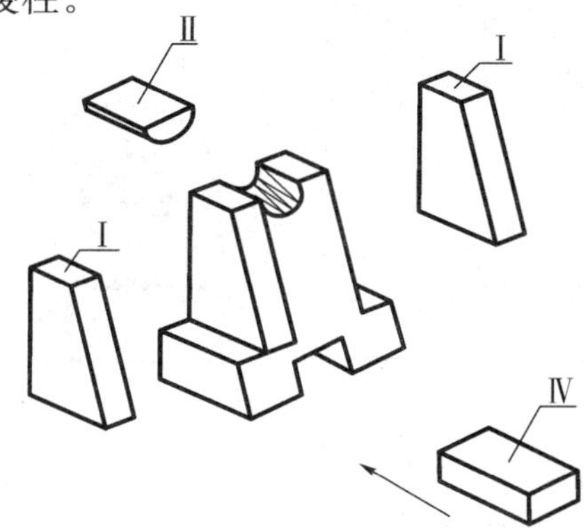

(2) 作图步骤：(课堂上展开分析和讨论，具体作图步骤介绍此略)

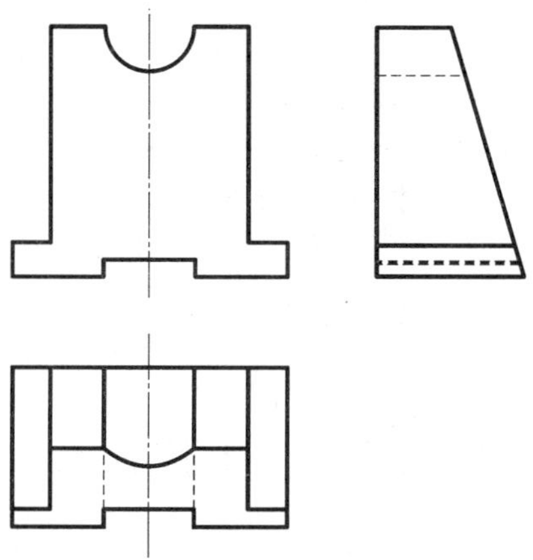

任务考评

1. 画出所给叠加体的三视图

(1) 分解形体，弄清它们的叠加方式。

(2) 逐块画三视图，并分析表面连接关系。

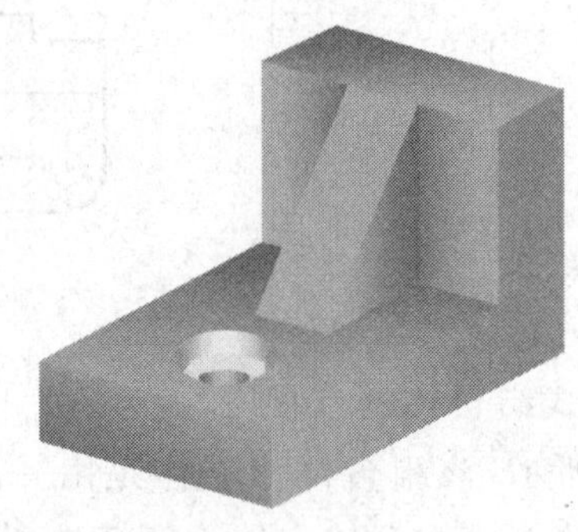

2. 简单叠加体的读图方法

(1) 弄清视图中图线的意义。

(2) 利用线框，分析体表面的相对位置关系。

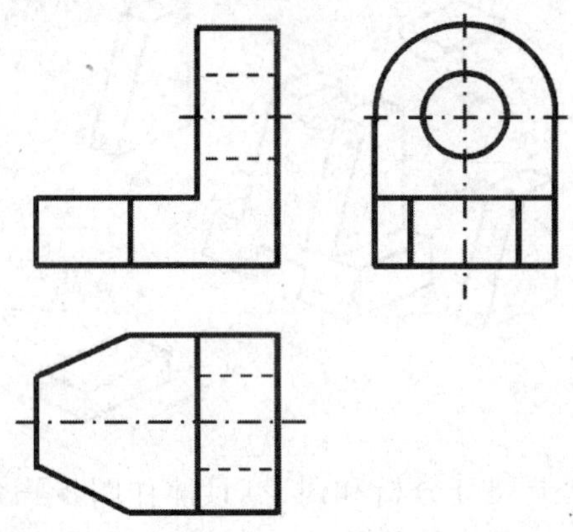

3. 补画左视图

利用虚、实线，区分各部分的相对位置关系。

(1)

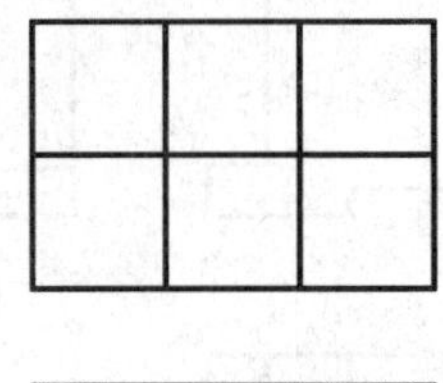

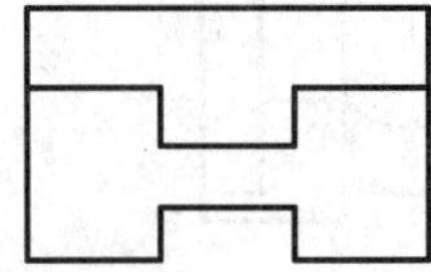

（2）

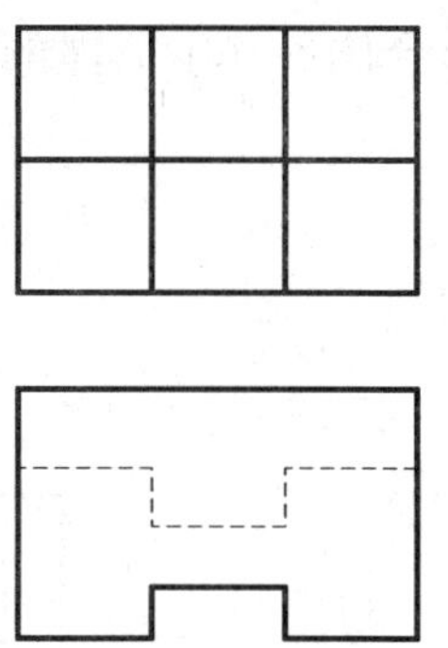

项目 6　组合体的尺寸标注

形体分析法和线面分析法

用形体分析法和线面分析法分析组合体的尺寸注法

能用形体分析法将较复杂的组合体分解为若干基本几何体，然后正确标注各基本体的定形尺寸及定位尺寸，最后标注出组合体的总体尺寸。尺寸必须注全，不得遗漏

掌握组合体表面交线的分析方法，运用线面分析法进行分析，做到标注尺寸时不注交线尺寸

1. 组合体尺寸标注的基本要求

（1）正确：尺寸标注要符合国家标注的基本要求。

（2）完整：要能完全确定出物体各部分形状大小和位置，不遗漏、不重复。

（3）清晰：尺寸布置要整齐、合理，便于读图。

2. 尺寸的种类和基准

1）尺寸的种类

（1）定形尺寸　用来确定组合体各基本形体形状大小的尺寸。

（2）定位尺寸　用来确定组合体各基本形体之间相对位置的尺寸。

(3) 总体尺寸　用来确定组合体各基本形体的总长、总宽、总高尺寸。

2) 尺寸基准

尺寸基准,就是标注尺寸的起点,或者说确定尺寸位置的几何要素(即点、线、面),如下图所示轴承座的尺寸基准。

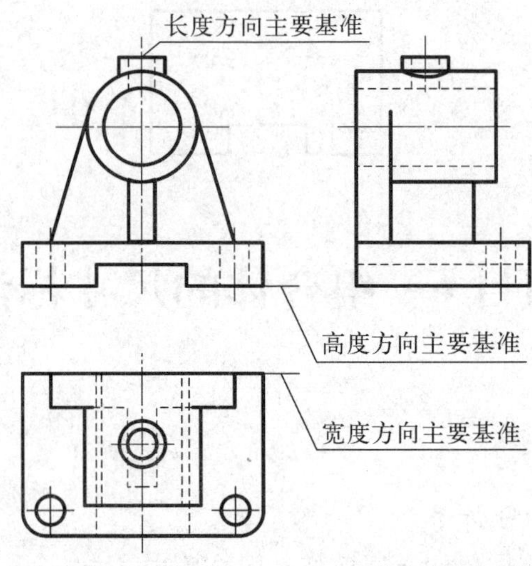

基准一般可选组合体的对称平面、底面、重要端面,以及回转体的轴线等。同一方向只应有一个主要基准,但还可以有一个或几个辅助基准。

3. 组合体的尺寸标注方法和步骤

1) 形体分析

分析组合体中的各基本形体及相对位置,选定主要基准:长度方向基准、宽度方向基准、高度方向基准。

2) 标注各基本形体的定形尺寸

(1) 选定尺寸基准,如下图所示。

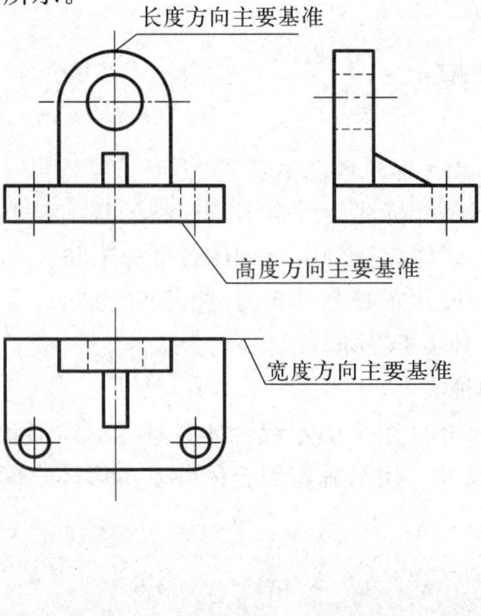

长度方向主要基准

高度方向主要基准

宽度方向主要基准

（2）标注底板定形尺寸，如下图所示。

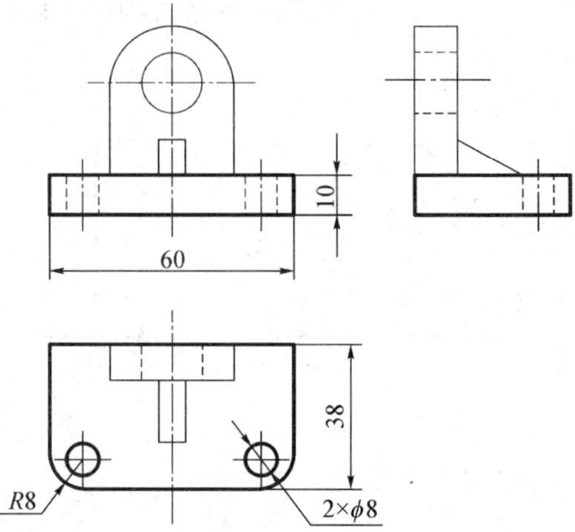

（3）标注肋板定形尺寸，如下图所示。

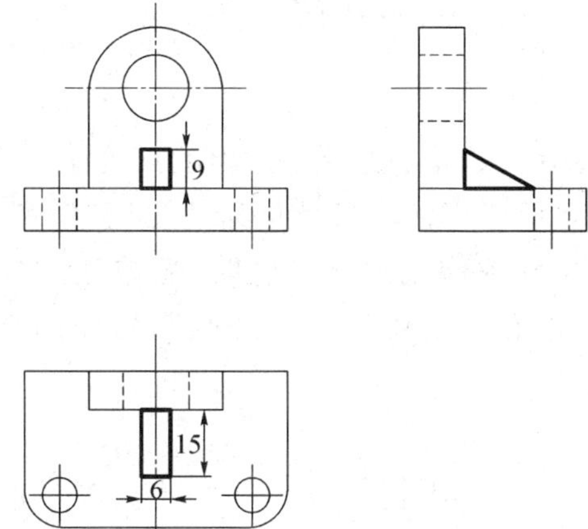

（4）标注竖板定形尺寸，如下图所示。

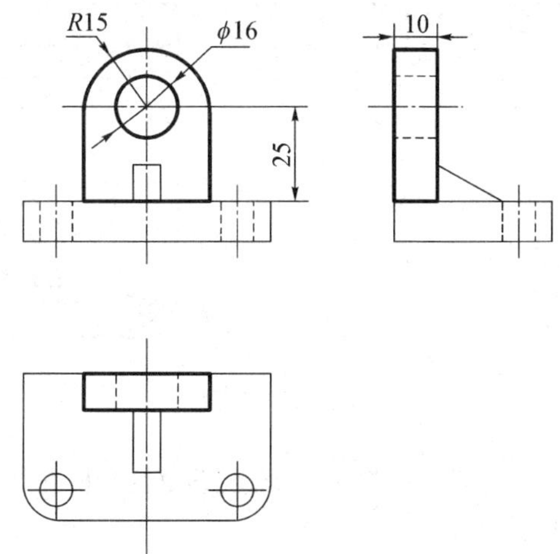

3）标注定位尺寸

如下图所示，尺寸 44、35、30 分别为长度方向、高度方向和宽度方向的定位尺寸。

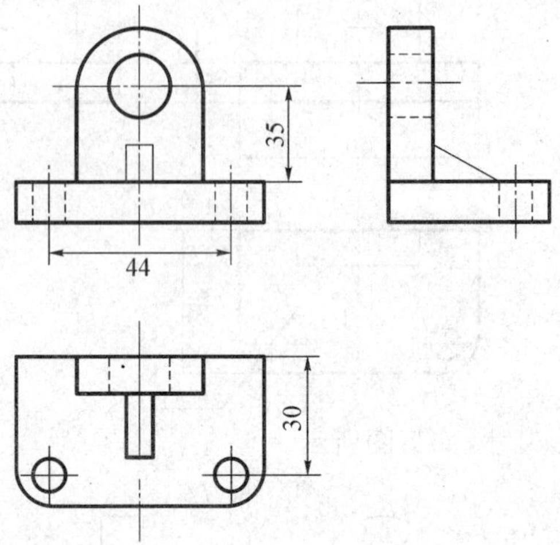

4）标注总体尺寸

如下图所示，要有总长、总宽、总高等全尺寸。但标注的尺寸不得重复，因而在标注总体尺寸时还需要对已标注的尺寸进行适当调整，每加标一个总体尺寸，必去掉一个同方向的定形尺寸或定位尺寸。同时，还应注意当组合体一端为同心圆孔的回转体时，通常仅标注孔的定位尺寸和外端圆柱面的半径，不标注总体尺寸，如下图所示。

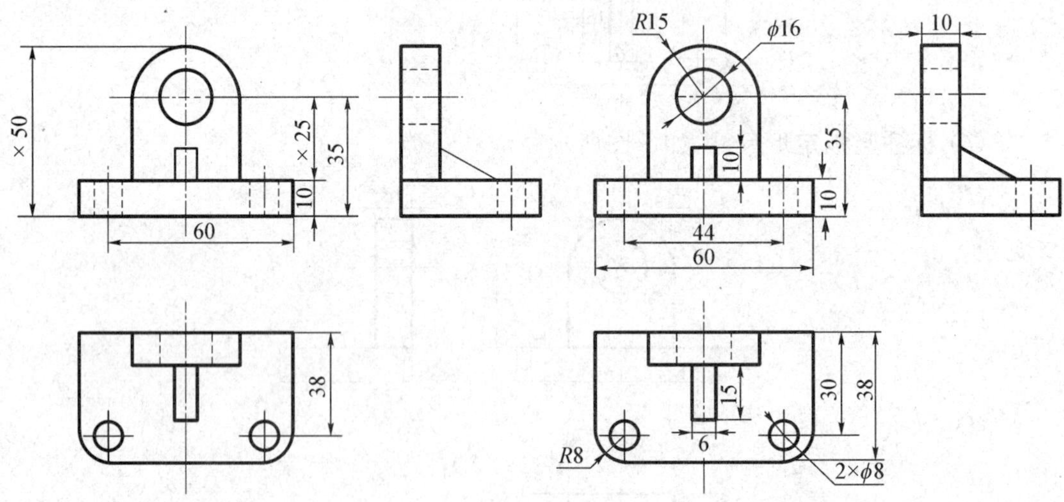

5）检查、整理

对已标注的尺寸，按正确、完整、清晰、合理的要求进行检查，如有不妥则应进行调整或适当修改，完成尺寸标注。

4. 组合体尺寸标注注意事项

1）尺寸标注要正确、完整

（1）尺寸标注应不重复、不多余、不遗漏，尺寸尽量标注在实线上。

（2）半径尺寸 R 必须标注在反映该圆弧实形的投影圆上，且相同半径尺寸 R 前不注个数。

（3）对于某个与尺寸基准对称的尺寸，应合起来标注总的尺寸。

（4）尺寸不可注成封闭的尺寸链。

（5）截交线、相贯线和表面相切处的切点位置都是不应标注尺寸。

2）尺寸标注要清晰

（1）尺寸应尽量注在反映形体特征明显的视图上，各基本形体的定形尺寸、定位尺寸尽量集中标注，如下图所示。

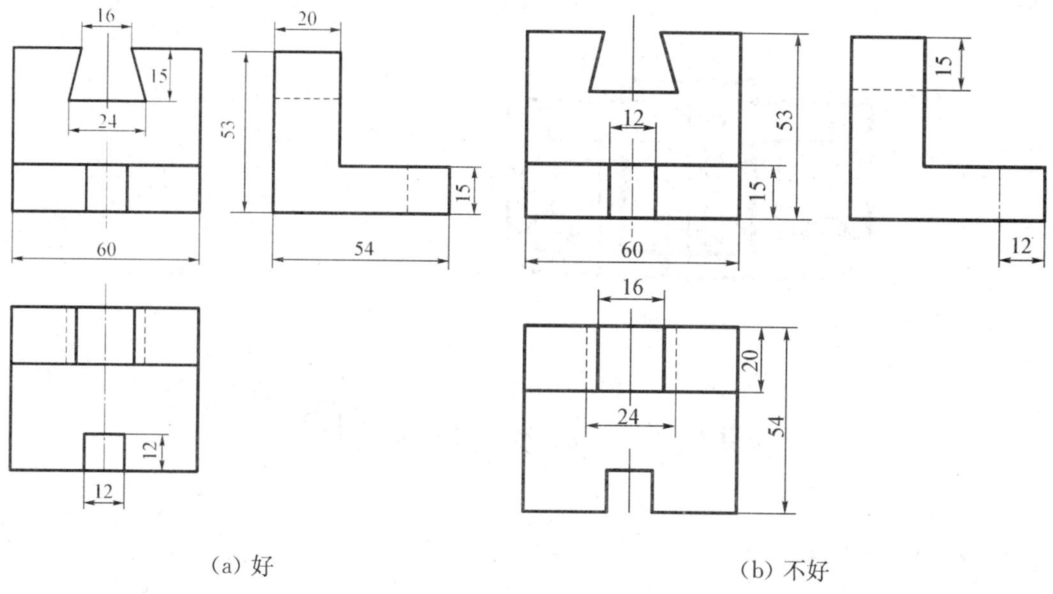

(a) 好　　(b) 不好

尺寸应集中标注

（2）尺寸应尽量注在视图的外侧，布置在两个视图之间，以保持图形的清晰。同一方向几个连续尺寸应尽量放在同一条线上。

平行尺寸则应“小尺寸在内，大尺寸在外”，以避免尺寸线与尺寸界线相交。

（3）回转体的直径尺寸尽量注在非圆视图上，而圆弧的半径尺寸则必须注在投影为圆弧的视图上。

（4）尽量避免在虚线上标注尺寸。

（5）内形尺寸与外形尺寸最好分别注在视图两侧。

标注下图所示轴承座的尺寸(数值从图中量取)：

(步骤：① 形体分析；② 确定尺寸基准；③ 标注各形体的定形、定位尺寸；④ 标注总体尺寸)

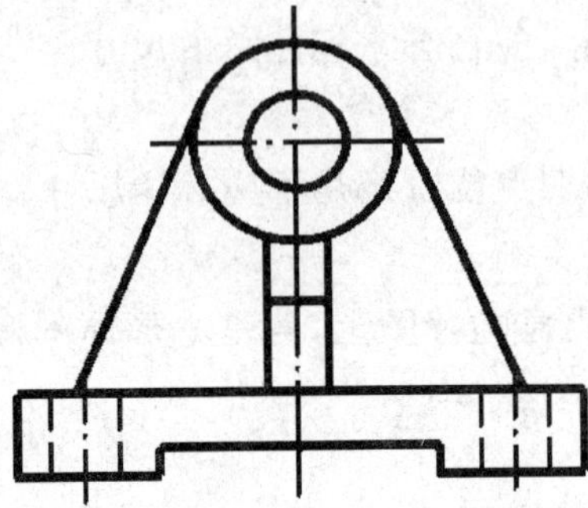

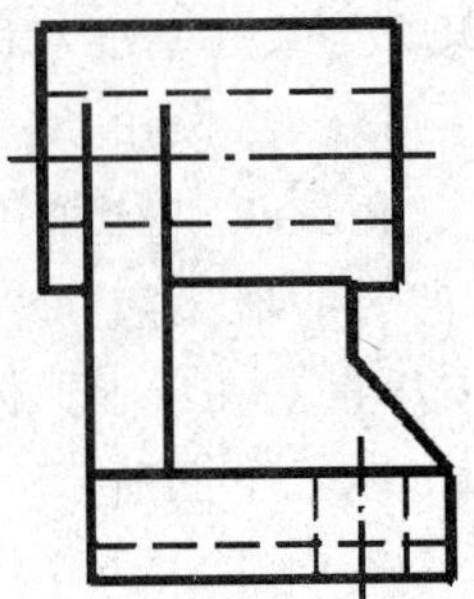

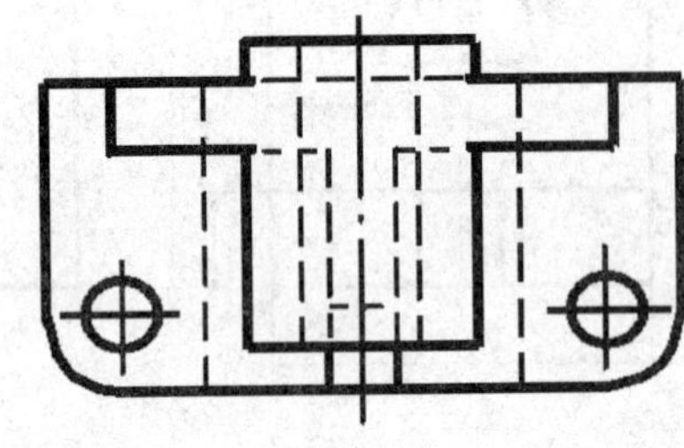

项目 7　读组合体视图

形体分析法和线面分析法

用形体分析法和线面分析法,分析读图方法

能用形体分析法将组合体视图分离为若干基本几何体的视图,并分别想象出它们的形状,从而才能想象出组合体的整体形状

掌握组合体表面交线的分析方法,运用线面分析法进行分析,做到读图时注意分析交线

任务描述

1. 读图的基本知识

读图是画图的逆过程，画图是把空间形体用正投影方法表达在平面上；读图则是运用正投影方法，根据视图想像出空间形体的结构形状。

1）几个视图联系起来看

物体的形状是通过一组图形来表达的，每个投影图只能反映物体一个方向的形状和两个方向的尺寸，如下图所示。

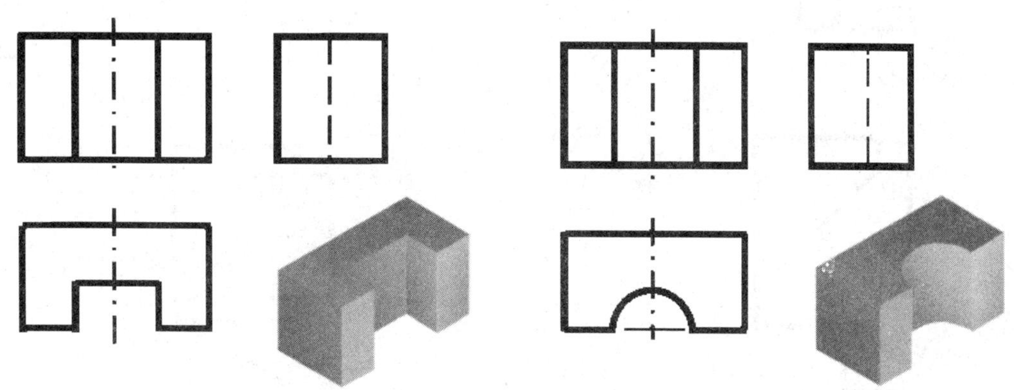

几个视图联系起来分析才能确定物体形状

2）理解视图中的线框和图线的含义

视图中的每一条图线（直线、曲线、虚线），可能是形体上两表面交线的投影。

视图中的每一个封闭线框，可以是形体上某一平面或曲面的投影。

3）从反映形体特征的视图入手

反映形体特征是指反映形体的形状特征和位置特征（上图中俯视图为形状特征视图，下图中左视图为位置特征视图）。

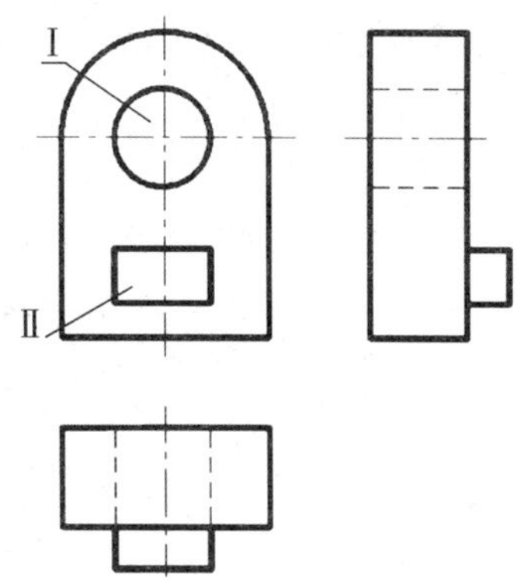

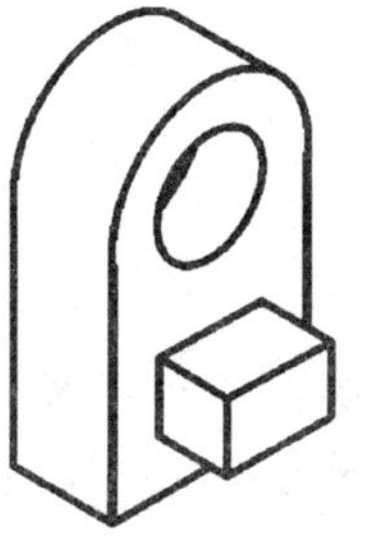

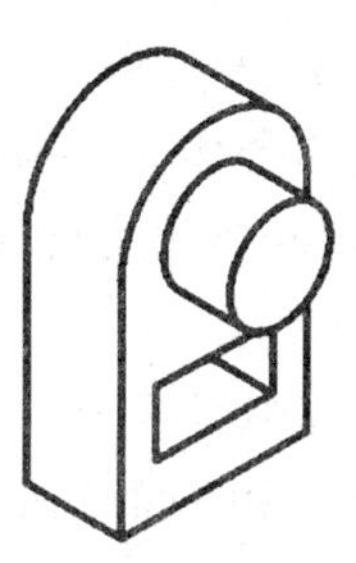

4) 注意反映形体之间连接关系的图

如下图所示：

(1)　　(2)

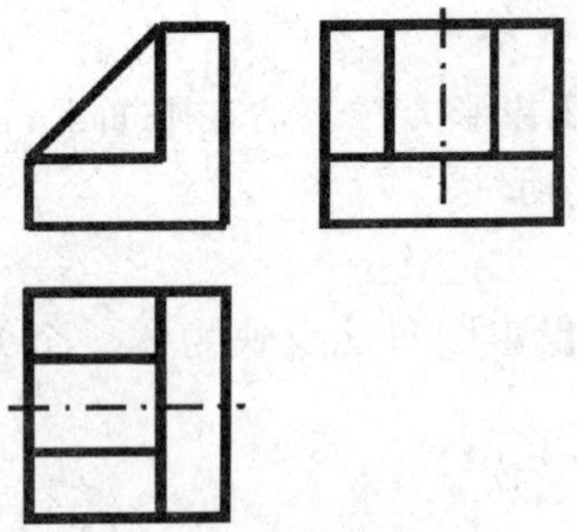

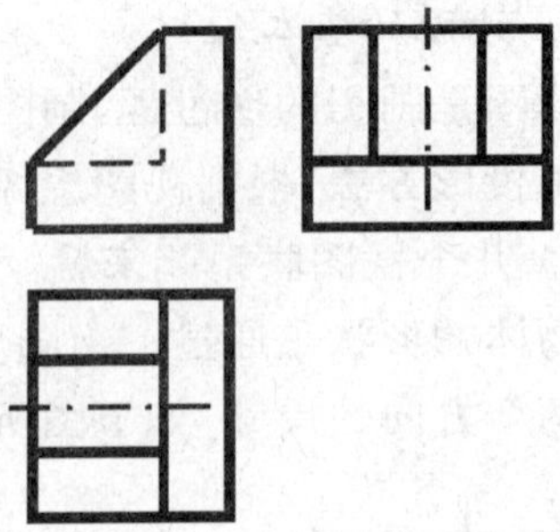

(3) 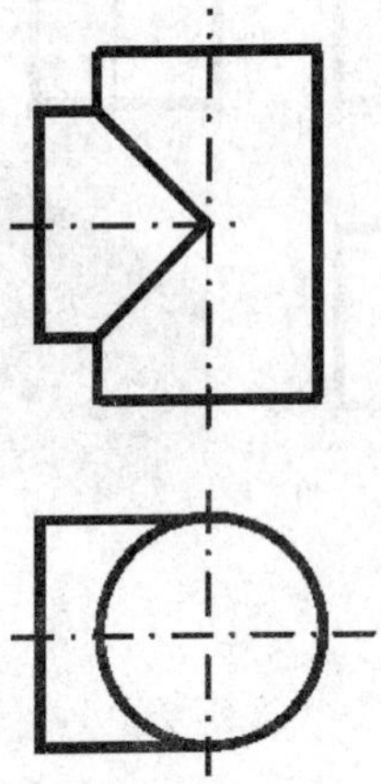　　(4)

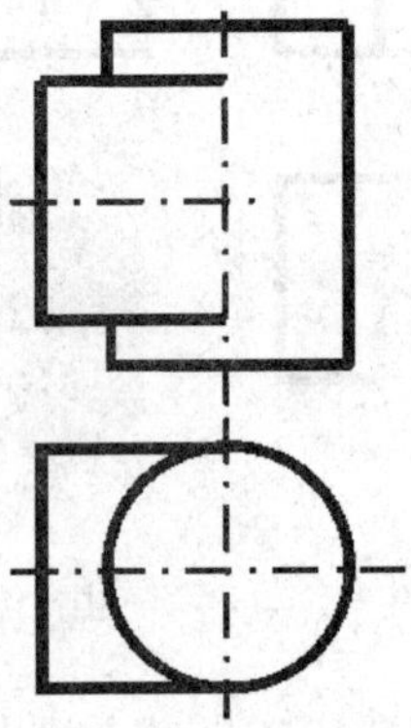

2. 读图的基本方法

形体分析法(为主),线面分析法(为辅)。

1) 形体分析法

形体分析法是读图的基本方法。一般从正面投影图开始,按各线框的对应关系分成若干个组成部分;再根据基本形体的投影特征,分析投影图所表示形体各组成部分的结构形状;然后根据它们之间的组成方式、相对位置和表面连接关系,综合起来想像出组合体的整体结构形状。

2) 线面分析法

线面分析法是利用投影规律和线面关系投影特点来分析投影图中线条和线框的含义,判断该组合体上交线和表面的形状及位置、投影特点,从而确定该组合体形状的方法。

(1) 用形体分析法确定物体的整体形。

(2) 用线面分析法确定切割面的位置和面的形状。

(3) 综合起来想像整体形状。

（1）根据主视图和俯视图，补画左视图。

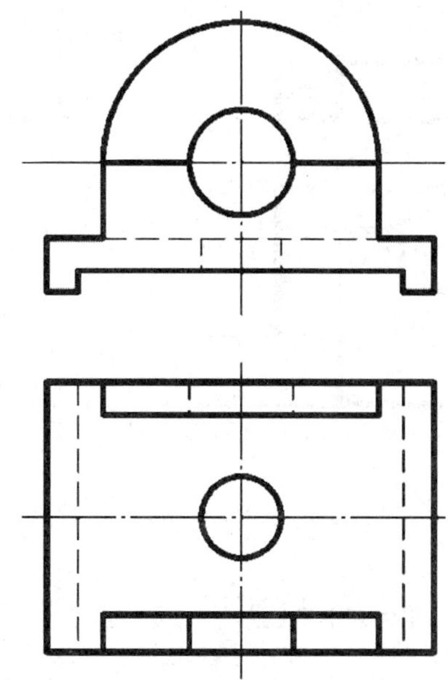

（2）已知组合体主、左视图，补画俯视图。

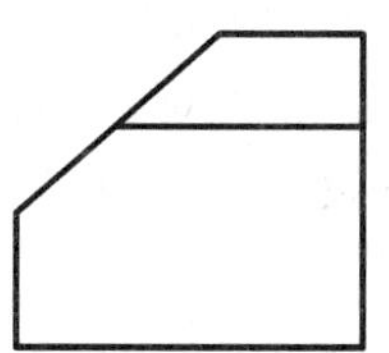

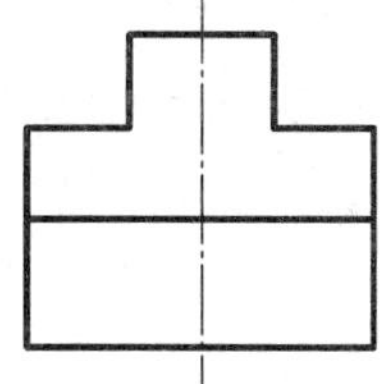

（3）补画组合体视图中所缺的图线。

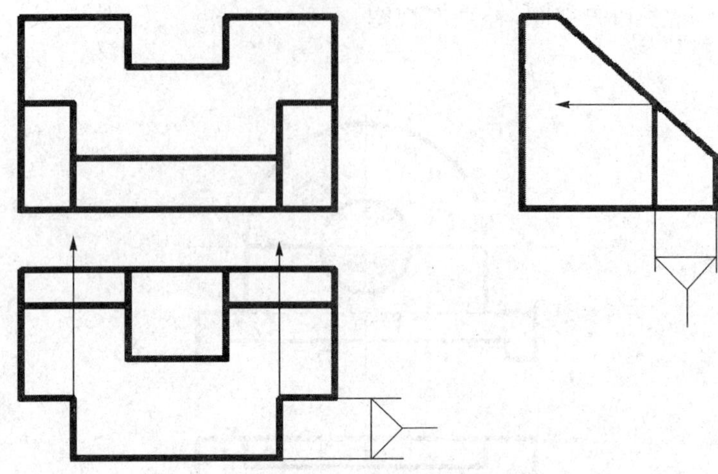

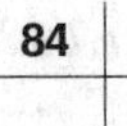

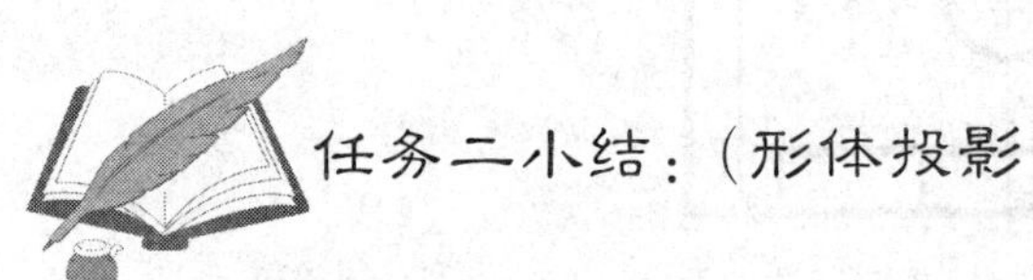

任务二小结：（形体投影）

（1）形体分析法是组合体的画图、读图和尺寸标注的一种行之有效的基本方法，要很好掌握。

（2）画图时，一定要在形体分析的基础上“分块逐块画”，要注意分析形体之间的组合方式及表面过渡关系。

（3）对于用切割方法形成的组合体，有时需借助线面分析方法进一步分析表面的形状特征及投影特性，以便准确地想象出物体的形状和正确地画出图形。

（4）标注尺寸时一定要在形体分析的基础上 逐个标注每个形体的定形、定位尺寸，同时注意正确选择尺寸基准。最后标注总体尺寸时要注意调整，避免出现封闭的尺寸链。

任务三 机件的表达方法

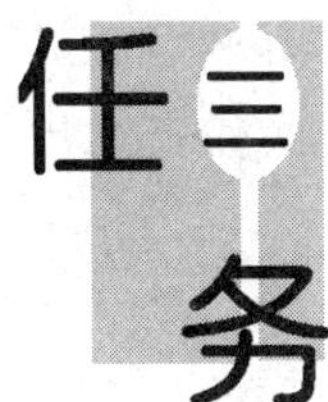

学习目标

1）掌握正等轴测图与斜二轴测图的画法

2）了解视图、剖视图、断面图、简化画法等各种机件表达方法及应用特点

3）掌握螺纹、键销、滚动轴承、齿轮等规定画法及其标注

项目1 轴测图

知识目标

轴测投影的形成与特性

正等轴测图和斜二轴测图的画法

技能目标

能掌握正等轴测图和斜二轴测图的画法

能正确选用轴测图的种类

任务描述

1. 轴测图的形成

1）轴测图的形成

轴测投影图，简称轴测图，通常称为立体图，直观性强，是生产中的一种辅助图样。

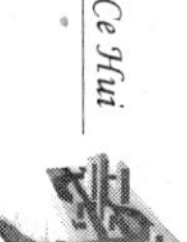

将物体连同确定其空间位置的直角坐标系一起，用不平行于任何直角坐标面的平行投射线，向单一投影面 P 进行投射，把物体长、宽、高三个方向的形状都表达出来，这种投影图称为轴测投影图，如下图所示。

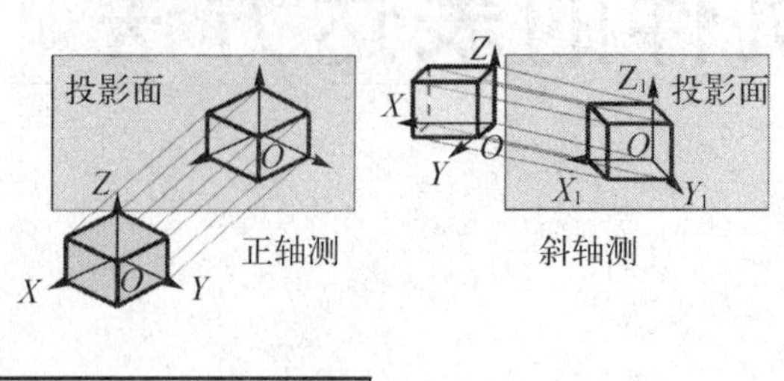

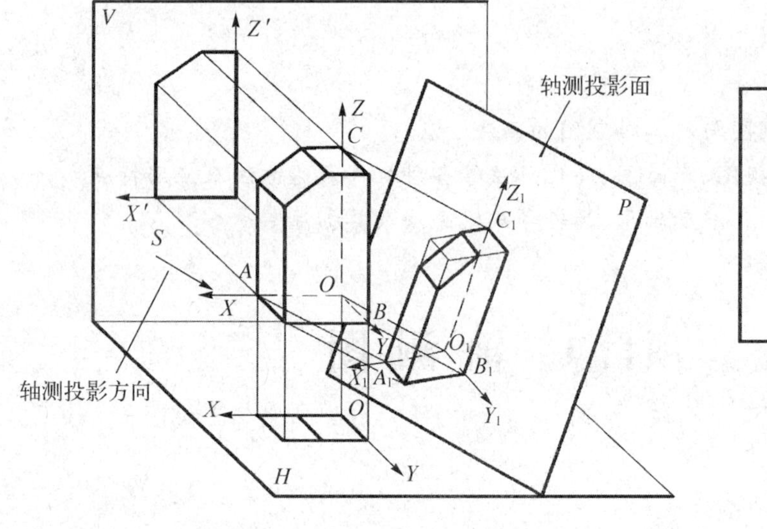

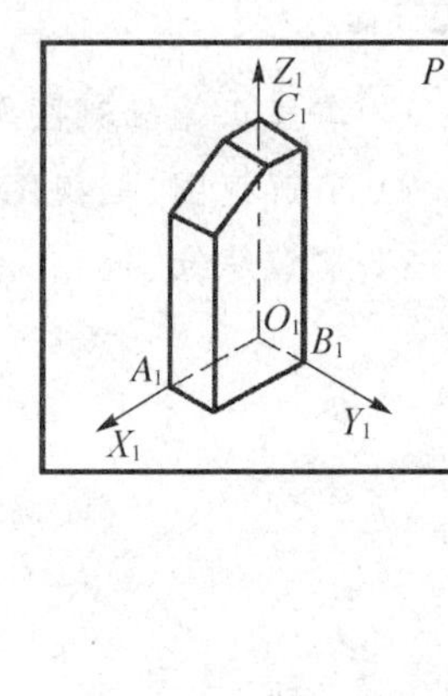

(a) 轴测图形成　　(b) 轴测图放正

2）轴测图的基本参数

（1）轴测轴　轴测投影面上的投影：O_1X_1、O_1Y_1、O_1Z_1。

（2）轴间角　轴测图中，相邻两轴测轴之间的夹角 $\angle X_1O_1Y_1$、$\angle X_1O_1Z_1$、$\angle Y_1O_1Z_1$，称为轴间角。

（3）轴向伸缩系数　沿轴测轴方向，线段的投影长度与其在空间的真实长度之比，称为轴向伸缩系数。

$p=O_1A_1/OA$　　x 轴轴向伸缩系数；

$q=O_1B_1/OB$　　y 轴轴向伸缩系数；

$r=O_1C_1/OC$　　z 轴轴向伸缩系数。

2. 正等轴测图的画法

1）正等轴测图的形成

正等测投影是将物体放置成一个特殊的位置——OX、OY、OZ 轴均与轴测投影面具有相同的倾角之后向轴测投影面作的正投影，所得的图形称为正等轴测图（简称正等测）。

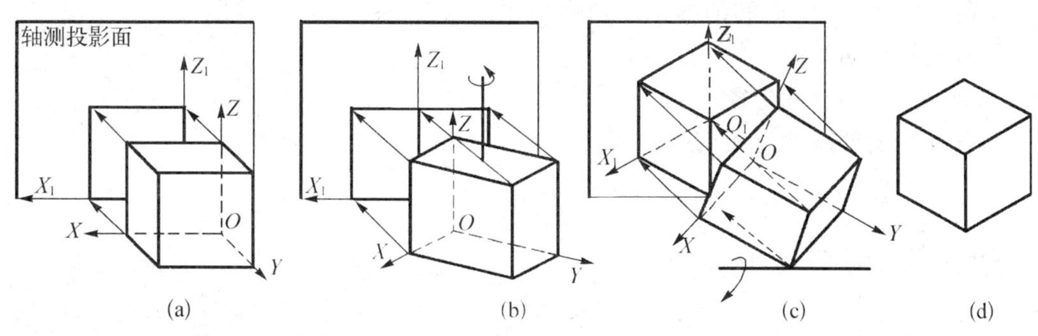

2）正等轴测图的画法

（1）正等轴测图的规定　有以下几点。

轴间角：$\angle X_1O_1Y_1 = \angle X_1O_1Z_1 = \angle Y_1O_1Z_1 = 120°$

轴向伸缩系数：$p = q = r = 0.82$

简化轴向伸缩系数：$p = q = r = 1$

（2）正等轴测图的画法　操作如下图所示。

① 画正六棱柱。

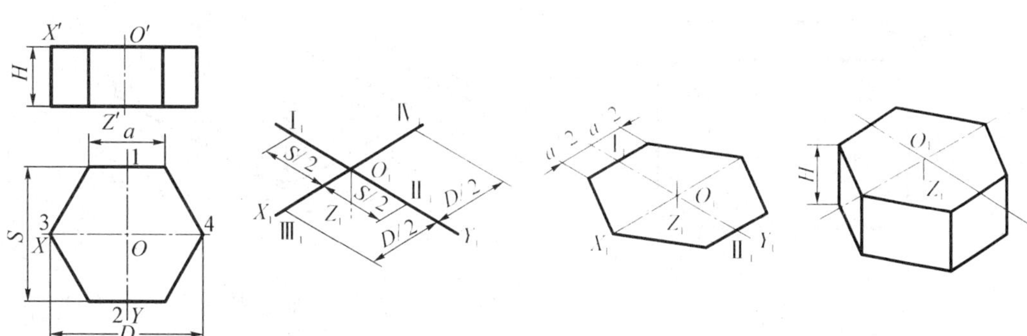

② 画正三棱锥。

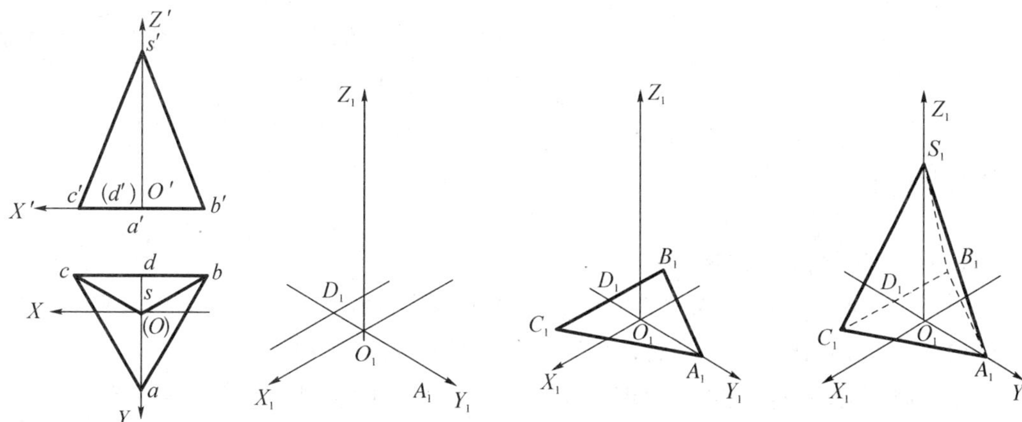

③ 画平行于 H 面的圆的正等轴测图(四心圆法)：

画圆的外切菱形；

确定四个圆心和半径；

分别画出四段彼此相切的圆弧。

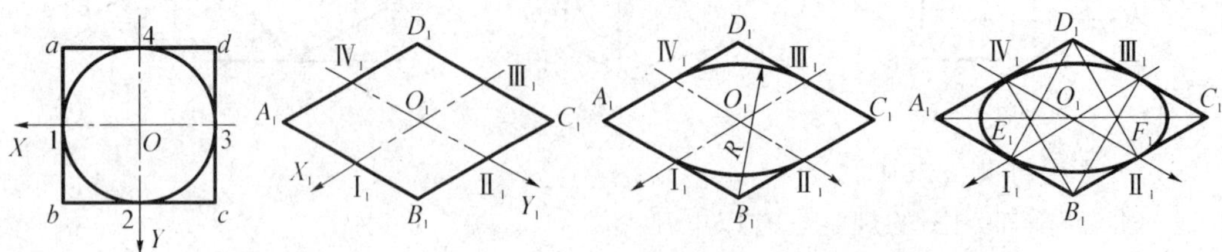

④ 下图所示的平面立体上的每个圆角，相当于一个完整圆柱的四分之一，下面介绍它的正等轴测图的作图过程。

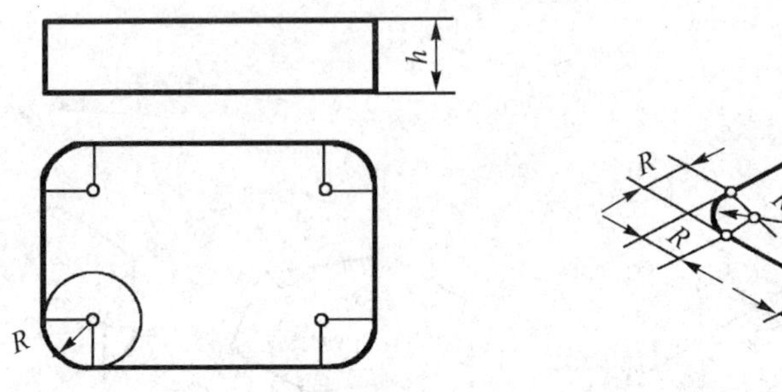

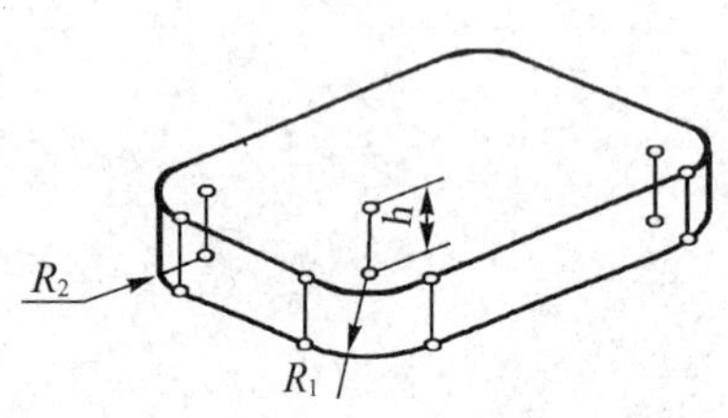

a. 首先在正投影图上确定出圆角半径 R 的圆心和切点的位置。

b. 再画出平板上表面的正等轴测图，在对应边上量取 R，自量取得的点(切点)作边线的垂线，以两垂线的交点为圆心，在切点内画圆弧，所得即为平面上圆角的正等轴测图。

C. 用移心法完成平板下表面的圆角轴测图，最后再做两表面圆角的公切线，即完成圆角的正等轴测图。

3. 斜二轴测图的画法

1）斜二轴测图的基本概念

(1) 斜二轴测图的形成　当物体上的两个坐标轴 OX 和 OZ 与轴测投影面平行，而投射方向与轴测投影面倾斜时，所得的轴测图称为斜二轴测图。

斜二轴测图的最大优点：物体上凡平行于 V 面的平面都反映实形，如下图所示。

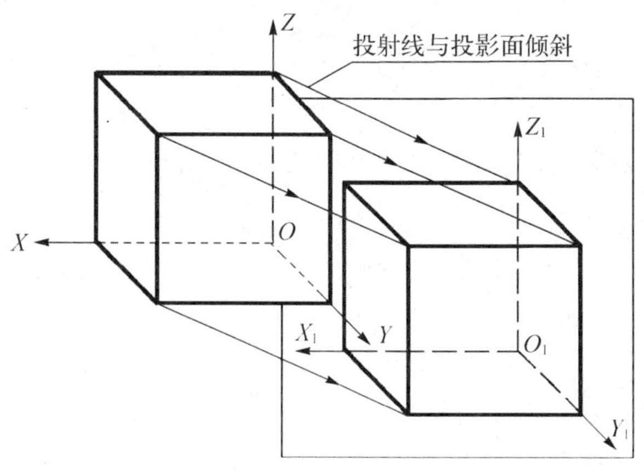

(2) 斜二轴测图的规定　如下图所示。

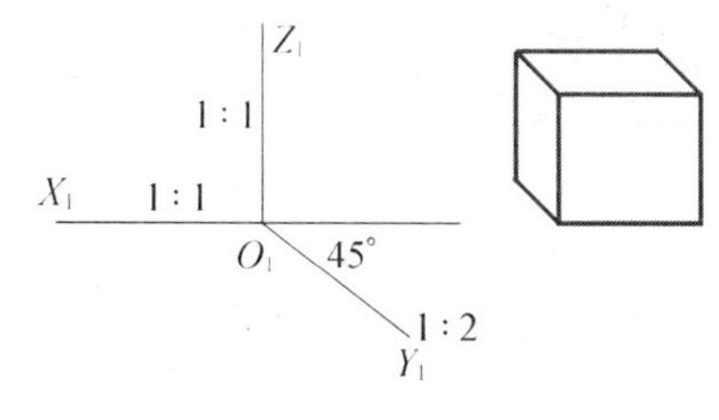

斜二轴测图的轴间角：$\angle X_1O_1Z_1 = 90°$，$\angle X_1O_1Y_1 = \angle Y_1O_1Z_1 = 135°$。

轴向伸缩系数：$p = r = 1$，$q = 0.5$。

2) 斜二轴测图的画法

画斜二轴测图通常从最前面的面开始，沿 Y_1 轴方向分层定位，在 $X_1O_1Z_1$ 轴测面上定形，注意 Y_1 方向伸缩系数 0.5，如下图所示。

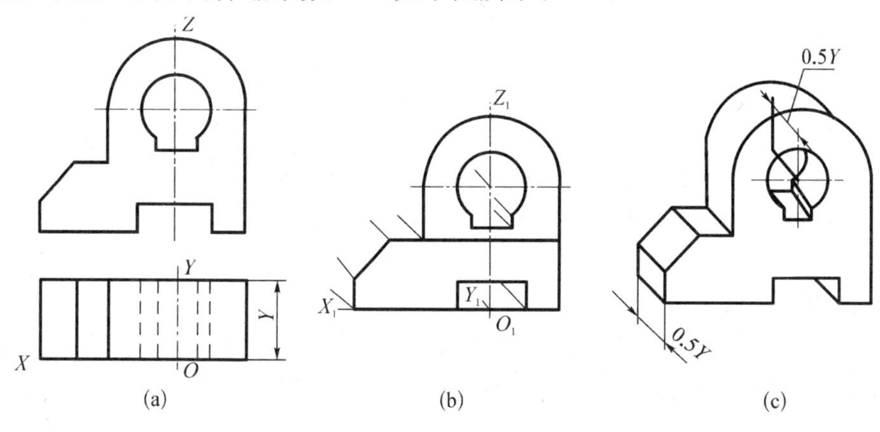

(a)　(b)　(c)

任务考评

(1) 画如图所示带 V 型槽的长方体的正等轴测图。

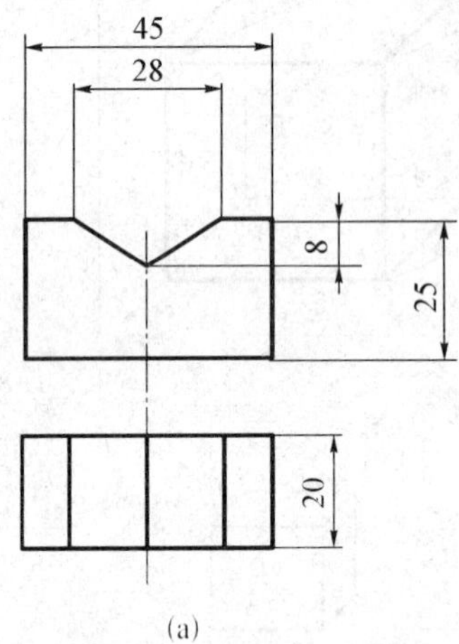

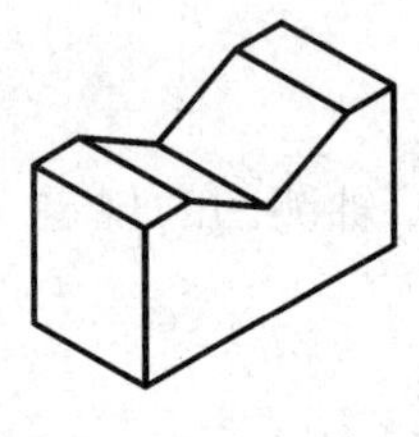

(a)

(2) 作如图所示支座的斜二轴测图(尺寸自定)。

项目 2 视 图

知识目标

基本视图、局部视图、斜视图、旋转视图的画法和标注

基本视图、局部视图、斜视图、旋转视图的适用情况

技能目标

能熟练运用学过的投影原理和方法画出零件的投影图

能对机件结构进行详细的结构分析,选用较好的视图表达方案

任务描述

视图分为基本视图、向视图、局部视图、斜视图和旋转视图。

1. 基本视图

物体向六个基本投影面投影所得的视图,称为基本视图。分别称为主视图、俯视图、左视图、右视图、仰视图、后视图,如下图所示。

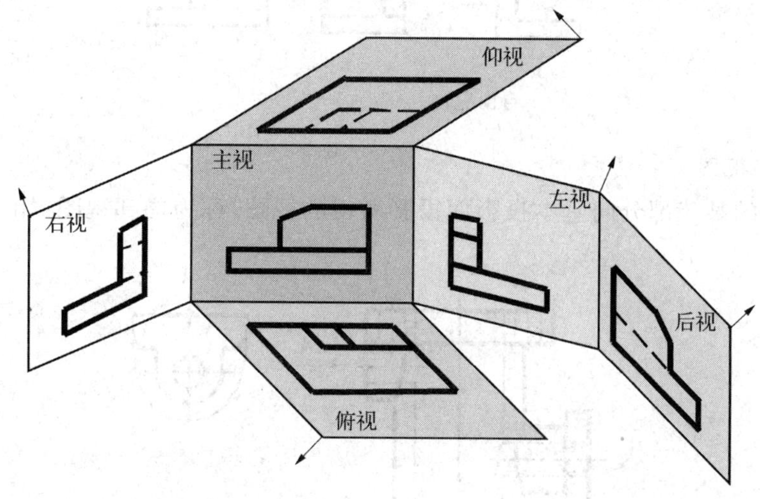

六面视图的投影对应关系,如下图所示。

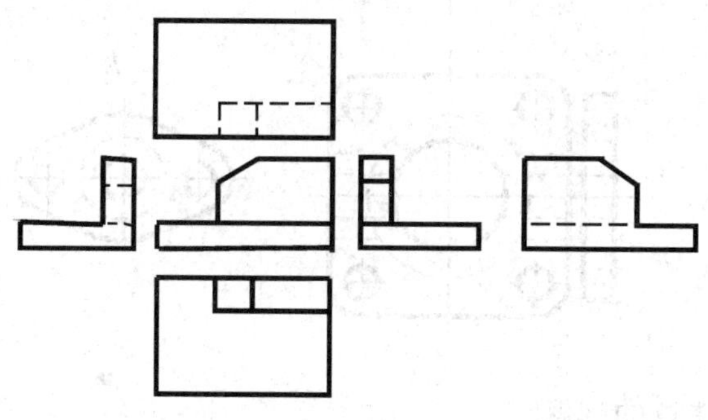

按基本位置配置

度量对应关系 :仍遵守"三等"规律

方位对应关系:除后视图外,靠近主视图的一边是物体的后面,远离主视图的一边是物体的前面。

2. 向视图

在向视图的上方标注字母,在相应视图附近用箭头指明投射方向,并标注相同的

字母。

表示投射方向的箭头尽可能配置在主视图上，只是表示后视投射方向的箭头才配置在其他视图上，如下图所示。

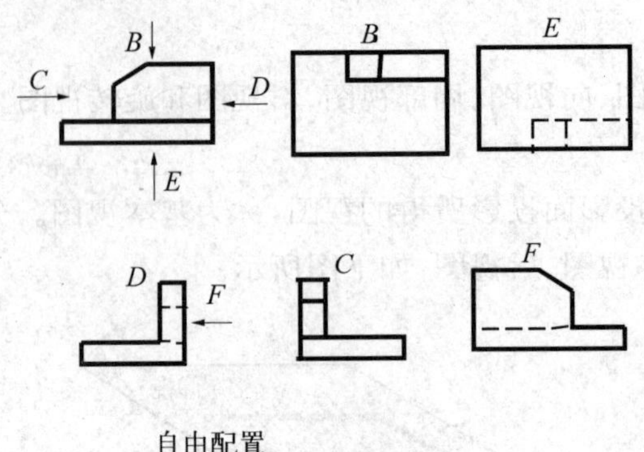

自由配置

3. 局部视图

将物体的某一部分向基本投影面投影所得的视图，称为局部视图，如下图所示。

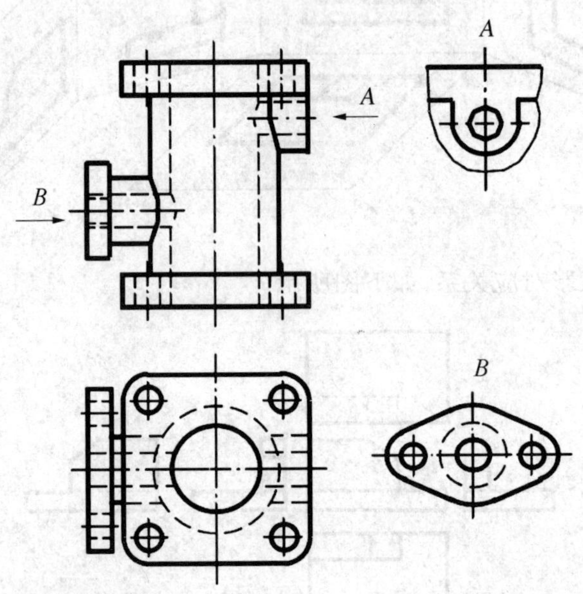

画局部视图应注意的问题：

(1) 局部视图的断裂边界用波浪线或双折线表示。

(2) 当所表示的局部结构完整，且其投影的外轮廓线又成封闭时，波浪线可省略不画。

(3) 波浪线不应超出机件实体的投影范围。

4. 斜视图

将物体向不平行于任何基本投影面的平面投影所得的视图，称为斜视图。斜视图的表达示例如下图所示。

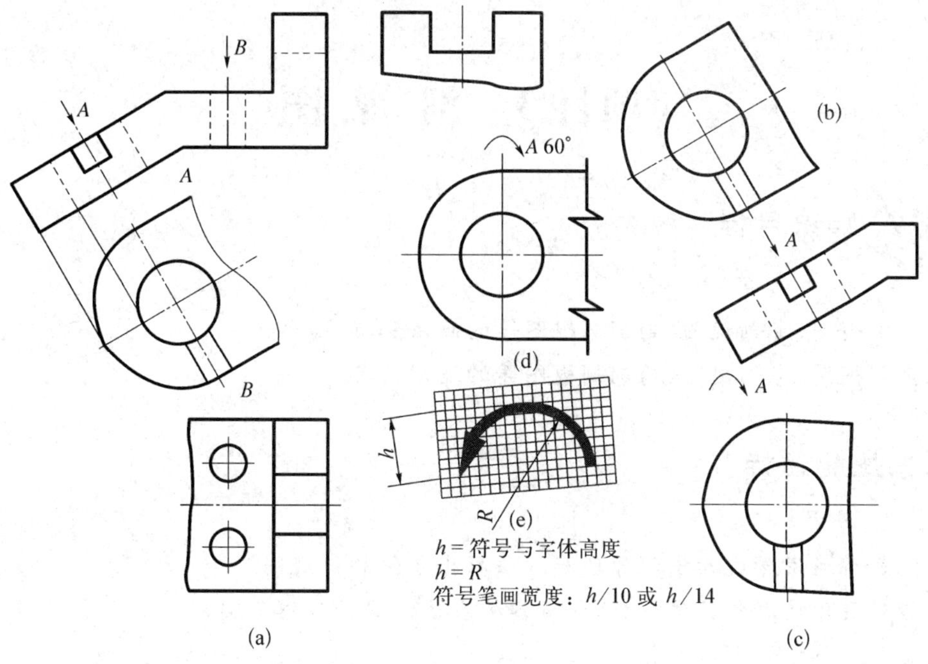

画斜视图的注意事项：

（1）斜视图通常按向视图的配置形式配置。

（2）斜视图一般表达局部结构，投影范围用波浪线。

任务考评

试用适当的表达方法，补画下面支座形体视图中未表达清楚和完整的形状。

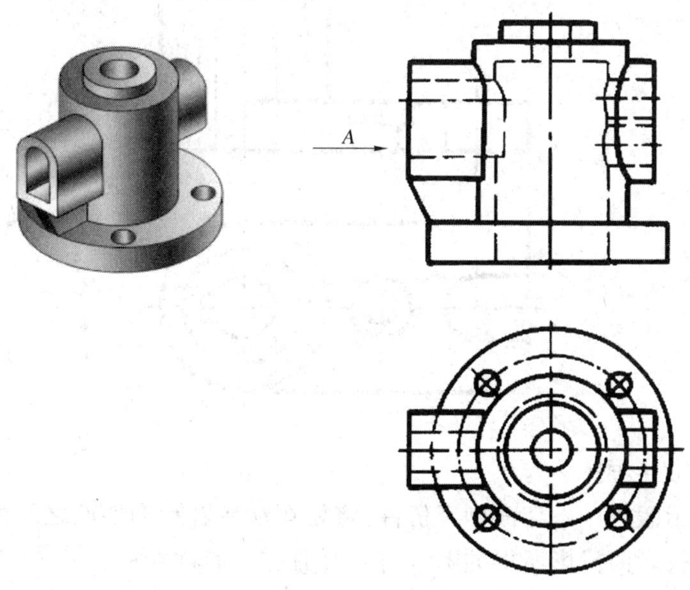

项目3 剖 视 图

知识目标

全剖视图、半剖视图、局剖剖视图等的画法和标注
全剖视图、半剖视图、局剖剖视图等的适用情况

技能目标

能熟练运用学过的投影原理和方法画出零件的剖视图
能对具体情况作具体分析，分清各种表达方案的应用范围

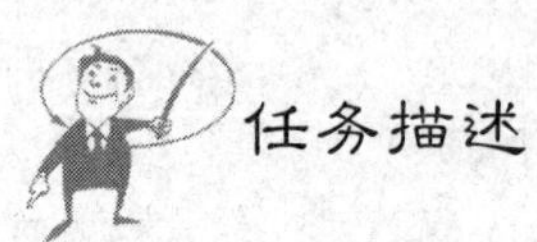

任务描述

1. 剖视图概述

当机件的内部形状较复杂时，视图上将出现许多虚线，不便于看图和标注尺寸。解决办法即可采用剖视图，如下图所示。

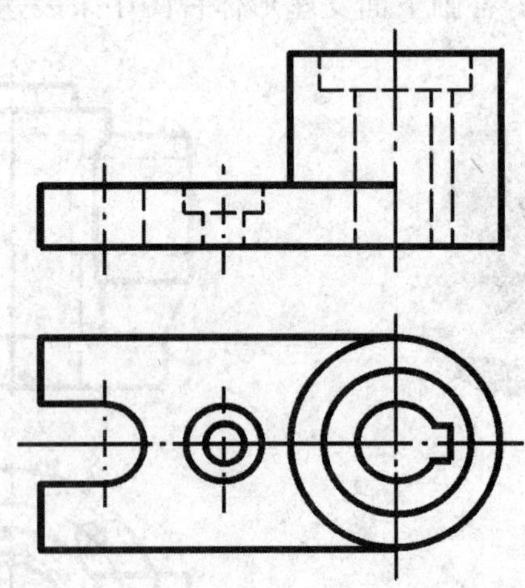

1）剖视图的形成

如下图所示假想用剖切面剖开机件，将处在观察者和剖切面之间的部分移去，而将其余部分向投影面投影所得的图形，称为剖视图，简称剖视。

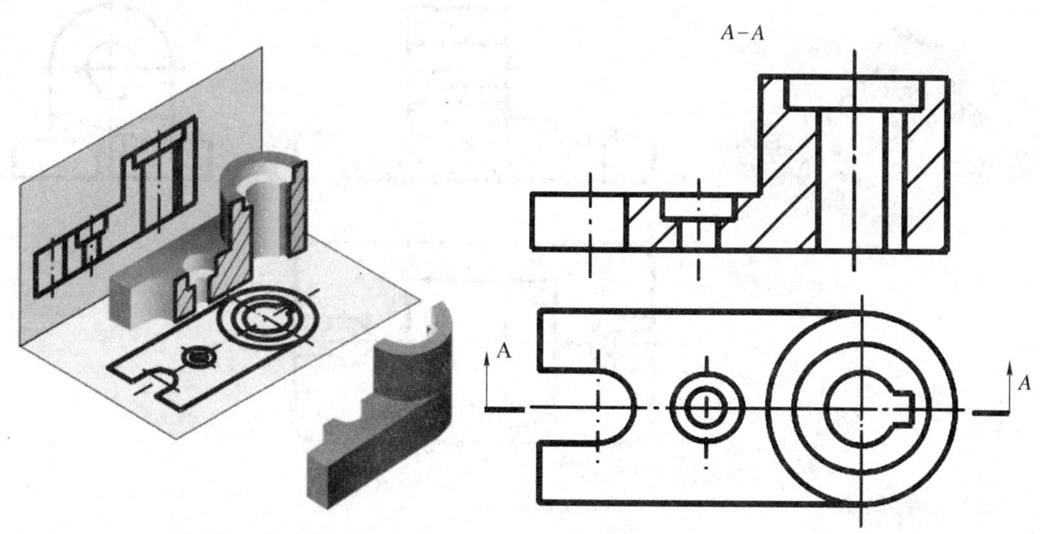

2）剖面符号

剖切面与物体接触的部分称为剖面区域。画剖视图时，剖面区域内应画上剖面符号。物体材料不同，其剖面符号也不同。

金属材料的剖面符号用通用剖面符号表示，即其剖面线以适当角度和间隔相等的细实线绘制，最好与主要轮廓线成 45°。当图形主要轮廓线与水平成 45°角时，该图形的剖面线方向表示方法如下图所示。

画金属材料的剖面符号时，还应遵守下述规定：同一物体各剖视图中的剖面线应间距相等、方向相同。

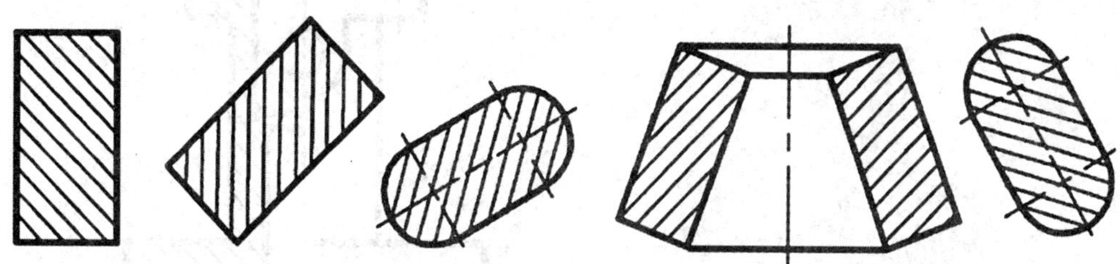

3）剖视图的配置与标注

剖视图通常按投影关系配置在相应的位置上，必要时可以配置在其他适当的位置。这时应在剖视图上方用拉丁字母标出剖视图的名称“×—×”，在相应的视图上用剖切符号表示剖切位置，用箭头表示投射方向，并注上同样的字母。

2．剖视图的种类及画法

剖视图可分：全剖视图、半剖视图、局部剖视图。

1）全剖视图

用剖切面完全地剖开物体所得的剖视图，称为全剖视图。主要用于表示内部形状复杂的不对称物体，或外形简单的对称物体，如下图所示。

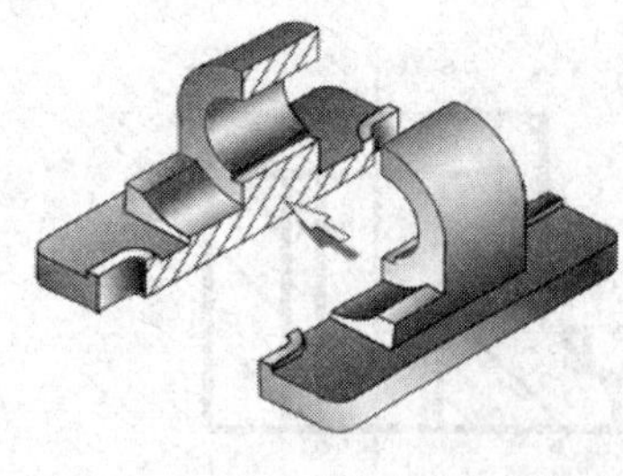
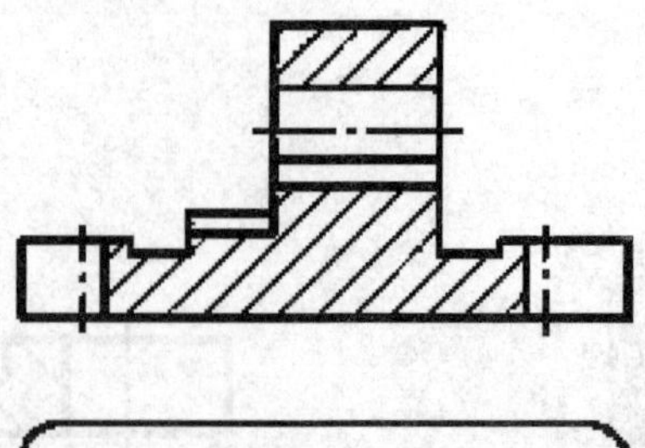
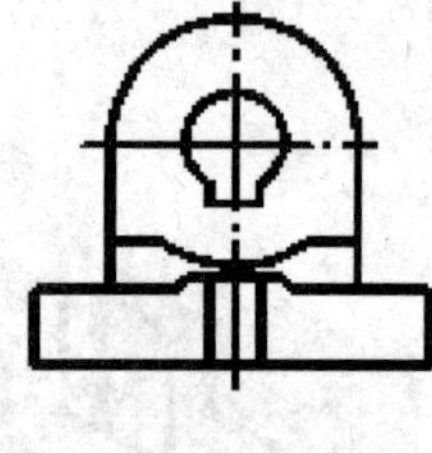
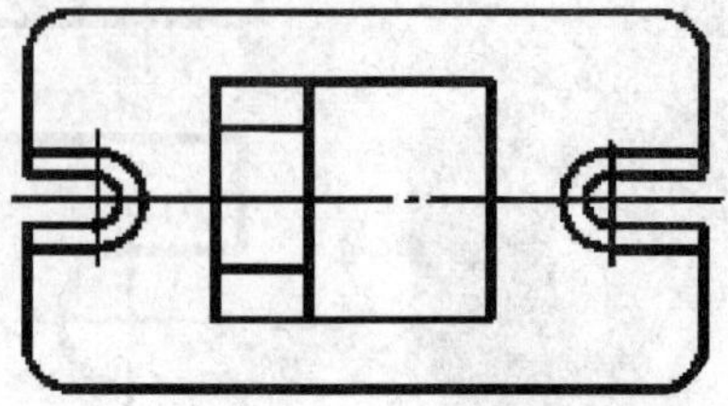

2）半剖视图

当物体具有对称平面时,向垂直于对称平面的投影面投影所得的图形,以对称中心线为界,一半画成剖视图,另一半画成视图,这种剖视图称为半剖视图。

常用于表示内外形状都比较复杂的对称物体或接近对称的物体。

画半剖视图应注意:

(1) 表示外形的视图中的虚线不必画出,但孔、槽应画出中心线位置。

(2) 视图与剖视的分界线为点画线,如下图所示。

(3) 如果物体的内外形轮廓线与图形的对称线重合,则避免使用半剖视。

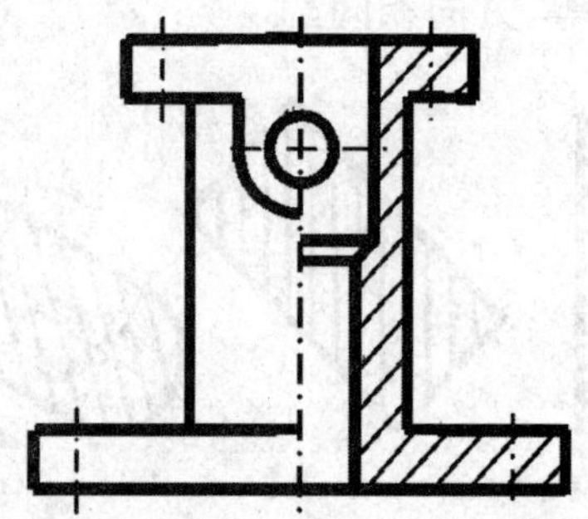

3）局部剖视图

用剖切面局部地剖开物体所得的剖视图,称为局部剖视图,如下图所示。

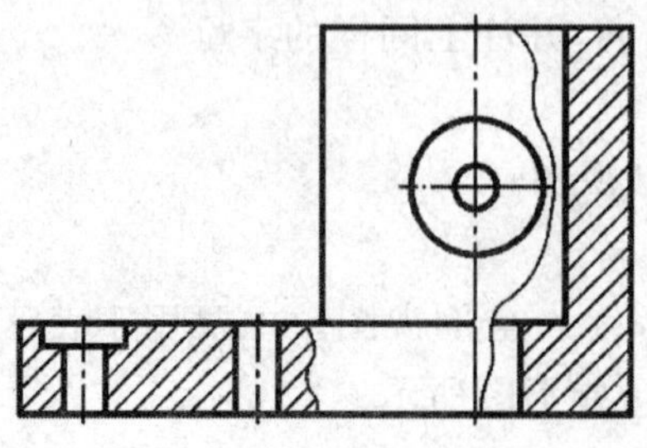
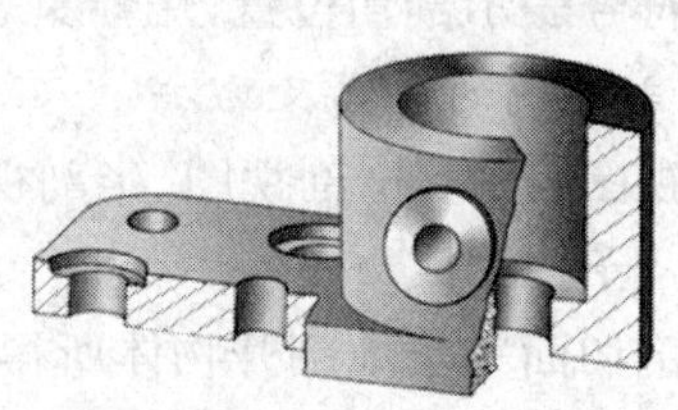

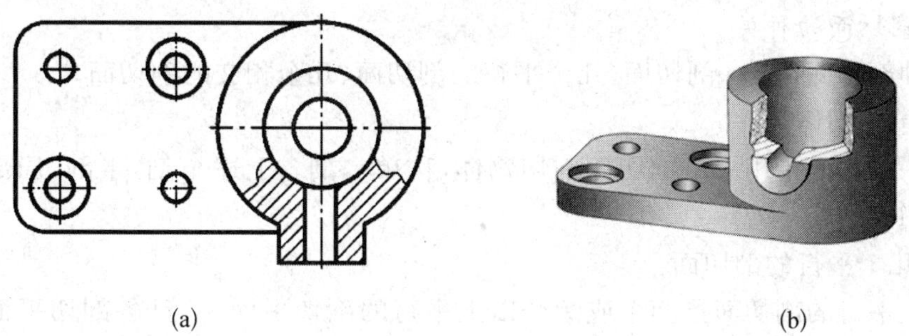

(a) (b)

画局部剖视图应注意：

（1）波浪线不能画在轮廓线延长线上和实体以外，如下图所示。

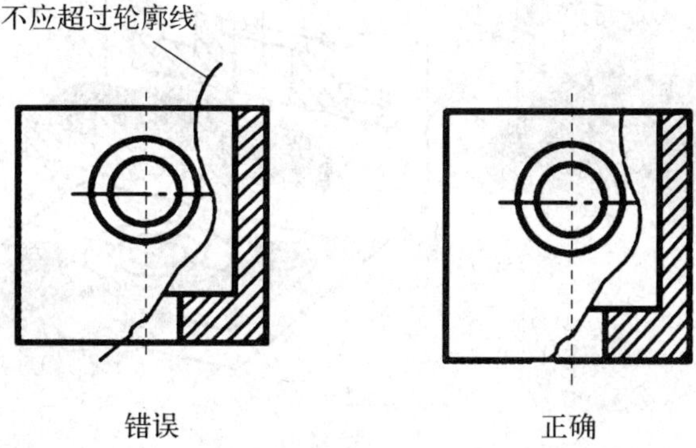

错误 正确

（2）局部剖视图用波浪线与视图分界，波浪线不应与图形上其他图线重合，不能用轮廓线代替波浪线，如下图所示。

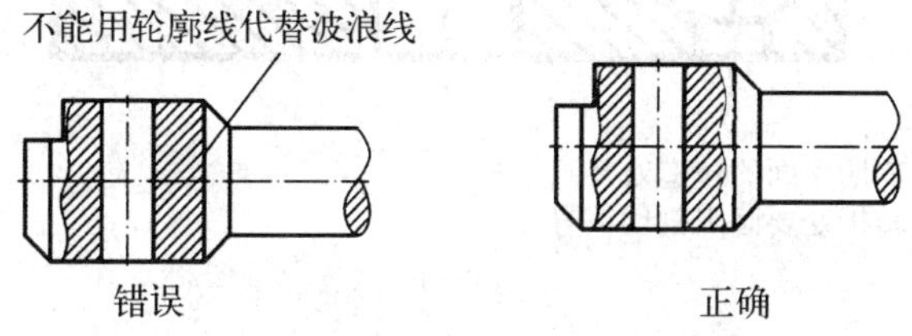

错误 正确

（3）波浪线应画在剖切到的实体部分，如遇到孔、槽时应断开，如下图所示。

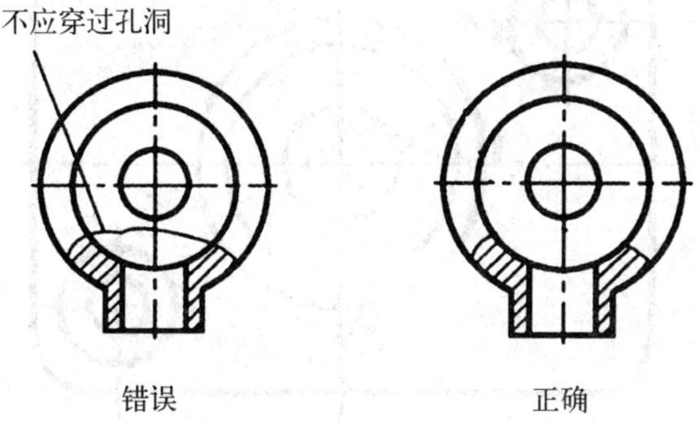

错误 正确

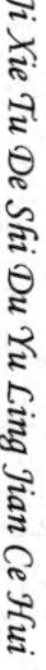

3. 剖切面的种类

三种剖切面：单一剖切面、几个平行的剖切面、几个相交的剖切面。

1）单一剖切面

单一剖切面指用一个剖切面剖切物体，称单一剖。上述全剖，半剖，局部剖都是单一剖切面。

2）几个平行的剖切面

几个平行的剖切面指两个或两个以上平行的剖切平面，并且各剖切平面的转折处必须是直角，称阶梯剖，如下图所示。

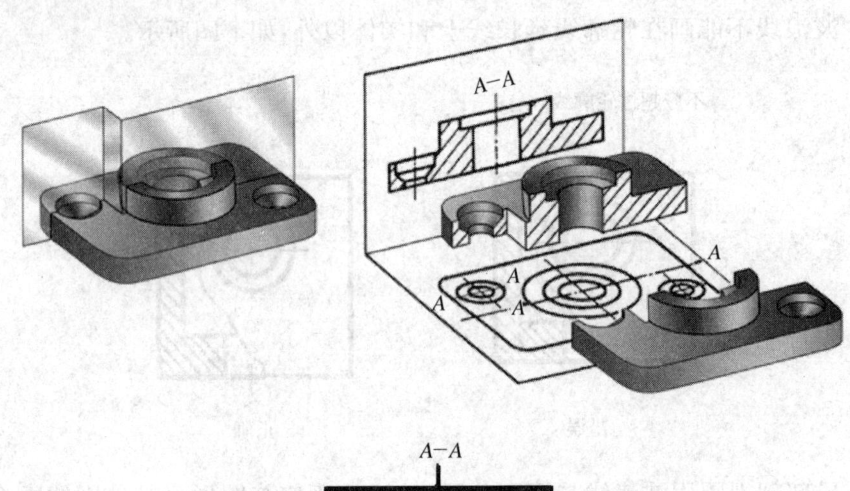

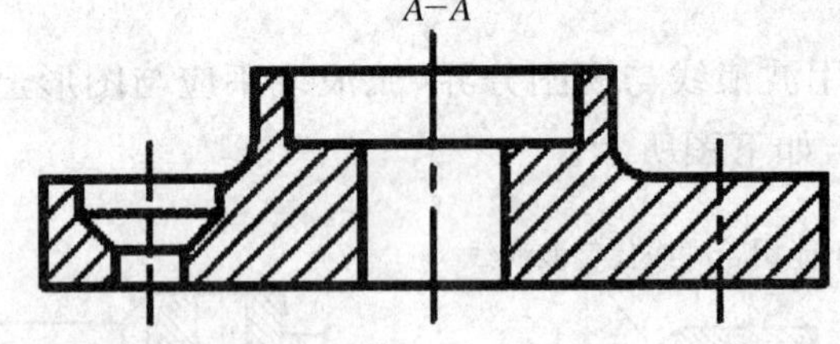

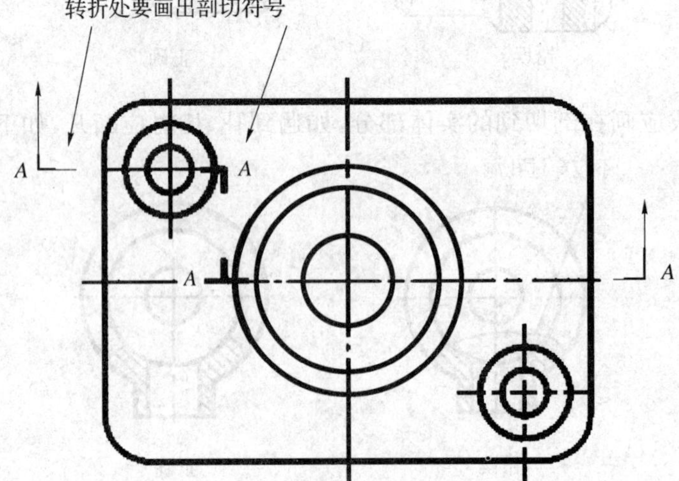

采用阶梯剖时，应注意几点：

(1) 采用阶梯剖必须标注：在剖切平面的起、讫、转折处画上剖切符号，标上同一字母；在起、讫处画出箭头表示投影方向；在剖视图上方中间位置用同一字母写出其名称“×—×”，如下图所示。

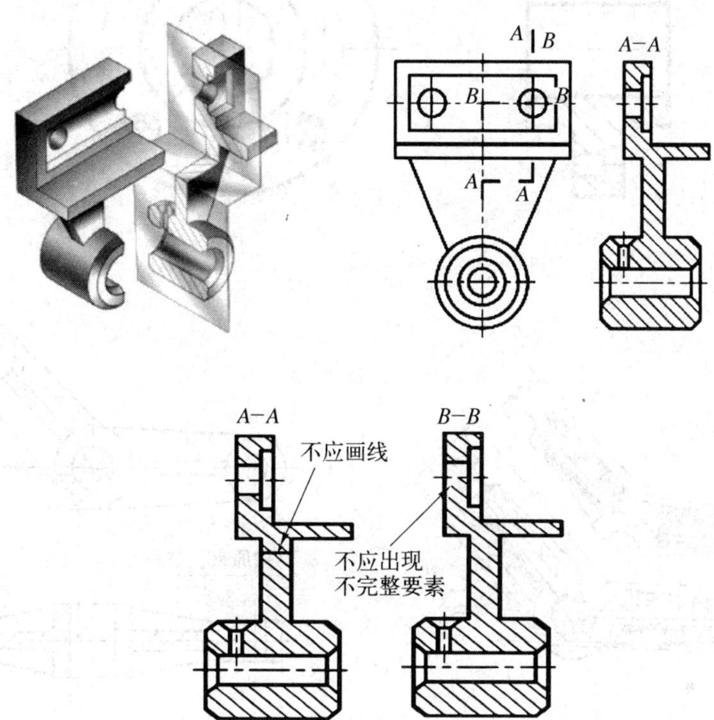

(2) 剖视图上不允许画出剖切平面转折处的分界线。

(3) 在剖视图内不允许出现孔或槽等结构的不完整投影。

3) 几个相交的剖切面

几个相交的剖切面指用相交的剖切面(交线垂直于某一投影面)剖切物体，称为旋转剖。

旋转剖主要是用来表达孔、槽等内部结构不在同一剖切平面内，但又具有公共回转轴线的机件。

画旋转剖时应注意几点，如下图所示：

(1) 按“先剖切后旋转”的方法绘制旋转剖视图。剖切平面后的其他结构，一般仍按原来位置投射。

(2) 画旋转剖时必须加以标注。但当转折处受地方限制而又不致引起误解时，允许省略。

(3) 当剖切后产生不完整要素时，应将此部分按不剖绘制。

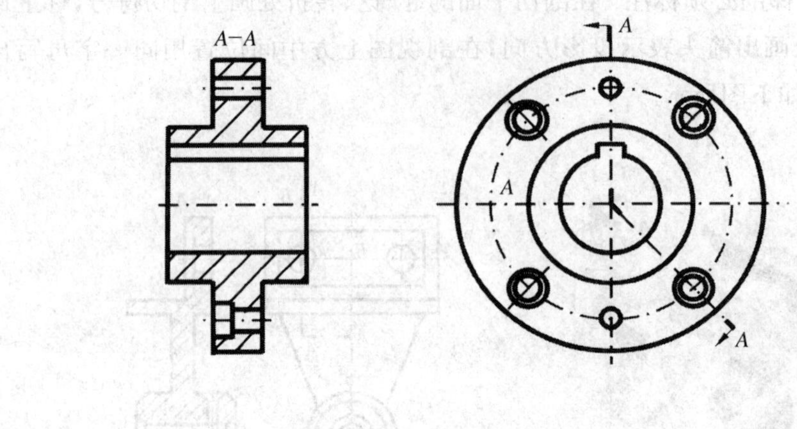

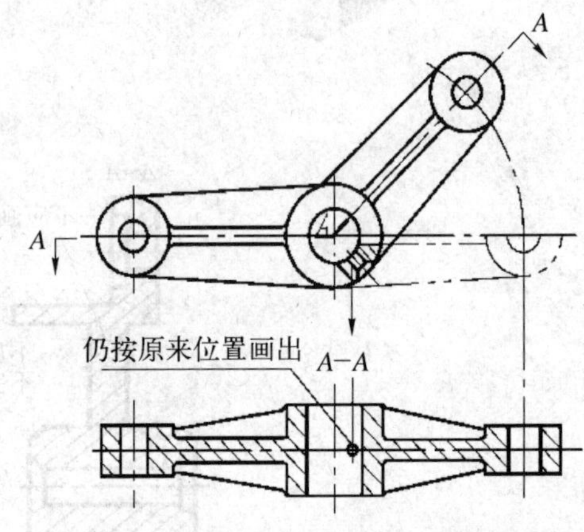

任务考评

综合考评题：机件视图表达方法的综合应用举例分析(分析下面机件的结构形状，拟订出自己的表达方案，然后进行分组讨论)。

(1) 视图数量应适当。

(2) 合理地综合运用各种表达方法。

(3) 比较表达方案，择优选用。

(4) 对下面参考示例表达方案进行分析。

方案的主、左视图均为局部剖，不仅把支架的内部结构表达清楚了，而且还保留了部分外部结构，如下图所示。

综合以上分析：方案的各视图表达意图清楚，剖切位置选择合理，支架内外形状表达基本完整、层次清晰、图形数量适当，便于作图和读图。因此，是一个较好的表达方案。

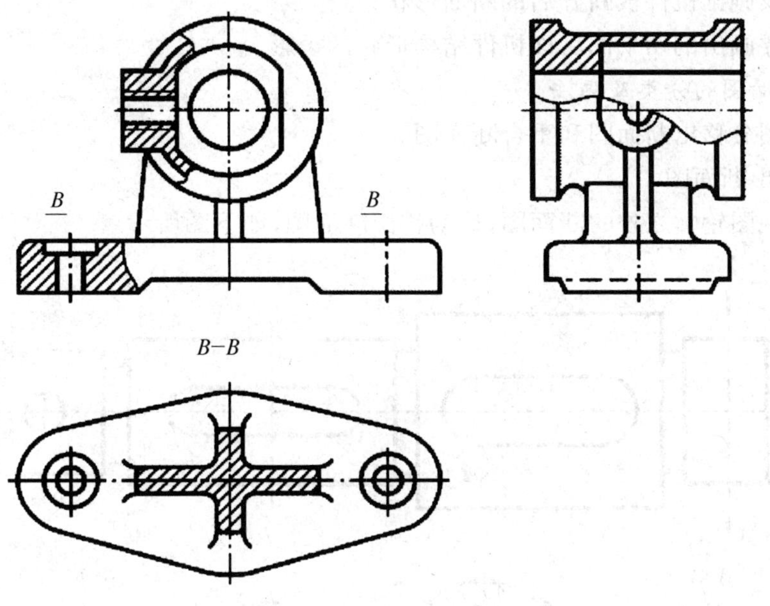

项目4 断 面 图

知识目标

移出断面、重合断面的画法和标注

移出断面、重合断面的适用情况

技能目标

能熟练运用学过的投影原理和方法，按规定画法正确画出零件局部形状的断面形状图

能对具体情况作具体分析，分清各种断面表达方案的应用

任务描述

1. 断面图的概念

假想用剖切面将物体的某处切断，仅画出该剖切面与物体接触部分的图形，称为断面图，简称断面。

断面图与剖视图的不同：

前者仅画出机件被断开后的断面形状；

后者要画出剖切平面后面机件结构形状的投影。

2. 断面图的分类及画法

断面图分移出断面图和重合断面图。

1）移出断面图

画在视图轮廓之外的断面图，称为移出断面图，如下图所示。

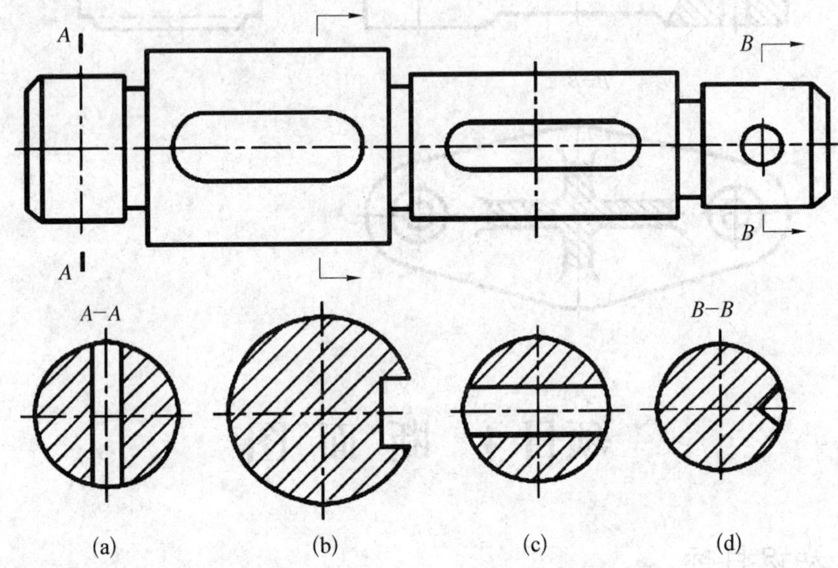

如下面两组图所示，画移出断面图应注意以下几点：

（1）当剖切面通过回转面形成的孔或凹坑的轴线时，这些结构应按剖视绘制。

（2）当剖切面通过非圆孔会导致完全分离的两个断面时，这些结构应按剖视图绘制。

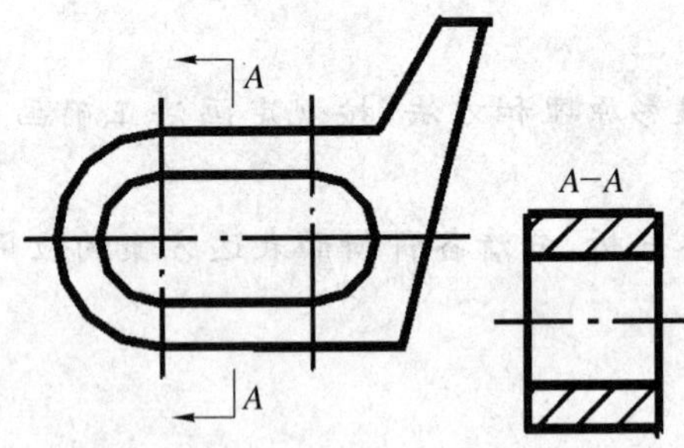

（3）当移出断面图画在视图中断处时，视图应用波浪线断开。

（4）用两个或多个相交的剖切平面剖切获得的移出断面图，中间一般应断开。

（5）移出断面图尽量配置在剖切符号的延长线上，也可以配置在其他适当位置，但需进行标注。

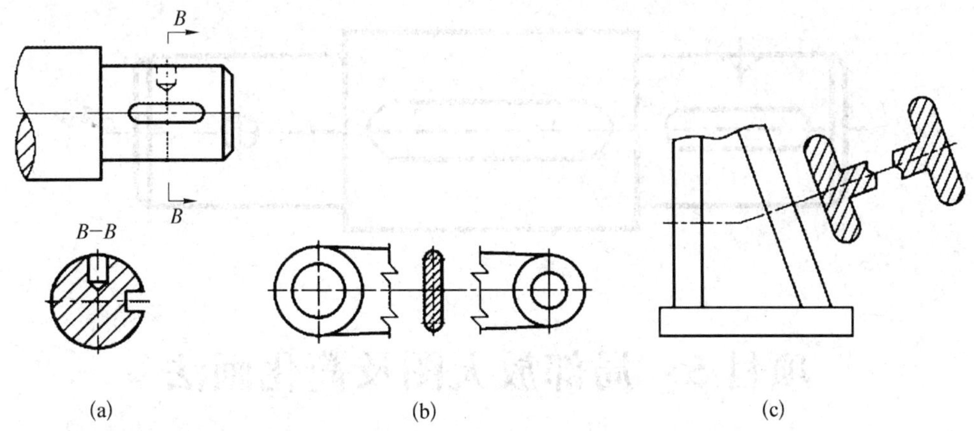

(a)　　(b)　　(c)

2）重合断面图

剖切后将断面图形与原视图重叠在视图上，这样的断面图称为重合断面图，如下图所示。

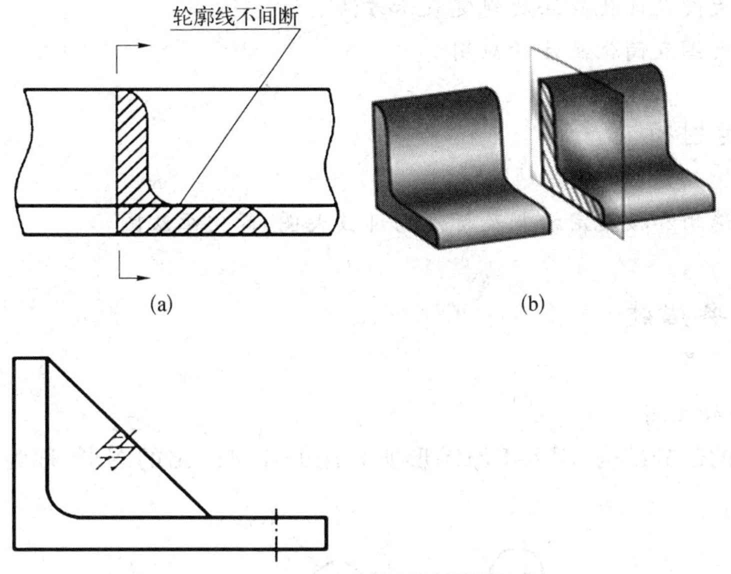

(a)　　(b)

3）画重合断面图应注意以下几点：

（1）重合断面图的轮廓线用细实线绘制。

（2）当视图中的轮廓线与重合断面图的图形重合时，视图中的轮廓线仍应连续画出，不可间断。

（3）对称的重合断面图可不标注，不对称的重合断面图可省略字母。

任务考评

试用移出断面图表达下面阶梯轴上键槽、锥坑，以及圆柱通孔的结构（键槽的深度：左边为 4 mm，中间为 5 mm，其余尺寸从图中量取）。

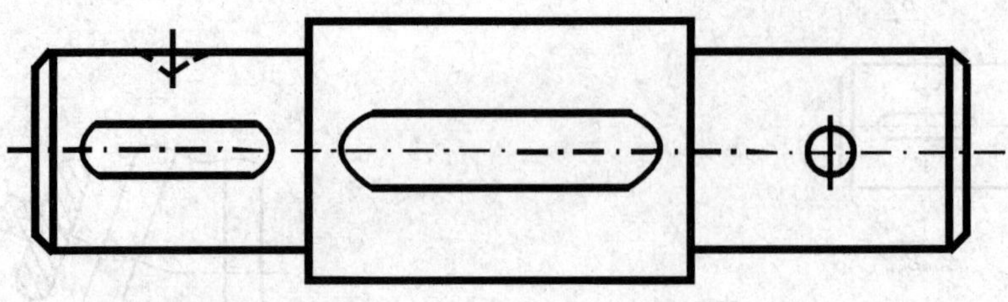

项目 5　局部放大图及简化画法

局部放大图及简化画法的规定表示方法

局部放大图及简化画法的应用

能正确选用和按规定绘制及标注局部放大图、简化画法图示

1. 局部放大图

将机件的部分结构，用大于原图形所采用的比例画出的图形，称为局部放大图，如下图所示。

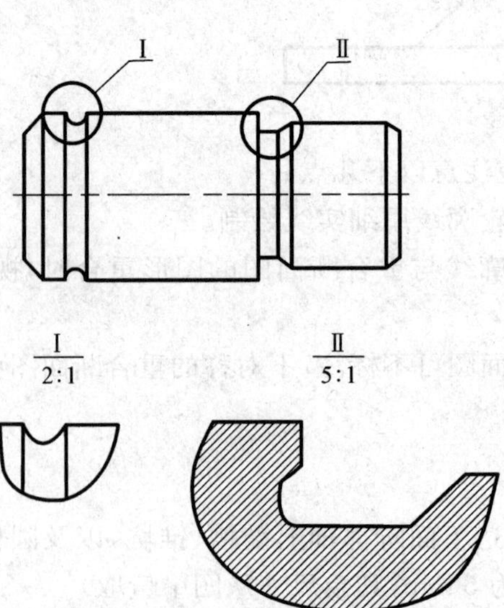

2. 画局部放大图注意几点：

（1）局部放大图与被放大部分的表达方式无关。可以根据需要画成视图、剖视图、断面图，并尽量配置在被放大部位附近。

（2）局部放大图应用细实线圈出被放大部位。当同一机件上有几个部位需要放大时，必须用罗马数字依次标明被放大的部位，并在局部放大图的上方标出相应的罗马数字和所采用的比例，写成分数形式。

（3）同一机件上不同部位的局部放大图，当图形相同或对称时，只需画出一个。

（4）必要时，可用几个图形来表达同一个被放大部分的结构。

3. 规定画法和简化画法

（1）当机件具有若干相同结构，如齿、槽等，并按一定规律分布时，只需画出几个完整的结构，其余用细实线连接，但在零件图中必须注明该结构的总数，如下图所示。

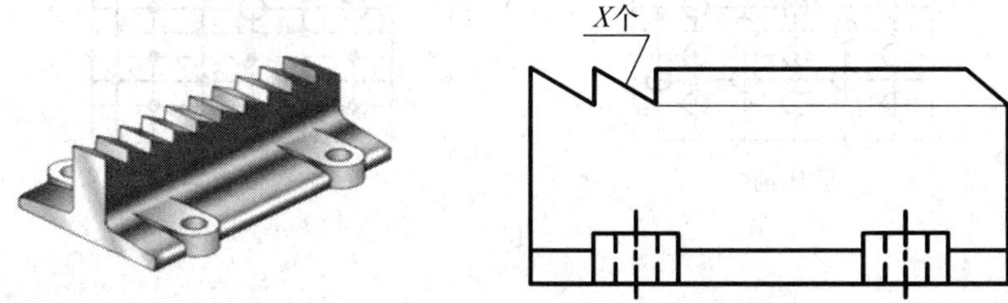

（2）较长的机件沿长度方向的形状一致或按一定规律变化时，可断开后缩短绘制，如下图所示。

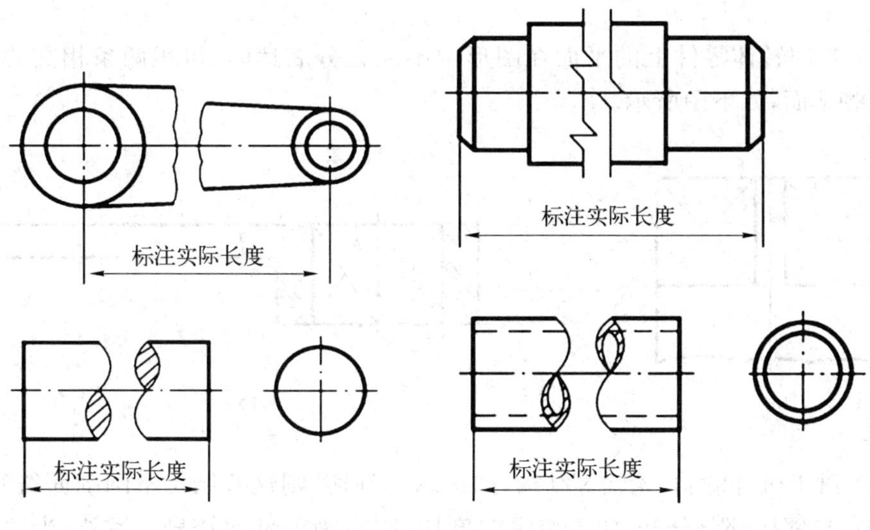

(3) 若干直径相同且成规律分布的孔,可以仅画出一个或几个,其余用点画线表示其中心位置,并在零件图中注明总数,如下图所示。

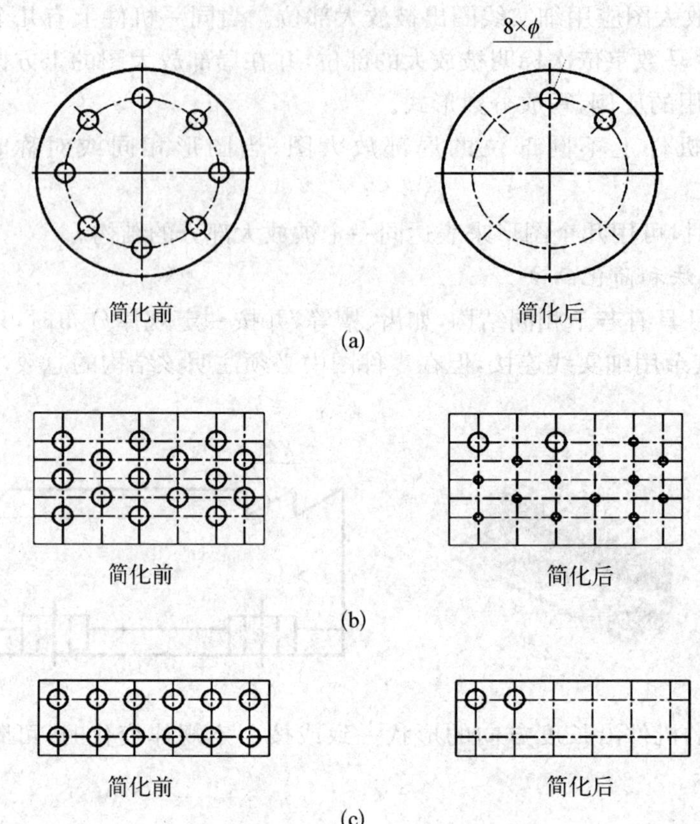

(a)

(b)

(c)

(4) 当回转体零件上的平面在图形中不能充分表达时,可用两条相交的细实线表示这些平面,如下图所示。

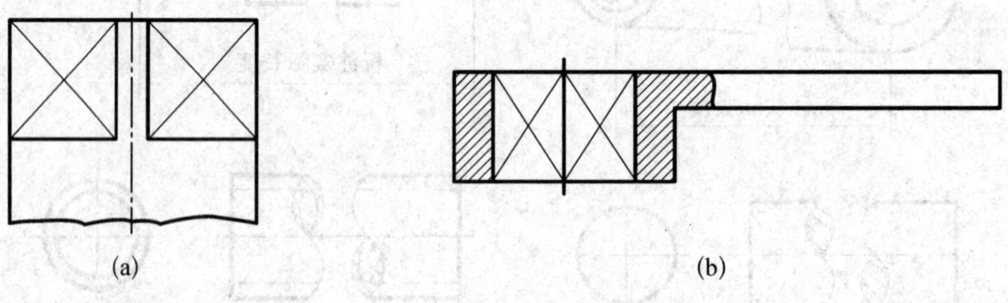

(a) (b)

(5) 对于机件的肋、轮辐等结构,如按纵向剖切,则这些结构不画剖面符号,用粗实线将它与邻接部分分开;如不按纵向剖切,则应画上剖面符号。另外,当这些结构不处于剖切平面上时,可将这些结构旋转到剖切平面上画出,如下图所示。

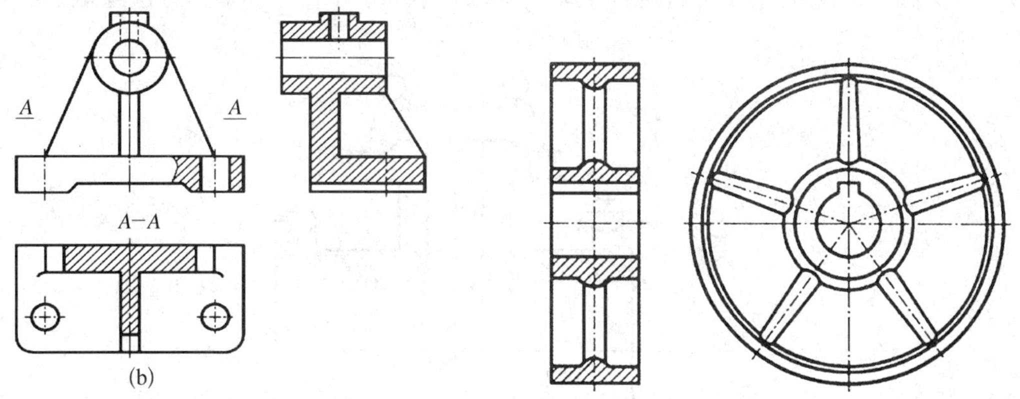

（6）在不致引起误解时，移出断面允许省略剖面符号，如下图所示。

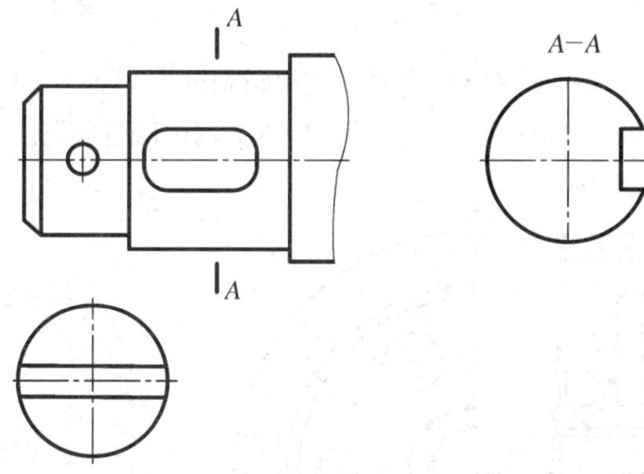

（7）在不致引起误解时，过渡线、相贯线允许简化，可用圆弧或直线代替非圆曲线。

（8）与投影面倾斜角度小于或等于 30°的圆或圆弧，其投影可按下图所示用圆或圆弧代替。

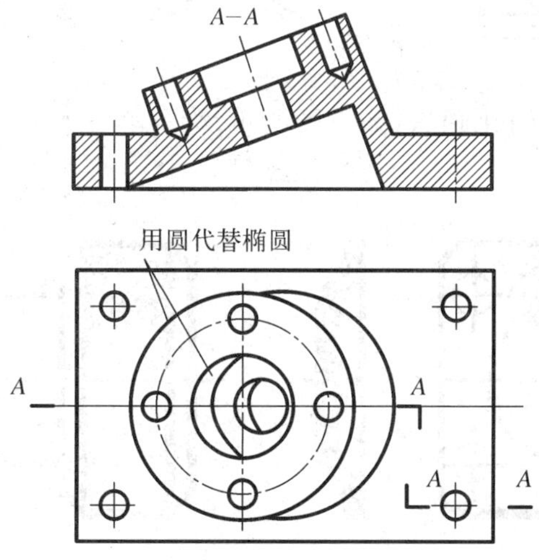

(9) 圆柱形法兰盘和类似机件上均匀分布的孔,可按下图所示的方法绘制。

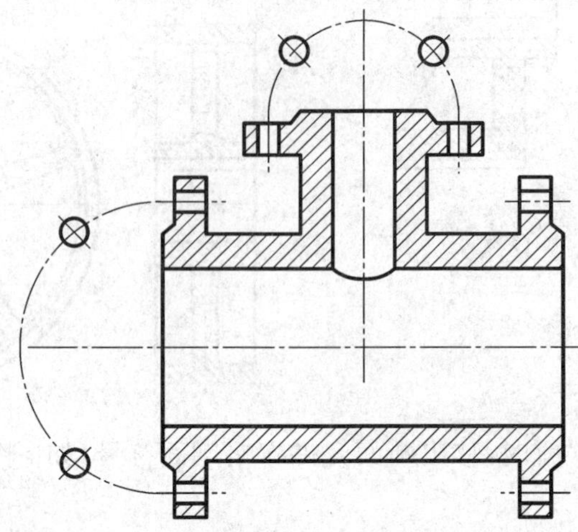

(10) 在不致引起误解时,对于对称机件的视图可只画一半或四分之一,并在对称中心线的两端画出两条与其垂直的平行细实线,如下图所示。

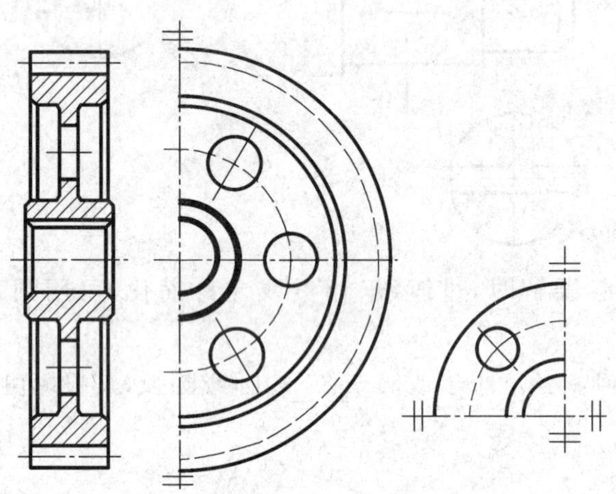

(11) 网纹、滚花的简化画法,如下图所示。

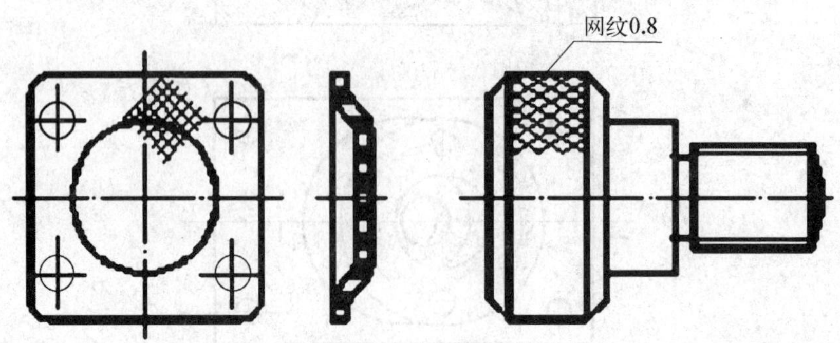

任务考评

(1) 试补画出下面轴承座全剖的左视图(其上部圆筒的宽度与底板宽度平齐)。

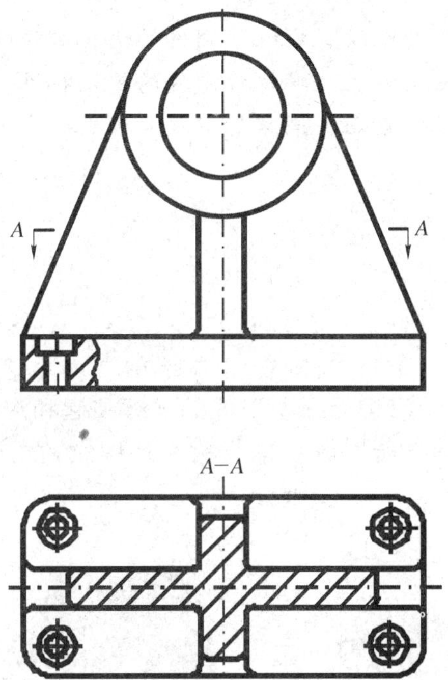

(2) 试补画出下面形体的俯视图(其中,筋板与阶梯孔都是三个均布结构,筋板厚度为 3 mm)

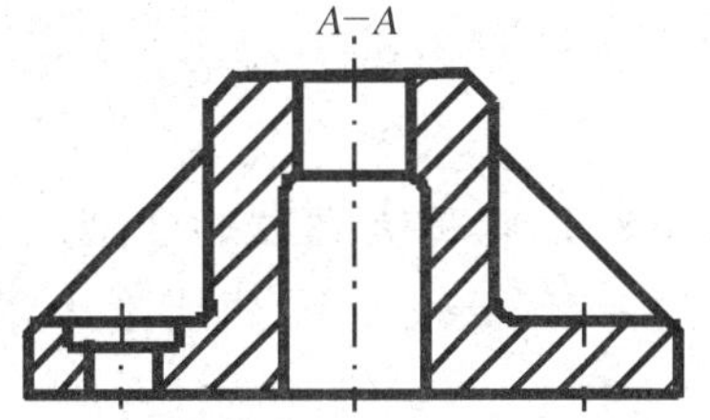

项目 6　螺 纹 联 接

知识目标

螺纹的画法

螺纹的标注

螺纹紧固件的画法

技能目标

掌握国家标准中规定的螺纹及螺纹紧固件的简化画法
掌握国家标准中规定的螺纹及螺纹紧固件的规定标注
能熟练查阅螺纹及螺纹紧固件国家标准技术资料

任务描述

1. 螺纹

1）螺纹的形成

在圆柱或圆锥表面上，沿螺旋线所形成的连续凸起和沟槽，称为螺纹。

在圆柱或圆锥外表面上所形成的螺纹称为外螺纹，在其内孔表面上形成的螺纹称为内螺纹，如下图所示。

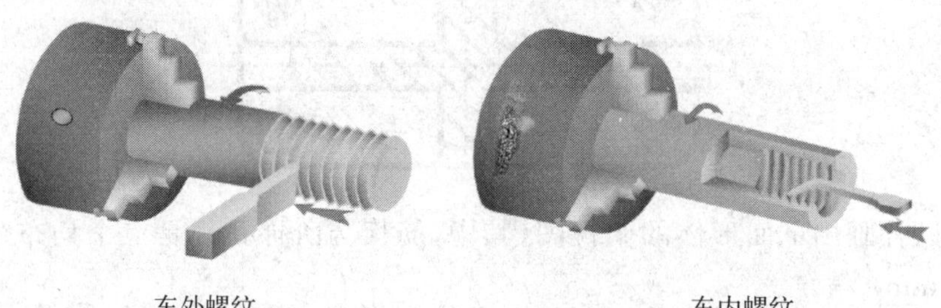

车外螺纹　　车内螺纹

2）螺纹的要素

（1）牙型　螺纹轴向断面的形状称为螺纹的牙型。螺纹牙两侧边间的夹角称为牙型角（a）。常用的螺纹牙型有三角形、梯形、锯齿形等，如下图所示。

（2）直径　分三种，如下图所示。

① 大径（d、D）：与外螺纹牙顶或内螺纹牙底相切的假想圆柱或圆锥的直径，螺纹标准中的公称直径即指大径。

② 小径（d_1、D_1）：与外螺纹牙底或内螺纹牙顶相切的假想圆柱或圆锥的直径。

③ 中径(d_2、D_2)：母线通过螺纹的牙厚与牙间宽相等处的假想圆柱或圆锥的直径。

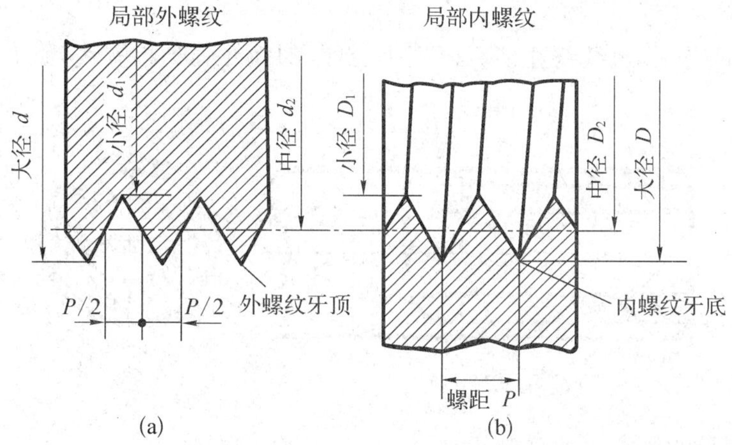

(3) 线数(n)　是指螺纹螺旋线的数目，分单线和多线，如下图所示。

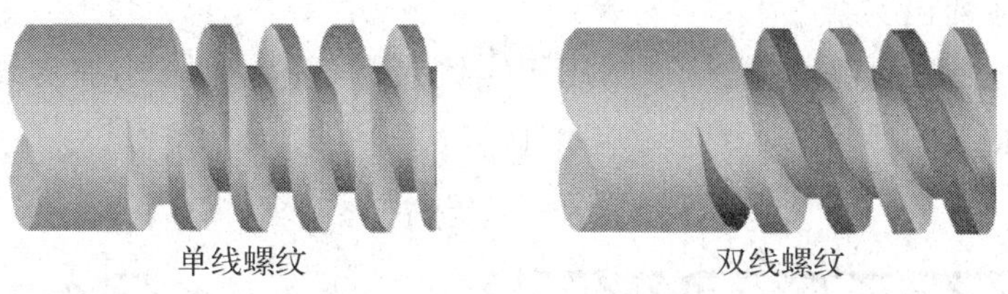

(4) 螺距(P)和导程(Ph)　相邻两牙在中径线上对应点间的轴向距离，称为螺距；同一条螺旋线上相邻两牙在中径线上对应点间的轴向距离，称为导程。

导程与螺距的关系为 $Ph = nP$。

(5) 旋向　螺纹分为左旋和右旋，顺时针旋转时旋入的螺纹为右旋螺纹。

将外螺纹垂直放置时：螺纹的可见部分是右高、左低时为右旋螺纹，左高、右低时为左旋螺纹。

内、外螺纹相互旋合时：五个基本要素(牙型、大径、螺距、线数和旋向)必须相同。

3) 螺纹的画法

(1) 外螺纹的画法　操作如下：

① 外螺纹的牙顶及螺纹终止线用粗实线画出，牙底用细实线画出，并且画入倒角或倒圆内，如下图所示。

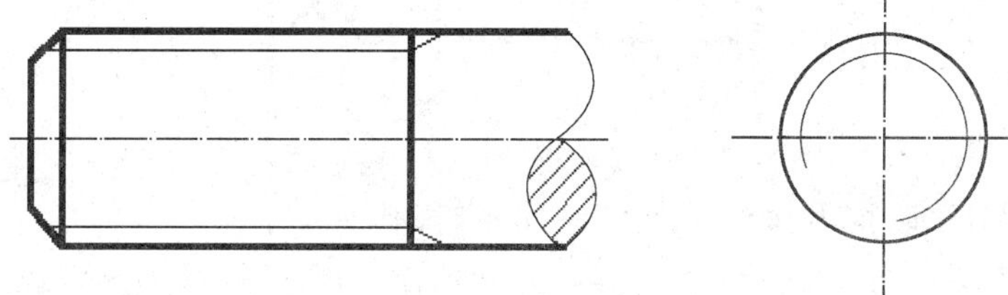

② 在投影为圆的视图中，牙顶圆用粗实线表示，牙底用 3/4 圈细实线圆表示，倒角圆省略不画。

③ 在剖视图中，螺纹终止线只画到小径处，剖面线画到粗实线，如下图所示。

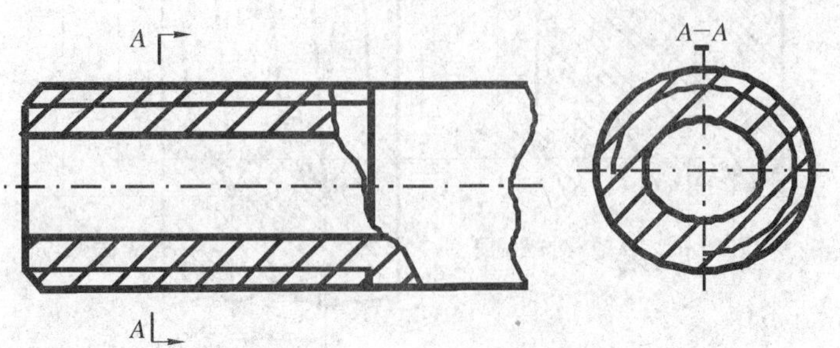

(2) 内螺纹的画法　操作如下：

① 画内螺纹通常采用剖视图，牙顶及螺纹终止线用粗实线画出，牙底用细实线画出，剖面线画到粗实线。

② 在投影为圆的视图中，牙顶圆用粗实线表示，牙底用 3/4 细实线圆表示，倒角圆省略不画，如下图所示。

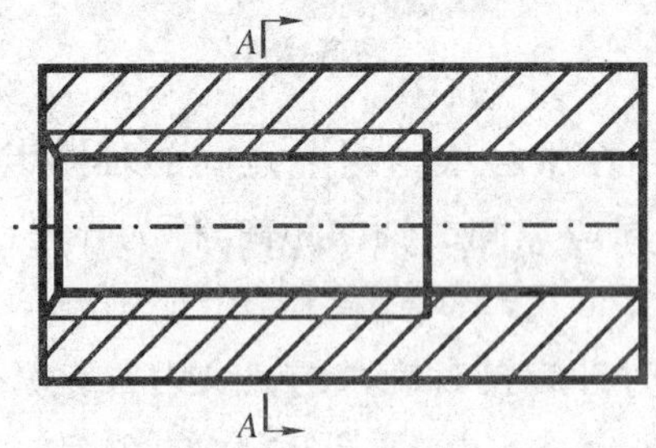

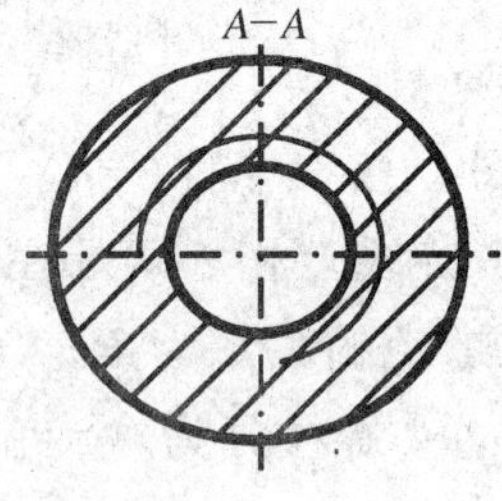

内、外螺纹的螺尾部分一般不必画出，若需表示螺尾时，螺尾部分的牙底用与轴线成 30°的细实线绘制(见上图)。钻孔深度与螺纹深度应分别画出，前者应比后者深约 0.5d，钻孔底部应画出 120°的锥顶角，如下图所示。

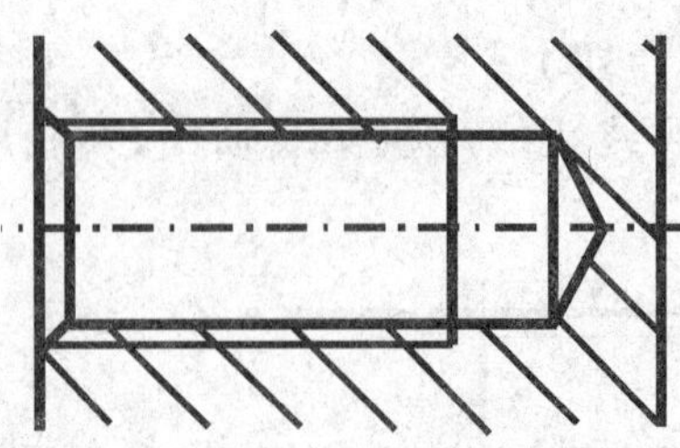

(3) 内、外螺纹联接的画法　如下图所示，操作如下：

① 大径、小径分别对齐；旋合部分按外螺纹画，非旋合部分按各自的要求画。

② 实心杆件、标准件按不剖画，接触表面只画一条线，非接触表面分别画出，相邻零件剖面线方向相反。

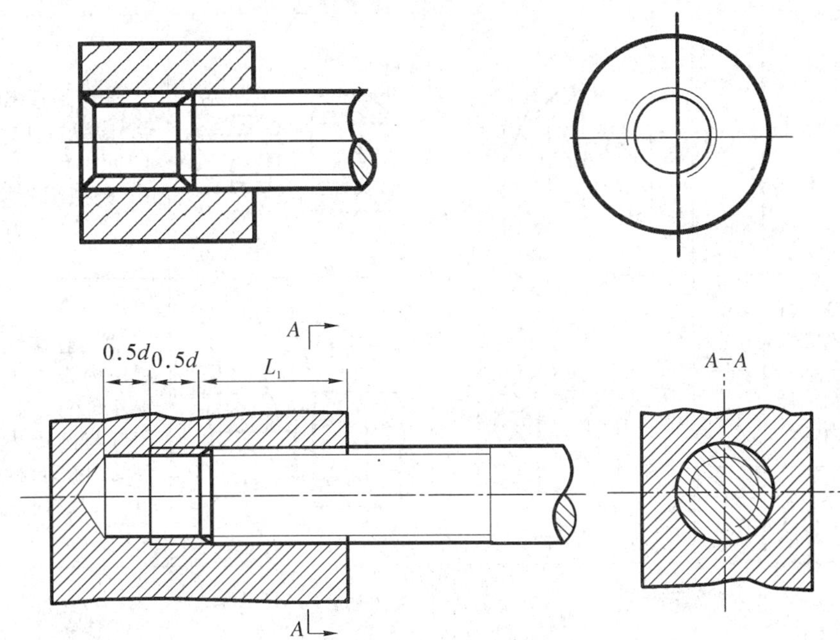

4）常用螺纹的分类和标注

（1）常用螺纹的分类，见下表。

螺纹类型		特征代号	牙型略图	标注示例	说　明
联结紧固用螺纹	粗牙普通螺纹	M	内螺纹 60° 外螺纹 d d_2 d_1 P	M16–6g	粗牙普通螺纹，公称直径16 mm，右旋。中径公差带和大径公差带均为6g。中等旋合长度。
	细牙普通螺纹		内螺纹 60° 外螺纹 d d_2 d_1 P	M16×1–6H	细牙普通螺纹，公称直径16 mm，螺距 1 mm，右旋。中径公差带和小径公差带均为6H。中等旋合长度。

（续表）

螺纹类型			特征代号	牙型略图	标注示例	说明
管用螺纹	55°非密封管螺纹		G	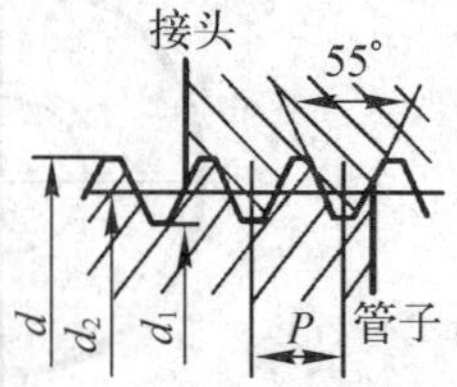 接头 55° d d_2 d_1 P 管子	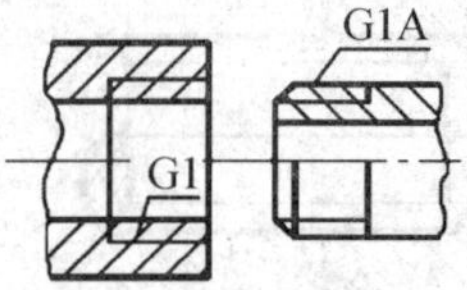 G1A G1	55°非密封管螺纹 Gi[a] 螺纹特征代号 1i[a] 尺寸代号 Ai[a] 外螺纹公差带代号
	55°密封管螺纹	圆锥内螺纹	PC	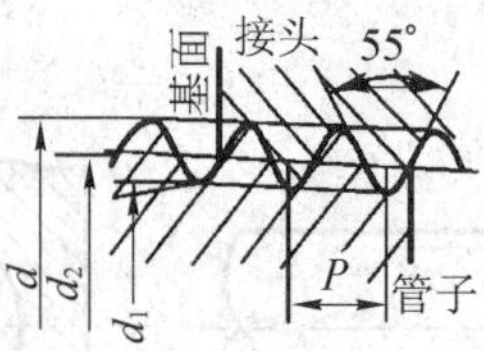 基面 接头 55° d d_2 d_1 P 管子	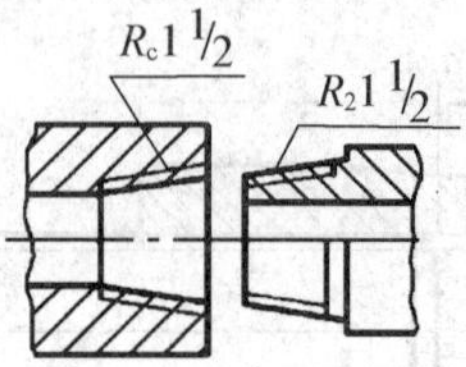 $R_c1\frac{1}{2}$ $R_21\frac{1}{2}$	55°密封管螺纹 R1[a]i 与圆柱内螺纹配合的圆锥外螺纹 R2[a]i 与圆锥内螺纹配合的圆锥外螺纹 11/2[a]i 尺寸代号
		圆柱内螺纹	RP			
		圆锥外螺纹	R1、R2			
传动螺纹	梯形螺纹		Tr	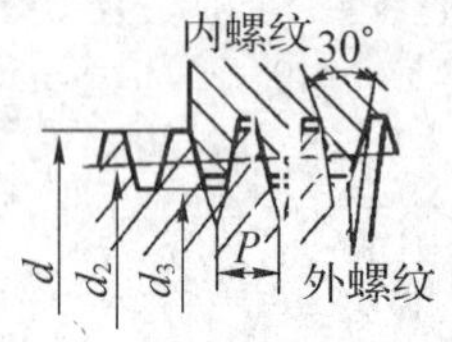 内螺纹 30° d d_2 d_3 P 外螺纹	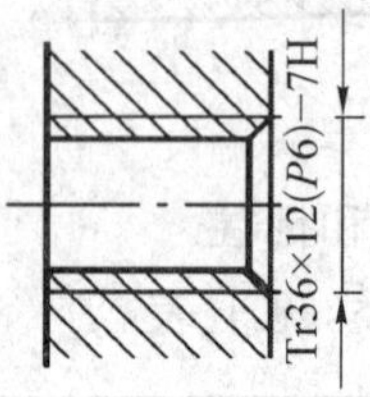 Tr36×12(P6)−7H	梯形螺纹，公称直径 36 mm，双线螺纹，导程 12 mm，螺距 6 mm，右旋。中径公差带 7H。中等旋合长度。
	锯齿形螺纹		B	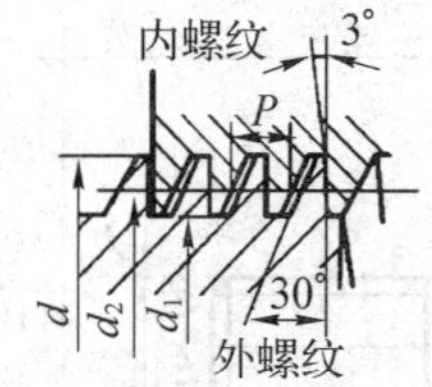 内螺纹 3° P d d_2 d_1 30° 外螺纹	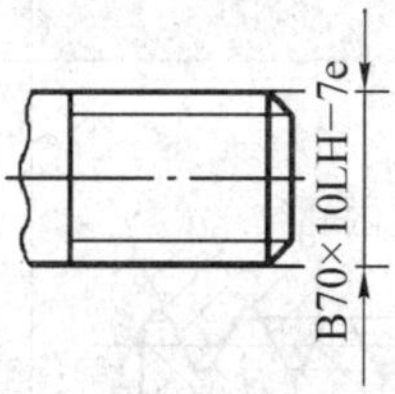 B70×10LH−7e	锯齿形螺纹，公称直径70 mm，单线螺纹，螺距10 mm，左旋。中径公差带为 7e。中等旋合长度

（2）螺纹的标注，有以下两种。

① 普通螺纹、梯形螺纹和锯齿形螺纹的标注基本格式：

特征代号 公称直径×导程(P 螺距) 旋向－公差带代号－旋合长度代号

螺纹特征代号(见上表)；

公称直径(螺纹大径)；

导程(P 螺距)(单线螺纹只注螺距，不必写“P”，普通粗牙螺纹不注螺距)；

公差带代号(由公差等级和表示公差带位置的字母组成)；

旋合长度代号(普通螺纹分短、中、长分别用字母要 S、N、L 表示，梯形螺纹与锯齿形螺纹分中、长两种，用字母 N、L 表示)；

旋向(左旋螺纹标注“LH”，右旋螺纹不注旋向)。

［**例 1**］ M20×2LH－5g6g－S。 ［**例 2**］ Tr40×14(P7)－7H－L。

解：标注方法，见上表中标注示例图。

② 管螺纹的标注格式：

螺纹特征代号(见上表)；

尺寸代号(管子的通径)；

公差等级代号(55°非密封管螺纹的外螺纹公差等级代号有 A、B 两种，内螺纹及 55°密封管螺纹有一种公差等级，故不必标注)；

旋向(左旋标注“LH”，右旋省略不注)。

2. 螺纹紧固件

1) 常用螺纹紧固件及标记

常用的种类示例，见下表。

常用螺纹紧固件的种类及标记示例

名 称	图 例	标 记 示 例
六角头螺栓	M12, 50	螺栓 GB/T5782 M12×50
六角螺母	M12	螺母 GB/T6170 M12
垫圈	ϕ17	垫圈 GB/T97.1 16
双头螺柱	M10, 10, 40	螺柱 GB/T897 M10×40

（续表）

名　称	图　　例	标 记 示 例
开槽 圆柱头 螺钉	M5 20	螺钉 GB/T65 M5×20
开槽 沉头 螺钉	M8 35	螺钉 GB/T68 M8×35

2）常用螺纹紧固件及联接的画法

（1）常用螺纹紧固件的比例画法　螺纹紧固件各部分尺寸与螺纹大径 d 之间的一定比例关系简化图，如下图所示。

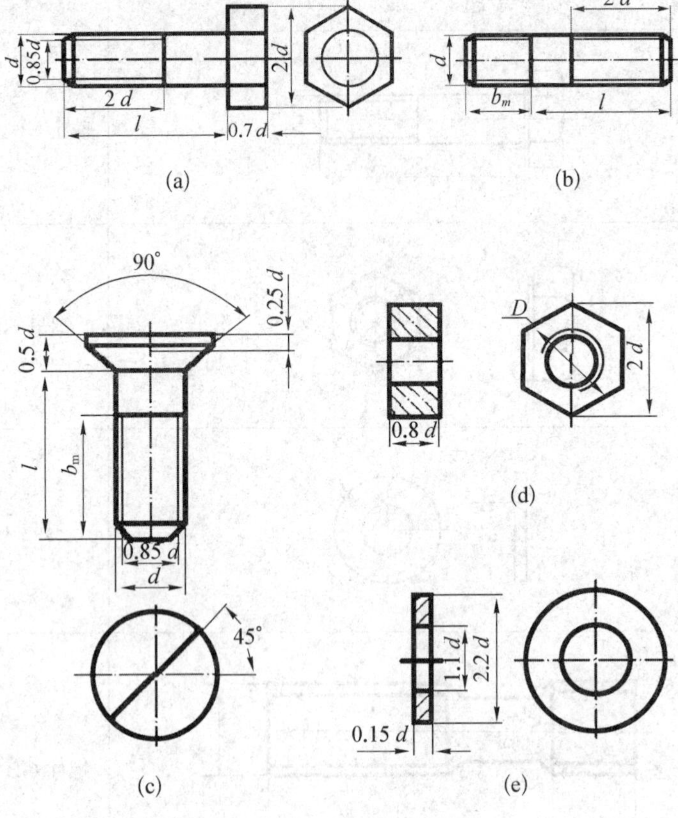

(a)　(b)　(c)　(d)　(e)

（2）常用螺纹紧固件联接图的画法　有以下几种：

① 螺栓联接，如下图所示。

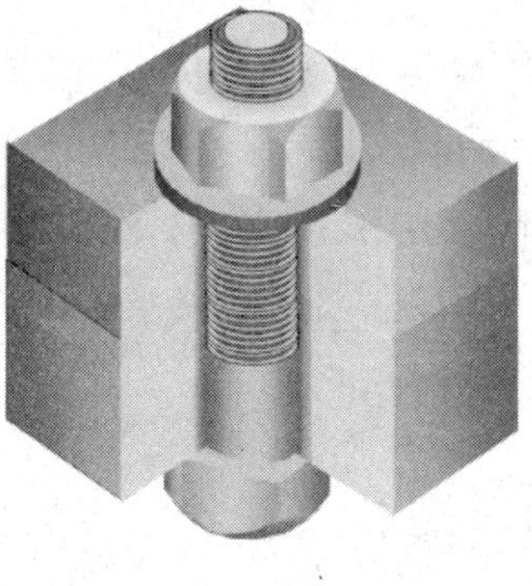

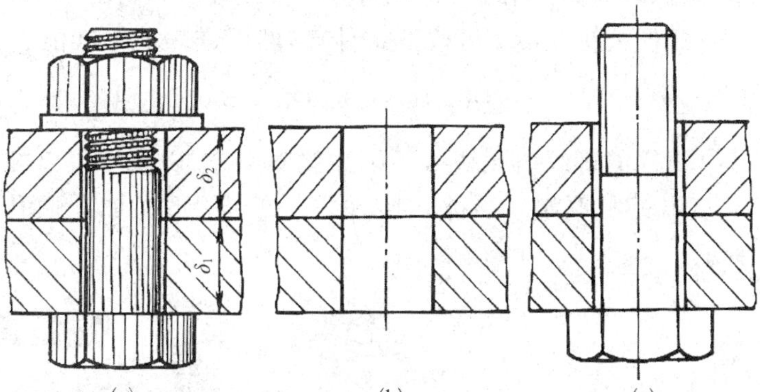

(a) (b) (c)

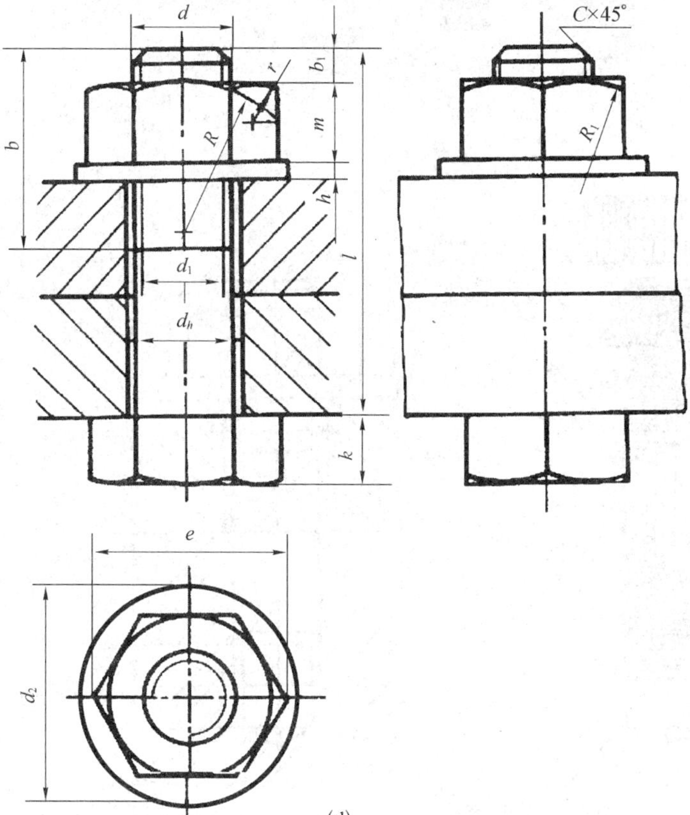

(d)

画螺栓联接图时的注意事项：

主视图按全剖视图绘制，当剖切平面通过螺纹紧固件的轴线时，这些紧固件均按不剖绘制。

两零件接触表面只能画一条粗实线，而不接触表面必须画两条粗实线表示有间隙。

相邻两零件剖面线的方向应相反或相互错开。

螺栓公称长度 l 可按下式计算，然后查表取标准值。

$$l=\delta_1+\delta_2+h+m+a=\delta_1+\delta_2+0.15d+0.8d+0.3d$$

螺栓的螺纹终止线必须画在垫圈下方，以表示可以拧紧螺母

② 螺柱联接。当被联接件之一较厚，不便加工通孔时，常用螺柱联接，如下图所示。

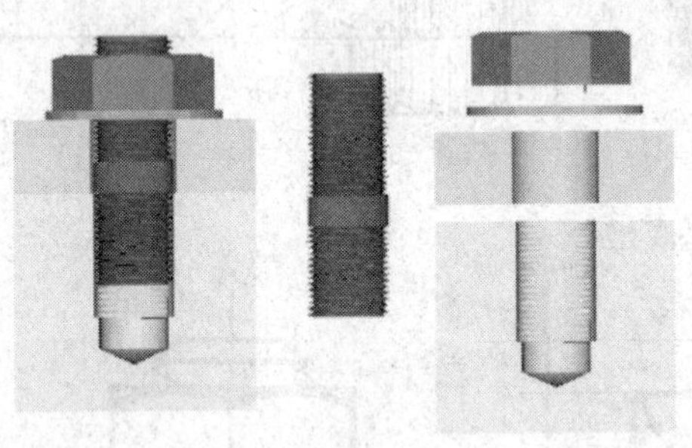

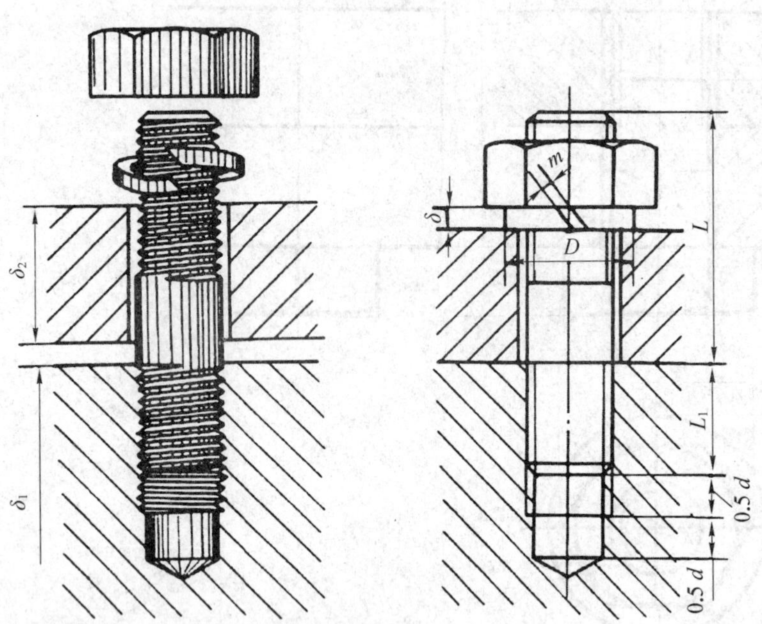

画螺柱联接图时的注意事项：

旋入端的螺纹终止线应与两被联接件的接触面平齐，以表示拧紧。旋入端长度与被旋入件的材料有关：钢或青铜，$b_m=d$；铸铁，$b_m=1.25d$ 或 $1.5d$；铝，$b_m=2d$。

被联接件的螺孔深度一般取 $b_m+0.5d$。

螺柱的公称长度可按下式计算，然后查表取标准值。

$$l_1=\delta+h+m+a=\delta+0.15d+0.8d+0.3d$$

③ 螺钉联接,如下图所示。

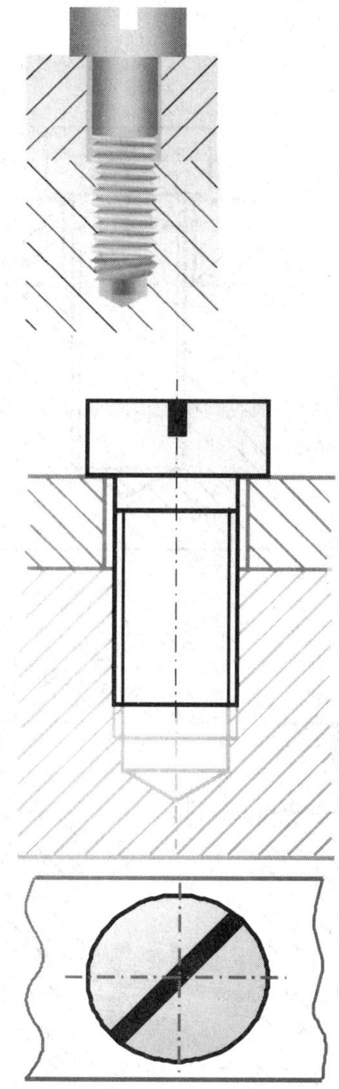

画螺钉联接图的注意事项:

螺钉的螺纹终止线必须高出两被联接件的接触面,以表示联接牢固。

螺钉的头部形状不同,画法也不同。其头部的一字槽在投影为圆的视图上应画成与中心线向右倾斜 45°。槽宽若小于 2 mm 时,可允许涂黑表示,黑线宽度为粗实线两倍。

螺钉的公称长度可用下式计算,然后查表取标准值。公式为

$$l = \delta + l_1$$

螺钉旋入端画法与螺柱联接相同。

指出下面图中的各种错误画法。

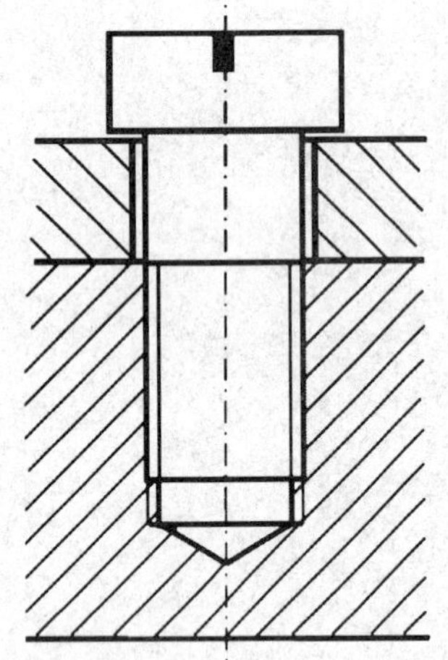
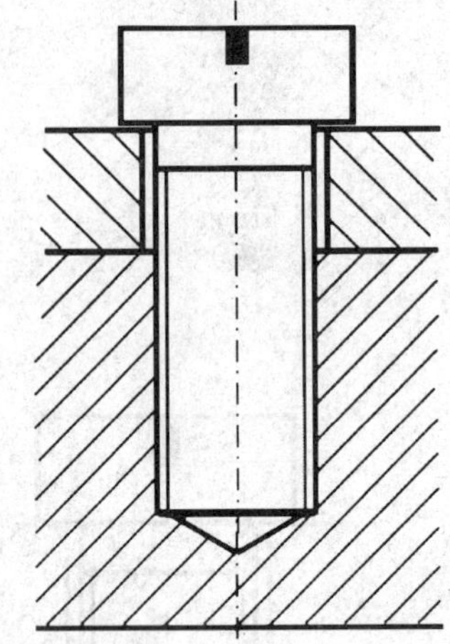
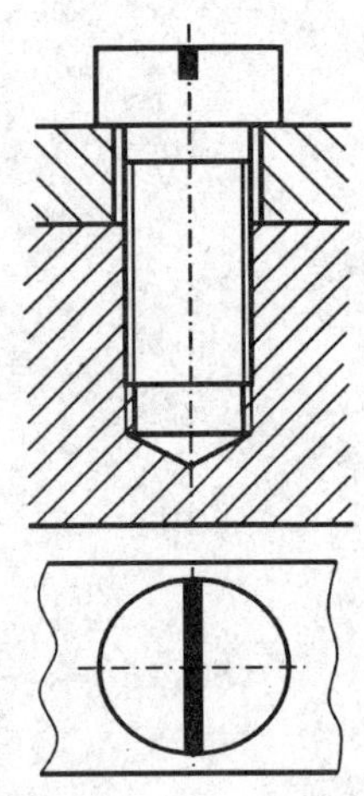

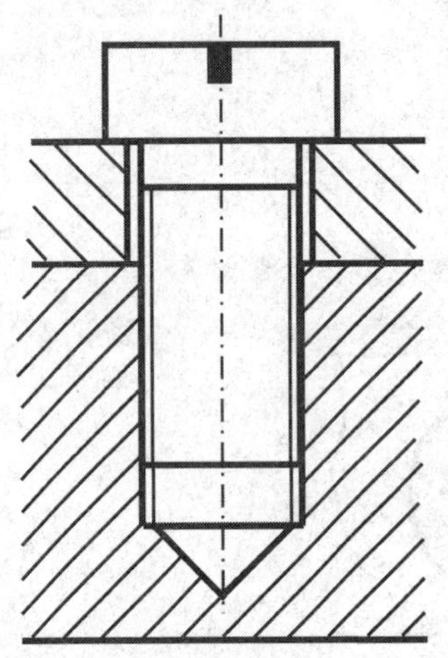
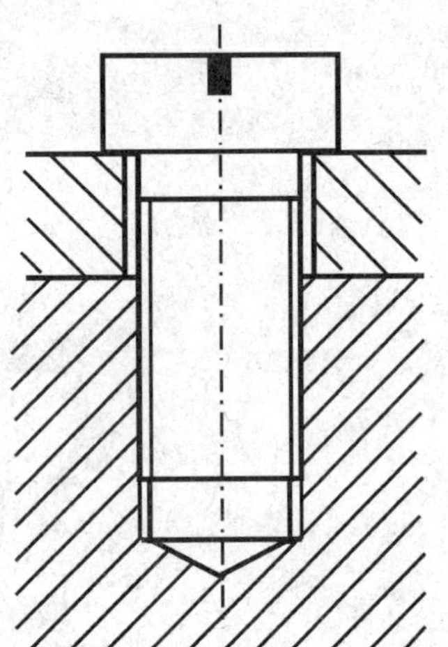

项目7 键与销联接

键与销联接的画法

键与销的选用与规定标注

技能目标

掌握键与销联接的画法

任务描述

1. 键联接

键主要用于联接轴和轴上零件(如凸轮、齿轮、带轮等),使它们之间能同步旋转而无相对转动,起到轴上零件的周向定位与传递转矩的作用。

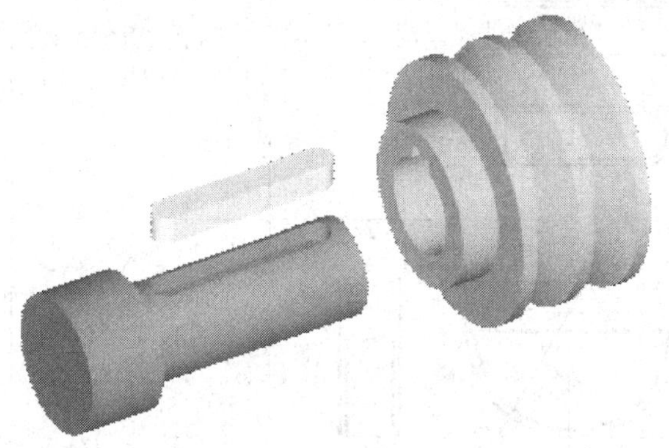

1) 键的种类及标记

键是标准件,常用的键有普通平键、半圆键和钩头楔键和花键等,如下图和表列所示。其中普通平键应用最广,按两端形状不同又分为A型、B型和C型。

普通平键

半圆键

钩头楔键

常用键的形式及标记示例

种类		图例	标记示例	说明
普通平键	A型	A—A, h, c, L, b/2, b	GB/T1096 键 12×8×100	A型普通平键,$b=$ 12 cm,$h=8$ mm,$L=100$ mm,标记中省略"A"

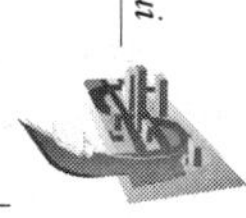

（续表）

种　类		图　　例	标记示例	说　　明
普通平键	B 型		GB/T1096 键 B　12×8×100	B 型普通平键，$b=$ 12 cm，$h=$ 8 mm，$L=100$ mm
	C 型		GB/T1096 键 C　12×8×100	C 型普通平键，$b=$ 12 mm，$h=$ mm，$L=100$ mm
半圆键			GB/T1099 键 5×25	半圆键，$b=$ 5 mm $d_1=25$ mm
钩头楔键			GB/T1565 键 12×100	钩头楔键，$b=12$ mm，$L=100$ mm

2）键联接图的画法

轴和轴上零件键槽的画法及尺寸标注，如下图所示。

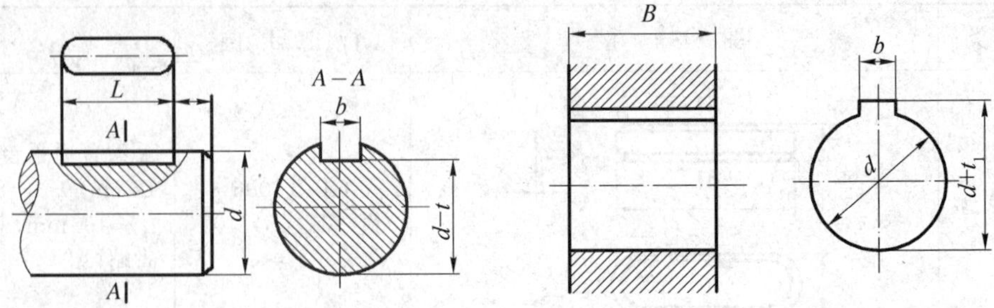

键联接的装配画法，如下图所示。

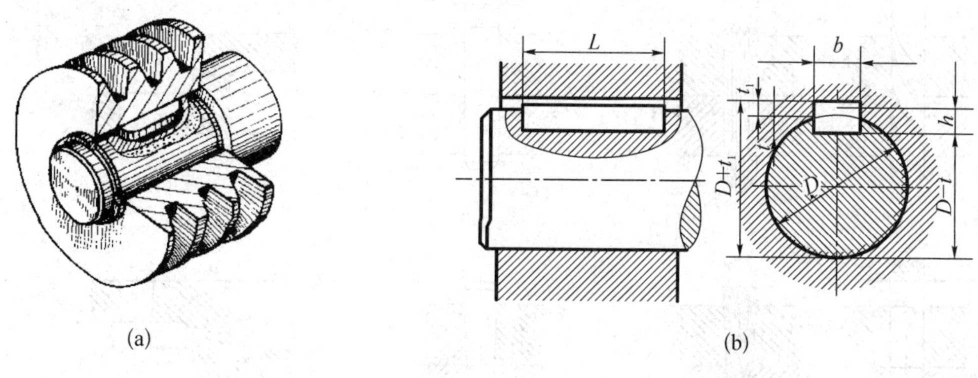

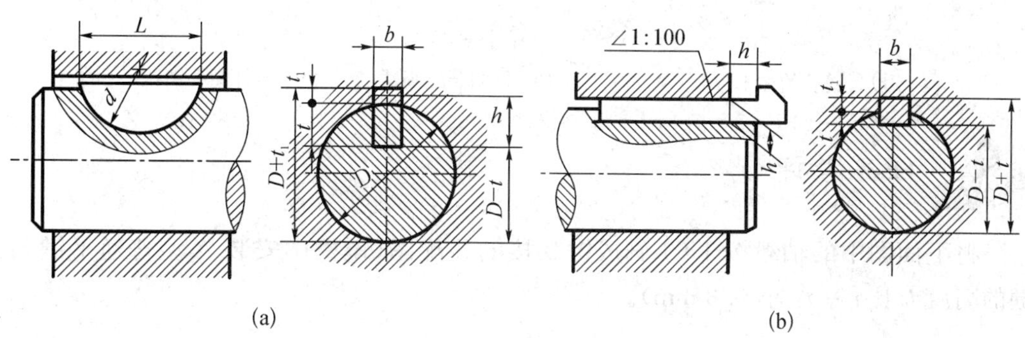

2. 销联接

销主要用于零件之间的定位和防松，也可用于零件之间的联接，但只能传递不大的扭矩。还可以做过载保护元件。

（1）销的种类，如下图所示，有三种：

圆柱销；圆锥销；开口销。

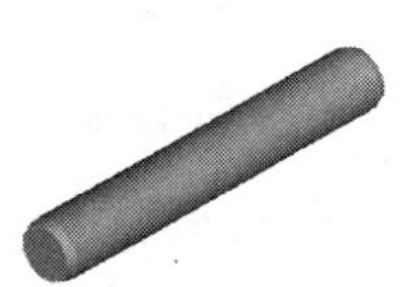 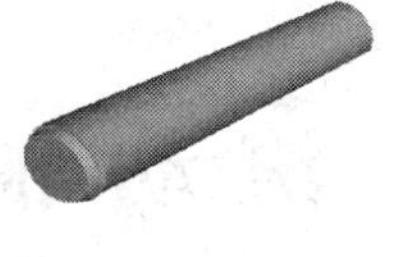 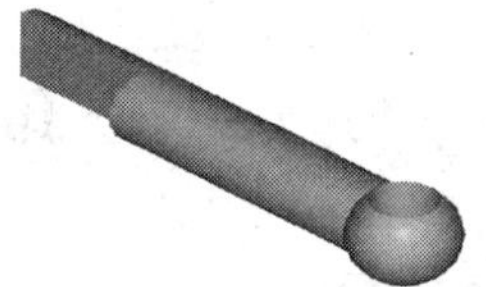

（2）销的标记：以公称直径 10 mm、长 50 mm 的 B 型圆柱销为例，则

标记：销 GB119—1986 B10×50。

（3）销孔的加工、销的装配画法及零件图上销孔的尺寸标注，如下图所示。

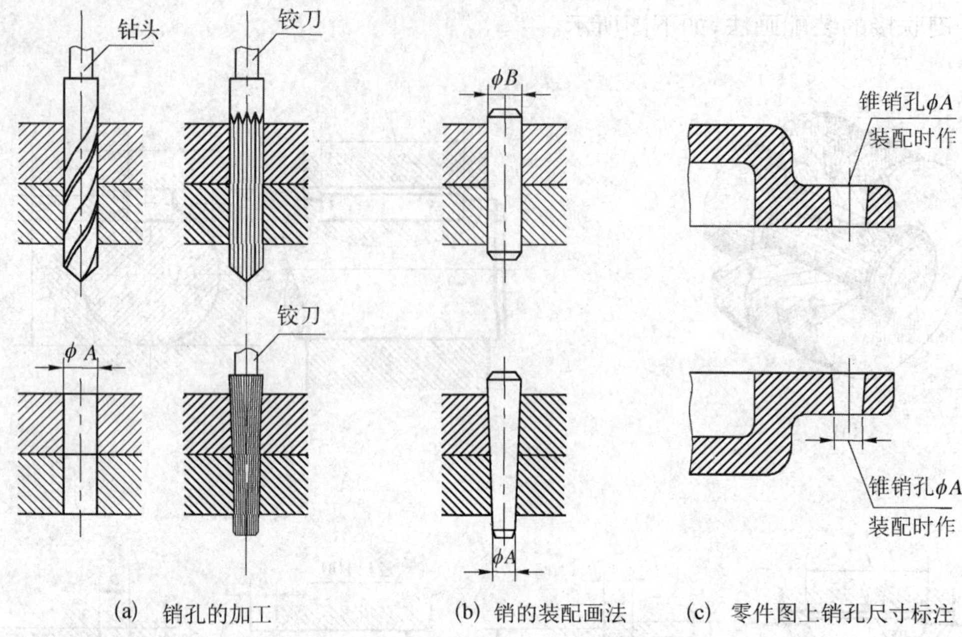

(a) 销孔的加工 (b) 销的装配画法 (c) 零件图上销孔尺寸标注

任务考评

将下面图中的轴毂按 1∶1 画成键联接的装配图(键槽中安装 A 型普通平键,其键的高度 h 比 $t+t_1$ 小 0.3 mm)。

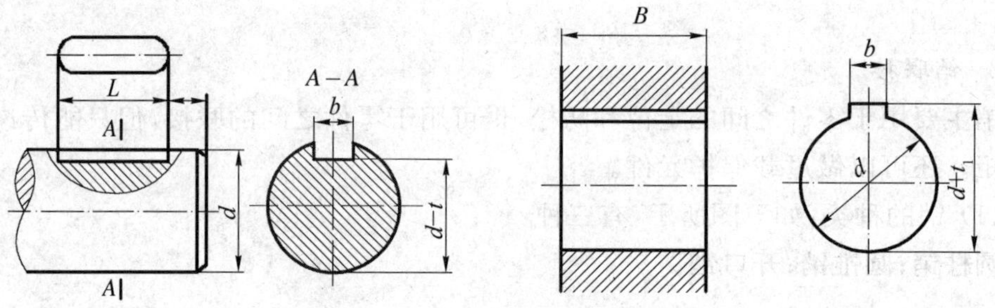

项目 8 滚动轴承

知识目标

滚动轴承的结构类型及代号

滚动轴承的画法

技能目标

掌握滚动轴承的简化画法

能熟练查阅滚动轴承的结构类型国家标准技术资料

任务描述

滚动轴承的作用是支承轴与轴上传动件，并保持轴的旋转精度，减少相对转动零件间的摩擦和磨损。

1. 滚动轴承的结构类型及代号

1）结构

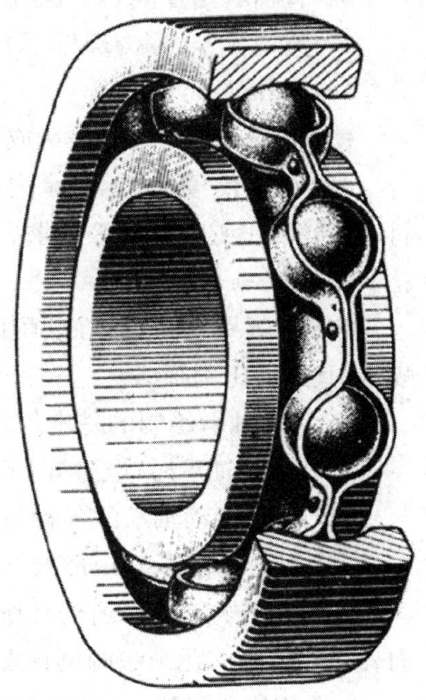

如右图所示，由内圈、外圈、滚动体和保持架组成。

2）分类

按其承受的载荷方向，可分为：

向心轴承——主要承受径向力；

推力轴承——主要承受轴向力；

向心推力轴承——可同时承受径向力和轴向力。

3）代号

（1）代号的构成：按顺序由前置代号、基本代号、后置代号构成。

（2）基本代号：表示轴承的基本类型、结构和尺寸，由轴承类型代号、尺寸系列代号及内径代号构成，一般由四个数字组成，如“××××”。

从左往右依次为：

① 第一位数字是轴承类型代号，见下表。

轴承类型代号

代号	轴承类型
0	双列角接触球轴承
1	调心球轴承
2	调心滚子轴承和推力调心滚子轴承
3	圆锥滚子轴承
4	双列深沟球轴承
5	推力球轴承

6　　深沟球轴承
7　　角接触轴承
8　　推力圆柱滚子轴承
N　　圆柱滚子轴承
U　　外球面球轴承
QJ　　四点接触球轴承

② 第二位数字是尺寸系列代号，是指同一内径的轴承具有不同的外径和宽度，因而有不同的承载能力。

③ 右边的两位数字是内径代号。代号为 00、01、02、03 时，其内径尺寸分别为 10、12、15、17 mm；当内径尺寸在 20～480 mm 范围内时，内径尺寸＝内径代号×5。

例如，轴承代号 6204。其中：

6—类型代号（深沟球轴承）；2—尺寸系列（02）代号；04—内径代号（内径尺寸＝04×5＝20 mm）。

（3）前置代号：用于表达成套轴承各部分的结构形状特点，一般可省略。

（4）后置代号：表示轴承内部结构、密封与防尘套圈变型、保持架及材料、轴承材料、公差等级、游隙配置等要求。

2. 滚动轴承的画法

滚动轴承是标准件，在装配图中通常采用简化画法（即通用画法或特征画法）和规定画法（即比例画法）。

1）滚动轴承绘制的基本规定

绘制滚动轴承时，应遵守如下基本规定：

（1）表示滚动轴承的各种符号，矩形线框和轮廓线均应用粗实线画出。

（2）画滚动轴承时矩形线框或外形轮廓的大小应与它的外形尺寸一致。

（3）采用规定画法画剖视图时，滚动体不画剖面线，内、外圈剖面线应画成同方向、同间隔；用简化画法画剖视图，则一律不画剖面线。

（4）用简化画法绘制滚动轴承，应采用通用画法或特征画法，但在同一图样中一般只采用一种画法。

① 通用画法：在剖视图中，当不需要确切地表示滚动轴承的外形轮廓、载荷特性、结构特征时，可用矩形线框及位于线框中央正立的十字形符号表示。

② 特征画法：在剖视图中，如需较形象地表示滚动轴承的结构特征时，可采用在矩形线框内画出其结构要素的方法表示。

（5）必要时，在滚动轴承的产品图样、产品样本、产品标准，用户手册及产品使用说明书中可采用规定画法。一般规定画法绘制在轴的一侧，而另一侧按通用画法绘制。

2）滚动轴承的常用画法

几种常用滚动轴承的简化画法和规定画法，如下图所示。

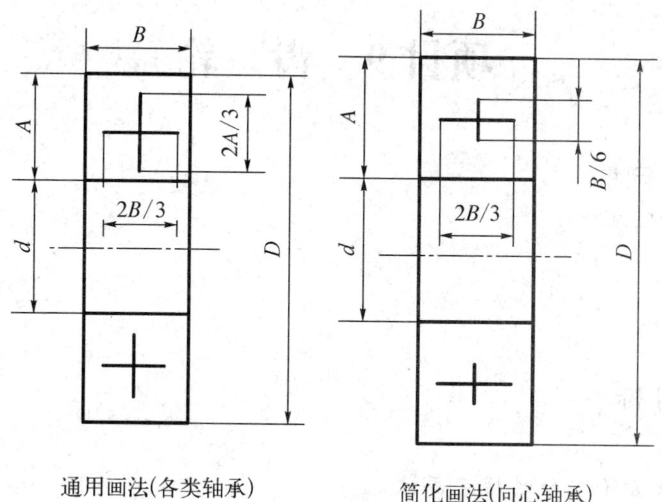

通用画法(各类轴承)　　　　简化画法(向心轴承)

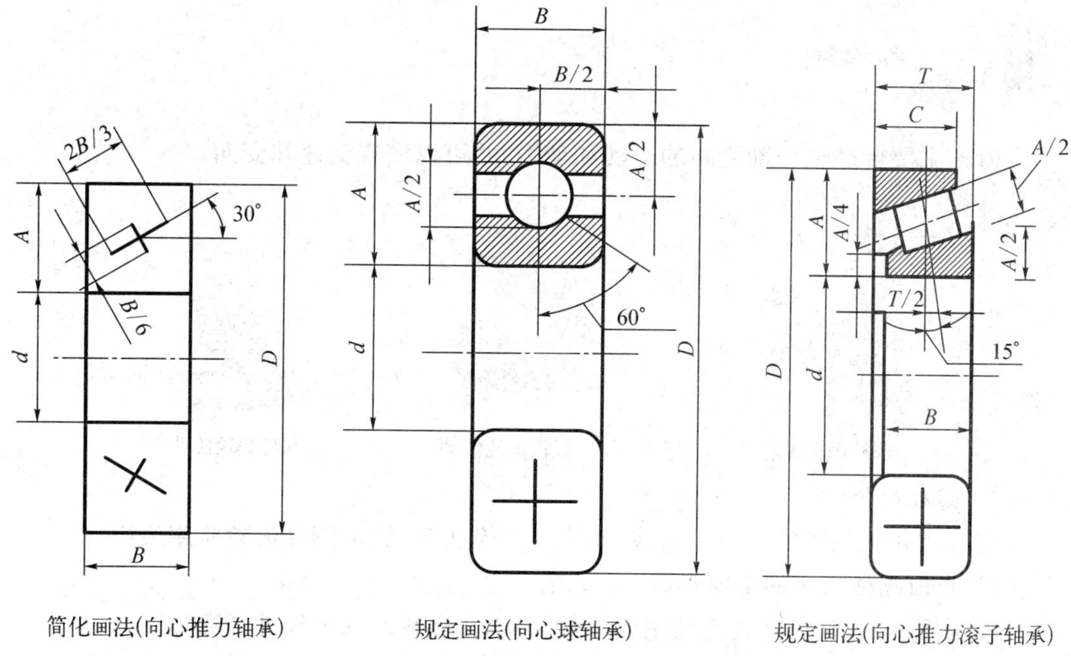

简化画法(向心推力轴承)　　　规定画法(向心球轴承)　　　规定画法(向心推力滚子轴承)

任务考评

(1) 解释滚动轴承代号 LN207 的含义。

(2) 用特征画法表示推力轴承，并标注出其基本尺寸代号。

项目9 齿 轮

知识目标

齿轮的画法
齿轮的标注

技能目标

掌握齿轮及齿轮啮合的规定画法
掌握齿轮的规定标注
掌握圆柱齿轮主要参数和几何尺寸的计算

任务描述

齿轮主要传递轴与轴之间的运动和动力,并可以实现变速和变向。

分类:

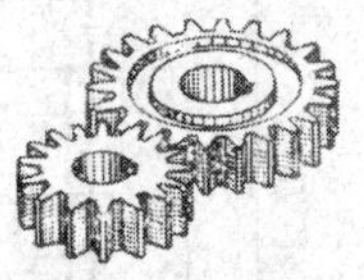

圆柱齿轮传动

圆锥齿轮传动

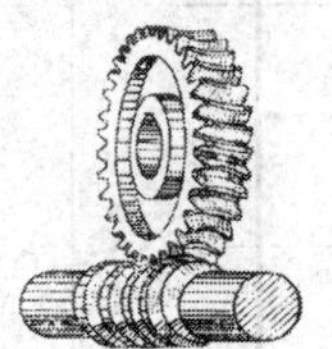

蜗杆蜗轮传动

1. 圆柱齿轮

圆柱齿轮按轮齿的齿形有直齿、斜齿和人字齿等,直齿圆柱齿轮应用最广。

1) 直齿圆柱齿轮的主要参数

如下图所示,直齿圆柱齿轮主要参数、各部分名称及几何尺寸计算如下。

(1) 齿数 Z 齿轮上轮齿的个数。

(2) 齿顶圆(直径 d_a,半径 r_a) 过齿轮的齿顶端部的圆。

(3) 齿根圆(直径 d_f,半径 r_f) 过齿轮的齿根端部的圆。

(4) 分度圆(直径 d,半径 r) 在齿顶与齿根之间假设的一个圆。对于标准齿轮,在该圆上,齿槽宽 e 与齿厚 s 相等,是设计和制造齿轮时的一个重要参数。

(5) 齿顶高 h_a 齿顶圆与分度圆之间的径向距离。

(6) 齿根高 h_f　齿根圆与分度圆之间的径向距离。

(7) 齿高 h　齿顶圆与齿根圆之间的径向距离。

(8) 齿槽宽 e　分度圆上一个齿槽间的弧长。

(9) 齿厚 s　分度圆上一个轮齿两侧齿廓间的弧长。

(10) 齿距 p　分度圆上相邻两齿同侧齿廓间的弧长。对于标准齿轮，则

$$P = s + e,\ s = e = P/2$$

(11) 模数 m　齿距除以圆周率所得的商，即 $m = p/\pi$，单位为(mm)毫米。由分度圆周长，可得 $d = pZ/\pi = mz$

(12) 压力角 α　相啮合的两齿轮轮齿齿廓在啮合点的受力方向与运动方向间的夹角，或称齿形角。标准齿轮压力角 $\alpha=20°$。

(13) 中心距 a　相啮合的两齿轮轴线间的距离。

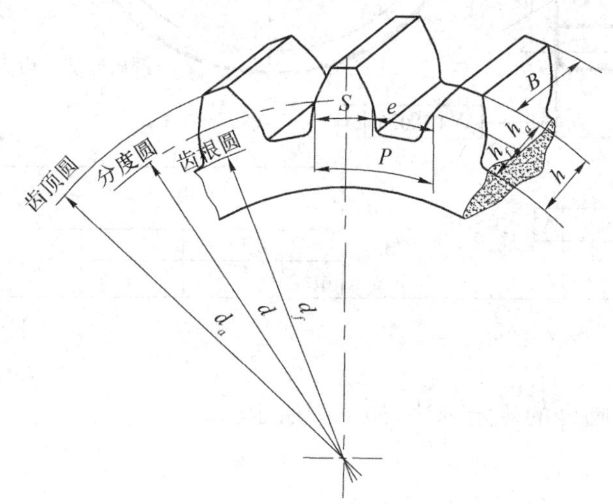

2) 圆柱齿轮的规定画法

(1) 单个圆柱齿轮的规定画法，如下图所示。

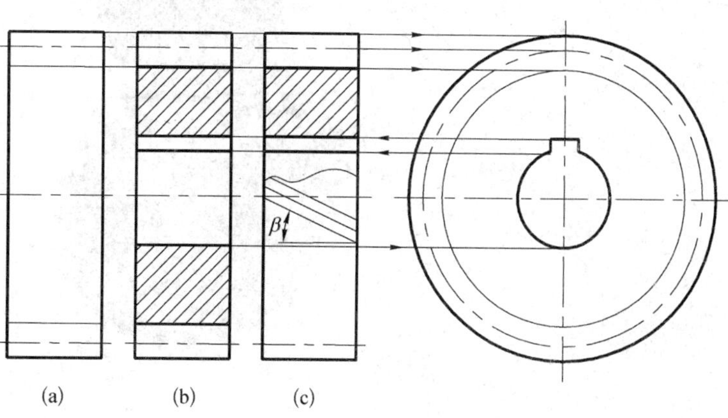

直齿圆柱齿轮零件图，如下图所示。

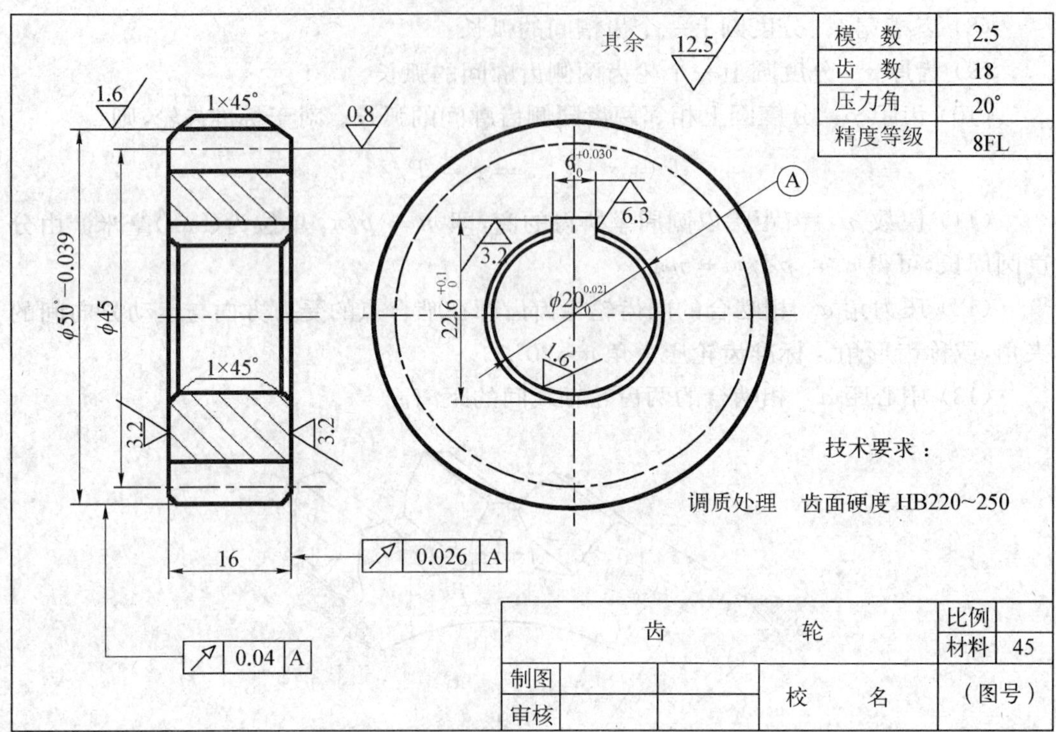

(2) 圆柱齿轮啮合的规定画法，如下图所示。

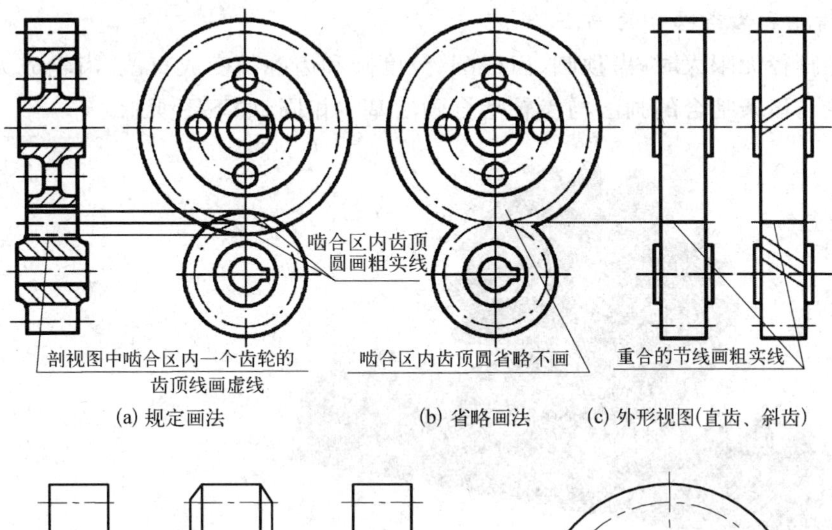

(a) 规定画法 (b) 省略画法 (c) 外形视图(直齿、斜齿)

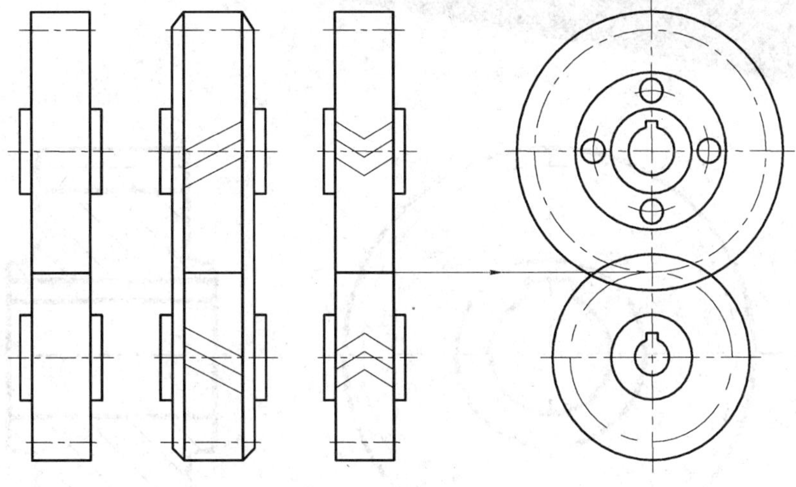

(a)

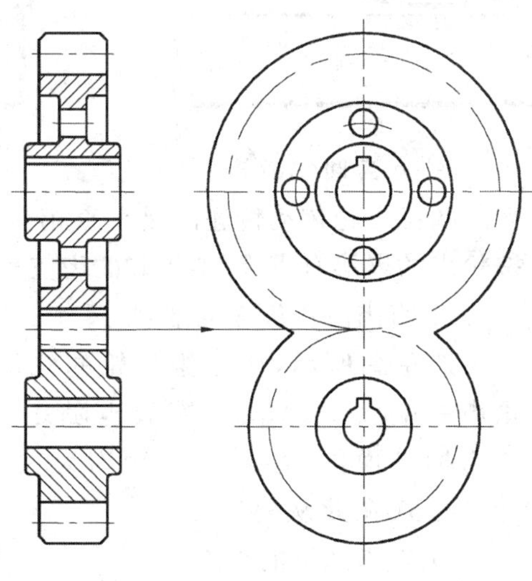

(b)

2. 齿轮和齿条啮合的画法

齿轮直径无限大时,齿顶圆、齿根圆、分度圆和齿廓都变成直线,齿轮成为齿条。齿轮与齿条啮合的画法与齿轮啮合画法基本相同,如下图所示。

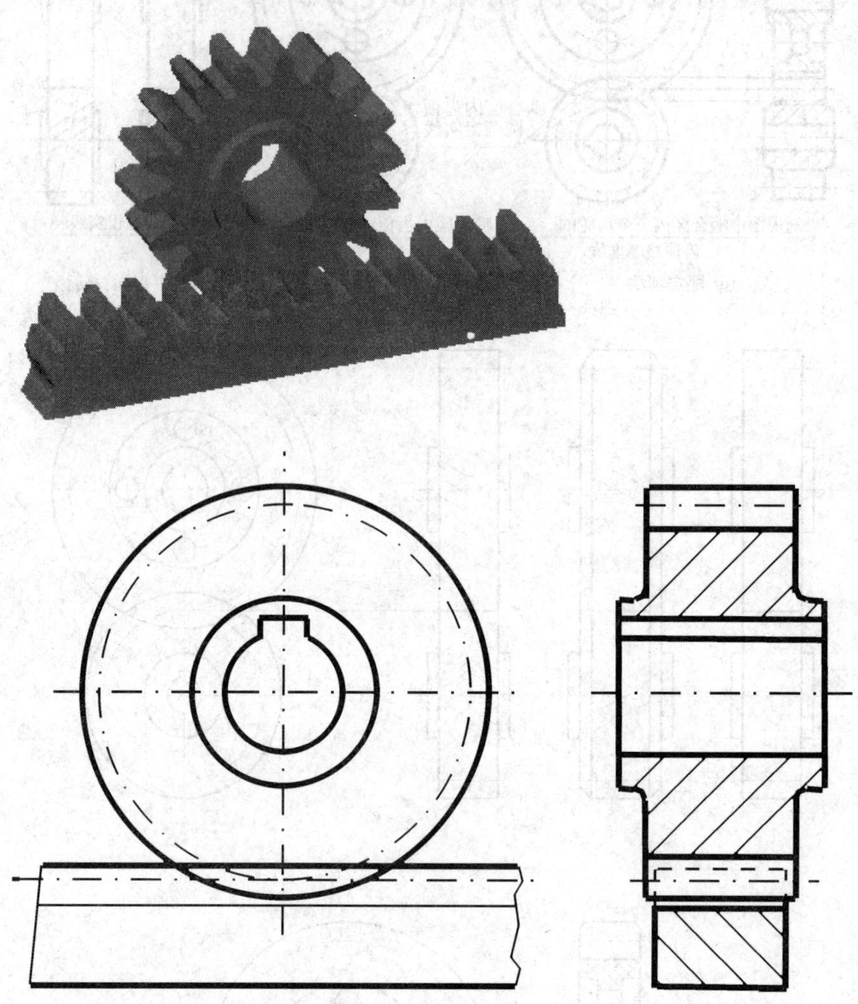

3. 直齿圆锥齿轮

圆锥齿轮传动传递的是垂直相交轴之间的运动和动力,按轮齿的齿形有直齿、斜齿和曲齿三种。

1) 直齿圆锥齿轮的形状、尺寸

如左图所示,由于锥齿轮的轮齿分布在圆锥面上,故轮齿一端大、一端小,模数也随之变化。规定大端的模数为标准模数,各部分尺寸均为大端尺寸。其几何尺寸计算公式在此从略。

2) 直齿圆锥的画法

(1) 单个圆锥齿轮的规定画法,如下图所示。

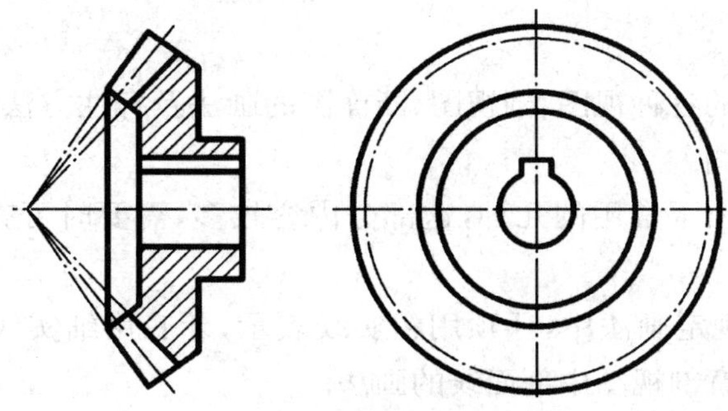

(2) 圆锥齿轮啮合的规定画法,如下图所示。

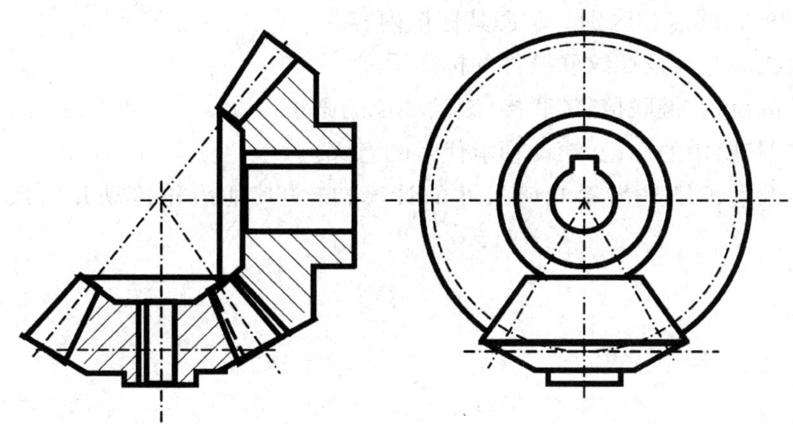

任务考评

1. 填空题

两圆柱齿轮啮合的画法,其画图要点是:

(1) 在非圆投影的剖视图中,两轮节线________,画成________线。齿根线画成________线。齿顶线画法 为一个轮齿为可见,画成________线,一个轮齿被遮住,画成________线。

(2) 在投影为圆的视图中,两轮节圆________,齿顶圆画成________线,齿根圆画成________线或省略不画。

2. 计算题

已知一标准直齿圆柱齿轮,其模数 $m=5$,齿数 $Z=66$,试计算其分度圆直径 d、齿顶圆直径 d_a、齿根圆直径 d_f、齿顶高 h_a、齿根高 h_f 和全齿高 h。

任务三小结：（机件的表达方法）

本任务所介绍的各种视图、剖视图、断面图的画法及标注方法，必须很好掌握，才能画出合格的工作图。

简化画法只介绍了常用的几种，这部分内容较多，需要时可查阅有关标准（GB/T16675.1—1996）。

（1）在螺纹的规定画法中，牙顶用粗实线表示，牙底用细实线表示，螺纹终止线用粗实线表示。注意剖视图中剖面线的画法。

（2）螺纹标注的目的，主要是把螺纹的类型和参数体现出来。尺寸界线要从大径引出。

（3）螺栓、螺钉、螺柱、螺母、垫圈都是标准件，掌握其联接装配图的简化画法，注意比较它们的相同点和区别。掌握其标记内容。

（4）会查阅螺纹及螺纹联结件的标准手册。

（5）掌握齿轮、键联接、销联接、滚动轴承的画法。

（6）掌握键、销的标记，滚动轴承代号的意义。

（7）掌握直齿圆柱齿轮几何尺寸的计算，自学其他齿轮传动几何尺寸的计算方法。

模块二

机械零部件的测绘

任务一 零件图与装配图

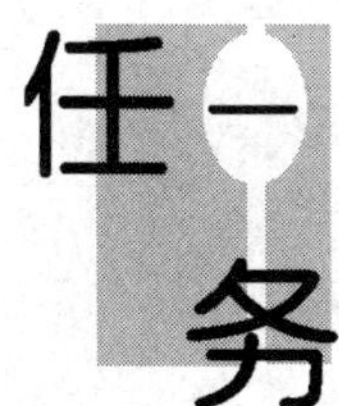

学习目标

1）掌握零件图视图选择的方法及步骤
2）掌握读、画零件图的方法和步骤，以及零件图上尺寸及技术要求的标注方法
3）熟悉装配图的规定画法、特殊画法
4）了解读装配图的方法和步骤

项目1 零件图的表达方式与技术要求

知识目标

零件图的视图选择
零件图上的尺寸标注
零件图的技术要求

技能目标

掌握零件视图的选择，做到完整、清晰、合理、看图方便，并力求简洁
能切合生产实际正确选择尺寸基准，并按尺寸注法要求标注尺寸
能正确标注和识读反映零件各方面要求的技术要求

任务描述

组成机器的最小单元称为零件。比如，齿轮泵就由下图所示的传动齿轮、齿轮

轴、泵体、端盖、螺栓、螺钉、螺母、垫圈和销等许多零件所组成。

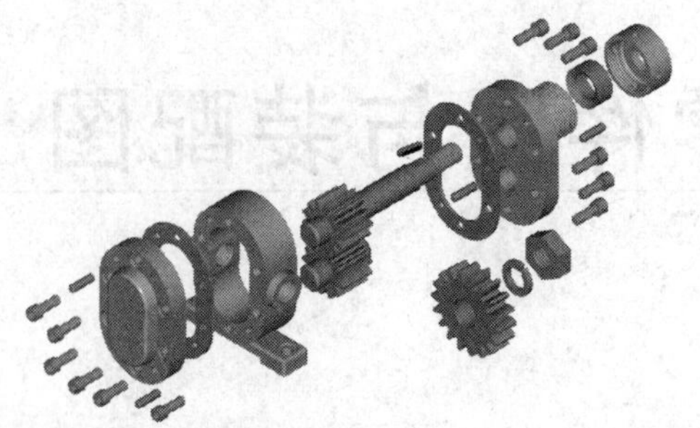

1. 零件图的内容

一张完整的零件图应包括以下四个方面的内容，如下图所示。

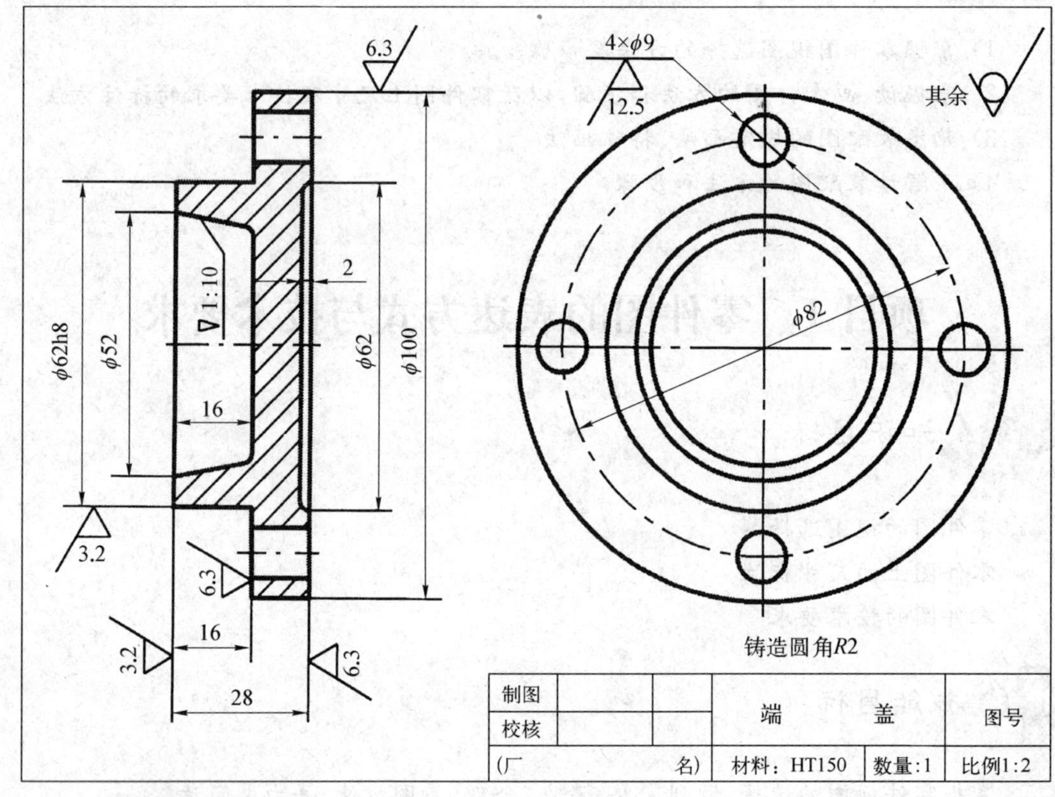

1）一组视图

在零件图中，须用一组视图来正确、完整、清晰地表达零件各部分的形状和结构，这一组视图可以是主图、剖视图、断面图和其他表达方法。

2）完整的尺寸

正确、完整、清晰、合理标出所组成零件的各形体大小及其相对位置的尺寸。

3）技术要求

用规定的代号和文字标注或阐述零件所需要的技术要求，它包括尺寸公差与配合、形位公差、表面粗糙度、热处理及其他特殊要求等。

4）标题栏

零件图标题栏包括零件的名称、材料、数量、比例、图的编号、日期，以及设计等有关人员的签名等内容。

2. 零件表达方案的选择

1）主视图的选择

选择主视图，应考虑以下几个方面：

(1) 零件形状的选择　零件属于组合体，主视图能将组成零件的各形体之间的相互位置和主要形体的形状、结构表达清晰、完整，如下图所示。

(2) 加工位置的选择　加工位置指零件在机床上加工的装夹位置。主视图与零件主要加工工序中的加工位置相一致，便于看图、加工和检测尺寸。

(3) 工作位置的选择　主视图与零件的工作位置相一致，利于看图。

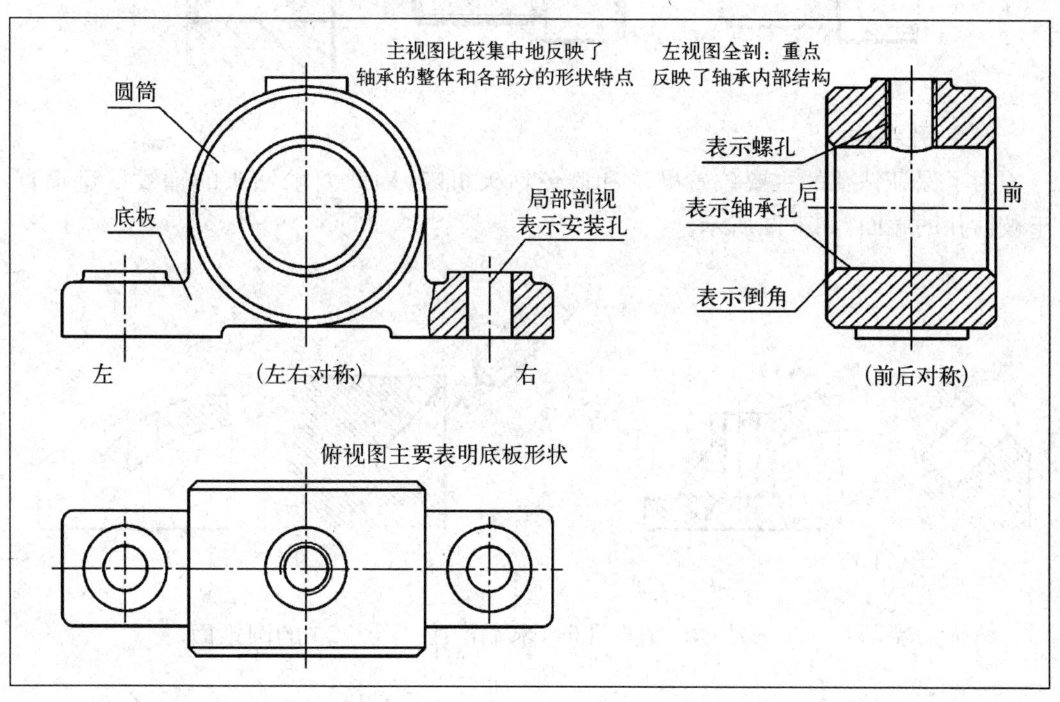

2）其他视图的选择

选择其他视图时，应注意以下几点：

(1) 所选的表达方法要恰当。每个视图都要有明确的表达重点，各个视图互相配合、互相补充，表达内容尽量不重复。

(2) 所选的视图数量要恰当。应尽量减少虚线或恰当运用少量虚线以减少视图个数。

（3）根据零件的内部结构恰当应用剖视图或断面图，使其发挥更大的作用。

（4）对尚未表达清楚的局部形状和细小结构，可以用局部视图或局部放大图来表示。

（5）视图表达力求简练，不出现多余视图，避免表达重复、繁琐。

3．机械加工工艺结构

1）倒圆和倒角

为避免在轴肩、孔肩等转折处由于应力集中而产生裂纹，常以圆角过渡。轴或孔的端面上加工成45°或其他度数的倒角，其目的是为了便于安装和操作安全，如下图所示。

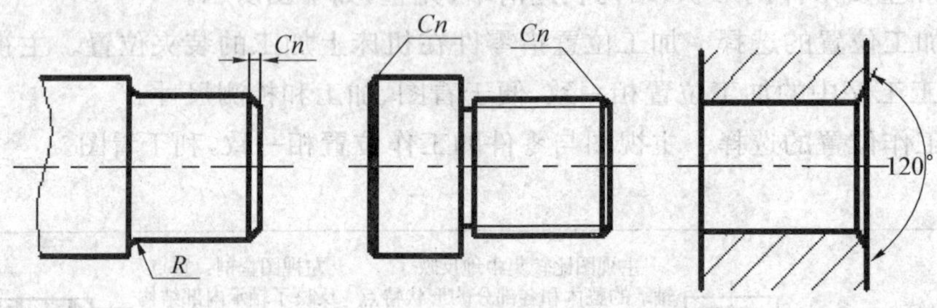

2）钻孔结构

为了保证钻孔的主要位置准确和避免钻头折断，因此要求钻头的轴线尽量垂直于被钻孔的端面，如下图所示。

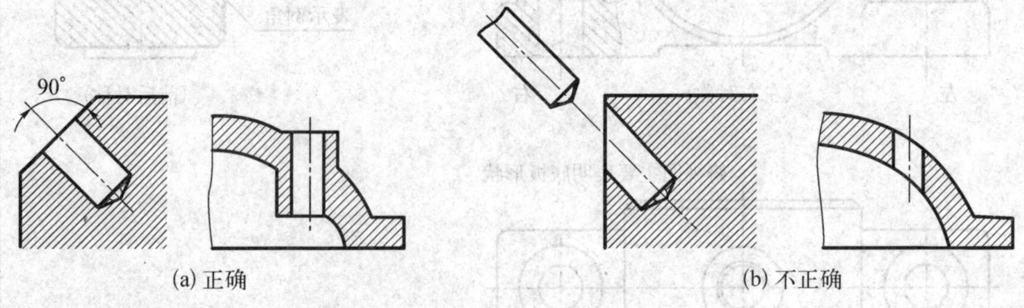

(a) 正确　　(b) 不正确

钻头的端部是120°的尖角，钻盲孔时，末端产生一个120°的圆锥面。

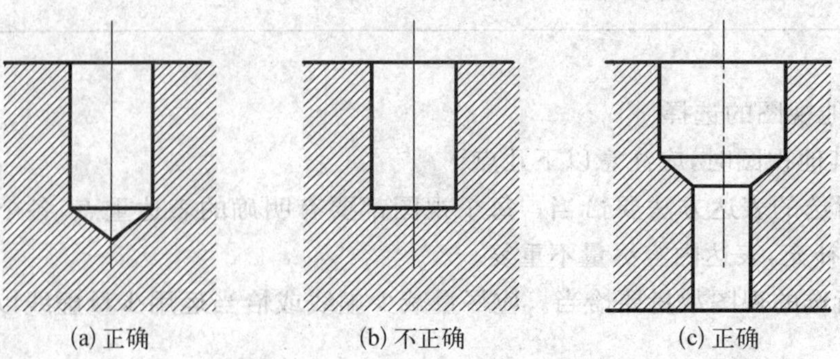
(a) 正确　　(b) 不正确　　(c) 正确

3）退刀槽和越程槽

为了容易退刀和满足装配要求，在加工表面的台肩处应先加工出退刀槽或越程槽，如下图所示。

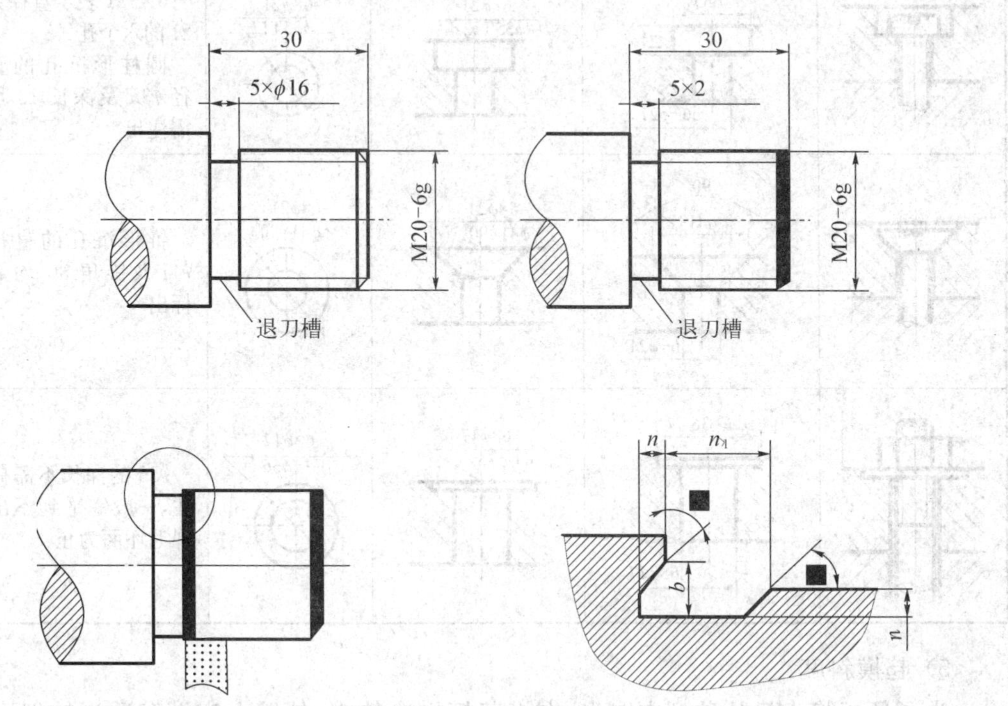

4）凸台和凹坑

为保证零件表面的良好接触和减少机械加工的面积，降低加工费用，设计铸件结构时可在铸件表面铸成凸台和凹坑（或凹槽），如下图所示。

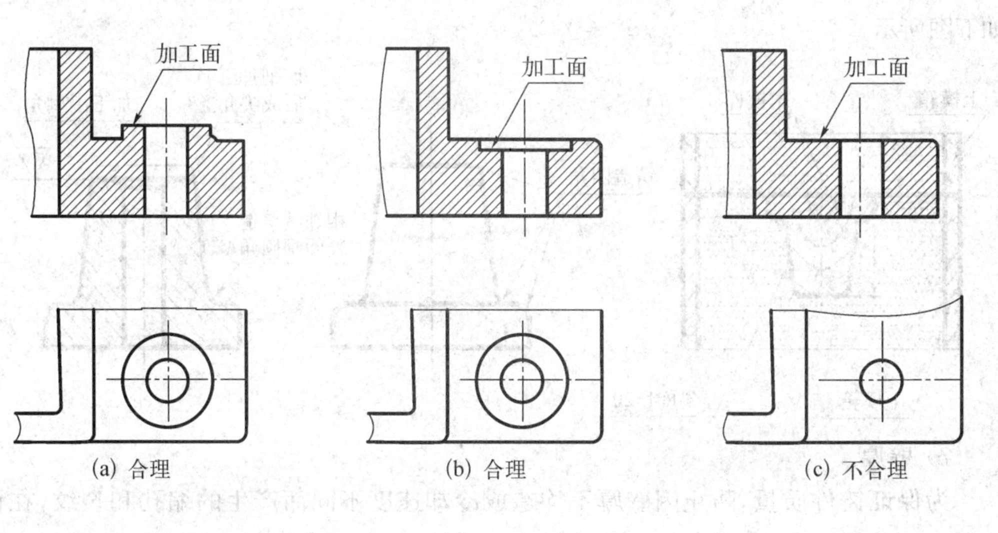

(a) 合理　　(b) 合理　　(c) 不合理

沉孔的结构形式和尺寸标注见下表。

结　构	普通标注	旁注法		说　明
	$\phi35$　12　6-$\phi21$	6×$\phi21$ ⌴$\phi35$T12	6×$\phi21$ ⌴$\phi35$T12	6×$\phi21$表示直径为21的六个孔 圆柱形沉孔的直径$\phi35$及深长12均需注出
	90°　$\phi41$　6-$\phi21$	6×$\phi21$ ⌵$\phi41$×90°	6×$\phi21$ ⌵$\phi41$×90°	锥形沉孔的直径$\phi41$及锥角90°均需标出
	⌴$\phi36$　6×$\phi17$	6×$\phi17$ ⌴$\phi36$	6×$\phi17$ ⌴$\phi36$	$\phi36$的深长不需标注,一般锪平到不出现毛坯面为止

5）起模斜度

为了便于将木模从砂型中取出,在沿起模方向的内、外壁上应设有适当的斜度,称为起模斜度,一般为1°～3°。在画零件图时,起模斜度在图上一般不画出,可在技术要求中用文字说明。

6）铸造圆角

为了避免砂型尖角落砂,防止尖角处出现收缩裂纹,铸件两表面相交处应做出圆角,如下图所示。

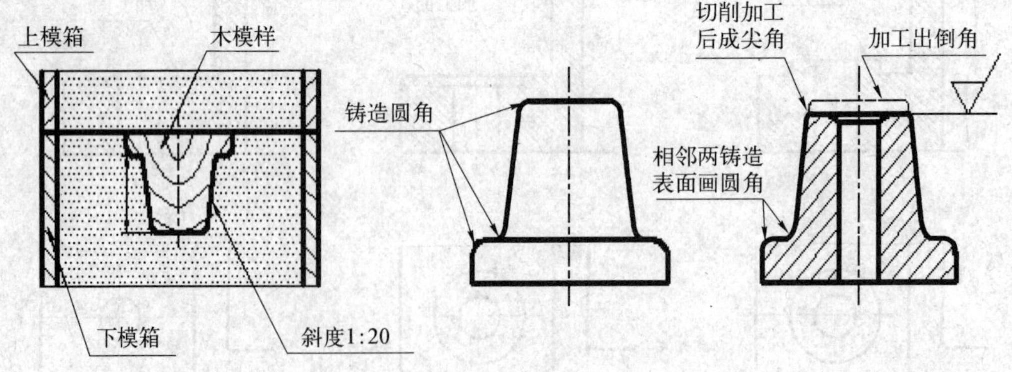

7）壁厚

为保证铸件质量,防止因壁厚不均造成冷却速度不同而产生的缩孔和裂纹,在设计时应使铸件壁厚均匀或逐渐变化。为了减少由于厚度减薄对强度的影响,可用加强肋板来补偿,如下图所示。

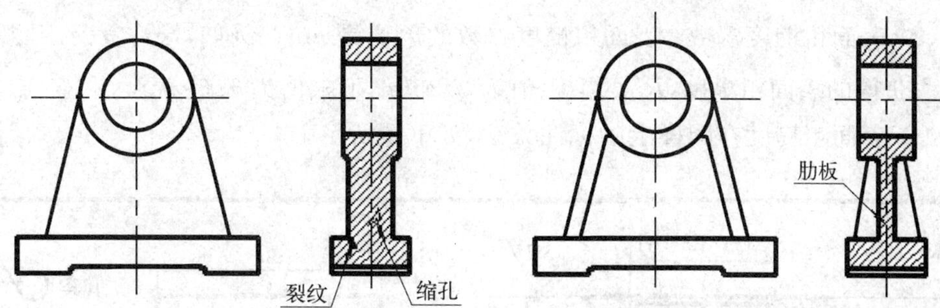

8) 过渡线

由于铸造圆角存在,表面的交线不太明显,但须画出这些交线,该交线不与圆角轮廓相交,称为过渡线。

几种常见过渡的画法,如下图所示。

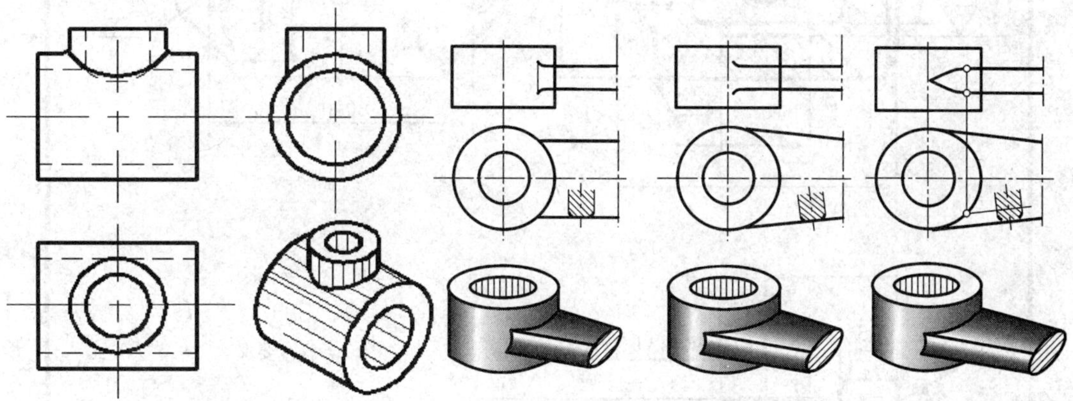

4. 零件图的尺寸标注

为了能做到尺寸标注合理,必须对零件进行结构分析、形体分析和工艺分析,正确选择尺寸基准,选择合理的标注形式,结合零件的具体情况标注尺寸。

5. 零件图的技术要求

在零件图上除了用一组视图来表示零件的结构、形状、大小外,还必须注出零件在制造和检验时在质量上应达到的要求,称为零件的技术要求。

零件图上的技术要求主要包括以下内容:表面粗糙度、尺寸公差、形状和位置公差、材料及热处理等。

1) 表面粗糙度

表面粗糙度是指零件的加工表面上具有的较小间距和峰谷所形成的微观几何形状特性。评定表面粗糙度的参数,优先选用轮廓算术平均偏差 R_a。

(1) 表面粗糙度符号:

√ 用去除材料的方法获得的表面；

√ 用不去除材料的方法获得的表面。

（2）表面粗糙度参数：表面粗糙度参数的单位是 μm。例如，√ 表示用去除材料方法获得的表面粗糙度，R_a 的上限值为 3.2 μm，下限值为 1.6 μm。

（3）表面粗糙度在图样上的标注方法，如下图所示。

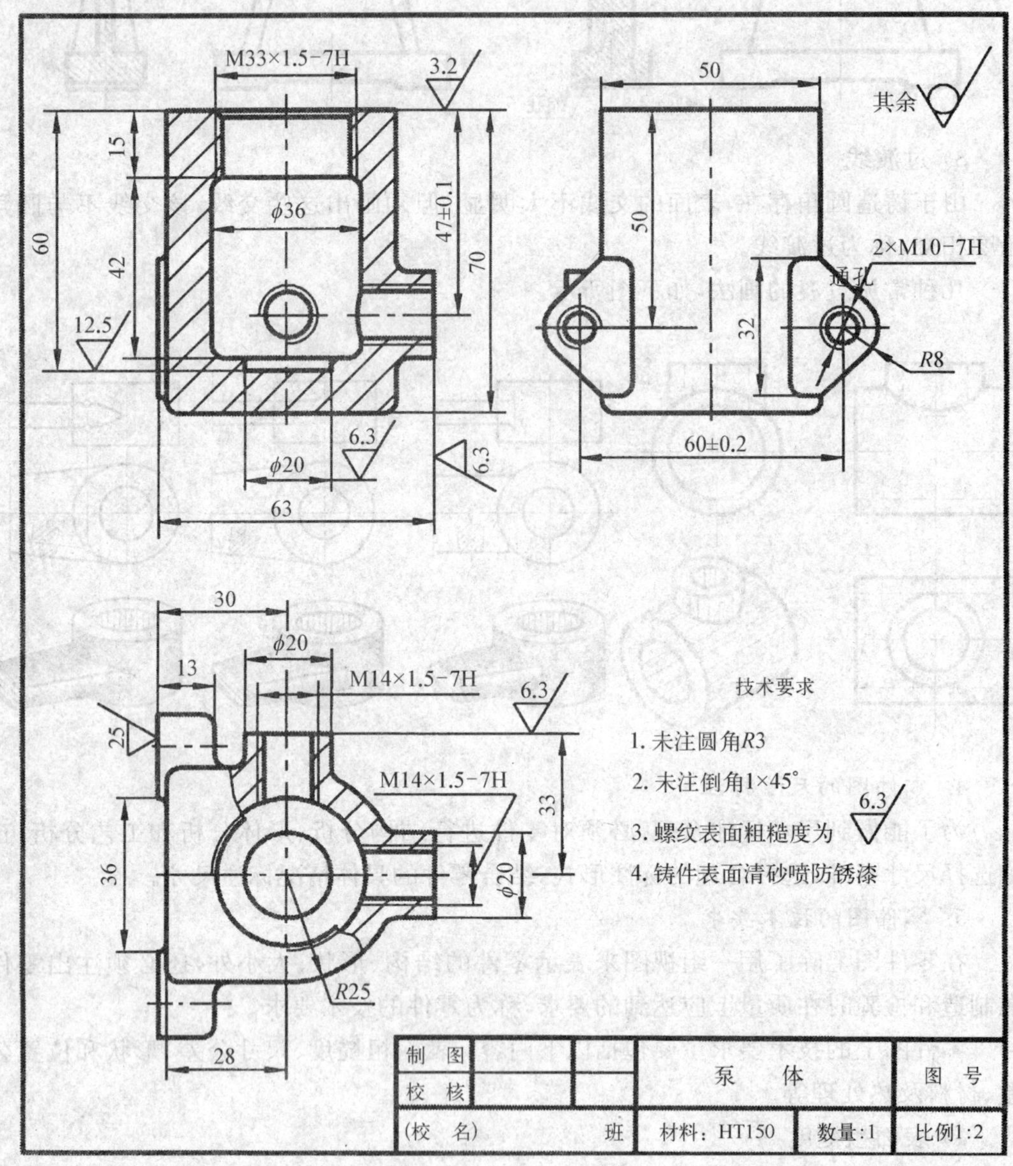

2）极限与配合的标注

为什么要制定极限与配合标准？主要是为了适应互换性要求。

（1）极限与配合在零件图中的标注　一般有三种标注方法，如下图所示。

① 在基本尺寸后标注所要求的公差带；

② 在基本尺寸后标注所要求的公差带对应的偏差值；

③ 在基本尺寸后标注所要求的公差带和对应的偏差值。

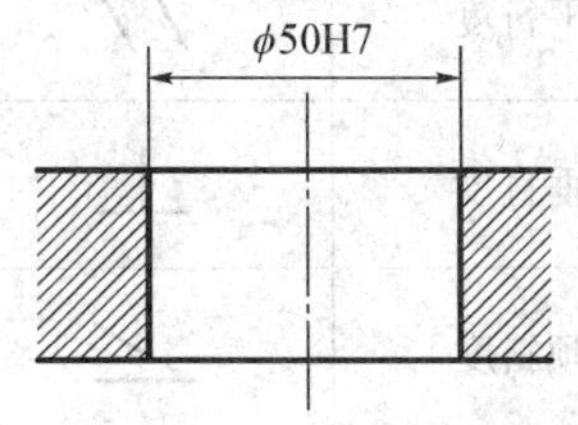

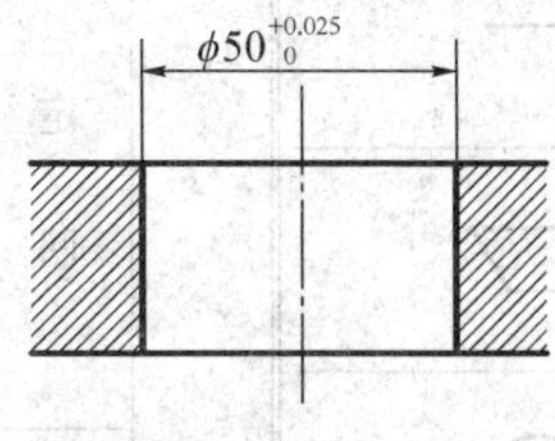

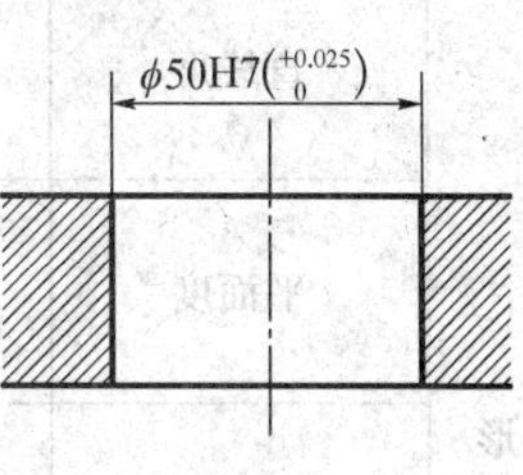

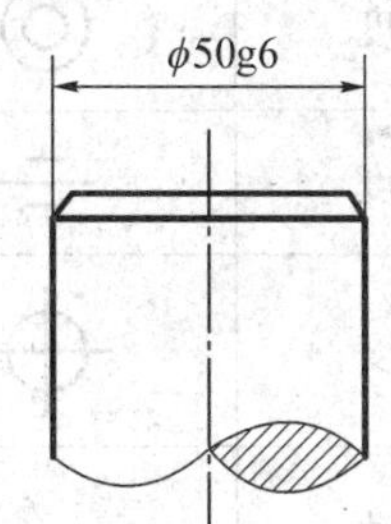

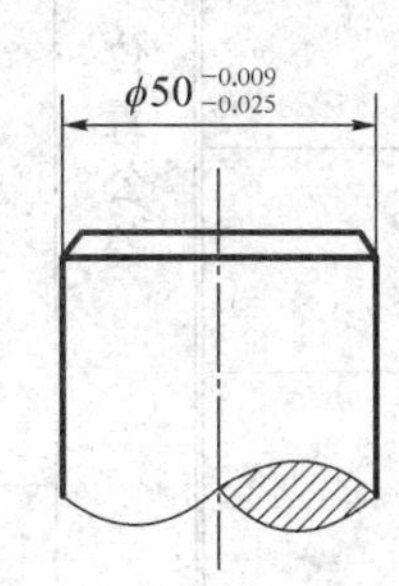

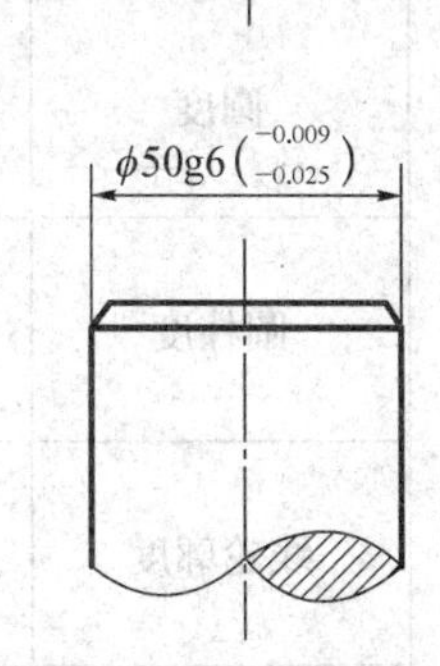

（2）极限与配合在装配图上标注　在基本尺寸后标注孔、轴公差带代号，如右图所示。

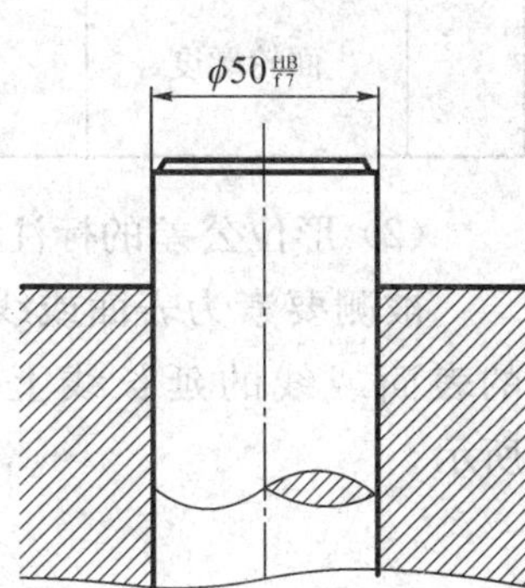

对于与标准件相配的孔或轴，只标注非基准件（配合件）的公差带代号，如右图所示。

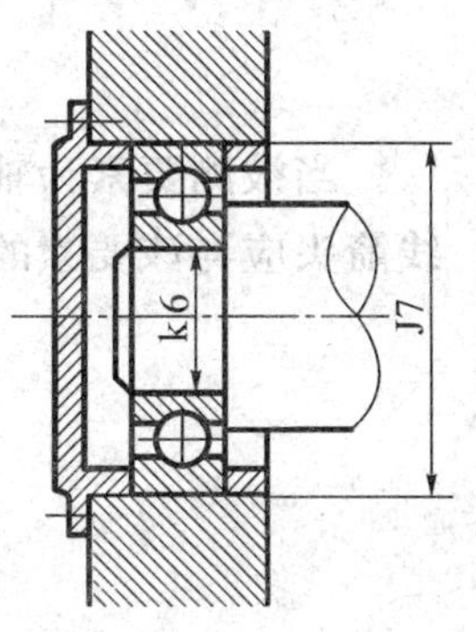

3）形状与位置公差

（1）形位公差的特征项目及其代号，见下表。

分类	特征项目	符　号
形状公差	直线度	—
	平面度	⏥
	圆度	○
	圆柱度	⌭
	线轮廓度	⌒
	面轮廓度	⌓

分类		特征项目	符　号
位置公差	定向	平行度	∥
		垂直度	⊥
		倾斜度	∠
	定位	同轴度	◎
		对称度	⌯
		位置度	⌖
	跳动	圆跳动	↗
		全跳动	⌰

（2）形位公差的标注，在图样中应采用代号标注。

被测要素为表面或线时，指引线箭头应指向被测要素的表面或线的延长线上，箭头应与尺寸线错开，如右图所示。

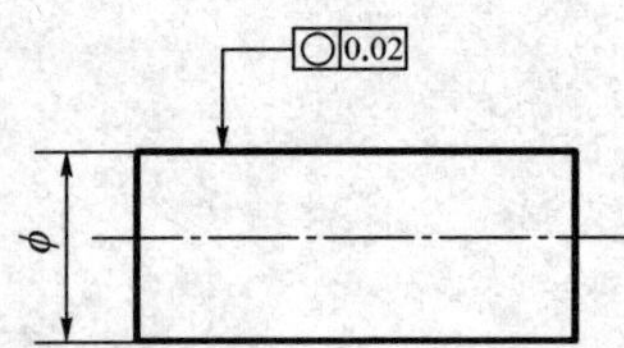

当被测要素为轴线、球心或中心线（平面）时，指引线箭头应与该要素的尺寸线对齐，如右图所示。

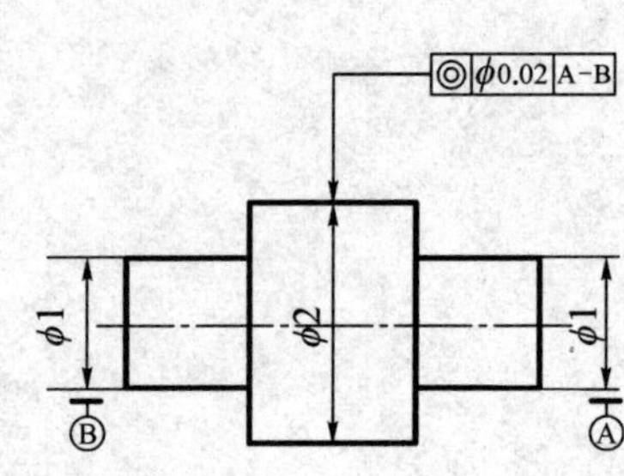

(3) 形位公差的标注图例，如下图所示。

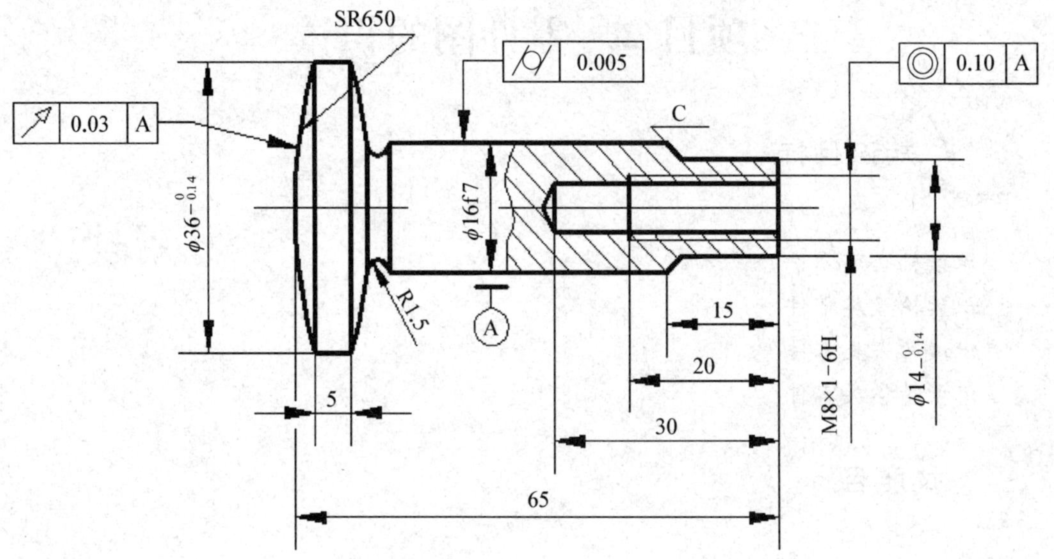

⌭ 0.005 表示该阀杆杆身 φ16 的圆柱度公差为 0. 005 mm；

◎ 0.10 A 表示 M8×1－6H 螺纹孔的轴线对于 φ16 轴线的同轴度公差为 0. 10 mm；

↗ 0.03 A 表示 SR650 的球面对于 φ16 轴线的圆跳动公差为 0. 03 mm。

任务考评

下面为轴承支座的立体图，试选择表达方案，画出其零件图（尺寸按目测比例自定），并按标注尺寸的规定完整标注零件图尺寸（尺寸数值可不填写），对零件上的加工面和不加工面，标注出表面粗糙度的代号。

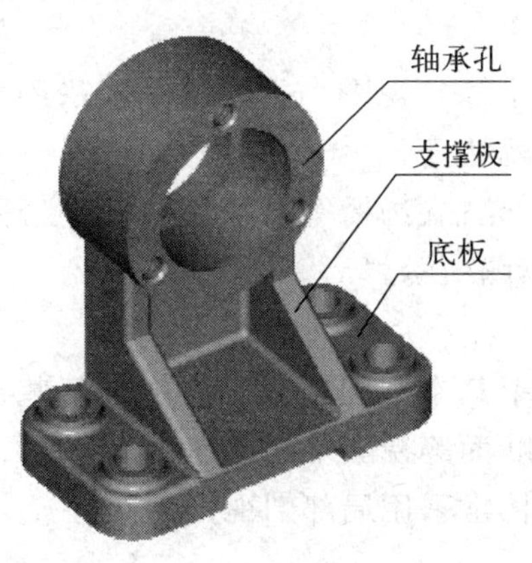

项目 2　零件图的识读

识读轴套类零件
识读轮盘类零件
识读叉架类零件
识读箱体类零件

通过典型零件分析掌握识读零件图的步骤
能读懂和绘制中等复杂程度的典型生产实际零件图样

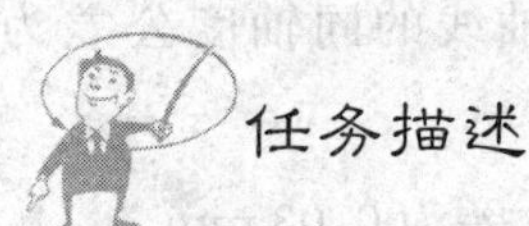

根据零件结构形状的特点和用途，大致可分为轴套类、轮盘类、叉架类和箱体类四种典型零件。

1. 典型零件类型实例

1）轴套类零件

轴类零件一般是实心的，所以主视图多采用不剖或局部剖视图，对轴上的沟槽、孔洞可采用移出断面或局部放大图，如下页的两个图所示。

2）轮盘类零件

这类零件一般需要两个基本视图。主视图一般采用单一剖、旋转剖或阶梯剖等剖切方式来表达其轴向结构特征。

零件上的细节结构，如轮辐、沟槽等可采用局部剖视图、断面图或局部放大图来表达，如第 150 页的法兰盘图所示。

3）叉架类零件

这类零件一般需要两个基本视图来表示。由于某些结构不平行于基本投影面，因此常采用斜视图、斜剖、断面等视图来表达。

对零件上一些内部结构常采用局部剖视；

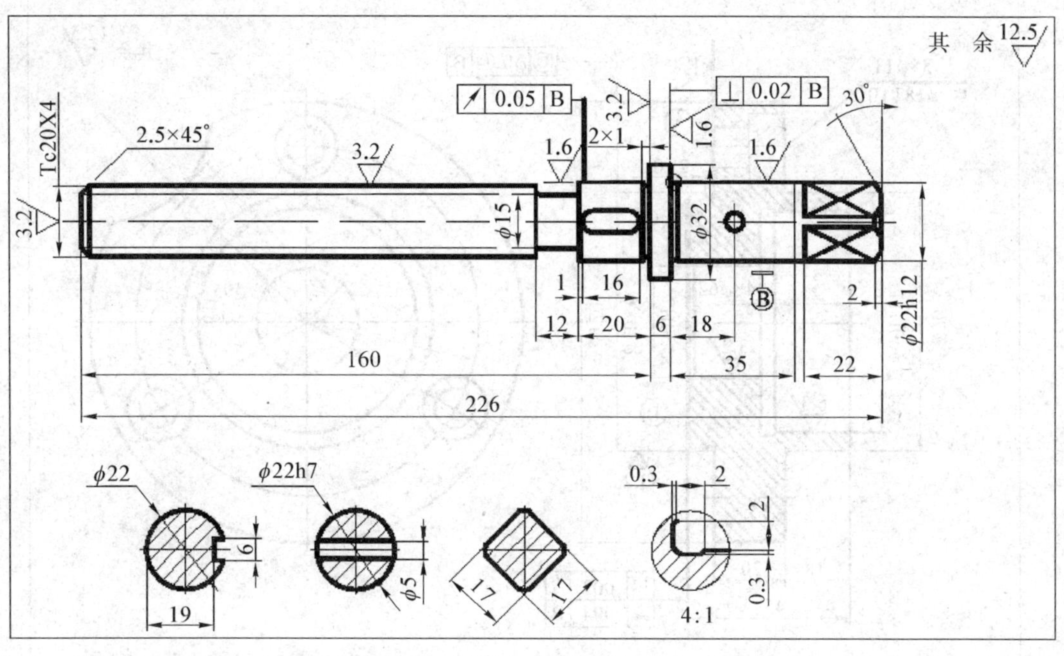

其 余 12.5
0.05 B
0.02 B
Tc20X4
2.5×45°
3.2
1.6
2×1
30°
ϕ15
ϕ32
ϕ22h12
1
16
2
12
20
6
18
160
35
22
226
ϕ22
ϕ22h7
0.3
2
6
ϕ5
19
17
17
0.3
4:1

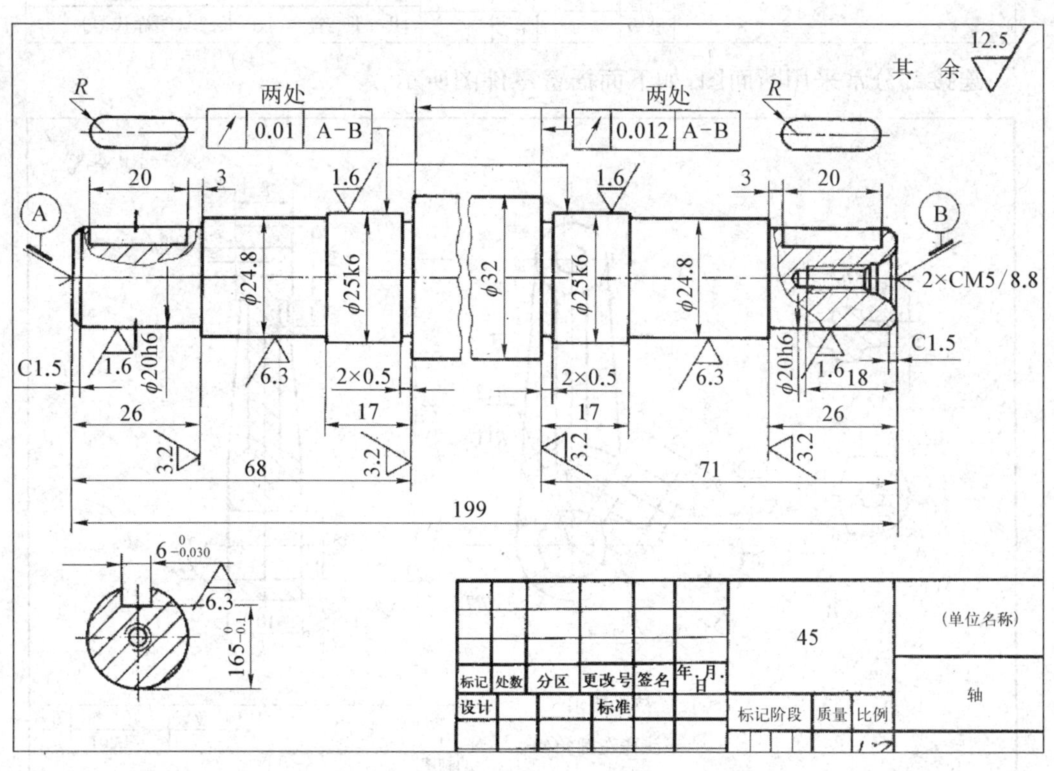

其 余 12.5
R
两处
0.01 A−B
0.012 A−B
20
3
1.6
A
B
ϕ24.8
ϕ25k6
ϕ32
ϕ20h6
2×CM5/8.8
C1.5
1.6
6.3
2×0.5
18
26
17
3.2
68
71
199
6 $^{0}_{-0.030}$
165 $^{0}_{-0.1}$
45
(单位名称)
轴
标记 处数 分区 更改号 签名 年.月.日
设计 标准
标记阶段 质量 比例

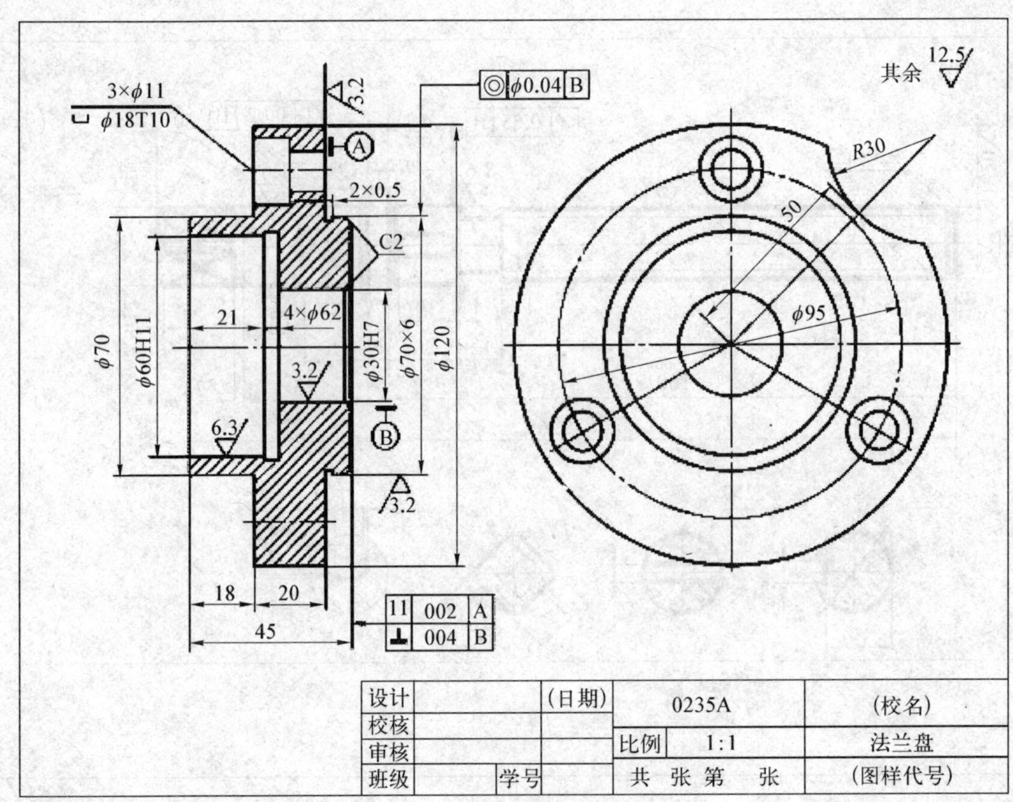

连接部分常采用断面图，如下面摇臂零件图所示。

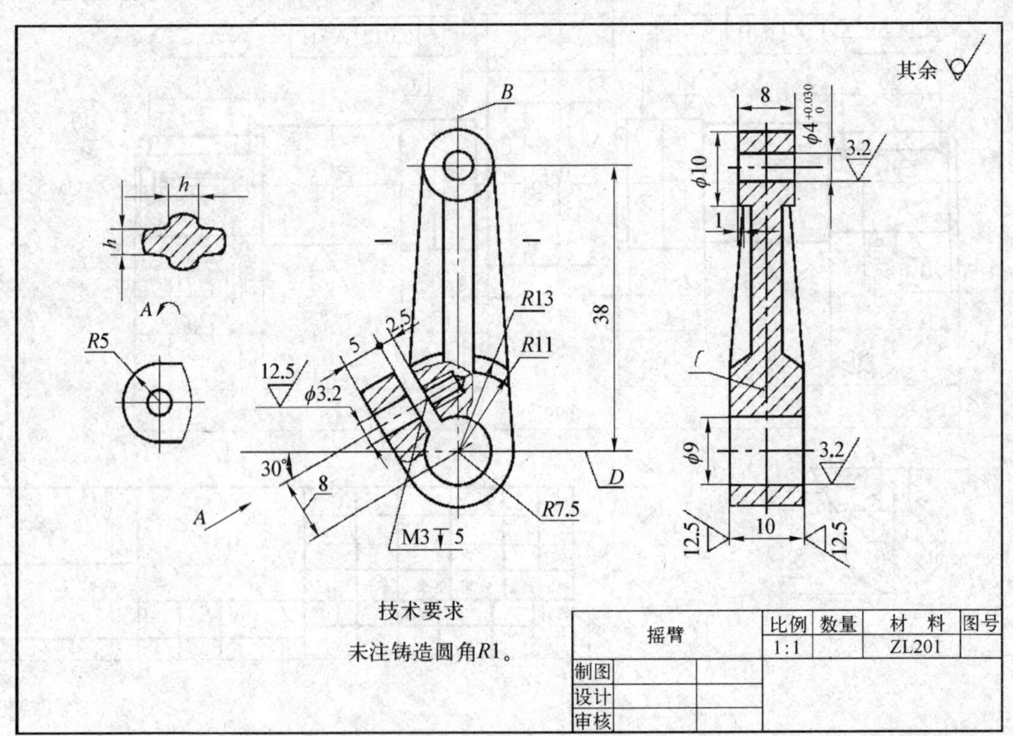

4）箱体类零件

这类零件常需三个以上的基本视图来表达其复杂的结构形状。

对其内部和外部结构常采用各种剖视（全剖、半剖、局部剖）及其不同剖切方法来表达。

基本视图尚未表达清楚的局部结构可采用局部视图、剖面等表达，如下面泵体零件图所示。

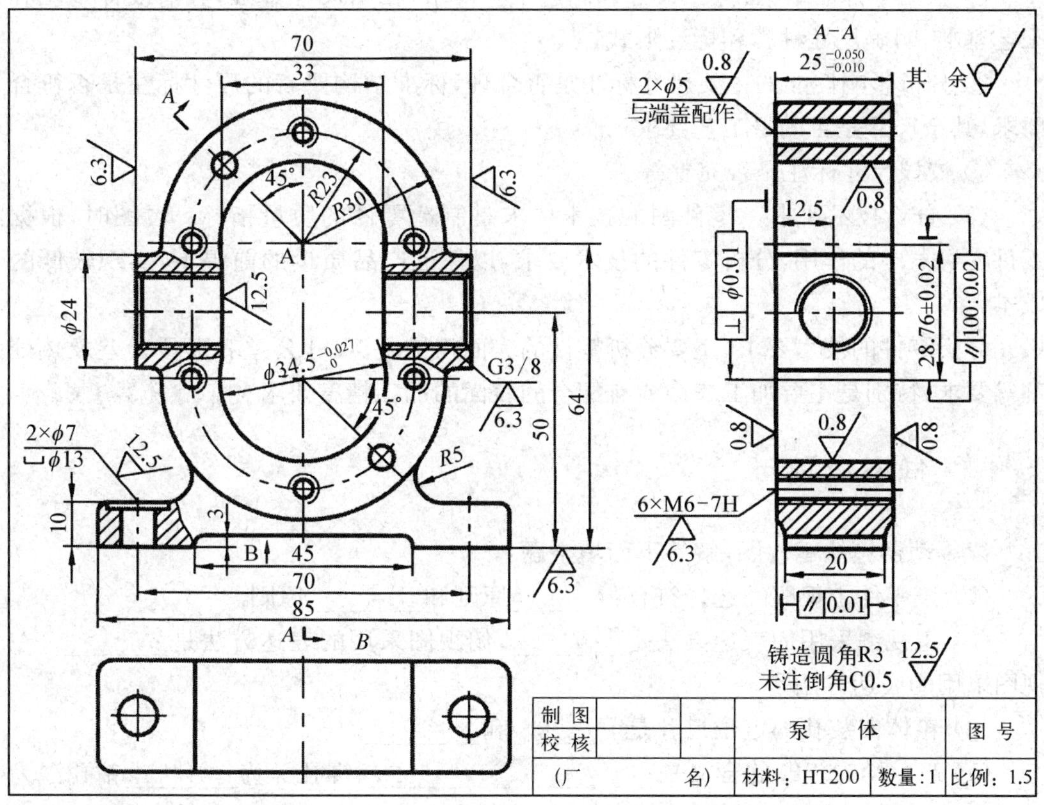

2. 读零件图

1）读零件图的目的

（1）了解零件的名称、材料、比例，以及设计或生产单位等。

（2）了解组成零件各部分结构的形状、特点和功能，以及它们之间的相对位置。

（3）阅读零件图的尺寸，对零件各部分的大小有一个概念，进一步分析出各方向尺寸的重要基准。

（4）明确制造零件的主要技术要求，确定正确的加工方法。

2）阅读零件图的方法和步骤

（1）先看标题栏，粗略了解零件　了解零件的名称、材料、件数、比例以及设计或生产单位等，从而大体了解零件的功用。

(2) 明确视图关系　视图关系就是指视图表达方法和各视图之间的投影联系。

(3) 分析视图,想像零件结构形状　对读零件图来说,分析视图、想象零件的结构形状是最关键的一步。分部位对投影、形体分析看大概,线面分析攻细节,综合起来想整体。

(4) 分析尺寸　零件图的尺寸是制造、检验零件的重要依据。分析尺寸的主要目的是:

① 根据零件的结构特点、设计和制造工艺要求,找出尺寸基准,分清设计基准和工艺基准,明确尺寸种类和标注形式;

② 分析影响性能的主要尺寸标注是否合理,标准结构要素的尺寸标注是否符合要求,其余尺寸是否满足工艺要求;

③ 校核尺寸标注是否完整等。

(5) 分析技术要求　零件图的技术要求是制造零件的质量指标。看图时,根据零件在机器中的作用,分析零件的技术要求,以保证产品质量的前提下,实现较低的成本。

分析零件的技术要求,主要分析零件的表面粗糙度、尺寸公差和形位公差及热处理等要求,特别是主要加工表面或有配合的表面的加工精度要求。

任务考评

读传动器箱体零件图,解答下面填空题:

(1) 该零件主视图的选择符合________原则和________原则。

(2) 主视图采用的表达方法是________,俯视图采用的表达方法是________,左视图采用的表达方法是________。

(3) 箱体安装孔的定位尺寸是________和________。

(4) 12×M6－7H 的含义是____________________,螺孔深为________钻孔深为________。

(5) 尺寸 C1 中 C 表示________,1 表示________。

(6) 用指引线和文字在图上注明长宽高的主要基准。

(7) 左右两端 ϕ62 孔的表面粗糙度为________尺寸公差为________其上偏差是________,下偏差是________,孔的形位公差包括的项目有________,________和________。

(8) 解释图中同轴度框格符号的含义________________________。

(9) 俯视图中的虚线是否可以省略________,它表达了____________结构的尺寸,其结构意义是____________。

(10) 说明下图中尺寸的类型:ϕ75 是________尺寸,103 是________尺寸,143 是________尺寸,110 是________尺寸,100 是________尺寸,4×ϕ9 是________尺寸。

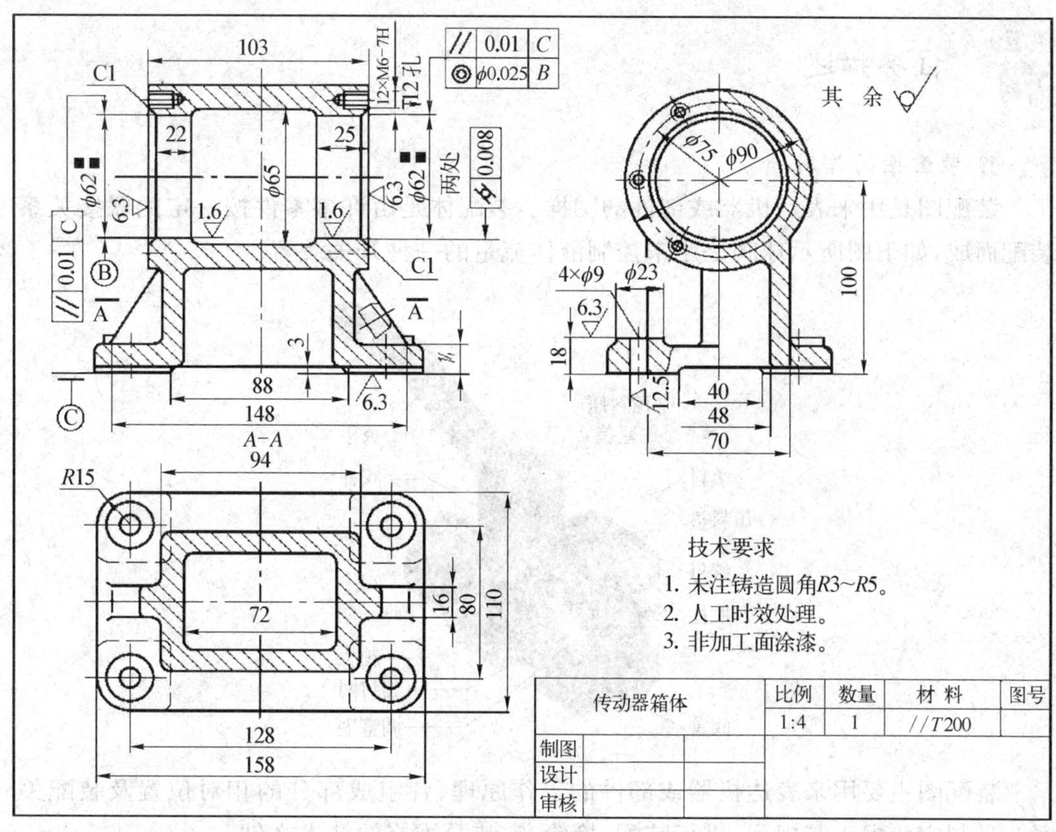

(11) 箱体中非加工表面的表面粗糙度符号为________,非加工表面如何处理________。

(12) 画出俯视图的外形图(省略虚线)

项目 3　装配图的作用及内容

装配图的作用

装配图的内容

了解装配图的作用

熟悉装配图的内容

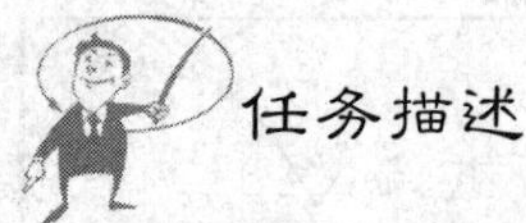

1. 装配图的作用

装配图是用来表达机器或部件的图样。装配体是由许多零件按一定的联接关系装配而成,如下图所示球阀是用来控制液体流量的一种开关装置。

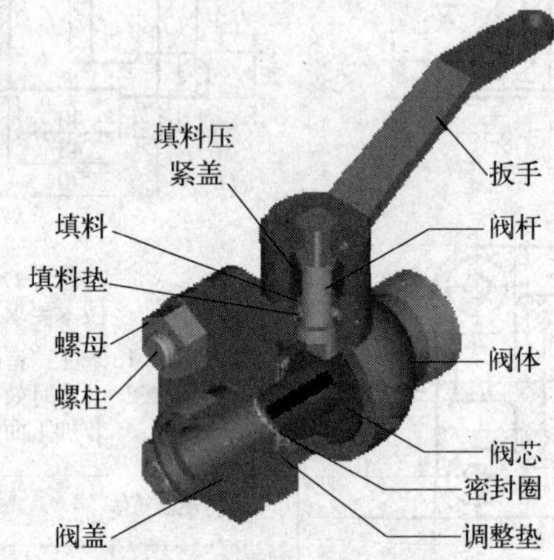

装配图主要用来表达机器或部件的工作原理、各组成部分的相对位置及装配关系。是制定装配工艺规程,进行装配、检验、安装及维修的技术文件。

设计机器或部件时——是根据工作原理图画出装配图,再根据装配图画出零件图。

制造机器或部件时——是按零件图加工制造出零件,把加工制造的零件按装配图进行组装与调试。

2. 装配图的内容

一张完整的装配图必须具有下列内容,如下面滑动轴承装配图所示。

1) 一组视图

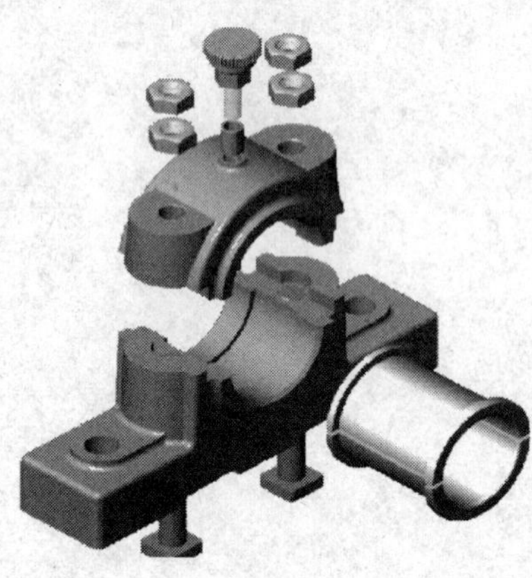

用以表达机器或部件的工作原理、部件结构、零件之间的装配关系、联接方式和零件的主要结构形状等。

2) 必要尺寸

机器或部件有关性能、规格、安装、外形、配合和联接等方面的尺寸。

3) 技术要求

用文字或符号来说明机器或部件的性能、装配、检验、调试和使用等方面所必须满足的技术条件。

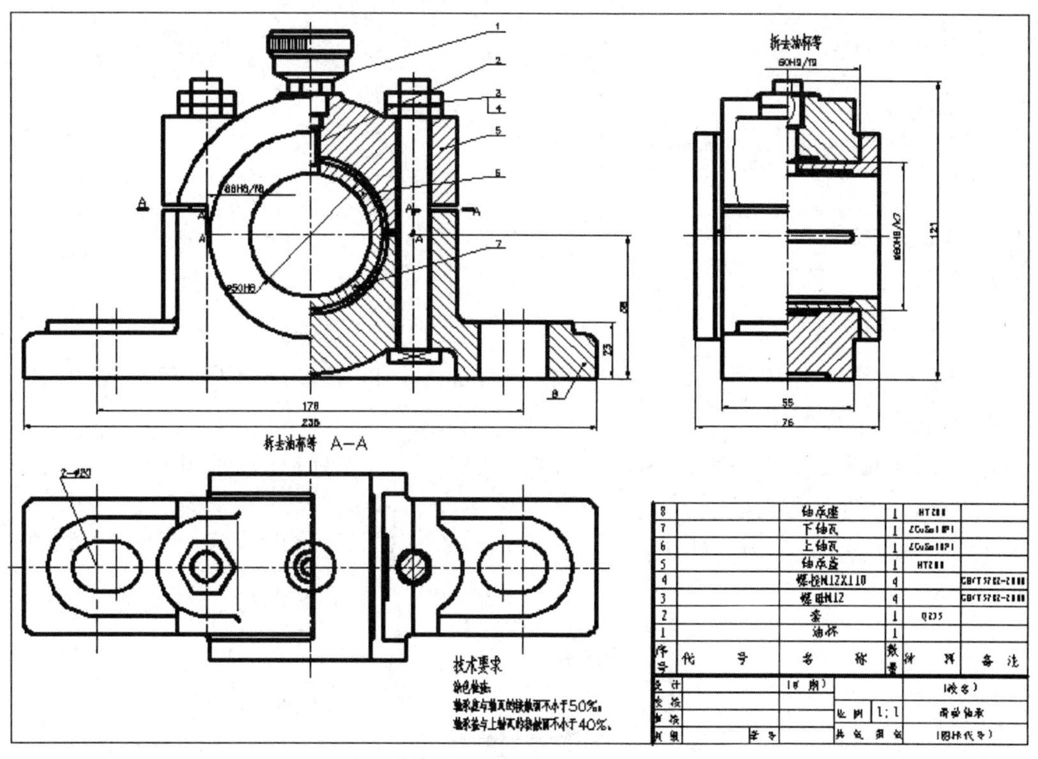

4）零件的序号、明细栏和标题栏

标题栏：说明名称、重量、比例、图号、设计单位等。

明细表：列出机器或部件中各零件的序号、名称、数量、材料等。

任务考评

1. 根据上面球阀立体结构图示，试述其控制液体流量的工作原理。

2. 根据上面滑动轴承装配图，简述该装配图用了哪些视图表达方法，标注了哪些尺寸，标注或说明了哪些技术要求？

项目 4　装配图的画法与识读

知识目标

装配图的表达方法

装配图的尺寸和技术要求

装配图的识读与测绘

具备一定的识读和测绘装配图的能力

1. 装配图的规定画法

(1) 相邻两零件的接触面画一条线，非接触面不论间隙多小，均画两条线，并留有间隙，如下图所示。

(2) 两个(或两个以上)零件邻接时，剖面线的倾斜方向应相反或间隔不同。但同一零件在各视图上的剖面线方向和间隔必须一致。

(3) 标准件和实心件按不剖画。

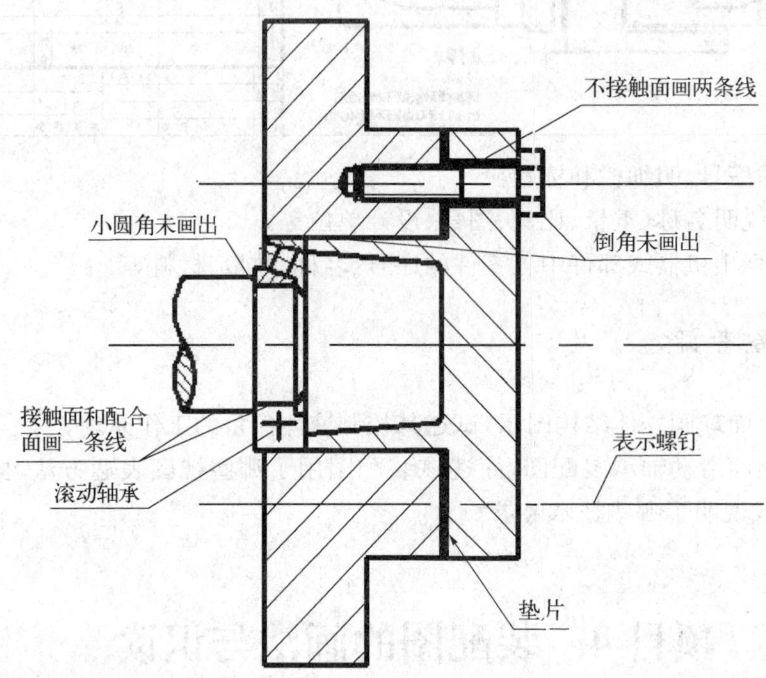

2. 装配图画法的特殊规定

1) 沿结合面剖切

为清楚地表达内部结构，可假想沿某些零件的结合面剖切，此时零件的结合面不画剖面线。

2) 拆卸画法

画某一个剖视图时，出现一个或几个零件遮挡其他零件或部件结构的情况，这时可假想拆去一个或几个零件后绘制图形，但图形上方应注写“拆去××”字样。

3）假想画法

为表示机器或部件与相邻部件的安装、联接关系时，可用双点画线画出相邻部件的轮廓，如下图所示。

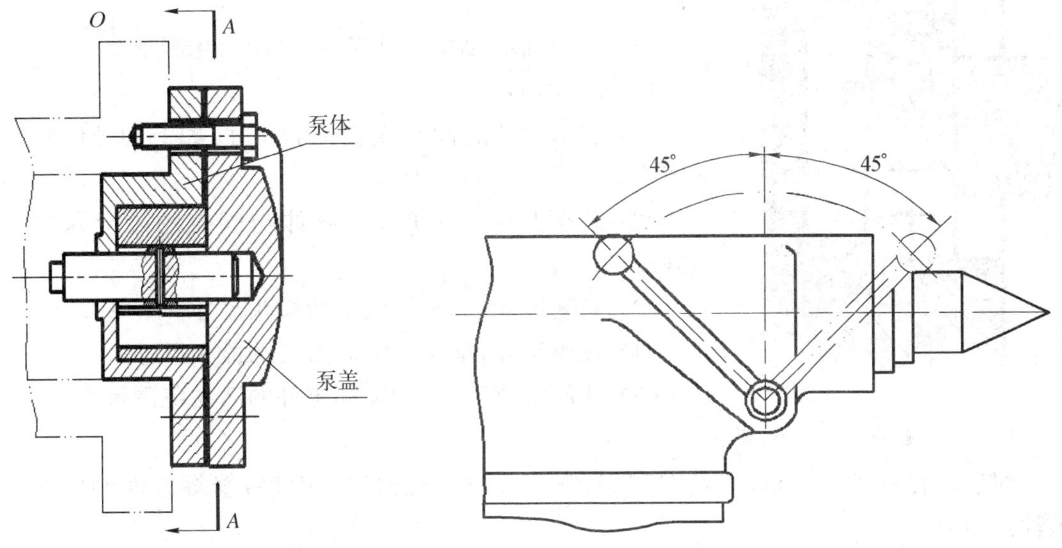

4）夸大画法

当薄片、细弹簧丝、微小间隙等无法按其实际尺寸画出时，可不按比例而适当夸大画法。

5）单独零件视图的画法

装配图中，某个零件的结构形状需要表达清楚时，可单独画出某个零件的视图，如下图所示。

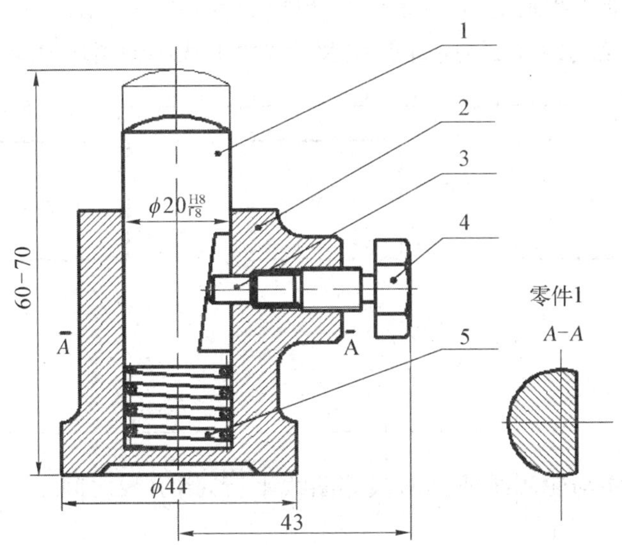

3. 装配图的简化画法

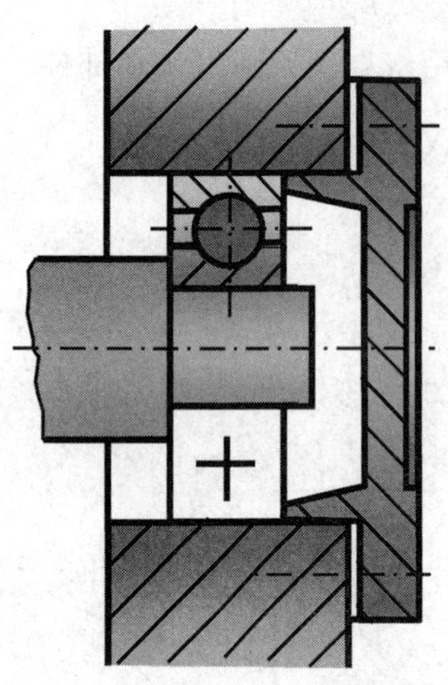

(1) 若干相同的零件组,允许详细画出其中的一组或几组,其余的只需在其装配位置画出轴线位置。

(2) 零件的工艺结构,如倒角、圆角、退刀槽等可不画。

(3) 滚动轴承、螺栓联接等可采用简化画法。

4. 装配图的标注

(1) 表示部件的性能或规格的尺寸,如下面球阀装配图中球阀通孔的直径 $\phi20$。

(2) 装配尺寸,如球阀的阀体与阀盖的配合尺寸 $\phi50H11/h11$。

(3) 安装尺寸,如球阀两侧管接头尺寸 $M36\times2$。

(4) 外形尺寸,指长、宽、高方向的最大尺寸。

(5) 其他重要尺寸,如运动零件的活动范围尺寸。

5. 技术要求

对装配体的性能要求,以及在装配、安装、调试、检验、使用和维修等方面的要求或注意事项。

6. 零件序号编排方法

零部件图的序号和代号要与明细栏中的序号和代号相一致。

(1) 序号编写位置以主视图为主,用顺时针或逆时针方向按水平或垂直方向排列整齐,序号间隔相等。

(2) 同一种零件在装配图上只编写一个序号,数量在明细表中填明,标准化组件看作一个整体编注一个序号。

(3) 指引线用细实线画出,并从零件的可见轮廓线范围内引出,在末端画出一个小黑点,另一端画出一细水平线或小圆圈,在水平线之上或小圆圈之内编号,如下图所示。

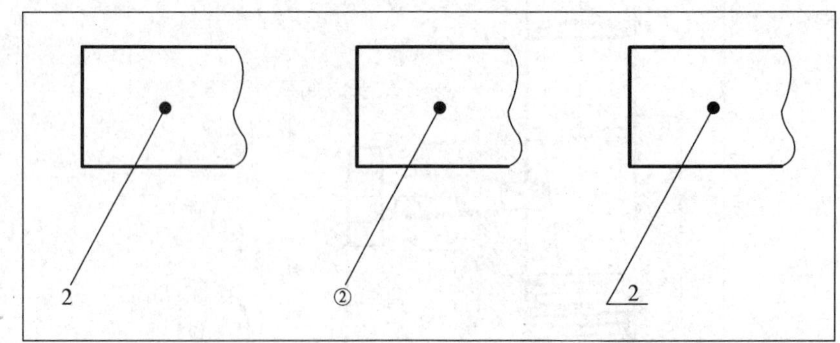

(4) 指引线不要与轮廓线或剖面线等图线平行,指引线之间不允许相交,但指引线允许弯折一次,如下图所示。

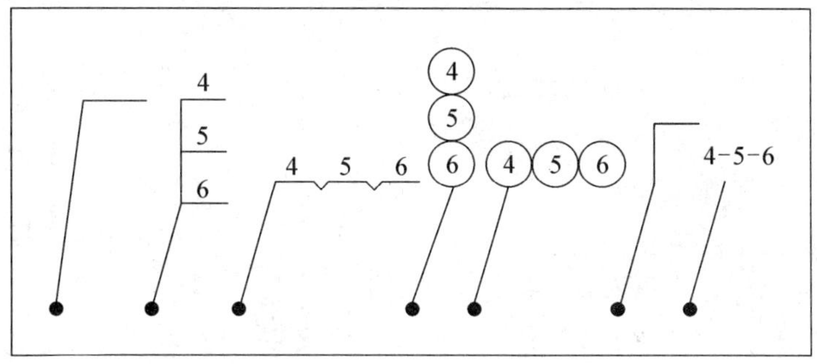

(5) 指引线末端不便画出圆点时(如很薄的零件或涂黑的断面),可在指引线末端画出箭头,箭头指向该零件的轮廓线,如下图所示。

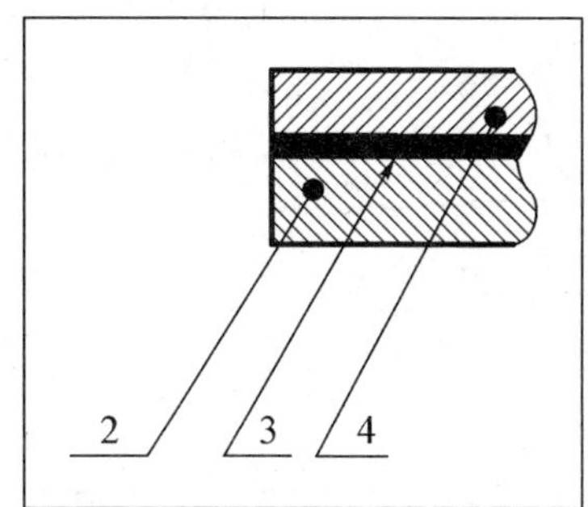

(6) 序号数字比图中的尺寸数字大一号或两号。

(7) 对于紧固件或装配关系清楚的零件组,可采用公共的指引线,如下图所示。

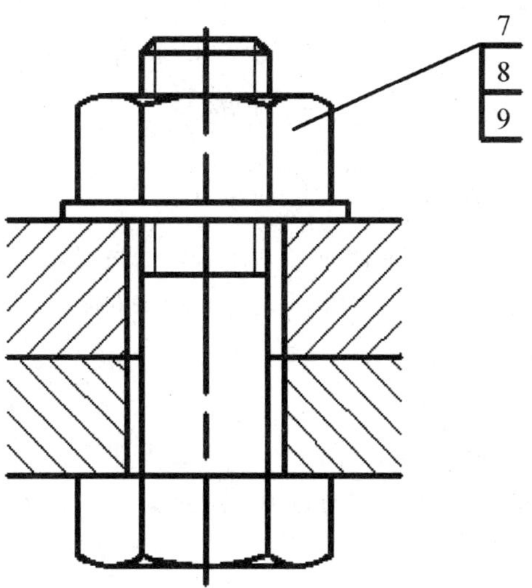

7. 读装配图的方法和步骤

结合下面的球心阀装配图来说明看装配图的方法和步骤。

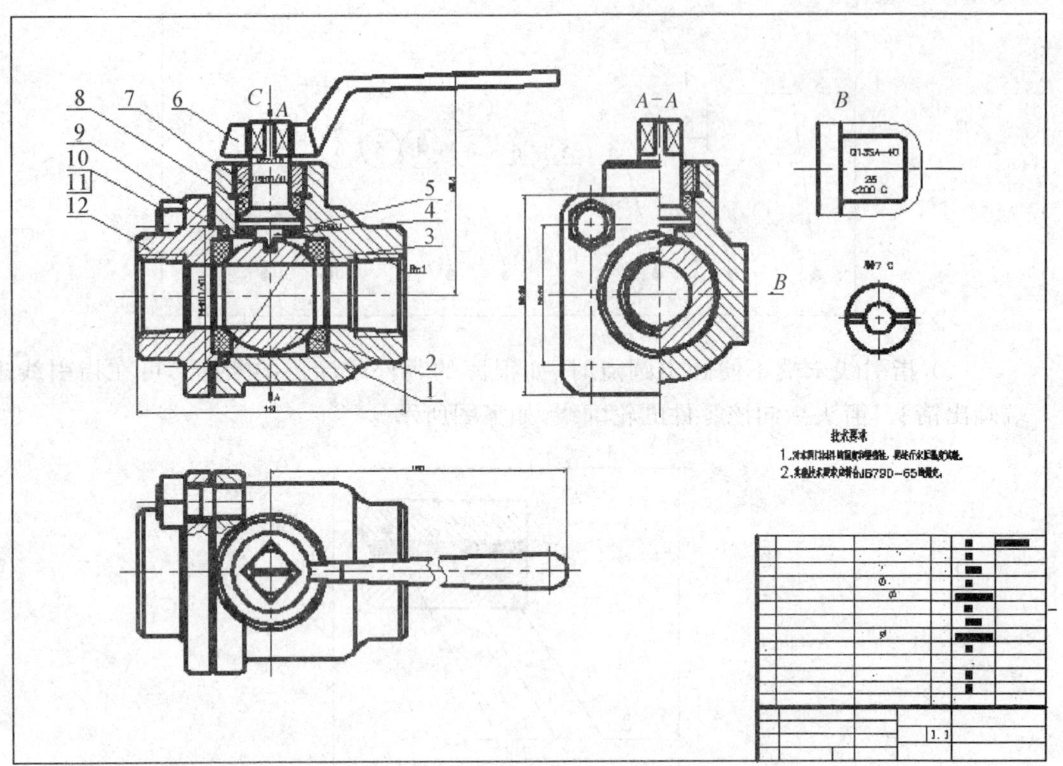

1）概括了解

首先看标题栏、明细栏，了解机器或部件的名称、所有零件的名称，并在视图中找到所表示的相应零件及其所在的位置，对机器整体有一个概括了解。

2）分析视图，了解工作原理

首先了解采用了哪些视图、剖视等表达方法，并结合标注的尺寸，想像出主要零件的主要结构形状，然后对剖视图找出剖切位置，弄清各视图之间的投影关系及其所表达的重点内容。

3）了解各零件间的装配关系

首先从传动系统入手，弄清各零件间的装配联结关系，也可从主要装配干线入手，分析各零件间互相配合的松紧程度、联结和定位方式以及运动的润滑、密封形式等内容，然后逐步扩大到其他装配干线。

4）分析零件

在了解机器或部件的作用及各零件间的装配联结关系的基础上，分析零件的结构形状和作用，更好地了解其工作原理和结构特点。

5）归纳总结

在通过以上分析的基础上，还应把机器或部件的作用、结构、装配、操作、维修等几个方面联系起来研究，进行归纳总结。例如，结构有何特点，能否实现工作要求，拆装顺序如何，操作和维修是否方便，密封防漏是否可靠等。最后对部件有一个全面的认识和了解。

8. 由装配图拆画零件图

下图所示为球阀阀体零件图(其上表面粗糙度标注采用了新的国家标准)。

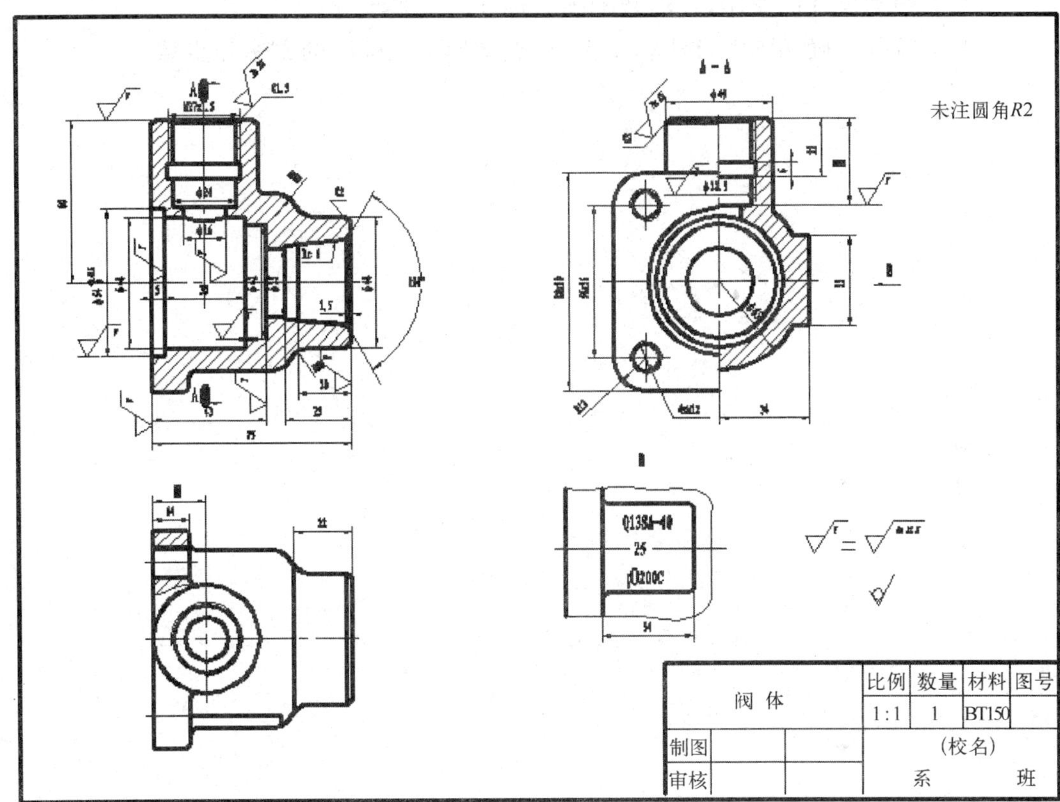

任务考评

(1) 按照读装配图的方法和步骤,读球阀装配图:读出球阀所有零件的名称,采用了哪些表达方法,主要零件的结构形状,各零件间的装配联接关系,运动密封形式等。

(2) 由球阀装配图拆画阀盖与阀芯零件工作图。

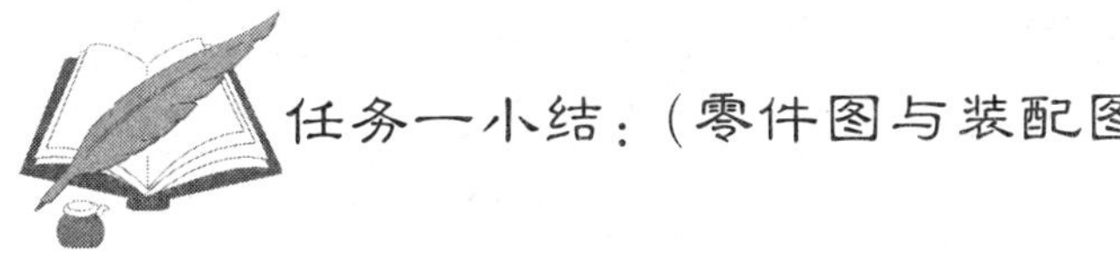

任务一小结:(零件图与装配图)

(1) 掌握零件图视图选择的方法及步骤,并注意:零件形状要表达完全。

(2) 掌握读、画零件图的方法和步骤及零件图上尺寸及技术要求的标注方法。

(3) 表面粗糙度的各种符号的意义及其在图纸上的标注方法。

(4) 极限与配合的基本概念及标注。

(5) 掌握装配图的规定画法、特殊画法。画装配图首先选好主视图,确定较好的视图表达方案,把部件的工作原理、装配关系、零件之间的联结固定方式和重要零件的主要结构表达清楚。

(6) 根据尺寸的作用,弄清装配图应标注哪几类尺寸。

(7) 掌握正确的画图方法和步骤,重点掌握读装配图的方法和步骤。

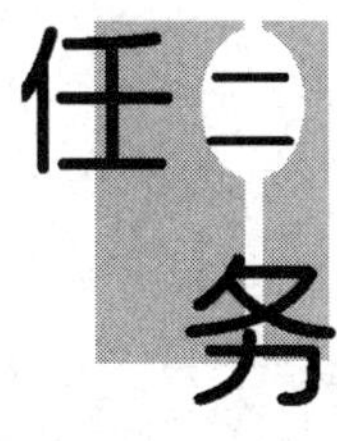

任务二 徒手画图及测量工具

学习目标

1）熟悉测绘工具

2）熟练掌握正确测量方法

3）掌握徒手绘图技能

项目1 徒手画图的基本要求

知识目标

了解徒手画零件草图的基本要求

技能目标

达到所画草图图形不草，内容完整

任务描述

1. 对零件草图的要求

零件测绘是根据已有零件，进行分析，以目测估计图形与实物的比例，徒手画出它的草图，测量并标注尺寸和技术要求，然后经整理画成零件图的过程。

绘制零件草图的基本要求是：

（1）内容完整；

（2）目测徒手绘图；

(3) 图形不草。

2. 零件草图示例

下图为轴承架零件草图示例。

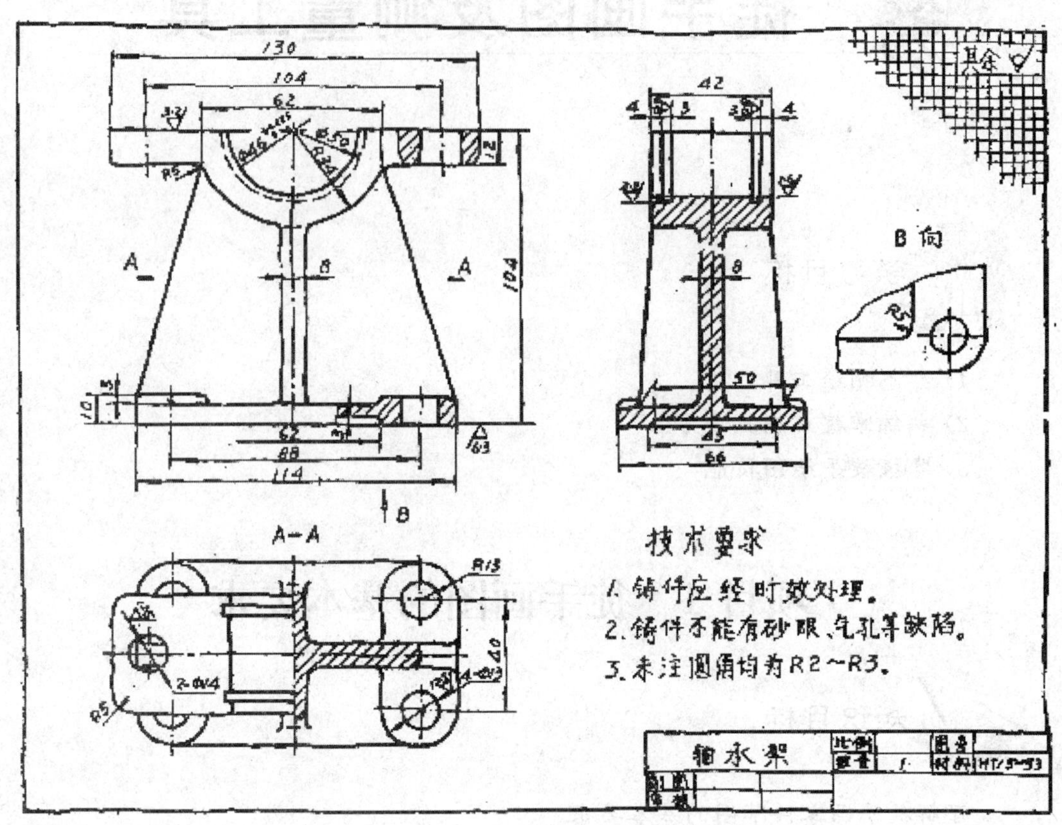

任务考评

分析上面轴承架零件草图示例,阐述视图表达方案是否合理,形状结构是否表达清楚,尺寸标注是否完整,技术要求是否正确与必要,所画草图比例是否协调,图面质量如何,等等。

项目 2　徒手画图的基本方法及步骤

知识目标

学习徒手画图的基本方法及步骤

技能目标

掌握徒手画图的基本方法

能正确分析和确定零件的表达方案

任务描述

徒手画的平面正投影图形称为草图，它是用目测法估计图形与实物的比例，然后徒手（或部分使用仪器）绘制。在实际生产中，如学习先进技术、改革现有设备、设计、仿造、修配等经常需要绘制草图，所以徒手绘图是和使用仪器绘图同样重要的绘图技能。随着计算机绘图的广泛应用，徒手绘图越来越重要，已成为工程技术人员必备的一项基本技能。

1. 直线的画法

如下图所示，徒手画直线时，手腕和手指微触纸面。画短线时，以手腕运笔；画长线时，要移动手臂先定出直线两端点，笔尖着在左边点上，眼睛转向右边终点轻轻平移画线；画垂直线时，要自上而下画线；画倾斜直线时，通常旋转图纸或侧转身体，以变成顺手方向，再自左向右画线。

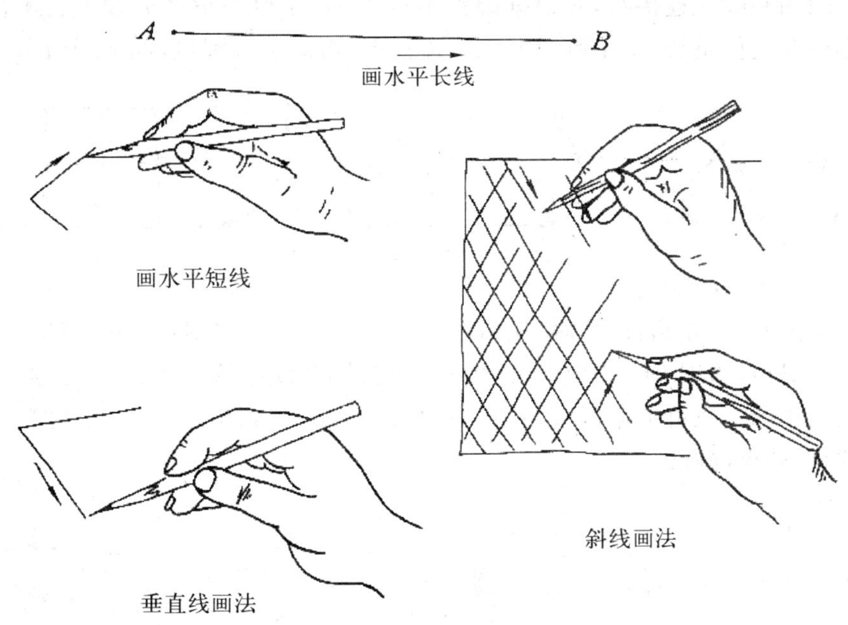

画水平长线

画水平短线

垂直线画法

斜线画法

2. 特殊角度的画法

如下图所示，画 30°、45°、60°、90°、120°等特殊角时，可利用直角三角形两直角边的比例关系，在直角边定点，并连线，即得特殊角；也可用等边直角三角形斜边的比例关系，在斜边上定点，然后连线。

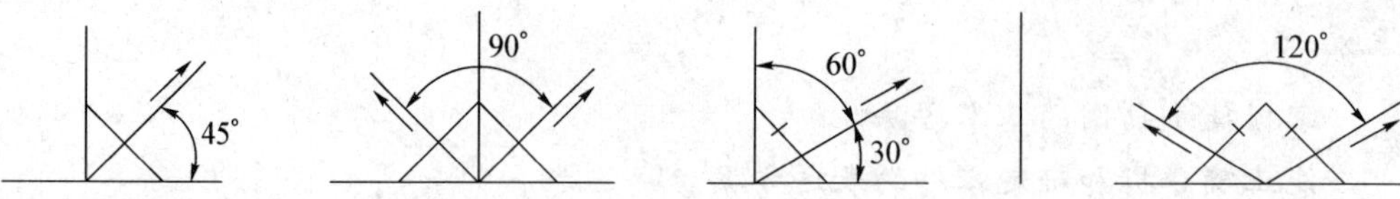

3．圆和圆弧的画法

如下图所示，画圆时，应先画中心线。画较小圆时，先在中心线上按圆的半径目测定出四点，然后徒手将各点连成圆；画较大的圆时，通过圆心加画四条辅助线，按圆的半径目测出八点，再侧身或转动图纸，分段画圆弧，最后连成整圆。

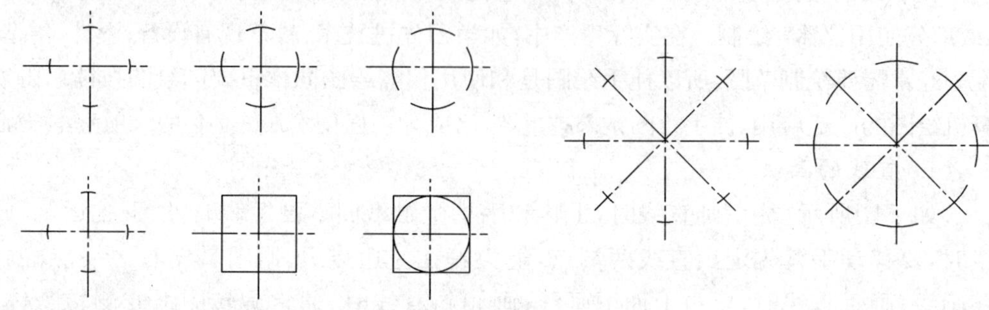

4．圆角和圆弧连接的画法

画圆角和圆弧连接时，先根据圆弧半径大小，在角的角平分线上目测圆心位置，从圆心向两边作垂线，定出圆弧的两个连接点，再徒手画圆弧，如下图所示。

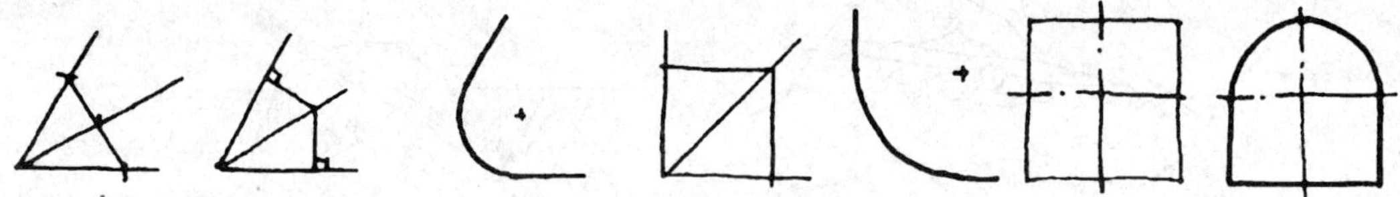

5．椭圆的画法

如下图所示，先画长、短轴，用目测定出长、短轴的四个端点，过这四点画一矩形，引矩形的对角线，用 1∶3 的比例定出该线上椭圆曲线上的点，然后分段画出四段圆弧所组成的椭圆。也可根据椭圆与菱形内切的特点，先画出菱形，再作钝角、锐角边的内切圆弧，即得椭圆。

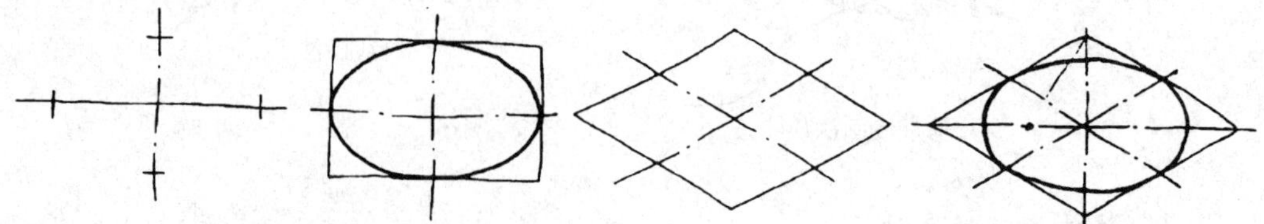

6．零件平面轮廓形状草图画法

作图步骤如下图所示。

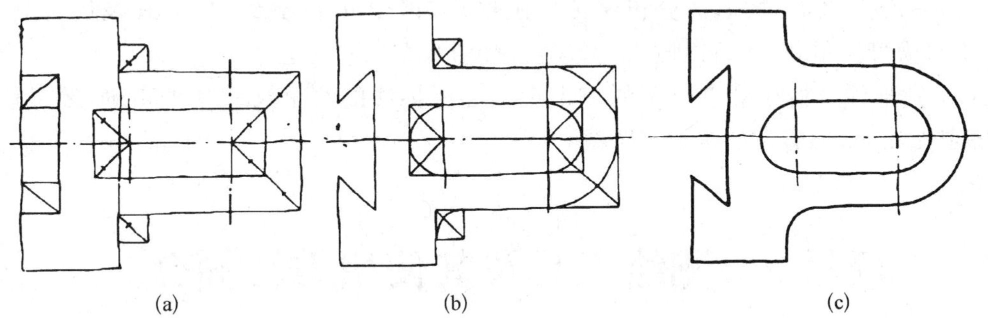

(a)　　　　(b)　　　　(c)

7. 徒手绘制平面图形

绘制平面图形草图与用仪器绘图步骤相同，要进行图形的尺寸分折和线段分析，先画已知线段，再画中间线段，最后画连接线段。

8. 画机械零件草图

1）分析零件，确定表达方案

了解该零件的名称和用途；

鉴定零件的材料；

对零件进行结构分析；

对零件进行工艺分析；

确定零件的表达方案。

2）画零件草图的步骤

（1）徒手画出各主要视图的作图基准线，确定各视图的位置，注意留出标注尺寸、技术要求、标题栏的位置。

（2）目测尺寸，详细画出零件的内、外结构形状；对零件上的缺陷，如破旧、磨损、砂眼、气孔等不应画出。

（3）画出剖面线、全部尺寸界线、尺寸线和箭头。

（4）逐个测量，并标注尺寸。

（5）拟定技术要求。

（6）检查、填写标题栏，完成草图，如前例轴承架零件草图图例所示。

任务考评

选定组合体模型进行测绘（画草图），以训练目测方法和徒手画草图的技巧。

（1）绘图前，应用形体分析法，确定各组成部分形状、组合形式和表面联结关系，确定整体特征，选择主视图的投射方向。

（2）目测组合体模型大小（可借助铅笔长度来目测），使绘出的模型三视图的总体和局部的大小比较接近模型实际。

（3）画图时，逐个画出每个形体的三视图，并应先画叠加体、后再画切割体。

(4) 标注尺寸时,按形体分析法徒手画出每部分的尺寸界线、尺寸线及箭头后,再集中对模型测量,并将每次测得的数值直接填写在尺寸线上。

(5) 按形体分析法检查所画的每个视图和所标注的每个尺寸是否正确,经过修改、确定无误后,用徒手描粗加深图线。

项目 3 测绘工具及其使用方法简介

常用测绘工具的类型、结构与使用方法

测量直线尺寸、直径、壁厚、孔间距、圆角、螺纹等的方法

熟练掌握各类测绘工具的正确使用

掌握常见几何要素和相关性能参数的测绘方法

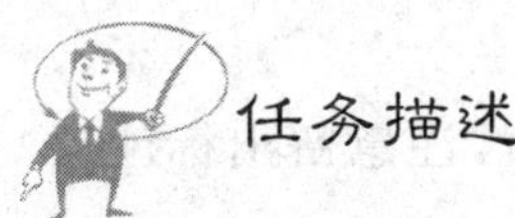

零件图上全部尺寸的测量,应在画完草图图形之后集中进行,这样可以提高效率、避免尺寸错误和遗漏。

1. 测量直线尺寸

测量直线一般用直尺或游标卡尺,也可用直尺与三角板配合进行,如下图所示。

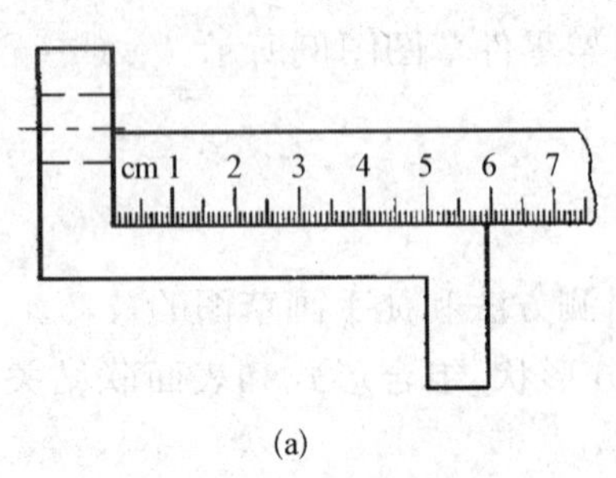

(a)

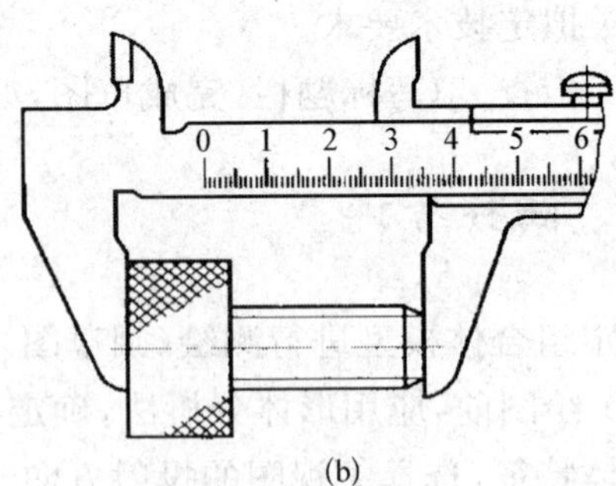

(b)

2. 测量回转体内、外径

一般常用游标卡尺、螺旋千分尺直接测量,如下图所示。

测量时,应使两测量点的连线与回转面的轴线相互垂直且相交。

当用内卡钳或内径千分尺时，要适当摆动或转动量具，使两测量点的连线与孔的轴线正交。

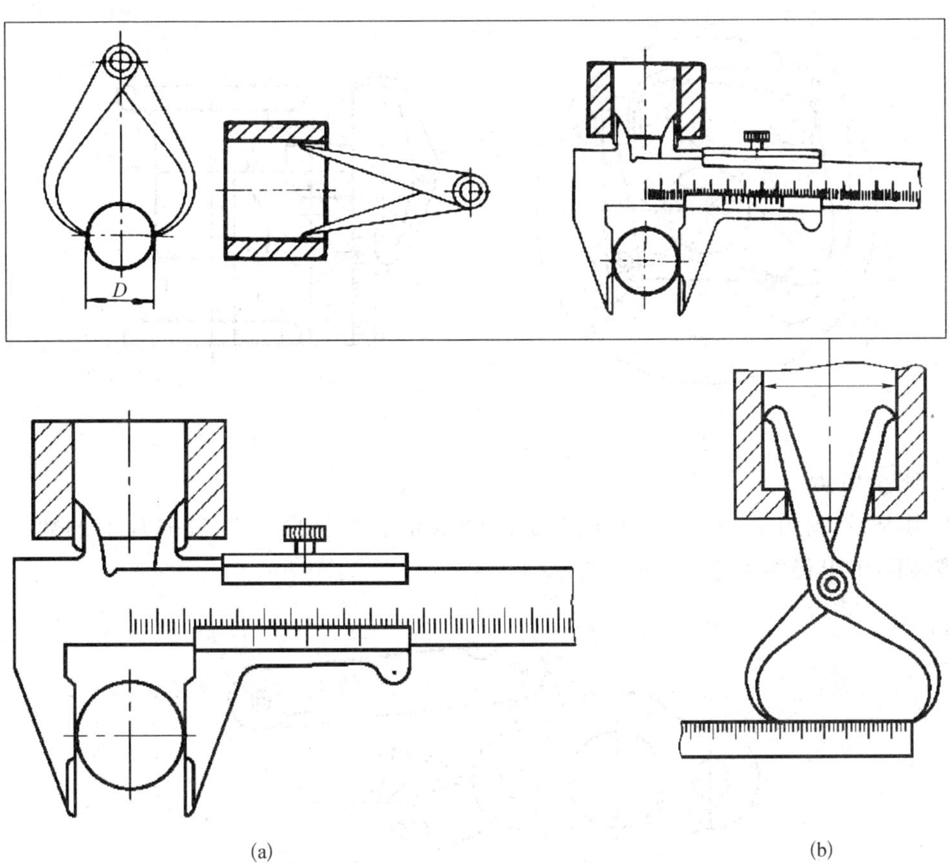

3. 测量壁厚

可用钢板尺或游标卡尺直接测量，也可用内、外卡钳测量，如下图所示。

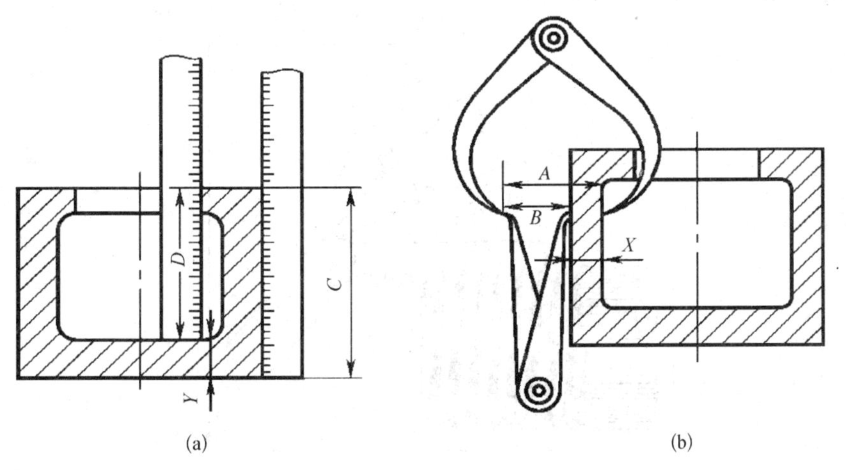

4. 测量孔间距和中心高

可用内、外卡钳和钢板尺组合测量，如下图所示。

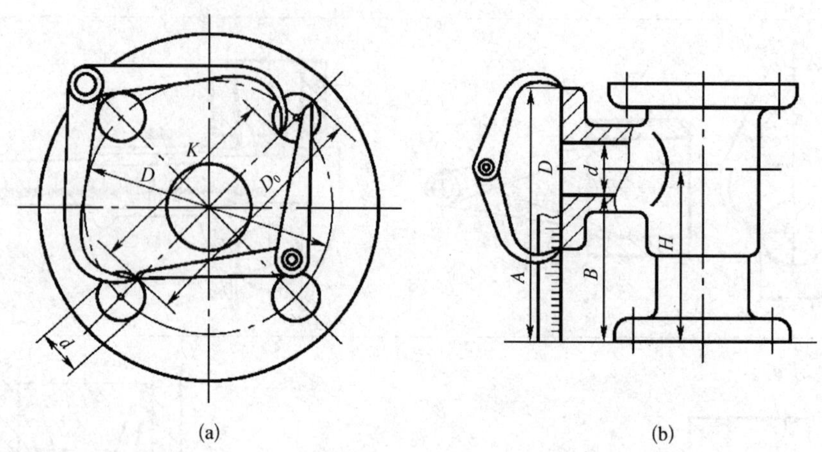

(a) (b)

5. 测量圆角

可用内、外圆角规，测量时，找出与被测圆角完全吻合的一片，读取片上的数字就得到被测圆角半径的大小，如下图所示。

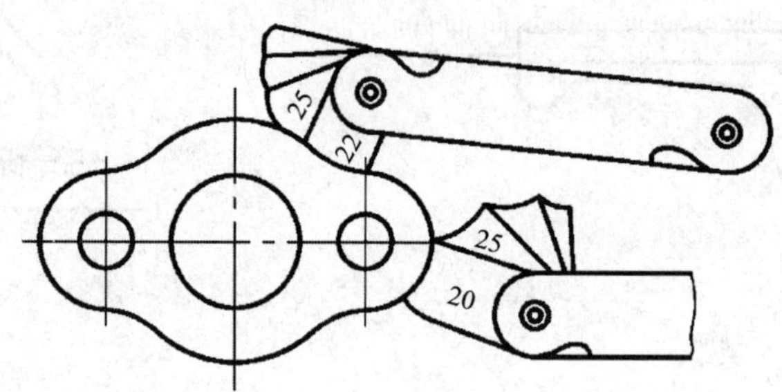

6. 测量螺纹

螺纹的测量可用螺纹规，如下图所示。

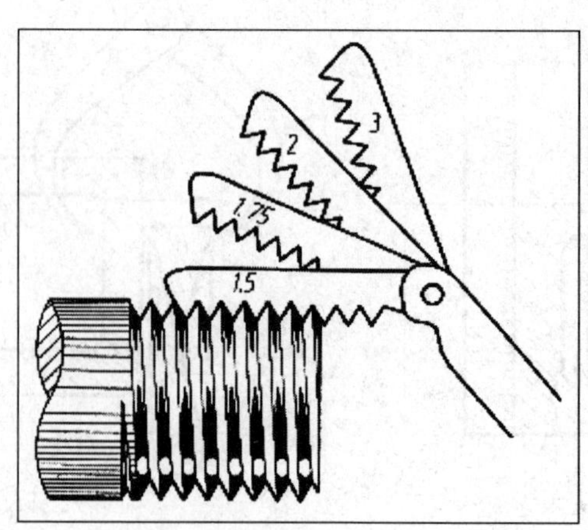

测量螺纹要测出其直径和螺距的数据，而螺纹的线数和旋向可以目测，牙形若为标准螺纹可根据其类型确定牙形角。

对于外螺纹，测其大径和螺距；对于内螺，测其小径和螺距。

螺距的测量可采用螺纹规，从上图中可知，螺纹规由一组不同螺距的钢片组成，测量时只要某一钢片上的牙型与被测的螺纹牙型完全吻合，则钢片上的读数即为其螺距的大小。没有螺纹规也可用简单的压印法测量螺距。

螺纹的大、小径可用游标卡尺直接测量，无论是大(小)径还是螺距测量后应查有关标准手册取标准值。

7. 测量曲线和曲面

可用以下方法：

(1) 拓印法　测量平面曲线的曲率半径时，可用纸拓印其轮廓得到如实的平面曲线，然后判定该圆弧的连接情况，用三点定心法确定其半径，如下图所示。

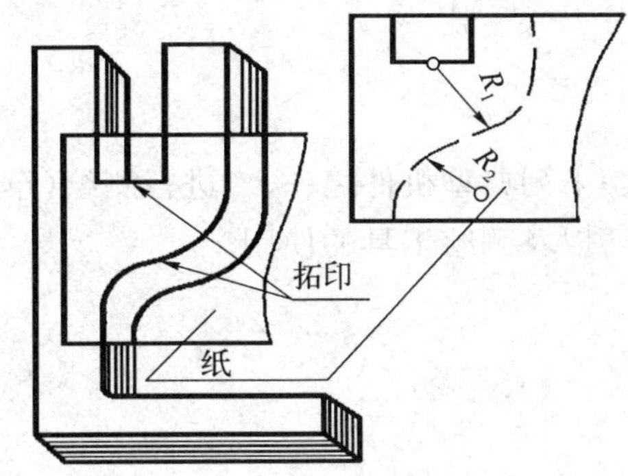

(2) 铅丝法　测量回转面(母线为曲线)零件时，可用铅丝沿母线弯成实形得到其母线实样，如下图所示。

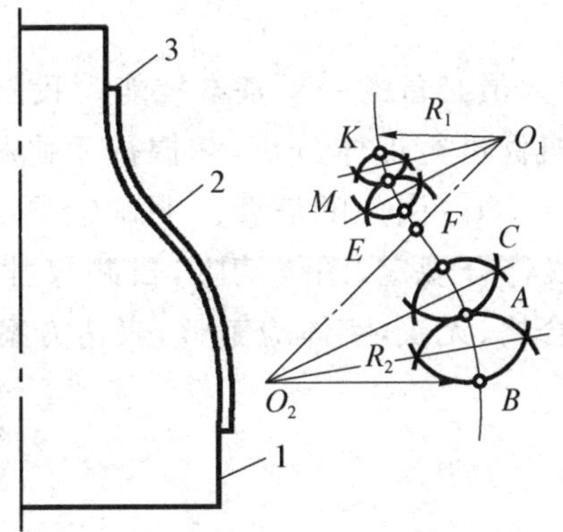

(3) 坐标法　一般的曲线和曲面可用直尺和三角板确定曲线(面)上一些点的坐标，通过坐标值确定其曲线(面)，如下图所示。

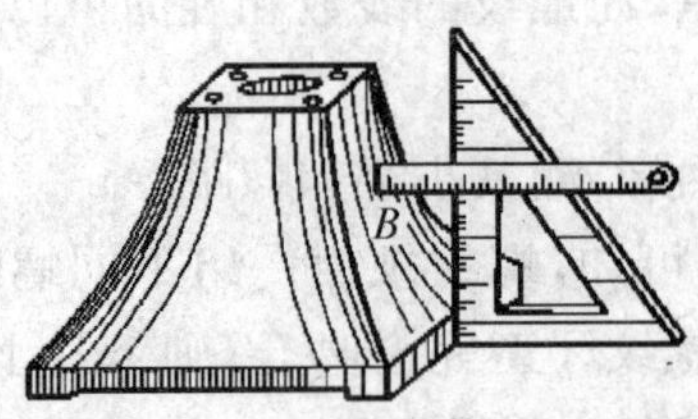

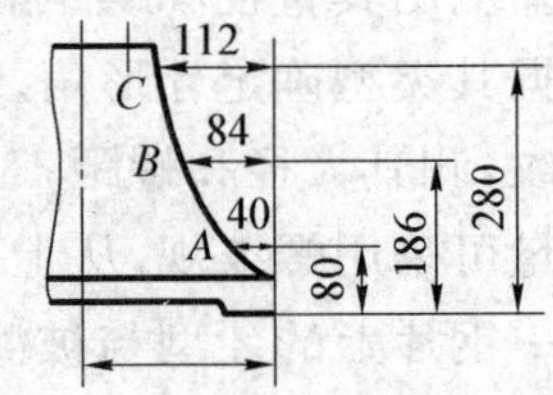

8. 测量尺寸的注意事项

(1) 零件上的重要尺寸应精确测量，并进行必要的计算、核对，不能随意圆整。

(2) 有配合关系的尺寸一般只测出其基本尺寸，再依据其配合性质，从极限偏差表中查出极限偏差值。

(3) 零件上损坏或磨损部分的尺寸，应参照相关零件和资料进行确定。

(4) 零件上的螺纹、倒角、键槽、退刀槽、螺栓孔、锥度、中心孔等，应将测量尺寸按有关标准圆整。

任务考评

选定(或由教师指定)下列典型机件之一、二进行测绘(草图)，以进一步训练目测方法和徒手画草图的技巧以及测绘工具的使用。

(1) 套筒零件；

(2) 端盖零件；

(3) 六角螺栓；

(4) V型皮带轮。

任务二小结：(徒手画图及测量工具)

徒手绘图是工程技术人员必备的一项基本技能。我们必须熟练掌握各类测绘工具的正确使用，能对各种机件进行形体分析，掌握徒手画机件草图的方法和步骤，以适应设计、仿造、修理等实际职业岗位的需要。明确绘制草图不是画潦草的图，绘制时应做到：画线平稳，图线符合规定，图线清晰，目测尺寸要准，各部分比例要均匀，绘图速度要快，标注尺寸合格、无误，字体应工整，表达方案好且简明易读。

任务三 机械零件的测绘(即绘图实训)

学习目标

掌握测绘零件图的步骤：
1）选比例，定图幅
2）画底稿图，先画各视图的基准线，再画主要轮廓线、细节部位的结构
3）检查加深，画剖面线、尺寸界线、尺寸线
4）标注尺寸数字，注写技术要求，填写标题栏
5）检查完成全图

项目1 轴套类零件的测绘

知识目标

轴类零件常见的工艺结构
轴类零件的表达方法
轴类零件的尺寸标注及技术要求

技能目标

能正确选择阶梯轴视图表达方案
能正确理解阶梯轴的工艺结构
正确标注尺寸

任务描述

轴类零件是机械加工生产中的常见零件，它主要起支撑轴上零件、承受载荷和传

动扭矩的作用，应用非常广泛。

1. 绘制阶梯轴

绘制最常用的轴类零件——阶梯轴，并标注尺寸，如下图所示。

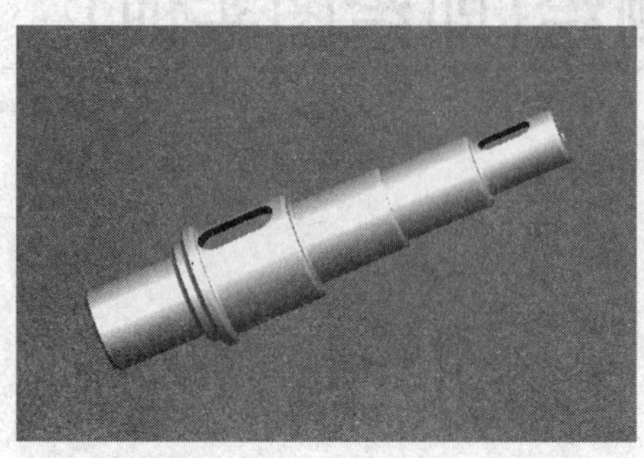

1）轴类零件的工艺结构

轴上通常有倒角、退刀槽或圆角：

倒角作用：利于装配，不碰伤手。

圆角作用：增加强度。

退刀槽作用：零件定位可靠。

注意：退刀槽尺寸尽可能相同；若有多个键槽，键槽应分布在一条直线上。

2）轴类零件的表达方案

总结：水平放置，键槽一般在前。

视图类型和剖切方法：一般只画一个基本视图，对轴上的槽和孔，采用断面图、放大视图等；局部结构采用局部剖。

3）主要尺寸和技术要求的标注

轴类零件标注规则：

标注总长；

不得形成封闭尺寸链；

重要尺寸要直接注出(设计要求)；

在保证设计要求的前提下，应尽量符合工艺要求。

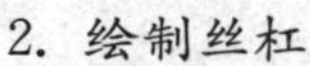

2. 绘制丝杠

绘制轴类零件——丝杠，并标注尺寸和技术要求，如下图所示。

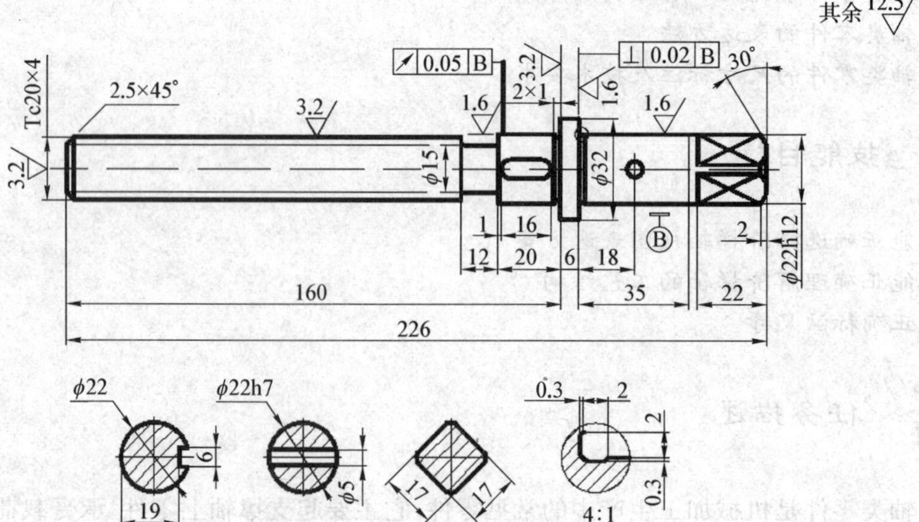

（1）能正确绘制螺纹。

（2）能正确选择键、销的表达方法。

（3）能正确表达平面。

3. 测绘主动轴(或从动轴)

零件测绘就是根据实际零件画出它的图形，测量出它的尺寸及制定出技术要求，为改造和维修现有设备、仿造机器及配件或推广先进技术创造条件。因此，测绘是工程技术应用型人才必备的基本技能之一。测绘主动轴(或从动轴)，下图为轴类零件的示例。

（1）了解测绘轴类零件工具。

（2）学会使用测绘工具测量轴类零件。

（3）掌握轴类零件测绘步骤。

（4）正确绘制轴类零件图。

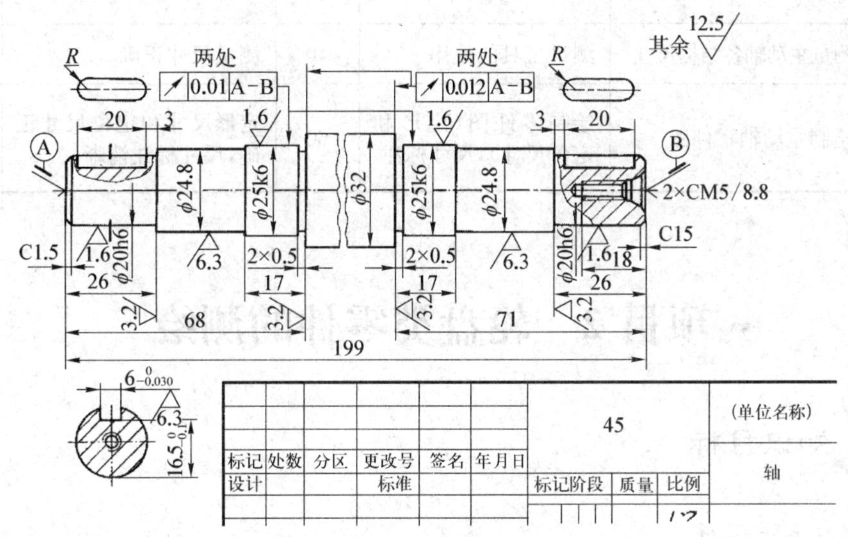

任务实施

（1）分析轴类零件结构特性

（2）选择零件视图的类型和数量

（3）选择局部结构表达方法

（4）选择测绘工具

（5）绘制零件图

（6）尺寸标注

任务考评

序号	考核内容	考核项目	配分	检测标准	得分
1	选择视图的类型	选择视图的类型	30	零件结构表达清楚	
2	选择视图的数量	选择视图的数量	20	结构表达不重复，不缺少必要视图	
3	局部结构表达方法	局部结构表达方法	20	局部结构表达正确清晰	
4	平面结构表达方法	平面结构表达方法	10	局部结构表达正确清晰	
5	尺寸标注	(1) 主要尺寸标注 (2) 技术要求标注	30	尺寸标注正确清晰	
6	测量主动轴各结构尺寸	测量工具的使用	40	测量尺寸正确	
7	绘制主动轴零件图	绘制零件图(定形和定位尺寸)，尺寸标注	60	定形尺寸和定位尺寸正确，尺寸标注清晰	

项目 2　轮盘类零件的测绘

知识目标

齿轮的基本知识

轮齿各部分尺寸计算

齿轮的规定画法

盘盖类零件常见的工艺结构

盘盖类零件的表达方法

与盘盖类零件有关的简化画法

盘盖类零件的尺寸标注及技术要求

技能目标

能利用公式计算轮齿各部分尺寸

能正确绘制单个齿轮

能正确绘制啮合齿轮

学会常见盘盖类零件的识读方法

学会绘制常见盘盖类零件图

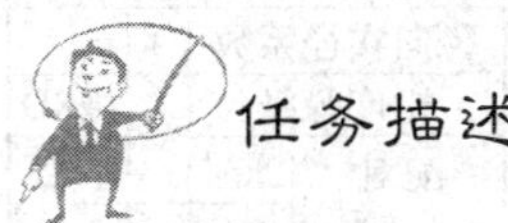

任务描述

1. 绘制齿轮

绘制直齿圆柱齿轮、直齿锥齿轮及一对啮合齿轮，并标注尺寸和技术要求，如下面两图所示。

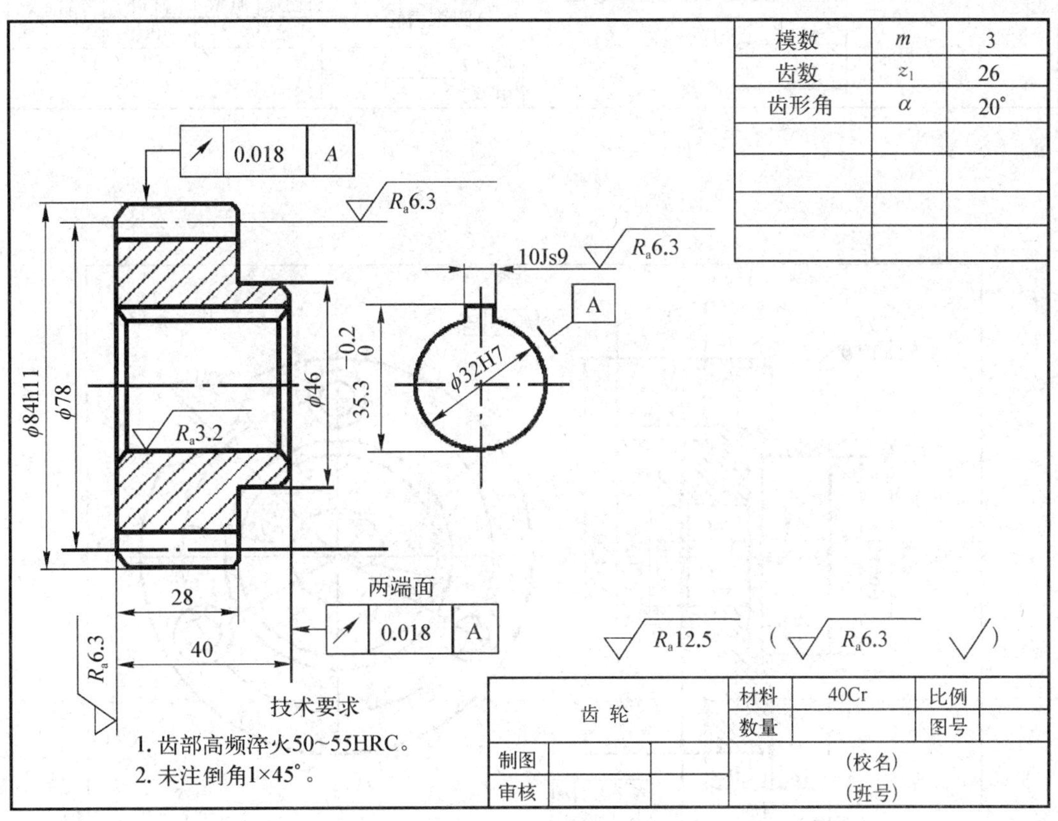

2. 绘制法兰盘

法兰盘是典型的盘盖类零件，绘制法兰盘的零件图，有助于理解整个盘盖类零件的表达方法，绘制好盘盖类零件。因此，要求正确绘制法兰盘的零件图，并标注尺寸和技术要求，如下图所示。

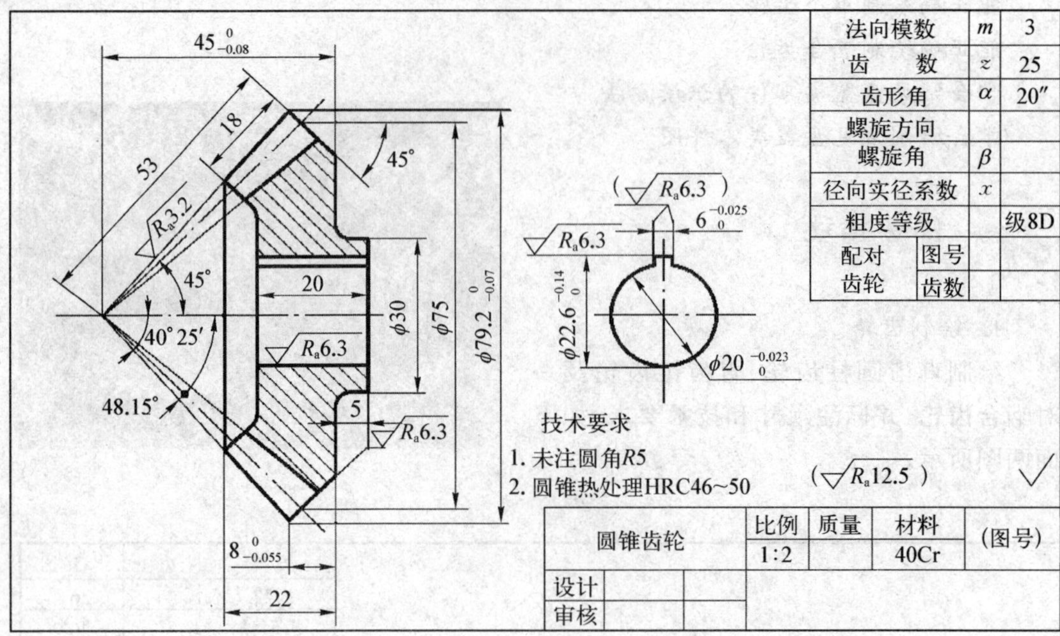

法向模数 m 3
齿 数 z 25
齿形角 α 20″
螺旋方向
螺旋角 β
径向实径系数 x
粗度等级 级8D
配对齿轮 图号 齿数
技术要求
1. 未注圆角R5
2. 圆锥热处理HRC46~50
圆锥齿轮
比例 1:2
质量
材料 40Cr
(图号)
设计
审核

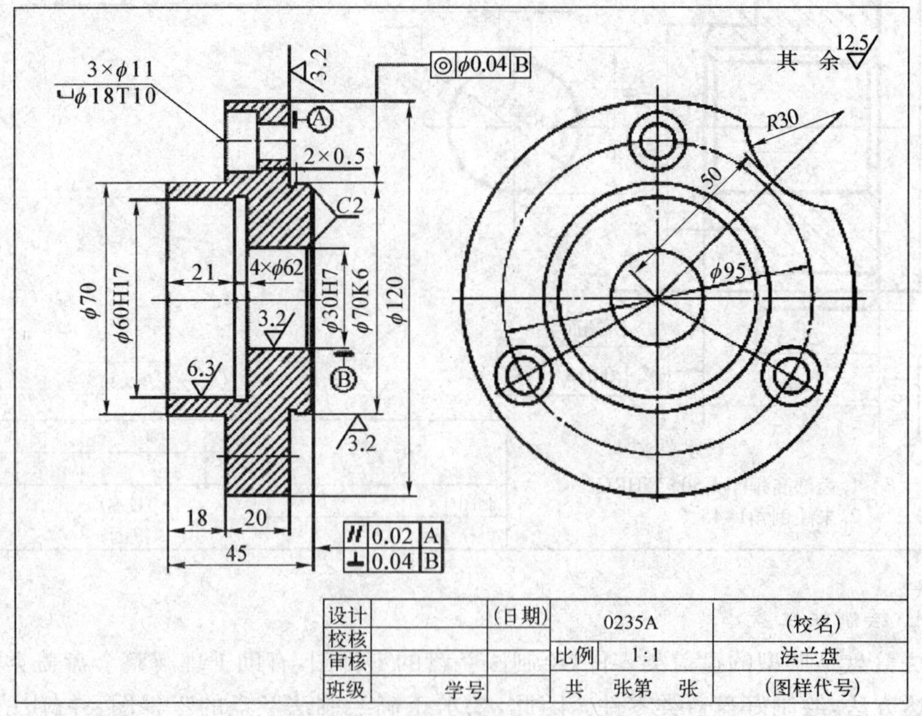

3×φ11
φ18T10
其 余 12.5
R30
0235A
(校名)
法兰盘
比例 1:1
共 张第 张
(图样代号)
设计
校核
审核
班级
学号
(日期)

1）盘盖类零件常见的工艺结构

盘盖类零件在机器中主要起支撑、轴向定位及密封作用。基本形状是薄盘加同轴或偏心回转体，并且以车床上加工为主，与轴套类零件的工艺结构类似，以倒角和倒圆、退刀槽和越程槽为主。

结构组成：由若干回转体组成，轴向尺寸比其他两个方向的尺寸小。

常见的结构：凸台、凹坑、螺纹孔、销孔等。

2）盘盖类零件的表达方法

绘制盘盖类零件时，按其形体特征和加工位置选择主视图，轴线水平放置。

盘盖类零件一般采用主视图、左视图（或右视图）两个视图来表达其形状。一般主视图表达机件沿轴向的结构特点，左视图（或右视图）则表达径向的外形轮廓和盘、盖上的孔的分布情况。

表达盘盖类零件内部结构时，视图上会出现很多虚线，既会影响图形清晰，又不便于标注尺寸。为了解决这些问题，可以采用剖视来表达。

对于结构较复杂的零件，还需用多视图来表达。

3）与盘盖类零件有关的简化画法

盘盖类零件的简化画法：

(1) 若干直径相同且呈规律分布的孔（圆孔、螺孔、沉孔）可以仅画出一个或几个，其余用点画线表示其中心位置，在图中注明孔的总数即可。均布孔的画法如下图所示。

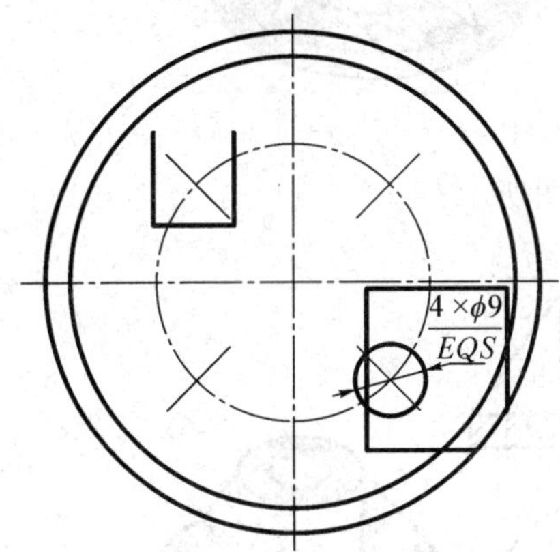

(2) 零件上不对称结构的局部视图，可只画出不对称部位的轮廓，如下图所示：带键槽的孔局部视图的画法。

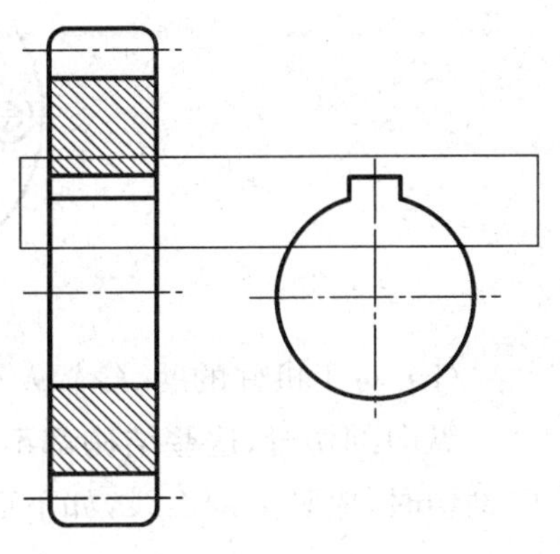

（3）在不致引起误解的情况下，对称机件的视图可以只画一半或四分之一，并在对称中心线的两端画出两条与其垂直的平行细实线，如下图所示。

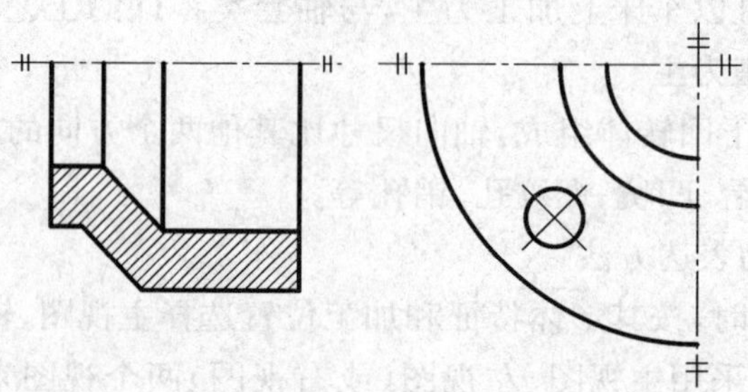

（4）当机件回转体上均匀分布的肋、轮辐、孔等结构不处于剖切平面上时，可将这些结构旋转到剖切平面上画出，如下图所示。

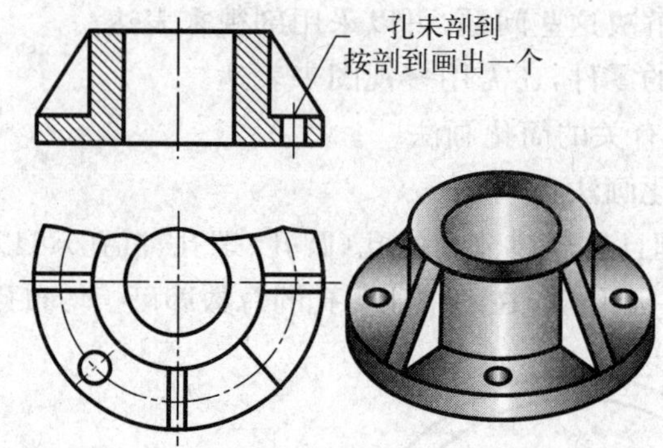

回转体上均布的孔和肋的画法，如下图所示。

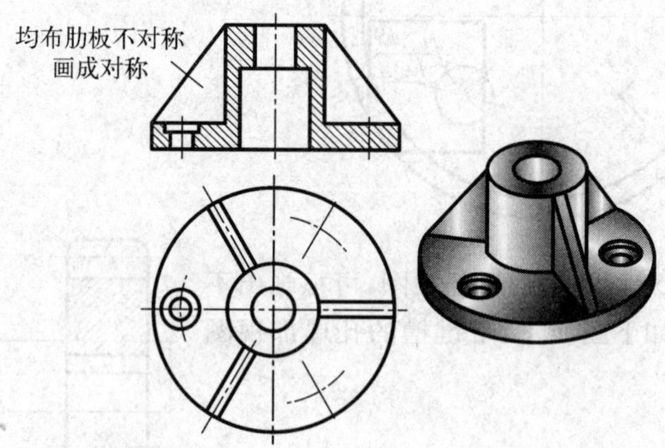

（5）对于机件的肋、轮辐及薄壁等画法：

纵向剖切时，这些结构都不画剖面线，用粗实线将它与相邻接部分分开；不按纵向剖切时，应画上剖面线，如下面正确的图所示。

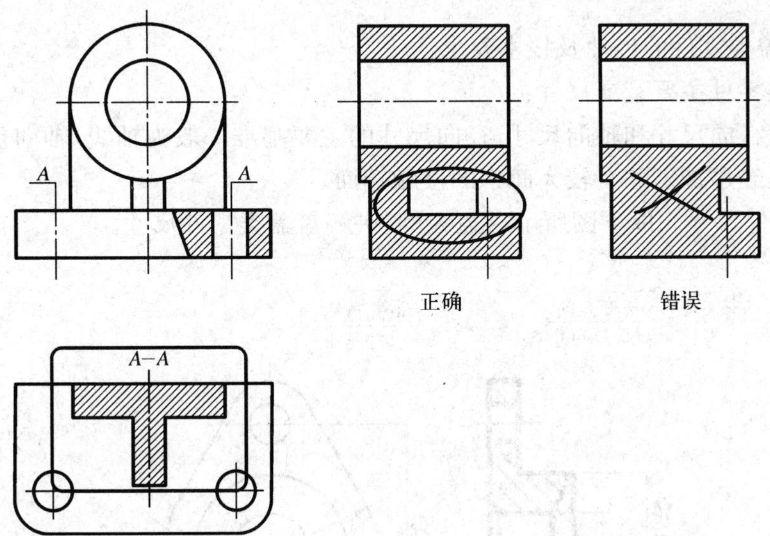

（6）圆柱形法兰和类似零件上均匀分布的孔的表示方法（由机件外向该法兰端面方向投射），如下图所示。

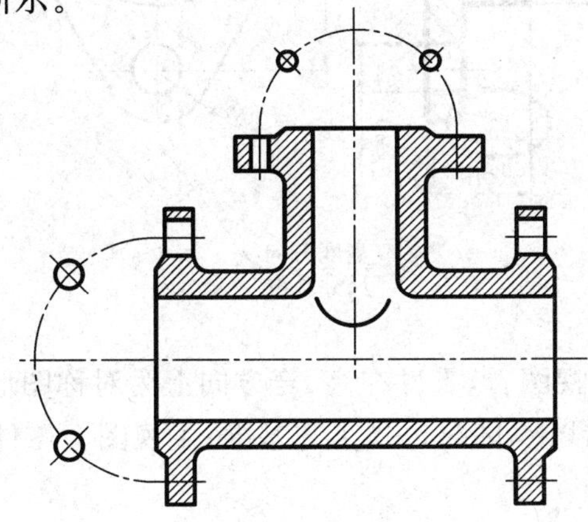

（7）与投影面倾斜角度小于或等于 30°的圆或圆弧，其投影可以用圆或圆弧代替，如下图所示。

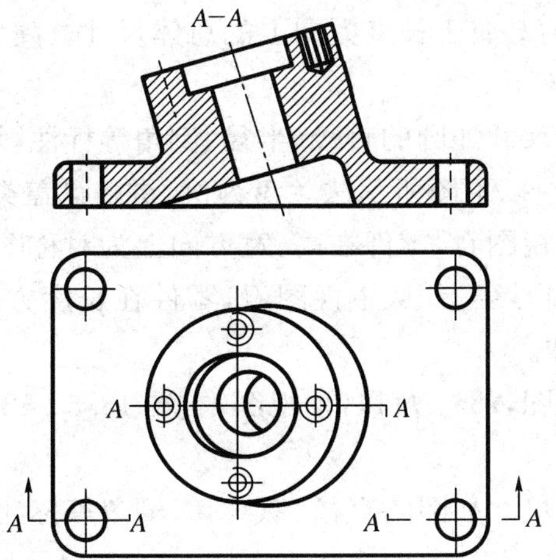

4）盘盖类零件的尺寸及技术要求

盘盖类零件主要基准尺寸：

主要是径向尺寸和轴向尺寸，径向尺寸的主要基准一般为轴线，轴向尺寸的主要基准一般是经过加工并有较大面积的接触端面。

(1) 零件尺寸　以下图所示透盖为例，讲解盘盖类零件尺寸。

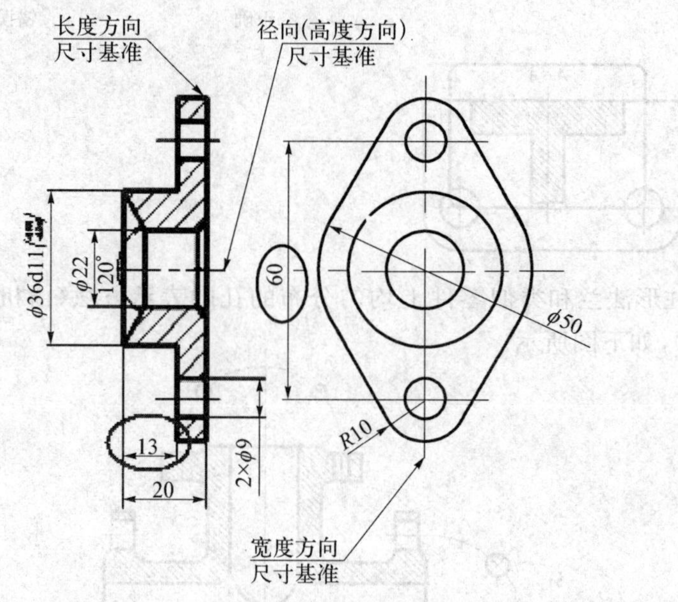

① 尺寸基准：从左视图看，零件在高、宽方向上为对称图形，零件在高、宽方向尺寸基准设在其对称中心线上，同时也是工艺基准；主视图上零件在长度方向的基准设在右端面上。

② 定位尺寸：尺寸 13 确定了凸台（中心圆柱）的高度，尺寸 60 确定了两个小孔的中心距，属于定位尺寸。

③ 总体尺寸：尺寸 20 属于长度方向上的总体尺寸。高、宽方向上的端部为回转体，总宽、总高不用直接标出。

④ 定形尺寸：其余尺寸如圆的直径、半径、倒角等标注，均属于定形尺寸。

(2) 零件尺寸标注　以下图所示法兰盘为例，讲解盘盖类零件尺寸标注。

① 尺寸基准：从左视图看，零件在高、宽方向上为对称图形，高、宽方向尺寸基准设在其高、宽方向对称中心线上；从主视图看，零件在长度方向的基准设在圆盘的左端面，同时也是工艺基准。

② 定位尺寸：左视图，ϕ85、ϕ114，主视图，右端 18.5、12、3 都属于定位尺寸。

③ 总体尺寸：

④ 定形尺寸：其余尺寸如圆的直径、螺纹孔、倒角等标注，均属于定形尺寸。

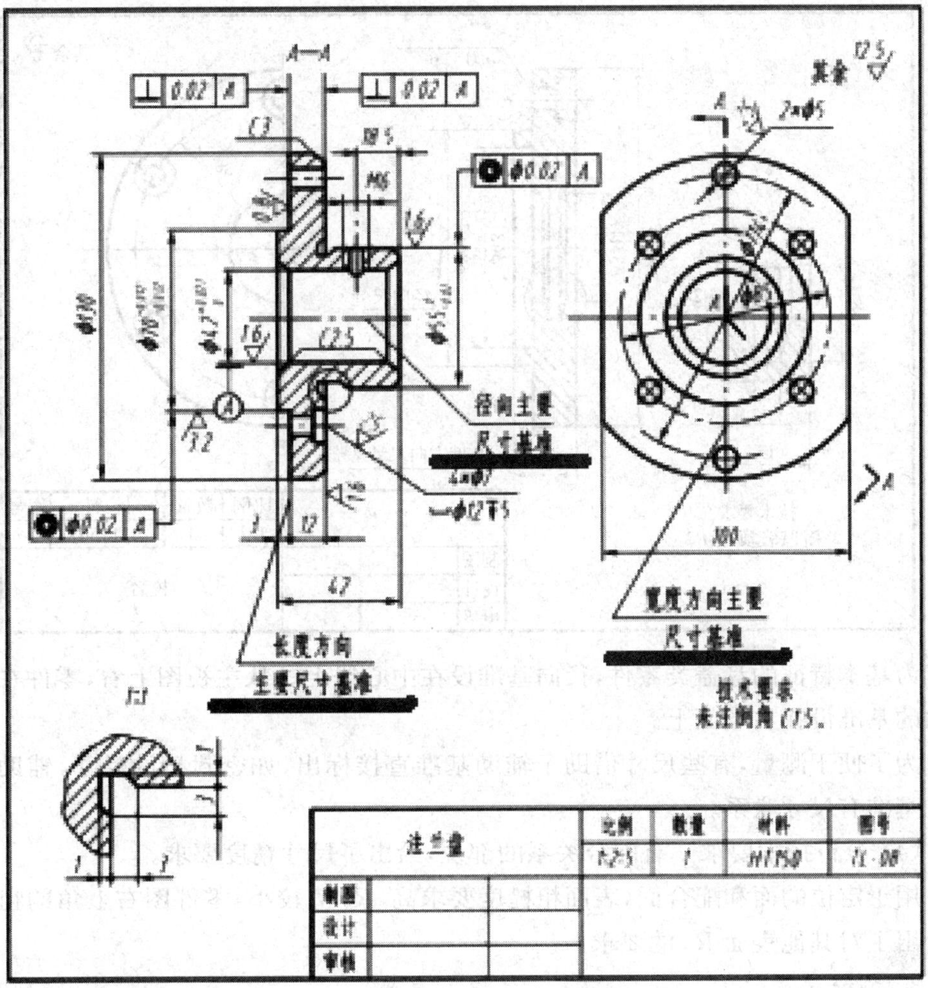

法兰盘		比例	数量	材料	图号
		1:2.5	1	HT150	ZL-08
制图					
设计					
审核					

长度方向主要尺寸基准

径向主要尺寸基准

宽度方向主要尺寸基准

技术要求
未注倒角 C1.5。

零件上各圆孔的直径多注在非圆的视图上，盘上小孔的定位圆直径尺寸注在投影为圆的视图上较为清晰。

5）盘盖类零件读图实例

（1）读标题栏，概括了解零件　零件的名称是密封盖，属于盘盖类零件，如下图所示。材料为 HT150，属于灰铸铁类，由此联想该零件的工艺结构可能有铸造圆角、起模斜度等。从绘图比例 1∶1 和尺寸可以想象出零件的大小。

（2）分析视图，明确表达目的　分析表达方法，弄清各视图的关系及表示重点，看懂视图所表达的内容。

主视图按其轴线水平放置全剖表达。

左视图则表达了零件端面的外形轮廓和沉孔的分布情况，并采用了简化画法；密封槽采用了局部放大表示。

运用形体分析法，综合主、左视图分析形体，想象零件的整体形状与结构。

（3）分析尺寸，找出尺寸基准，搞清形体间的定形、定位尺寸　该零件属于以回

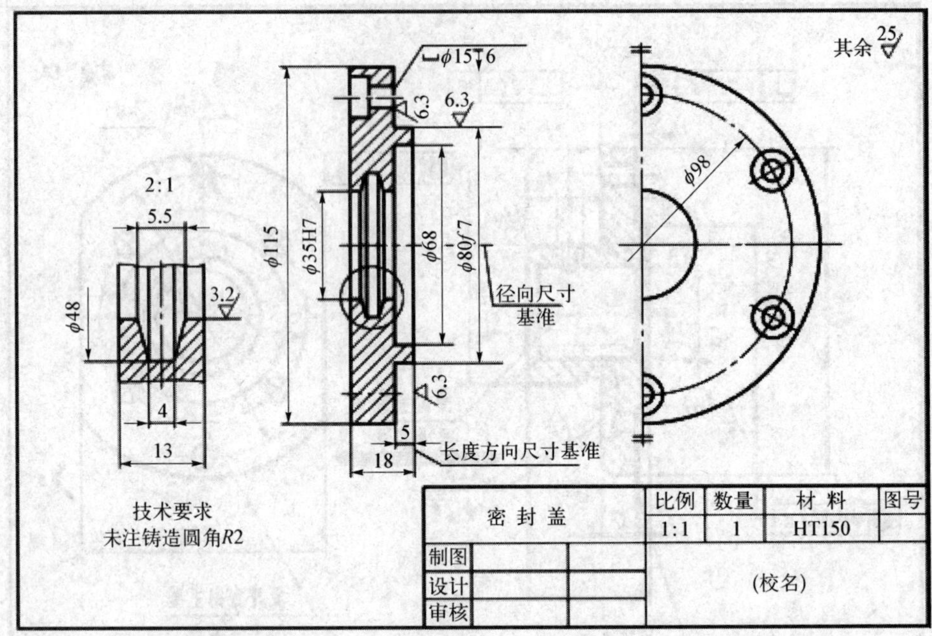

转体为基本特征的盘盖类零件，径向基准设在中心线上。从主视图上看，零件在长度方向的基准设在右端面上。

为了便于测量，有些尺寸借助于辅助基准直接标出，如密封槽的尺寸，辅助基准与主基准有尺寸联系。

(4) 分析技术要求　有配合关系的部位，给出了尺寸精度要求。

用于定位的面和配合面，表面粗糙度要求高，R_a 值较小，零件图右上角的粗糙度值给出了对其他表面 R_a 的要求。

3. 测绘端盖

(以实际机件作为测绘项目，安排是：先分组发放端盖机件或端盖机件模型，让学生观察讨论形体特征和表达方法，教师进行相关知识点的引导、总结和讲解，随后，按进度展开测绘工作。)

任务实施

(1) 分析齿轮构型

(2) 根据规定画法绘制齿轮

(3) 绘制啮合齿轮

相关知识：(详介此略)

① 齿轮基本知识

② 齿轮几何尺寸计算公式

③ 直齿圆柱齿轮的规定画法
④ 直齿锥齿轮的规定画法
⑤ 蜗杆涡轮简介
(4) 分析法兰盘结构
(5) 选择表达方案
(6) 标注尺寸和技术要求
(7) 识读盘盖类零件图

任务考评

序号	考核内容	考 核 项 目	配分	检测标准	得分
1	轮齿参数计算	分度圆直径、齿根圆直径、齿顶圆直径、齿顶高、齿根高、全齿高、中心距、齿距	10	正确运用公式,计算结果正确	
2	绘制直齿圆柱齿轮	直齿圆柱齿轮规定画法,尺寸标注	30	符合国家标准,标注正确	
3	绘制直齿锥齿轮	直齿锥齿轮规定画法,尺寸标注	20	符合国家标准,标注正确	
4	绘制啮合齿轮	(1) 直齿圆柱齿轮啮合画法 (2) 直齿锥齿轮啮合画法	40	符合国家标准	
5	绘制法兰盘	视图表达方案,尺寸标注	40	视图表达清晰准确,尺寸标注清晰准确	
6	识读盘盖类零件	定形尺寸,定位基准,技术要求	20	读懂零件形状、大小和结构位置情况	

项目3 叉架类零件的测绘

知识目标

叉架类零件的结构
叉架类零件的表达方法
叉架类零件的尺寸及技术要求的标注
叉架类零件图读图方法

技能目标

学会常见叉架类零件的识读方法

学会绘制常见叉架类零件图

任务描述

叉架类零件包括各种用途的拨叉和支架，下图所示叉架属于拨叉，是常见的叉架类零件，名称为杠杆，一般作为机器中起操纵作用的一类零件。绘制叉架的零件图，有助于掌握整个叉架类零件的表达方法，要求正确绘制叉架的零件图，并标注尺寸和技术要求。

1. 绘制叉架

1）叉架类零件的结构分析

常见的轴承座、拨叉等零件属于叉架类零件。这类零件的毛坯形状比较复杂，一般需经过铸造加工和切削加工等多道工序。

叉架类零件具有铸（锻）造圆角、拔模斜度等结构。这类零件一般由三部分构成：支承部分、工作部分和联结部分。支承部分和工作部分的细部结构较多，如圆孔、螺孔、油槽、油孔、凸台和凹坑等。联结部分多为肋板结构，且形状弯曲、扭斜的较多，如下图所示。

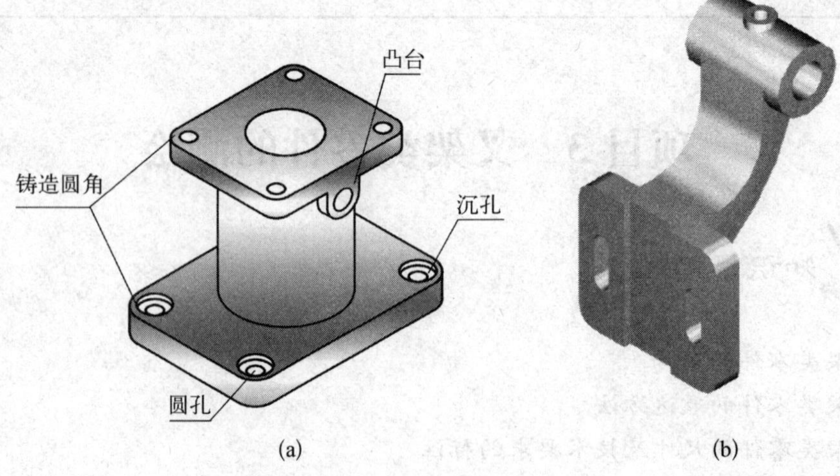

(a)　　(b)

2）叉架类零件的表达方法

叉架类零件的结构形式较多，一般以自然放置、工作位置或按形状特征方向作为主视方向，采用1～2个基本视图。根据具体结构增加斜视图或局部视图，用斜剖等方法作全剖视图或半剖视图表达内部结构。对于联结支撑部分的截面形状，则用断面图表示。

（1）单一斜剖切平面　用不平行于任何基本投影面的单一剖切平面剖开机件，表达机件倾斜部分的内部结构。这种剖视图，通常按投影关系配置在与剖切符号相对应的位置上，标注与向视图相同。在不致引起误解的情况下，允许将图形（小角度）旋转至水平，并标注"×—×↶"或"↶×—×"（↶旋转符号，箭头代表旋转方向，箭头与字母相邻）。

① 单一斜剖的全剖视图。用单一斜剖切平面剖切下图所示机件的倾斜部位，得到的全剖视图 $B—B$，A 为局部视图，表达了立板的实形。

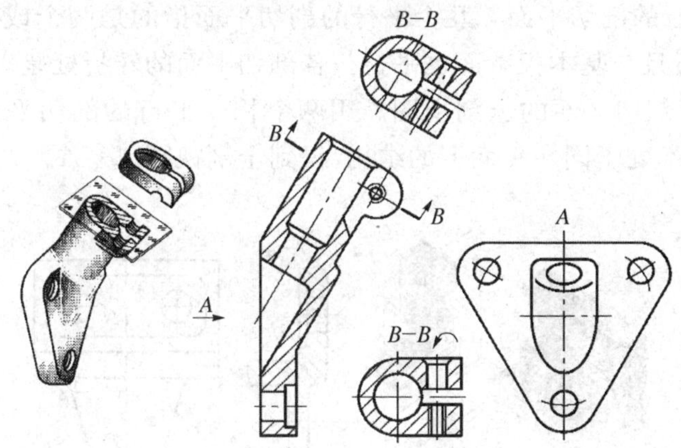

② 单一斜剖的局部剖视图。用单一斜剖切平面局部剖开下图所示机件，得到的局部剖视图 $A—A$⌒，B 为局部视图，表达了底板的实形。

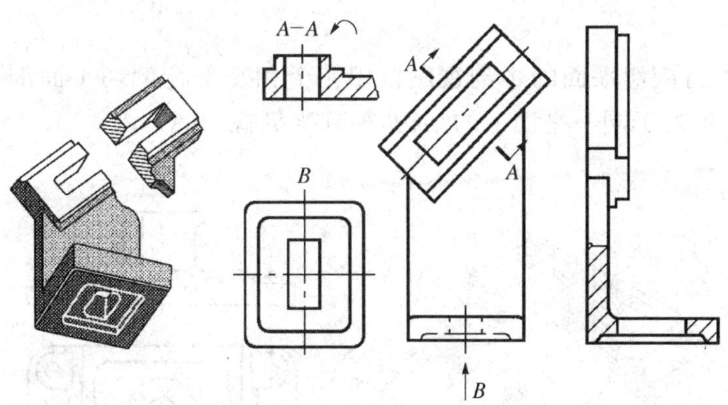

③ 单一斜剖的半剖视图。用单一斜剖切平面按照半剖的方法，剖切下图所示机件得到单一斜剖半剖视图$A—A$。

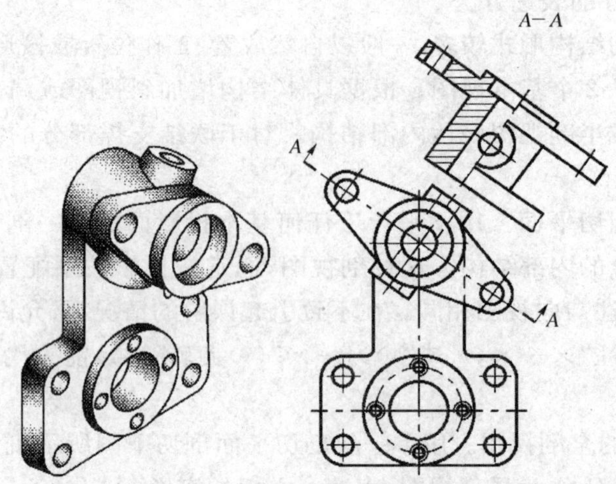

（2）几个平行的剖切平面　几个平行的剖切平面指的是两个或两个以上剖切平面，它们相互平行且与基本投影面也平行。各剖切平面的转折处是垂直的。

① 几个平行剖切平面的全剖视图。用两个相互平行的剖切平面剖开下图所示机件的内部结构不处于同一平面上的结构，得到全剖视图 A—A。

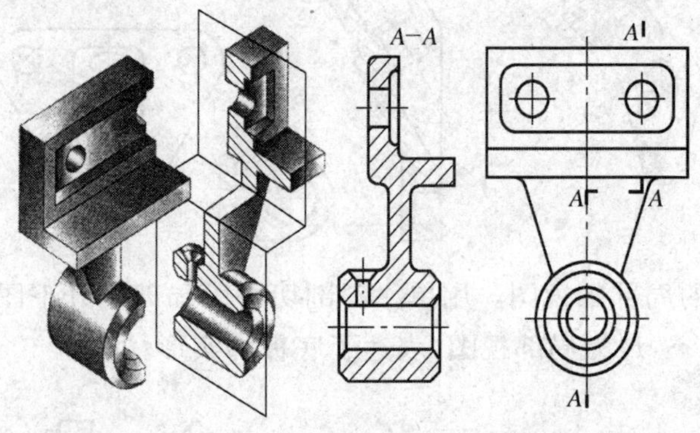

② 几个平行剖切平面的半剖视图。用三个相互平行剖切平面剖开下图所示机件的内部结构不处于同一平面上的结构，得到半剖视图 A—A。

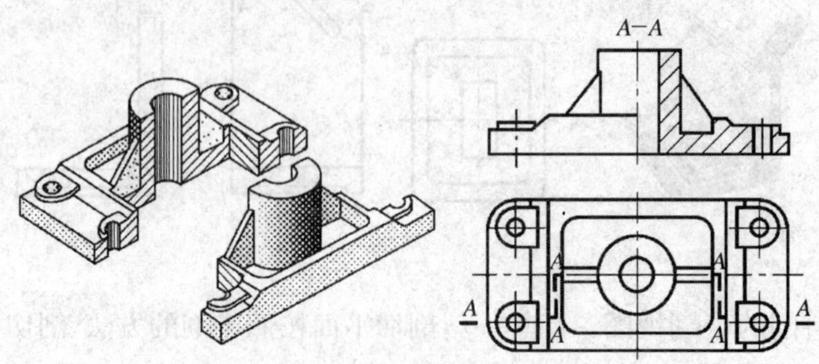

③ 几个平行剖切平面的局部剖视图。用两个相互平行的剖切平面局部剖开下图所示机件的内部结构不处于同一平面上的结构，得到局部剖视图 $A—A$。

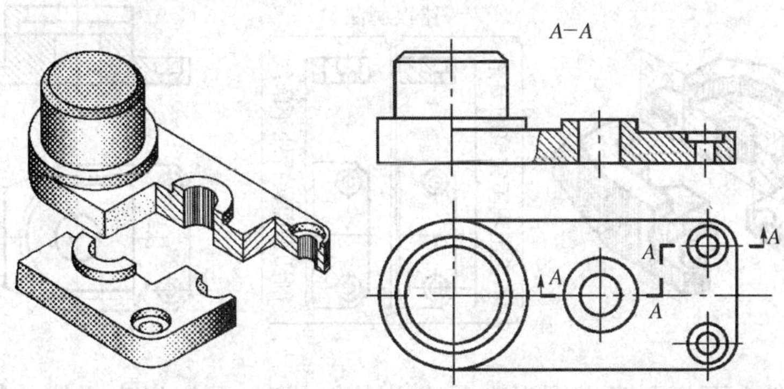

(3) 剖视图的展开画法　由于机件结构的复杂多变，国家标准规定根据机件的结构特点，可采用剖视图的展开画法，如下图所示。这种视图需要标注剖切位置、投影方向(箭头)、字母“×”和“×—×展开”。

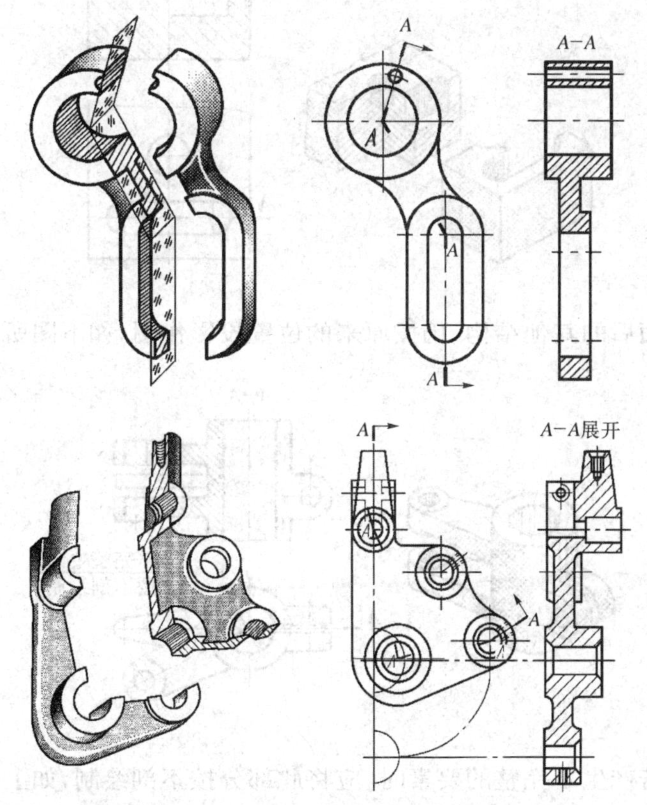

(4) 有关画剖视图的规定　有以下几点：

① 应选择正确的剖切平面位置，不应在图形中出现不完整的要素和剖切平面的

交线，如下图所示。

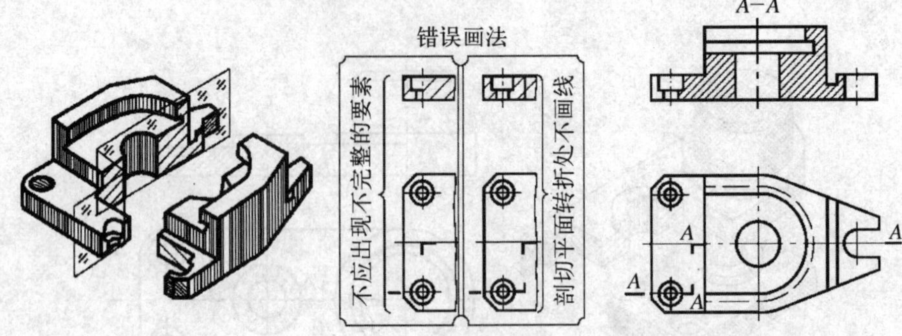

② 当机件上两个要素在图形上具有公共轴线时，可以以中心线或轴线为界，各画一半，如下图所示。

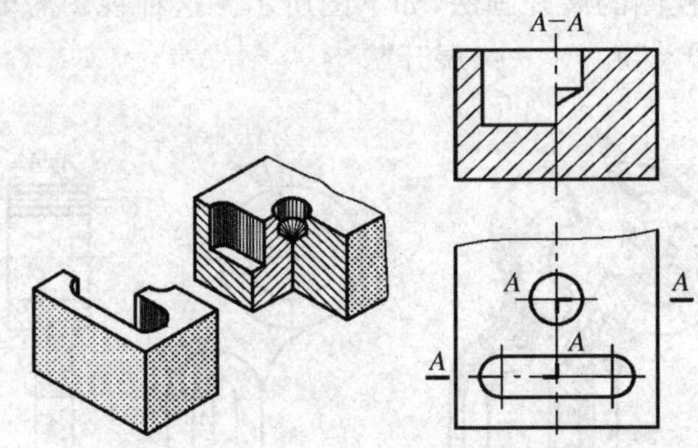

③ 剖切平面后的其他结构，仍按原来的位置投影作图，如下图所示。

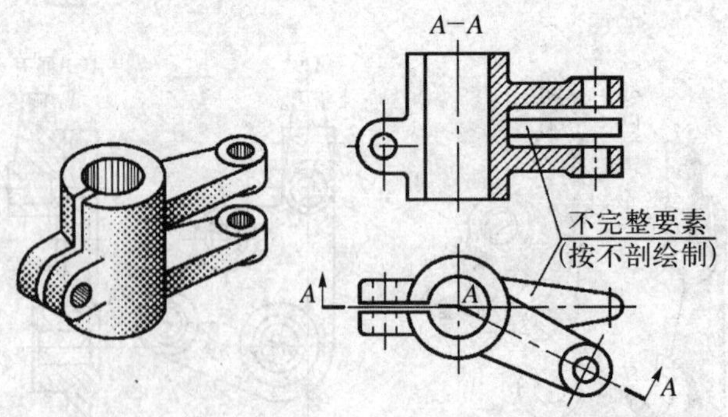

④ 剖切后若产生不完整的要素时，应将此部分按不剖绘制，如上图所示。

3）叉架类零件的尺寸及技术要求的标注

（1）叉架类零件标注　做法如下：

① 尺寸基准的选择。零件的长、宽、高三个方向的尺寸基准一般选用安装基准

面、零件的对称面、孔的轴线和较大的加工平面，如下图所示。对称平面 B 为长度方向的主要尺寸基准，对称平面 C 为宽度方向的尺寸基准，高度方向的尺寸主要基准是 $\phi9$ 孔的轴心线。

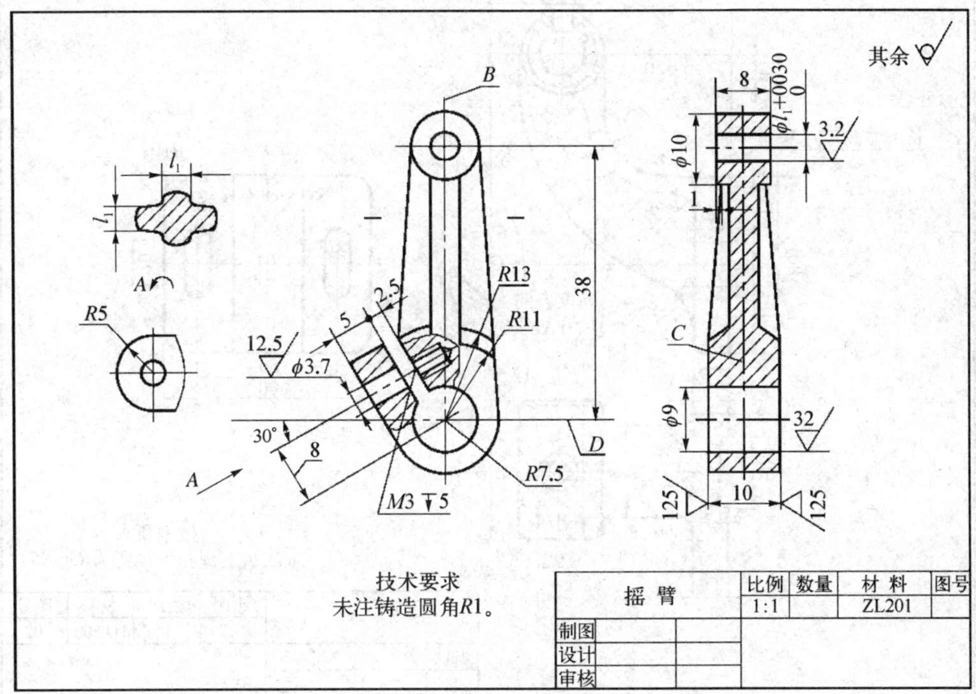

② 尺寸注法。叉架类零件的尺寸比较复杂，所以应先按形体分析法，将零件划分为几个基本体，先标注定形尺寸。定位尺寸一般要标注孔的中心线（或轴线）之间的距离，或孔的中心线（或轴线）到平面的距离，或平面到平面的距离。此外，由于这类零件图的圆弧连接较多，所以应给出已知圆弧与中间圆弧的定位尺寸。

从下图中可知，摇臂的定位尺寸如 38、8、30°、1，其余为定形尺寸。由于摇臂上、下两端是圆柱体，不需要标注总体尺寸。

(2) 叉架类零件的技术要求　叉架类零件一般对工作部分的孔的表面粗糙度、尺寸公差和形位公差有比较严格的要求，应给出相应的公差值，但对联结和安装部分的技术要求不高。

下图中，摇臂的工作孔 $\phi4^{+0.030}_{0}$ 给出了尺寸精度，同时表面粗糙度的要求也是较高的。此外，还有文字说明的技术要求。

(3) 叉架类零件图读图实例　如下：

[例 1]　读下图所示支架（托架）零件图。

解： 读标题栏，概括了解零件；

分析视图，明确表达目的；

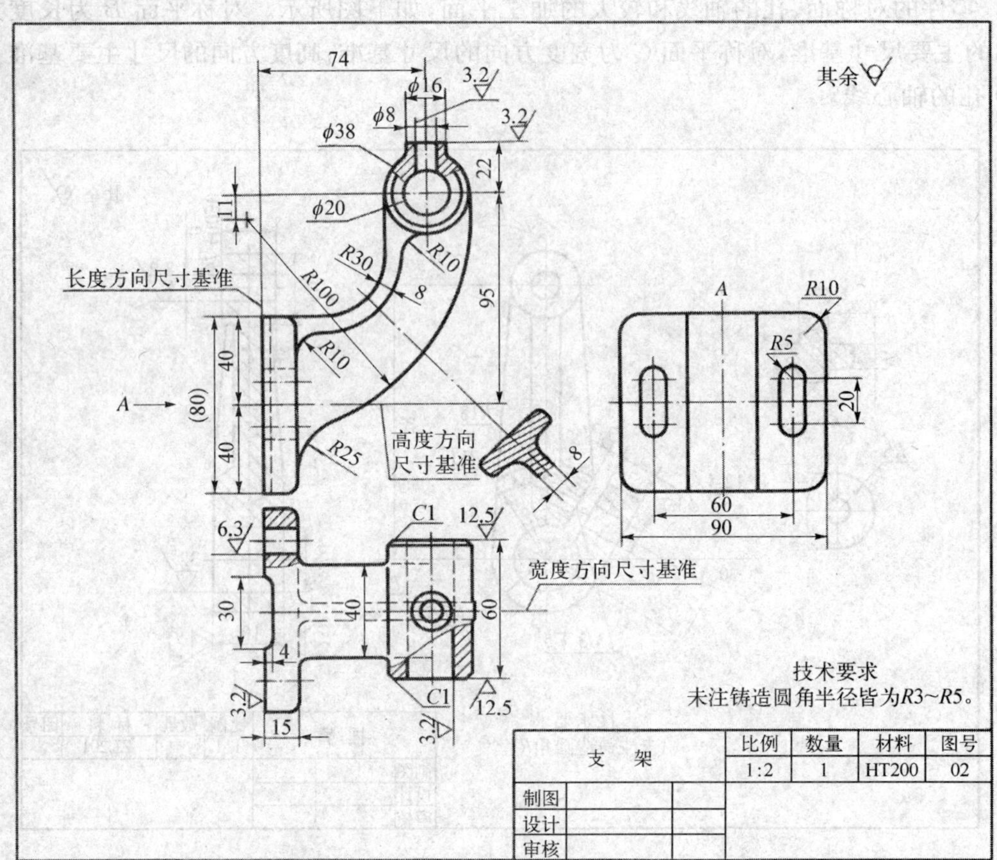

尺寸分析，找出尺寸基准，搞清形体间的定形、定位尺寸；

分析技术要求。

［**例 2**］ 读下图所示轴承座零件图。

解：读标题栏，概括了解零件；

分析视图，明确表达目的；

尺寸分析，找出尺寸基准，搞清形体间的定形定位尺寸；

分析技术要求。

2. 绘制底座

（按 1∶1 抄画底座工作图）

3. 测绘叉架类零件

（以实际机件作为测绘项目，安排是：先分组发放机件或机件模型，让学生观察讨论形体特征和表达方法，教师进行相关知识点的引导、总结和讲解，随后，按进度展开测绘工作。）

4. 测绘杠杆

测绘杠杆，应分析杠杆结构、选用合适工具测量、绘制零件图。

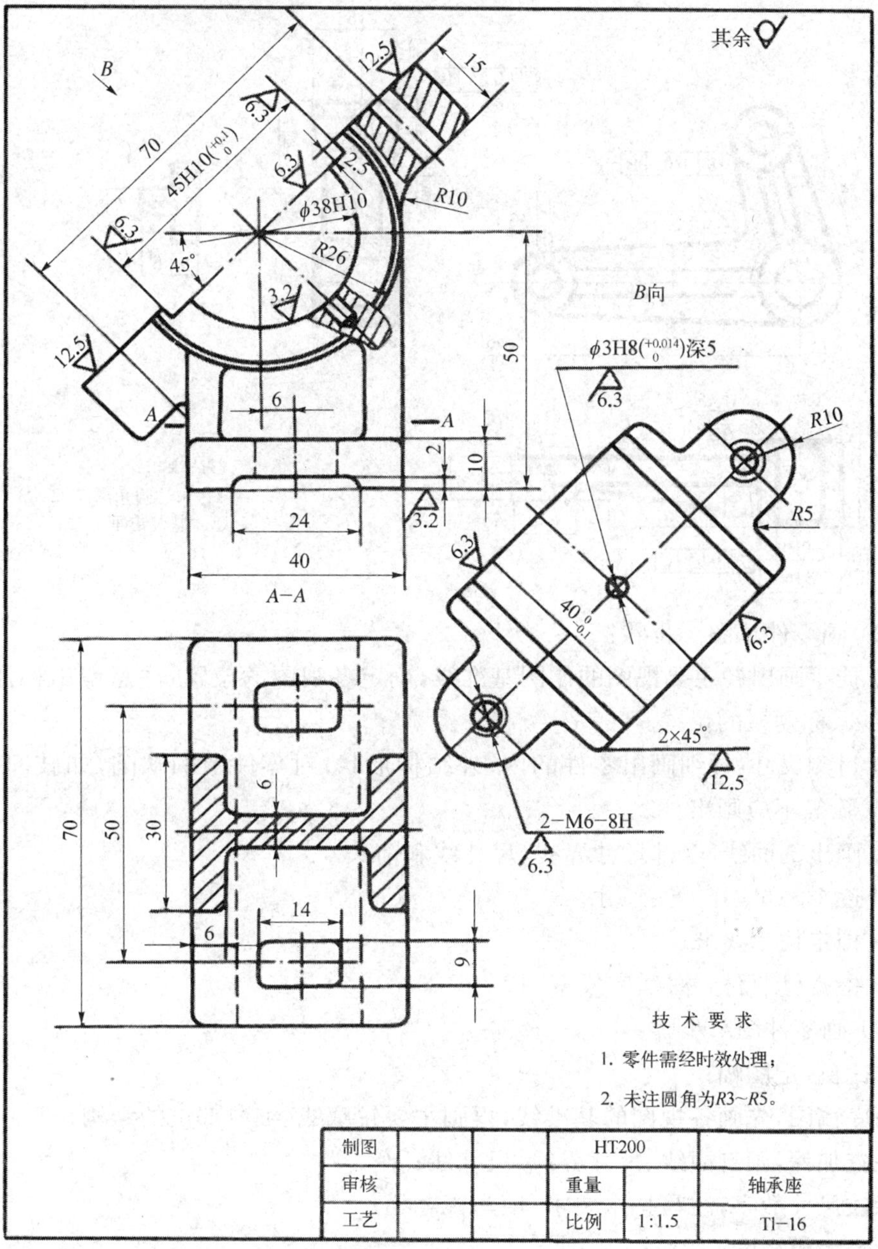

其余

B向

技 术 要 求

1. 零件需经时效处理；

2. 未注圆角为$R3 \sim R5$。

制图			HT200		
审核			重量		轴承座
工艺			比例	1:1.5	TI-16

零件测绘的方法和步骤，如下图所示。

(1) 分析零件，确定表达方案　做法如下：

了解该零件的名称和用途；

鉴定零件的材料；

对零件进行结构分析；

对零件进行工艺分析；

确定零件的表达方案。

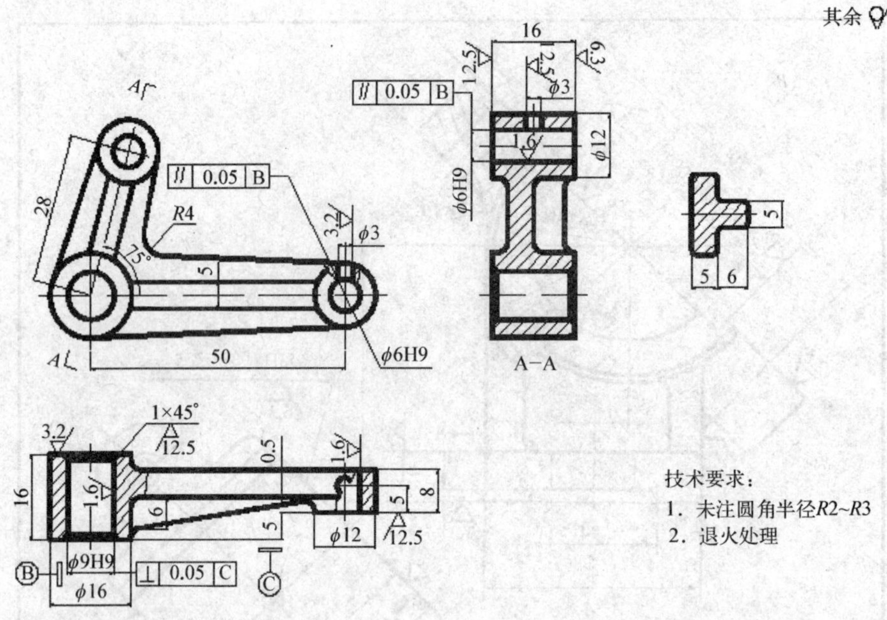

（2）画零件草图　步骤：

① 徒手画出各主要视图的作图基准线，确定各视图的位置，注意留出标注尺寸、技术要求、标题栏的位置。

② 目测尺寸，详细画出零件的内、外结构形状；对零件上的缺陷，如破旧、磨损、砂眼、气孔等不应画出。

③ 画出剖面线、全部尺寸界线、尺寸线和箭头。

④ 逐个测量，并标注尺寸。

⑤ 拟定技术要求。

⑥ 检查、填写标题栏，完成草图。

（3）画零件图　步骤：

选比例，定图幅；

画底稿图，先画各视图的基准线，再画主要轮廓线、细节部位的结构；

检查加深，画剖面线、尺寸界线、尺寸线；

标注尺寸数字，注写技术要求，填写标题栏；

检查完成全图。

（1）分析叉架结构

（2）选择表达方案

（3）标注尺寸和技术要求

(4) 识读叉架类零件图
(5) 分析杠杆结构
(6) 选用合适工具测量
(7) 绘制零件图

任务考评

序号	考核内容	考 核 项 目	配分	检测标准	得分
1	绘制叉架零件图	视图表达方案,尺寸标注	40	视图表达清晰准确,尺寸标注清晰准确	
2	识读叉架类零件图	定形尺寸,定位基准,技术要求	20	读懂零件形状、大小和结构位置情况	
3	测量杠杆各结构尺寸	测量工具的使用	40	测量尺寸正确	
4	绘制杠杆零件图	绘制零件图(定形和定位尺寸),尺寸标注	60	定形尺寸和定位尺寸正确,尺寸标注清晰	

项目 4　箱体类零件的测绘

知识目标

了解箱体类零件工艺结构的作用
掌握箱体类零件常见的表达方法
掌握箱体类零件的尺寸及技术要求的标注
掌握零件测绘的方法和步骤

技能目标

学会识读常见箱体类零件图
学会正确使用测量工具测绘箱体类零件

任务描述

箱体类零件包括各种轴承座、箱体、油泵泵体、车床尾座等。

1. 绘制蜗轮减速器箱体

1）箱体类零件的结构分析

箱体类零件是机器中的主要零件之一，一般起支承、容纳、零件定位等作用。箱体类零件的结构特点是零件的内、外结构都很复杂，常用薄壁围成不同的空腔，箱体上还常有支承孔、凸台、放油孔、安装底板、肋板、销孔、螺纹孔和螺栓孔等结构。蜗轮减速器箱体的立体结构，如下图所示。

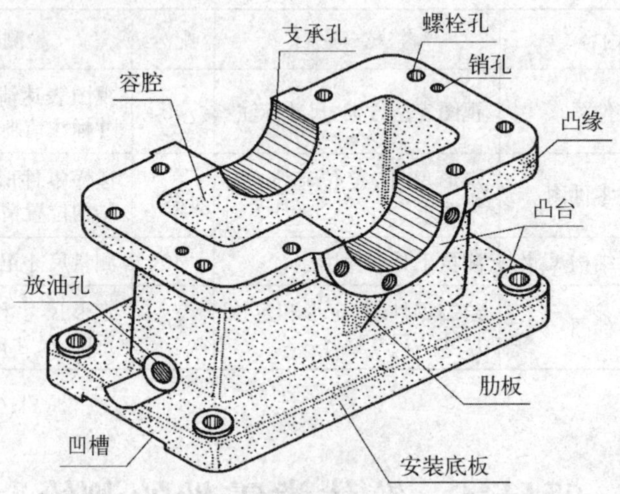

箱体类零件多为铸造件，具有许多铸造工艺结构。例如，铸造圆角、铸件壁厚、拔模斜度，零件底面上的凹槽结构，铸件上的凸台和凹坑结构等。

2）箱体类零件的表达方法

绘制零件图时，首先考虑看图方便。在完整、清晰地表达出零件的内、外结构形状的前提下，力求绘图简便，要达到这个目的，应选择一个较好的表达方案。箱体类零件通常采用三个或以上的基本视图，根据具体结构特点选用半剖、全剖或局部剖视图，并辅以断面图、斜视图、局部视图等表达方法。

（1）箱体类零件视图的选择原则　主要有：

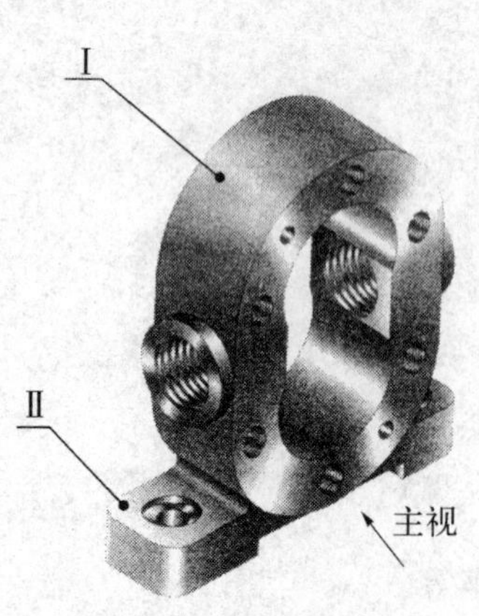

① 主视图的选择。以工作位置或自然安放位置和以最能反映其各组成部分形状特征及相对位置的方向，作为主视图的投影方向，如左图所示的齿轮泵泵体的轴测图。

② 其他视图的选择。主视图确定后，根据零件的具体情况，合理、恰当地选择其他视图，在完整、清晰地表达零件的内、外结构形状的前提下，应尽量减少视图数量。

（2）常见的箱体类零件的表达方法　分析如下：

① 以齿轮泵体为例。为了反映泵体的主要特征，按照零件主视图的选择原则，主视图按工作位置安放，将底板放

平，并以反映其各组成部分形状特征及相对位置最明显的方向作为主视图的投影方向。

在主视图上，采用三个局部剖视图，其中两个局部视图表达进、出油孔的结构，另一个局部视图表达安装孔的结构。该视图主要表达泵体的形状特征和泵体由上、下两部分组成且左、右对称的结构特征。

主视图确定后，根据由主体到局部逐步补充的顺序加以完善，具体方法如下：

分析除主视图外其他尚未表达清楚的主要部分，确定相应的基本视图。为了表达泵体主体部分的内部结构特征，采用了全剖的左视图。分析其他未表达清楚的次要部分，通过选择适当表达方法或增加其他视图的方法来加以补充。表达底板的形状及两个安装孔的位置，采用局部视图 B，如下图所示。

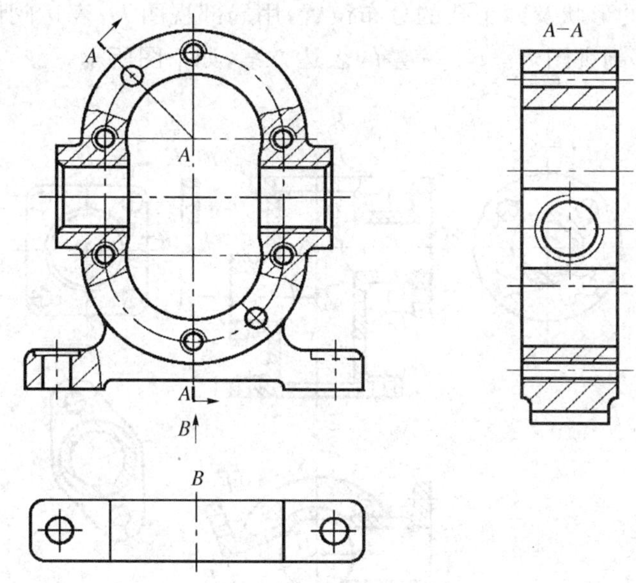

② 以下图所示阀体为例。

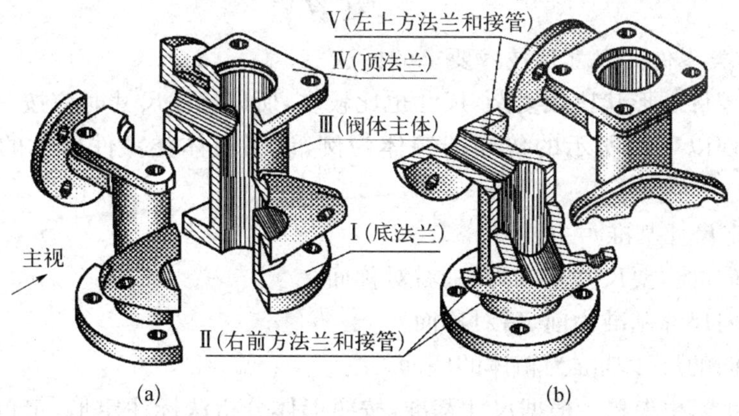

在上图中，阀体的结构大致分为五个部分：Ⅰ—底法兰；Ⅱ—右前方法兰和接管；Ⅲ—阀体主体；Ⅳ—顶法兰；Ⅴ—左上方法兰和接管。该阀体的上下、前后、左右

均不对称，内、外结构形状都需要表达。

为了反映阀体的形状和位置特征，按照该类零件的主视图选择原则，将底法兰放平，并以图箭头所示的方向作为主视图的投影方向。主视图采用两个相交剖切平面得到全剖视图 $B—B$，以表达阀体的内部结构及左上方接管与右前方接管的相通关系，同时用规定画法表达法兰Ⅰ、Ⅴ上的小孔结构。

为了表达底部和顶部法兰的形状以及左、右两个接管的方向和法兰Ⅱ上的通孔结构，用两个互相平行剖切平面，得到了全剖视的俯视图 $A—A$；表达左上方法兰Ⅴ的形状及其孔的位置，采用了 $C—C$ 剖视图，该图还表示出接管及法兰的直径；表达法兰Ⅱ的形状、孔的位置及接管的直径，用单一斜剖面剖切，得到 $E—E$ 斜剖视图；表达阀体顶部法兰Ⅳ的形状及四个孔的分布位置，用局部视图 D；表达阀体顶部法兰Ⅳ上孔的结构，用局部剖视图 $F—F$。完整的表达方案，如下图所示。

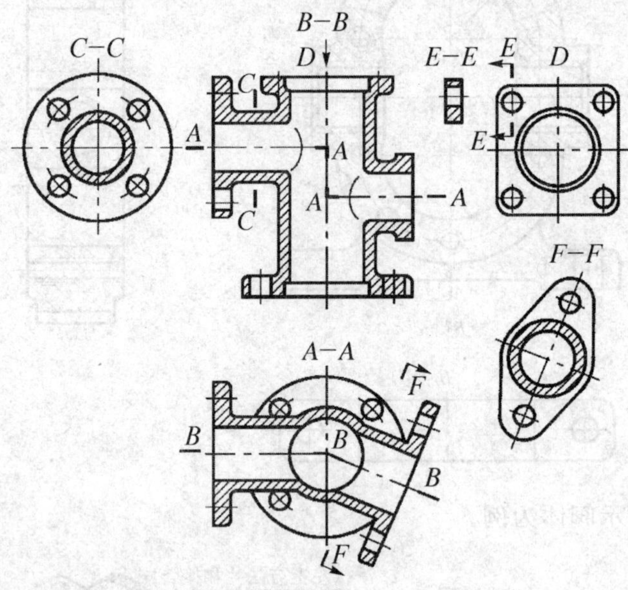

3）箱体类零件的尺寸及技术要求的标注

箱体类零件的形状比较复杂，尺寸也比较多，所以标注尺寸时应按一定的方法和步骤进行。现以下图所示的传动器箱体为例，说明箱体类零件尺寸的标注方法与步骤。

（1）确定尺寸基准　主要有：

长度方向的主要尺寸基准为左、右对称面；

宽度方向尺寸基准为前、后对称面；

高度方向的尺寸基准为箱体的底面。

（2）尺寸标注步骤　根据尺寸基准，按照形体分析法标注定形、定位尺寸及总体尺寸：

标注空心圆柱的尺寸；

标注底板的尺寸；

标注长方形腔体和肋板的尺寸；

检查有无遗漏和重复的尺寸。

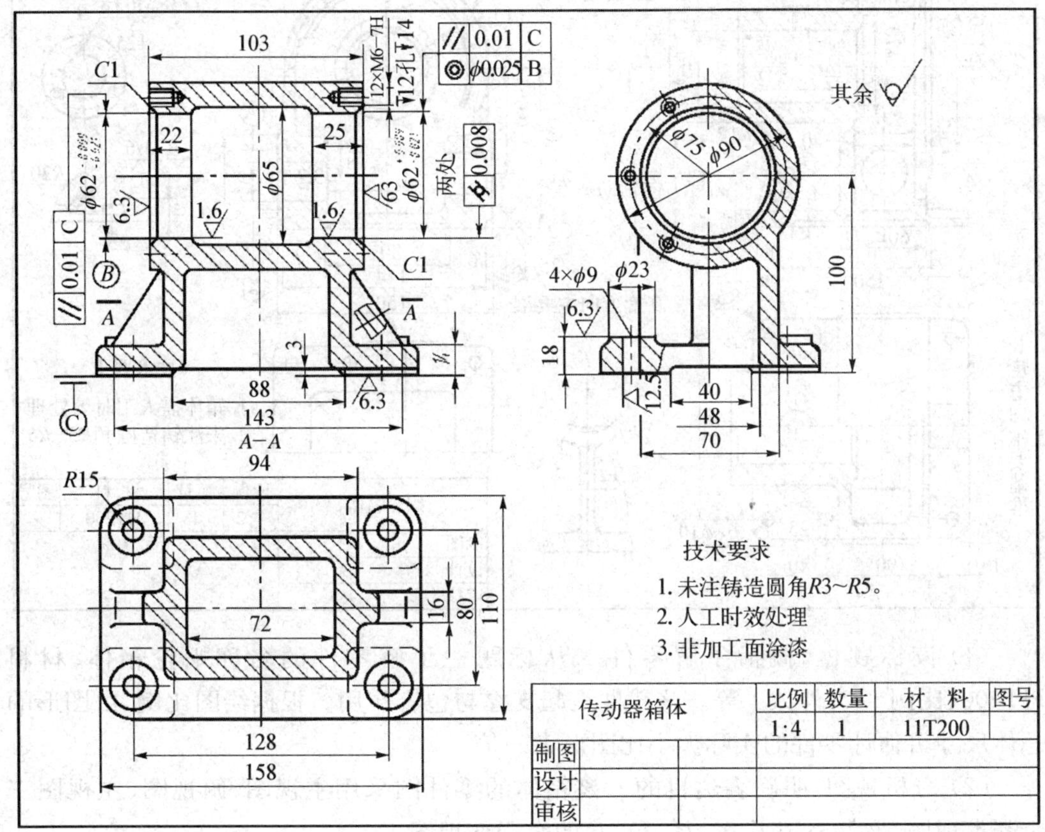

（3）极限与配合及表面粗糙度　箱体类零件中，轴承孔、结合面、销孔等表面粗糙度要求较高，其余加工面要求较低。

轴承孔的中心距、孔径，以及一些有配合要求的表面、定位端面一般有尺寸精度的要求。轴承孔为工作孔，表面粗糙度 R_a 为 1.6，要求最高。

（4）形位公差　同轴的轴、孔之间一般有同轴度要求；不同轴的轴、孔之间，轴和孔与底面间一般有平行度要求。传动器箱体的轴承孔为工作孔，给出了同轴度、平行度、圆柱度三项形位公差要求

（5）其他技术要求　主要有：

箱体类零件的非加工表面，在图样的右上角标注粗糙度要求。

零件图的文字技术要求中常注明：箱体需要人工时效处理；铸造圆角为 R3～R5；非加工面涂漆等。

4）读蜗轮减速器箱体零件图

如下图所示，应包括：

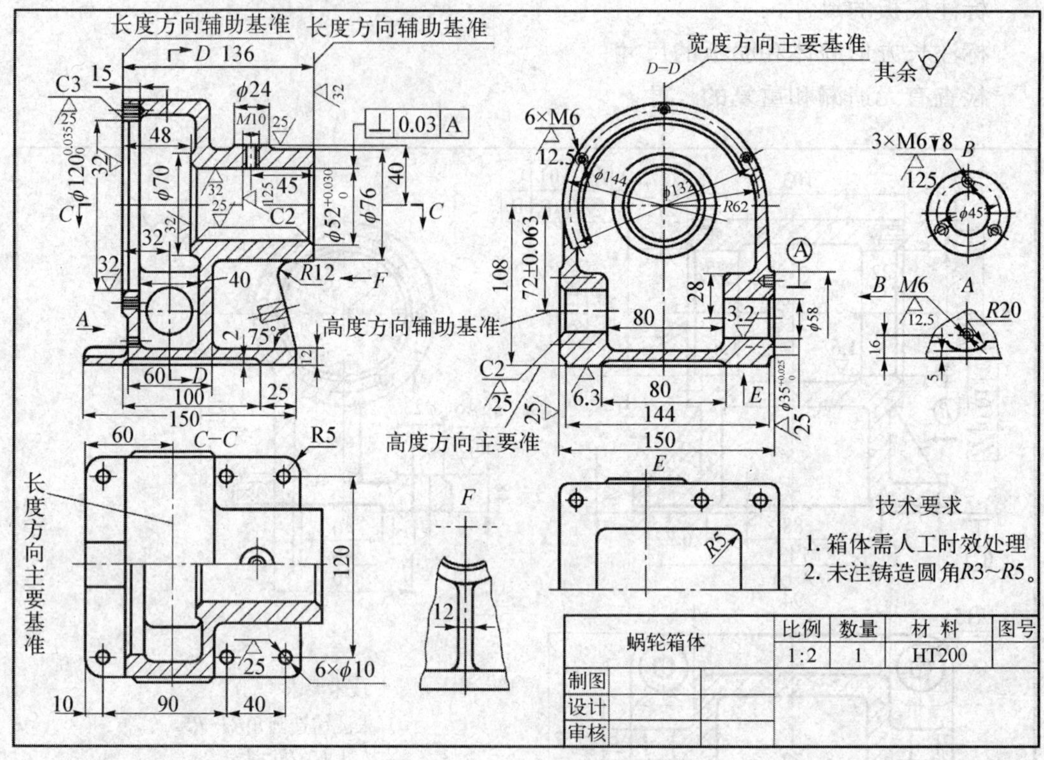

蜗轮箱体	比例	数量	材 料	图号
	1:2	1	HT200	
制图				
设计				
审核				

(1) 读标题栏，概括了解零件　从标题栏了解零件的名称蜗轮箱体、材料HT200、比例1∶2、件数1等。该零件是起支撑与包容作用。根据绘图比例，由图形的总体尺寸可估计零件的实际大小比图形大一倍。

(2) 分析视图，明确表达目的　该箱体的零件图采用主视图、俯视图、左视图三个基本视图，另外还用了 A、B、E、F 四个局部视图。

主视图是全剖视图，重点表达了箱体内部的主要结构形状；在主视图的右下方有一个重合断面，是表达肋板的形状。

俯视图采用半剖视图，在主视图上可找到剖切平面 A—A 的剖切位置；左视图大部分表达了箱体的外形，采用局部剖视是用于表达蜗杆支撑孔处的结构。

A 向视图表达了底板上放油塞处的局部结构；B 向视图表达了箱体两侧凸台的形状；F 向视图表达了圆筒、底板和肋板的联结情况；E 向视图采用了简化画法，表达了底板的凹槽形状。

(3) 分析形体，想象零件的形状　根据形体分析法该箱体可分为四个主要部分：主体部分、蜗轮轴的支撑部分、肋板部分和底板部分。按投影关系，找出各个部分在其他视图上的对应投影。

主体部分用来容纳啮合的蜗轮蜗杆；

蜗轮轴的支撑部分是箱体的蜗轮轴的轴孔；

肋板部分的作用是用来加强蜗轮轴孔部分与底板的联结效果；

底板部分的作用是用来安装箱体。

综合起来想象出蜗轮箱体的结构形状。

(4) 分析尺寸,搞清形体间的定形、定位尺寸　分析长、宽、高三个方向的尺寸基准。

从主、俯视图可以看出,长度方向的主要基准是过蜗杆轴线的竖直平面,箱体的左、右端面是辅助基准;宽度方向的基准是箱体的前、后对称平面;高度方向的主要基准是底板底面。

(5) 分析技术要求　具体有:

配合表面标出了尺寸公差,如轴承孔直径、孔中心线的定位尺寸等。

加工表面标注了表面粗糙度,如主体部分的左、右端面和轴承孔的内表面粗糙度要求较高,底面的表面粗糙度可略大等。

重要的线面标注了形位公差,如轴承孔、轴线与基准平面 A 的垂直度公差为 0.03 等。

箱体的其余表面粗糙度是用不去除材料的方法获得,或是毛坯面。

该箱体需要人工时效处理,铸造圆角为 $R3 \sim R5$。

任务实施

(1) 分析蜗轮减速器箱体结构

(2) 选择表达方案

(3) 标注尺寸和技术要求

(4) 识读箱体类零件图

任务考评

序号	考核内容	考 核 项 目	配分	检测标准	得分
1	绘制蜗轮减速器箱体	视图表达方案,尺寸标注	60	视图表达清晰准确,尺寸标注清晰准确	
2	识读孔轴承零件图	定形尺寸,定位尺寸,技术要求	40	读懂零件形状、大小和结构位置情况	

任务三小结：机械零件的测绘(即绘图实训)

机械零件是机器制造的基本单元，在人们的生产和生活中广泛使用着各种机器。机械制造业已成为我们国家的支柱产业，作为机电专业的学生，将成为机械制造岗位群体的主力军。机器是由许多机械零件装配而成，机械零件图是制造加工机械零件的依据，我们必须掌握识读和绘制机械零件图的技能。

机械零件图样，在视图选择、尺寸标注、技术要求等方面比组合体视图都有更深一步的要求。

一、视图选择

零件的视图表达要做到完整、清晰、合理、看图方便。在上述前提下，力求表达简洁。主视图是核心，是确定表达方案的关键。

1. 主视图的选择

主视图的选择必须遵循三个原则，即结构特征原则、工作位置原则和加工位置原则。一般回转体零件在确定主视图投影方向时，依据加工位置原则来确定，并将回转轴线水平放置于主视图中；非回转体零件在确定主视图投影方向时，主要依据工作位置原则来确定，并同时考虑结构特征原则。与组合体一样，零件的主视图应较明显地反映零件主要结拘形状和各组成部位的相对位置。

在具体应用各种原则时还应作具体分析，因各原则有时也会相互矛盾，会顾此失彼，要从有利于看图观点出发，充分考虑各原则的实现。

2. 其他视图选择

不论组合体或零件，视图数目和表达方法选择是否恰当，对看图方便和能否表达清楚都有很大影响。因此，在保证充分表达零件结构形状的条件下，视图的数量应尽量减少。

二、尺寸标注

零件的尺寸标注，除了组合体尺寸注法中已提出的要求外，更重要的是要切合生产实际，必须正确地选择尺寸基准。基准要满足设计和工艺要求，基准一般选接触面、对称平面、轴心线等。零件上对设计所要求的重要尺寸必须直接注出，其他尺寸可按加工顺序、测量方便或形体分析进行标注。零件间配合部分的尺寸数值必须相同，此外还要注意不要注成封闭尺寸链。

三、技术要求

图样上的图形和尺寸尚不能完全反映对零件各方面的要求，因此还需有技术要求。主要包括：表面粗糙度、尺寸公差、形状和位置公差、零件热处理和表面修饰的说明，以及零件加工、检验、试验、材料等各项要求。

零件测绘是依据实际零件，进行尺寸测量、视图绘制和对技术要求综合分析的工作过程。零件测绘是在机器设备维修、仿制以及技术革新中，经常遇到的一项工作。在生产中使用的零件图，其来源有二：一是根据设计而绘制的图样，二是按实际零件进行测绘而产生的图样。

零件的形状虽有千差万别，但归纳起来大体可划分为四大类型。我们必须具备测绘各种机械零件的能力，方能在职业岗位群中立于不败之地。

模块三

机 械 图 的 识 读 与 零 件 测 绘

任务一 AutoCAD绘图基本原理与操作程序

学习目标

1）熟悉 AutoCAD 的工作界面

2）掌握 AutoCAD 的基本输入操作

项目1 AutoCAD 基础知识

知识目标

了解 AutoCAD 的发展史与界面组成

掌握 AutoCAD 基本输入操作

技能目标

认识 AutoCAD 的应用领域，了解软件的专业特点

熟悉 AutoCAD 工作界面和基本操作

任务描述

AutoCAD 是由美国 Autodesk 公司开发的专门用于计算机绘图设计的软件，AutoCAD 的绘图功能、三维绘图功能非常强大，可以绘制出逼真的模型。目前，Auto CAD已经广泛应用于机械、建筑、电子、航天和水利等工程领域。

1. CAD 的概述

C→computer 电脑；

A→aided 辅助；

D→design 设计。

CAD 为电脑辅助设计软件。AutoCAD 是美国 Autodesk 公司于 20 世纪 80 年代在微机上应用 CAD 技术，而开发的绘图程序包，加上 Auto 是指它可以应用于几乎所有跟绘图有关的行业。

2. 应用领域

(1) 建筑设计。

(2) 机械制图。

(3) 化工电子。

(4) 土木工程。

3. 打开方式

(1) 双击桌面 CAD 图标。

(2) 开始—程序—Autodesk—AutoCAD2004。

4. CAD 的界面组成

由标题栏，菜单栏，工具栏，绘图窗口，命令行，状态栏，工具选择板窗口等组成。

注：工具栏的导出，是将鼠标放在任意工具栏上按右键可弹出所有的工具栏，如下图所示。

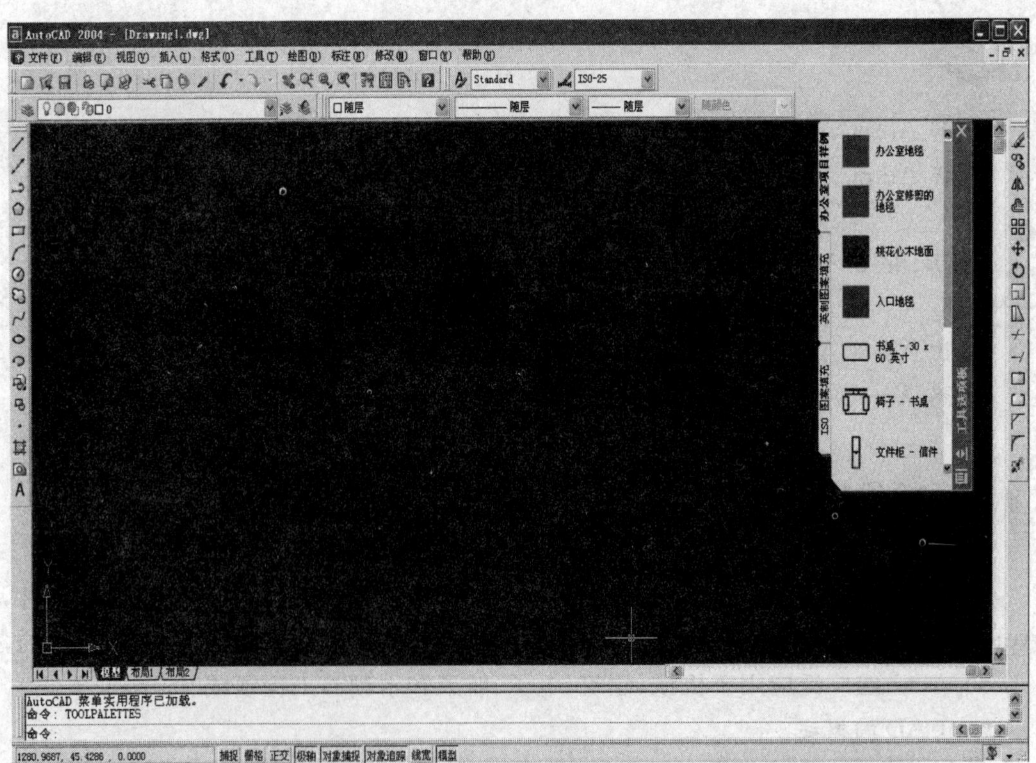

(1) 标题栏：记录了 AutoCAD 的标题和当前文件的名称。

(2) 菜单栏：它是当前软件命令的集合。

(3) 工具栏：包括标准工具栏、图层工具栏、对象工具栏(颜色控制、线型控制、线宽控制、打印样式控制)、绘图工具栏、修改工具栏、样式工具栏(文字样式管理器、标注样式管理器)。

注：在工具栏空白外右击，ACAD 中子菜单中包含所有 CAD 工具。

(4) 绘图窗口：工作界面。

模型和布局：通常在模型空间中设计图纸，在布局中打印图纸。

(5) 命令行：是供用户通过键盘输入命令的地方，位于窗口下方，F2 为命令行操作的全部显示。

(6) 状态栏：左侧为信息提示区，用以显示当前的标指针的坐标值和工具按钮提示信息等，右侧为功能按钮区，单击不同的功能按钮，可以开启对应功能，提高做图速度。

5. 文件的命令

在 CAD 中，有新建、打开、保存、关闭文件命令。

(1) 新建：

文件菜单下“新建”命令；

快捷键为 Ctrl+N。

(2) 打开：

文件菜单下“打开”命令；

快捷键为 Ctrl+O。

(3) 保存：

文件菜单下“保存”命令；

快捷键为 Ctrl+S。

(4) 关闭：

单击标题栏上的【关闭】按钮；

Alt+F4；

单击控制菜单按钮。

6. 坐标系的使用

在 CAD 中使用的是世界坐标，X 为水平、Y 为垂直、Z 为垂直于 X 和 Y 的轴向，这些都是固定不变的，因此称为世界坐标。世界坐标分为绝对坐标和相对坐标。

1) 绝对坐标(针对于原点)

绝对直角坐标：点到 X、Y 方向(有正、负之分)的距离。输入方法：X、Y 的值，输入时要在英文状态下。

绝对极坐标：点到坐标原点之间的距离是极半径，该连线与 X 轴正向之间的夹角度数为极角度数，正值为逆时针、负值为顺时针。输入方法：极半径<极角度数，

输入时一定要在英文状态下。

2）相对坐标（针对于上一点来说，把上一点看作原点）

相对直角坐标：是指该点与上一输入点之间的坐标差（有正、负之分），相对的符号"@"。输入方法：值，输入时一定要在英文状态下。

相对极坐标：是指该点与上一输入点之间的距离，该连线与 X 轴正向之间的夹角度数为极角度数，相对符号为@，正值为逆时针、负值为顺时针。输入方法：数，输入时一定要在英文状态下。

7. 鼠标作用

（1）左键：

选择物体；

确定图形第一点的位置。

（2）滚轮：

滚动滚轴放大或缩小图形（界面在放大或缩小）；

双击可全屏显示所有图形；

如按住滚轴可平移界面。

（3）右键：

确定；

重复上一次操作（重复上一次操作快捷键，还有空格和回车）。

（4）选择物体的方法：

直接点击；

正选：左上角向右下角拖动（全部包含其中）；

反选：右下角向左上角拖动（碰触到物体的一部分就行）。

在 CAD 中创建的单位是 mm，如下图所示。对 CAD 创建的单位，可进行修改格式菜单下单位命令。

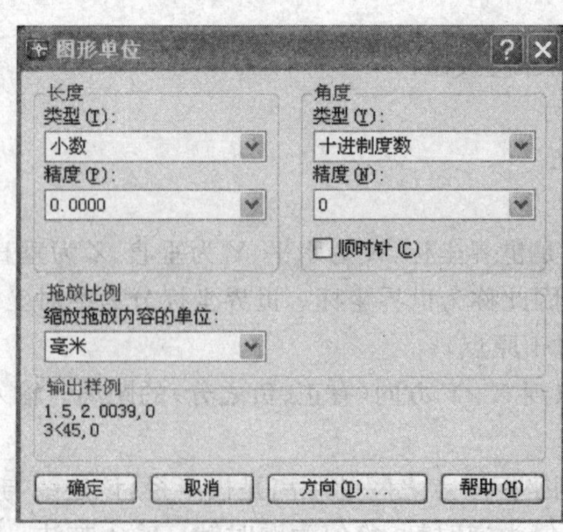

(5) 捕捉(F9)和栅格(F7)：必须配合使用。捕捉用于确定鼠标指针每次在 X、Y 方向移动的距离。栅格仅用于辅助定位，打开时屏幕上将布满栅格小点。

注：右击捕捉或栅格按钮，单击设置，弹出“草图设置”对话框，在捕捉和栅格选项卡可以设置捕捉间距和栅格间距，如下图所示。

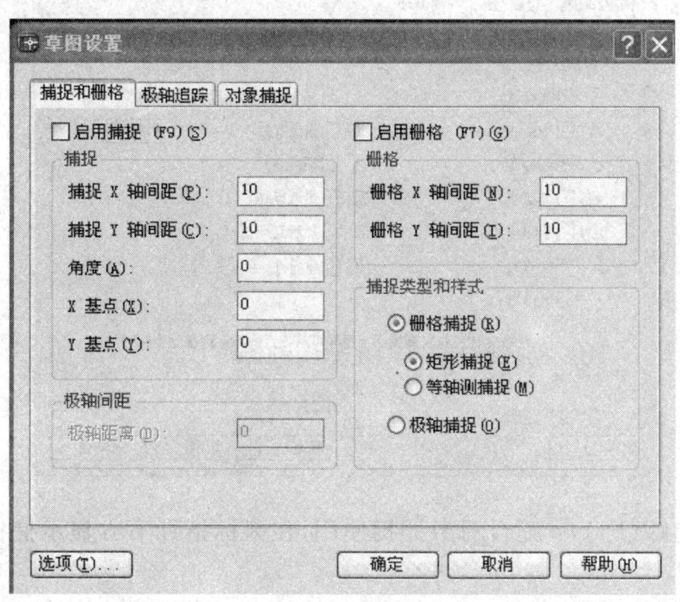

(6) 正交(F8)：用于控制绘制直线的种类，打开此命令只可以绘制垂直和水平直线。

(7) 极轴(F10)：可以捕捉并显示直线的角度和长度，有利于作一些有角度的直线。

右击极轴，单击设置，在“极轴追踪”选项卡中增量角可以根椐自己而定，勾选附加角可新建第二个捕捉角度，如下图所示。

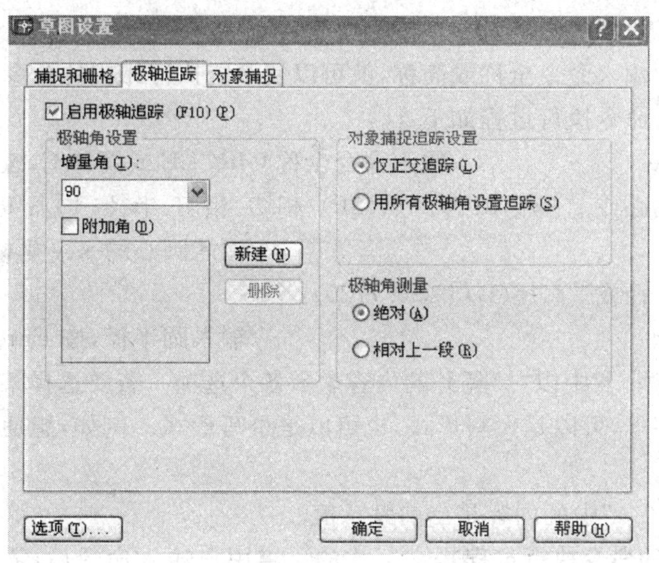

(8) 对象捕捉(F3)：在绘制图形时，可随时捕捉已绘图形上的关键点。

右击，单击设置，在“对象捕捉”选项卡中勾选捕捉点的类型，如下图所示。

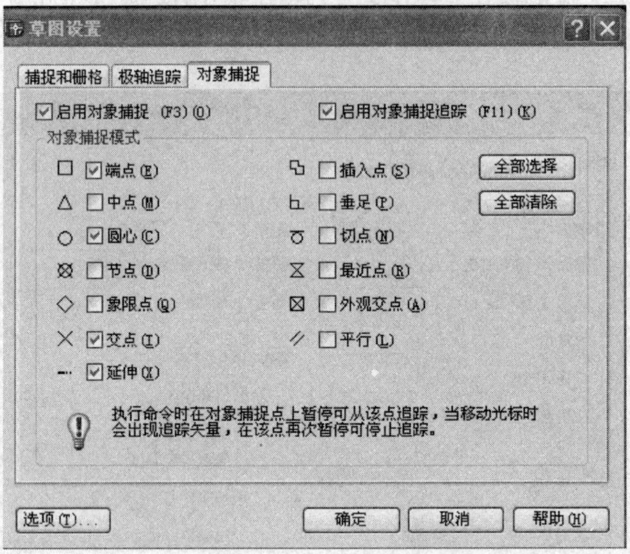

(9) 对象追踪(F11)：配合对象捕捉使用，在鼠标指针下方显示捕捉点的提示(长度，角度)。

线宽：线宽显示之间的切换。

模型：在模型空间与图纸空间之间进行切换。

8. 调用命令

启动 AutoCAD 命令的方法一般有两种：一种是在命令行中输入命令全称或简称，另一种是用鼠标选择一个菜单命令或单击工具栏中的命令按钮。

1) 使用键盘发出命令

在命令行中输入命令全称或简称，就可以使系统执行相应的命令。

一个典型的命令执行过程如下：

命令：circle　　　　　　//输入命令全称 CIRCLE 或简称 C，按 Enter 键

指定圆的圆心或[三点(3P)/两点(2P)/相切、相切、半径(T)]：90，100

　　　　　　　　　　　　//输入圆心的 x、y 坐标，按 Enter 键

指定圆的半径或[直径(D)]〈50.7720〉：70

　　　　　　　　　　　　//输入圆半径，按 Enter 键

(1) 方括弧“[ ]”中以“/”隔开的内容表示各个选项。若要选择某个选项，则需输入圆括号中的字母，可以是大写形式，也可以是小写形式。例如，想通过三点画圆，就输入“3P”。

(2) 尖括号“〈〉”中的内容是当前默认值。

AutoCAD 的命令执行过程是交互式的。当用户输入命令后，需按[Enter]键确

认，系统才执行该命令。而执行过程中，系统有时要等待用户输入必要的绘图参数，如输入命令选项、点的坐标或其他几何数据等，输入完成后，也要按[Enter]键，系统才能继续执行下一步操作。

小技巧：当使用某一命令时按[F1]键，系统将显示该命令的帮助信息。

2）利用鼠标发出命令

用鼠标选择一个菜单命令或单击工具栏上的【命令】按钮，系统就执行相应的命令。利用 AutoCAD 绘图时，用户多数情况下是通过鼠标发出命令的。鼠标各按键定义如下。

左键：拾取键，用于单击工具栏按钮及选取菜单选项以发出命令，也可在绘图过程中指定点和选择图形对象等。

右键：一般作为回车键，命令执行完成后，常单击右键来结束命令。在有些情况下，单击右键将弹出快捷菜单，该菜单上有【确认】按钮。鼠标右键的功能是可以设定的，选取菜单命令“工具”/“选项”，打开“选项”对话框，如下图所示。用户可以在此对话框“用户系统配置”选项卡的“Windows 标准”区域中，自定义鼠标右键的功能。例如，可以设置鼠标右键仅仅相当于回车键。

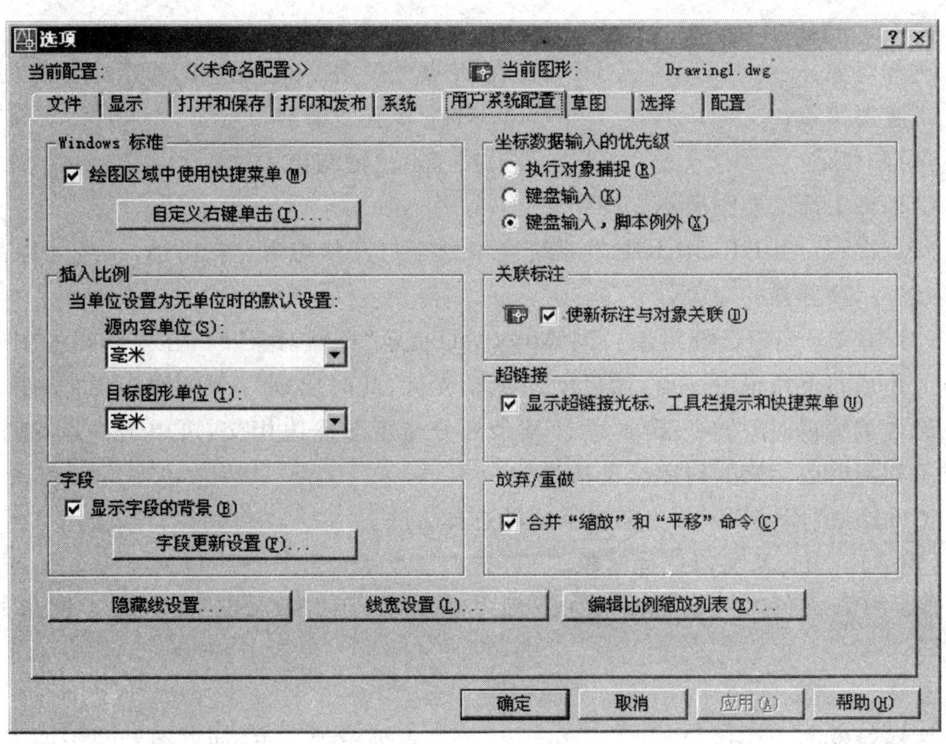

用户在使用编辑命令时，选择的多个对象将构成一个选择集。系统提供了多种构造选择集的方法。在默认情况下，用户可以逐个地拾取对象或是利用矩形、交叉窗口一次选取多个对象。

(1) 用矩形窗口选择对象　当系统提示“选择要编辑的对象”时，用户在图形元素的左上角或左下角单击一点，然后向右拖动鼠标，AutoCAD 显示一个实线矩形窗口，让此窗口完全包含要编辑的图形实体，再单击一点，则矩形窗口中所有对象(不包括与矩形边相交的对象)被选中，被选中的对象将以虚线形式表示出来。

下面通过 ERASE 命令来演示这种选择方法。

[**例 1**]　用矩形窗口选择对象。

解：打开教学辅助光盘中的文件“2 - 2. dwg”，如下面左图所示，用“ERASE”命令将左图修改为右图。

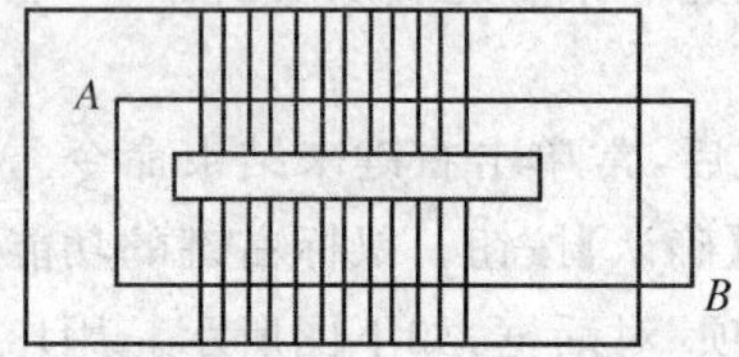

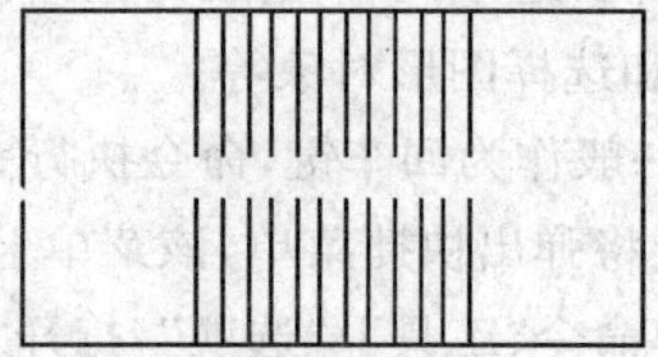

要点提示：本书案例中所打开的文件，均保存在教学辅助光盘中该书名文件夹下，以后在引用时将不注明出处，直接写为：打开文件“＊＊＊”。

命令：_erase

选择对象：　　　　　　　　　　　//在 A 点处单击一点，如左图所示

指定对角点：找到 6 个　　　　　　　//在 B 点处单击一点

选择对象：　　　　　　　　　　//按 Enter 键结束

结果如上面的右图所示。

要点提示：当 HIGHLIGHT 系统变量处于打开状态时(等于 1)，系统才以高亮度形式显示被选择的对象。

(2) 用交叉窗口选择对象　当 AutoCAD 提示“选择对象”时，在要编辑的图形元素右上角或右下角单击一点，然后向左拖动光标，此时出现一个虚线矩形框，使该矩形框包含被编辑对象的一部分，而让其余部分与矩形框边相交，再单击一点，则框内的对象和与框边相交的对象全部被选中。

下面通过“ERASE”命令来演示这种选择方法。

[**例 2**]　用交叉窗口选择对象。

解：打开文件“2 - 3. dwg”，如下面左图所示，用“ERASE”命令将左图修改为右图。

命令：_erase

选择对象：　　　　　　　　　　//在 C 点处单击一点，如下图左图所示

指定对角点：找到 31 个　　　　　　　//在 D 点处单击一点

选择对象：　　　　　　　　　　//按 Enter 键结束

结果如下面右图所示。

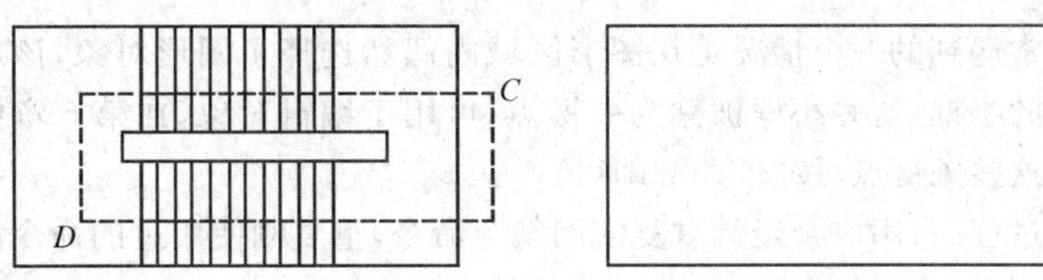

(3) 给选择集添加或删除对象

编辑过程中，用户构造选择集常常不能一次完成，需向选择集中添加或从选择集中删除对象。在添加对象时，可直接选取或利用矩形窗口、交叉窗口选择要加入的图形元素；若要删除对象，可先按住[Shift]键，再从选择集中选择要清除的多个图形元素。

下面通过"ERASE"命令来演示修改选择集的方法。

打开文件"2-4.dwg"，如下面左图所示。用"ERASE"命令将左图修改为右图。

命令：_erase //在A点处单击一点

选择对象：指定对角点：找到25个 //在B点处单击一点

选择对象：找到1个，删除1个 //按住Shift键，选取线段C，该线段从选择集中去除

选择对象：找到1个，删除1个 //按住Shift键，选取线段D，该线段从选择集中去除

选择对象：找到1个，删除1个 //按住Shift键，选取线段E，该线段从选择集中去除

选择对象： //按Enter键结束

结果如下面右图所示。

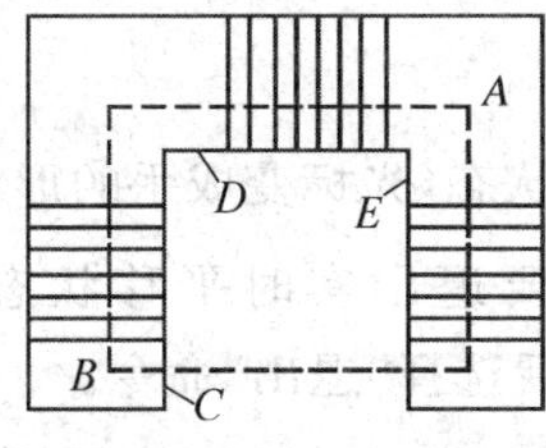

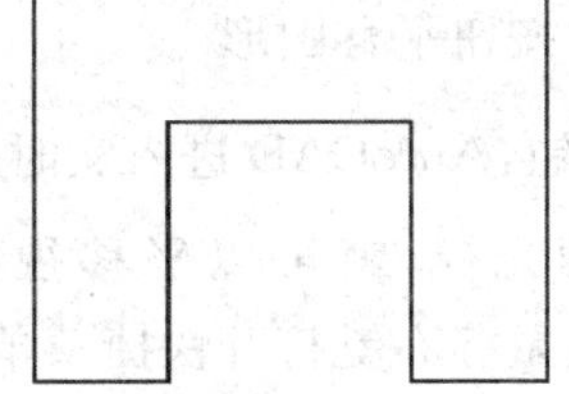

9. 删除对象

ERASE命令用来删除图形对象，该命令没有任何选项。要删除一个对象，用户可以用光标先选择该对象，然后单击"修改"工具栏上的按钮，或键入"ERASE"命令(简称E)。也可先发出"删除"命令，再选择要删除的对象。

10. 撤销及重复命令

发出某个命令后，用户可随时按[Esc]键终止该命令。此时，系统又返回到命

令行。

用户经常遇到的一个情况是在图形区域内偶然选择了图形对象，该对象上出现了一些高亮的小框，这些小框被称为关键点，可用于编辑对象（在第 6 章中将详细介绍），要取消这些关键点，按[Esc]键即可。

在绘图过程中，用户会经常重复使用某个命令，重复刚使用过的命令的方法是直接按 [Enter]键。

11. 取消已执行的操作

在使用 AutoCAD 绘图的过程中，不可避免地会出现各种各样的错误，用户要修正这些错误可使用“UNDO”命令或单击“标准”工具栏上的 按钮。如果想要取消前面执行的多个操作，可反复使用“UNDO”命令或反复单击 按钮。此外，也可打开“标准”工具栏上的“放弃”下拉列表，然后选择要放弃的几个操作。

当取消一个或多个操作后，若又想恢复原来的效果，用户可使用“REDO”命令或单击“标准”工具栏上的 按钮。此外，也可打开“标准”工具栏上的“重做”下拉列表，然后选择要恢复的几个操作。

12. 快速缩放及移动图形

AutoCAD 的图形缩放及移动功能是很完备的，使用起来也很方便。绘图时，经常通过“标准”工具栏上的 、 按钮来完成这两项功能。

1) 通过 按钮缩放图形

单击 按钮，AutoCAD 进入实时缩放状态，光标变成放大镜形状，此时按住鼠标左键向上拖动光标，就可以放大视图，向下拖动光标就缩小视图。要退出实时缩放状态，可按[Esc]键、[Enter]键或单击鼠标右键打开快捷菜单，然后选择“退出”命令。

2) 通过 按钮平移图形

单击 按钮，AutoCAD 进入实时平移状态，光标变成手的形状 ，此时按住鼠标左键并拖动光标，就可以平移视图。要退出实时平移状态，可按[Esc]键、[Enter]键或单击鼠标右键打开快捷菜单，然后选择“退出”命令。

13. 放大视图及返回上一次的显示

在绘图过程中，用户经常要利用矩形窗口将图形的局部区域放大以方便绘图，绘制完成后，又要返回上一次的显示，以观察图形的整体效果。利用“标准”工具栏上的 、 按钮可实现这两项功能。

1) 通过 按钮放大局部区域

单击 按钮，系统提示“指定第一个角点：”，拾取 A 点，再根据提示拾取 B 点，如下面左图所示。矩形框 A、B 是设定的放大区域，其中心是新显示的中心，系统将尽可能地将该矩形内的图形放大以充满整个绘图窗口，下面右图显示了放大后的效果。

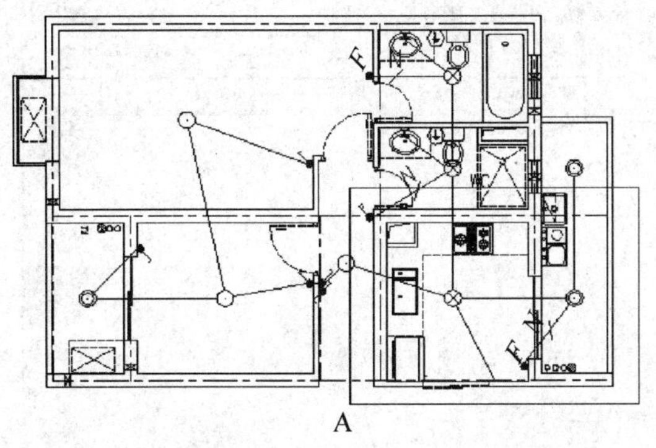

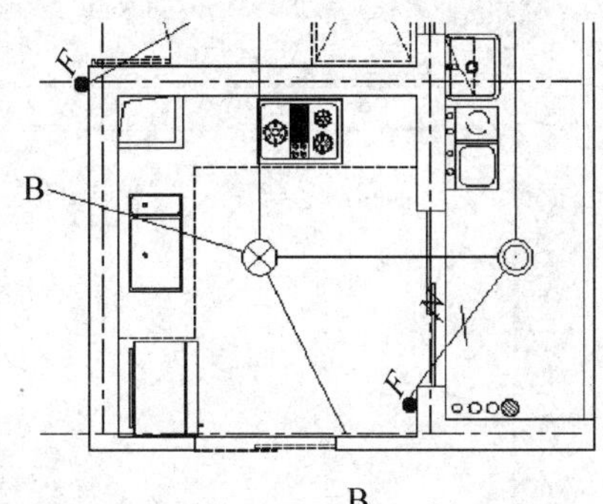

2）通过 按钮返回上一次的显示

单击 按钮，系统将显示上一次的视图。若用户连续单击此按钮，则系统将恢复前几次显示过的图形（最多 10 次）。绘图时，常利用此功能返回到原来的某个视图。

14. 图形全部显示

绘图过程中，有时需将图形全部显示在程序窗口中。要实现这个目标，可选取菜单命令“视图”/“缩放”/“范围”，或单击“标准”工具栏上的按钮（该按钮为嵌套型的）。

小技巧：工具栏中的按钮有些是单一型的，有些是嵌套型的。嵌套型按钮右下角带有小黑三角形，按下小黑三角形将弹出一些新按钮。

15. 设定绘图区域的大小

AutoCAD 的绘图空间是无限大的，但用户可以设定在程序窗口中显示出的绘图区域的大小。绘图时，事先对绘图区域的大小进行设定，将有助于了解图形分布的范围。当然，也可在绘图过程中随时缩放（使用按钮）图形，以控制其在屏幕上显示的效果。

设定绘图区域大小有以下两种方法：

(1) 将一个圆充满整个程序窗口显示出来，依据圆的尺寸就能轻易地估计出当前绘图区域的大小了。

［例 3］ 设定绘图区域的大小。

解：(1) 单击程序窗口左边工具栏上的按钮，AutoCAD 提示如下：

命令：_circle 指定圆的圆心或［三点(3P)/两点(2P)/相切、相切、半径(T)］：

//在屏幕的适当位置单击一点

指定圆的半径或［直径(D)］：50　　　　//输入圆半径

(2) 选择菜单命令“视图”/“缩放”/“范围”,直径为100的圆充满整个程序窗口显示出来,如下图所示。

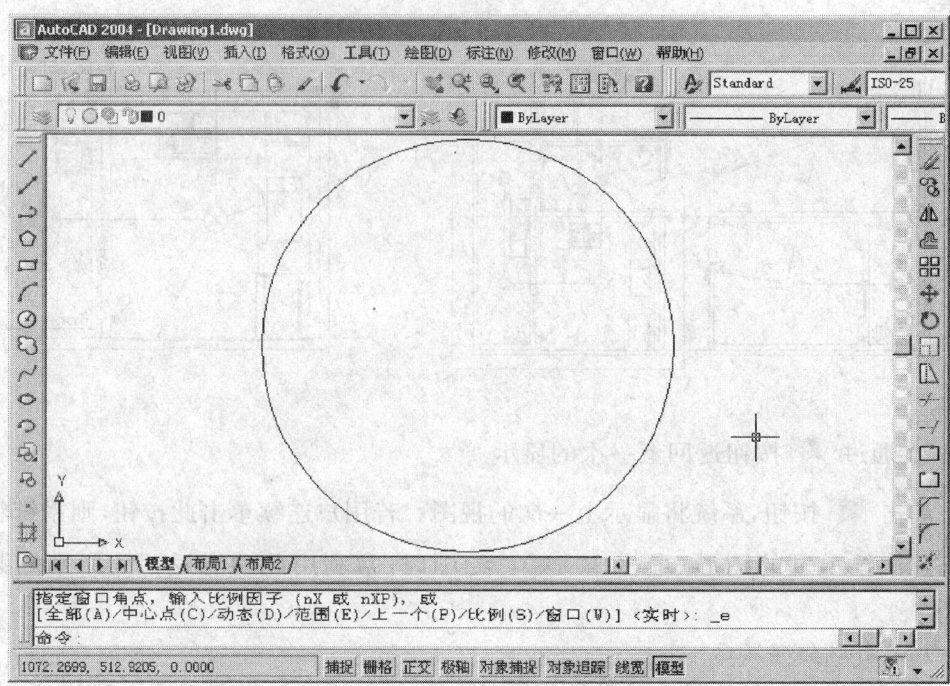

(2) 用LIMITS命令设定绘图区域的大小,该命令可以改变栅格的长、宽尺寸及位置。所谓栅格是点在矩形区域中按行、列形式分布形成的图案,如下图所示。当栅格在程序窗口中显示出来后,用户就可根据栅格分布的范围估算出当前绘图区域的大小了。

[例4] 用LIMITS命令设定绘图区域的大小。

解: (1) 选择菜单命令“格式”/“图形界限”,AutoCAD提示如下:

命令:'_limits

指定左下角点或[开(ON)/关(OFF)] 〈0.0000,0.0000〉:

//单击A点

指定右上角点〈420.0000,297.0000〉: @30000,20000

//输入B点相对于A点的坐标,按Enter键

(2) 选取菜单命令“视图”/“缩放”/“范围”,或单击“标准”工具栏上的 按钮,则当前绘图窗口长、宽尺寸近似为30 000×20 000。

(3) 若想查看已设定的绘图区域范围,可单击程序窗口下边的 按钮,打开栅格显示,该栅格的长、宽尺寸为30 000×20 000,如下图所示。图中栅格沿 X、Y 轴的间距为500;若太小,则显示不出来。

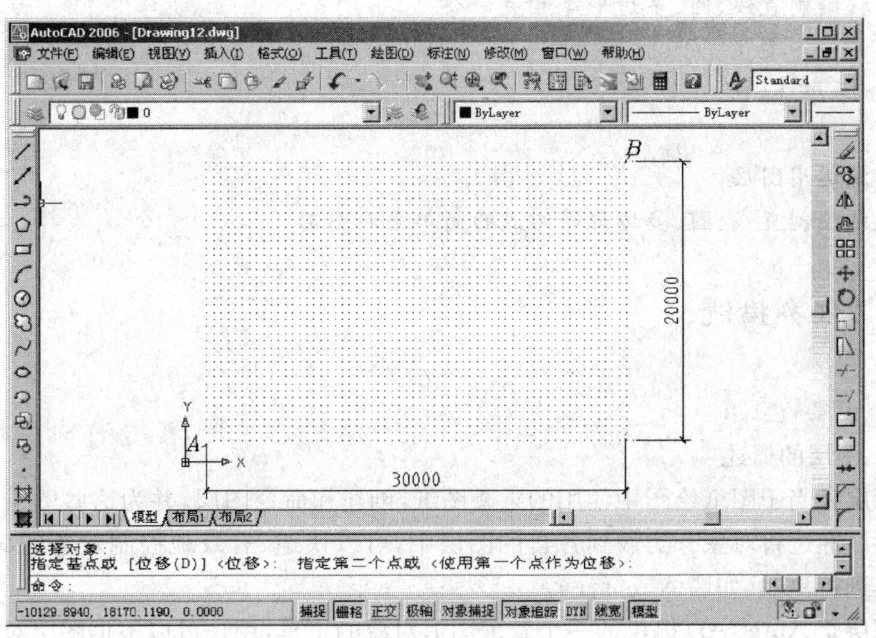

序号	考核内容	考 核 项 目	配分	检测标准	得分
1	用户界面	标题栏、菜单栏、工具栏与面板、绘图区与十字光标、命令提示行、坐标系与坐标、状态栏	50	每个区域功能分辨清楚	
2	创建图形模板	文件新建、打开和保存	20	创建的模板符合制图习惯	
3	修改状态栏	捕捉和对象追踪设置	30	参数设置便于制图	

项目 2 AutoCAD 基本命令

掌握 AutoCAD 图层的应用

掌握绘制直线、圆、多边形等相关命令

技能目标

熟练运用图层

熟练绘制直线、圆、多边形等组成的简单平面图形

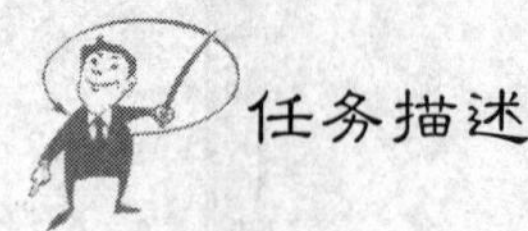

任务描述

1. 图层的应用

1）图层的概述

图层相当于图纸绘图中使用的重叠图纸，创建和命令图层，并为这些图层指定通用特性。通过将对象分类放到各自的图层中，可以快速、有效地控制对象的显示，以及对其进行更改（如墙体或标注）。

图层是AutoCAD提供的一个管理图形对象的工具，用户可以根据图层对图形几何对象、文字、标注等进行归类处理。使用图层来管理它们，不仅能使图形的各种信息清晰、有序，便于观察，而且也会给图形的编辑、修改和输出带来很大的方便。

2）打开图层特性管理器方法

使用快捷键为LA，点击“图层工具栏”中的 按钮，显示“图层特性管理器”对话框，如下图所示。

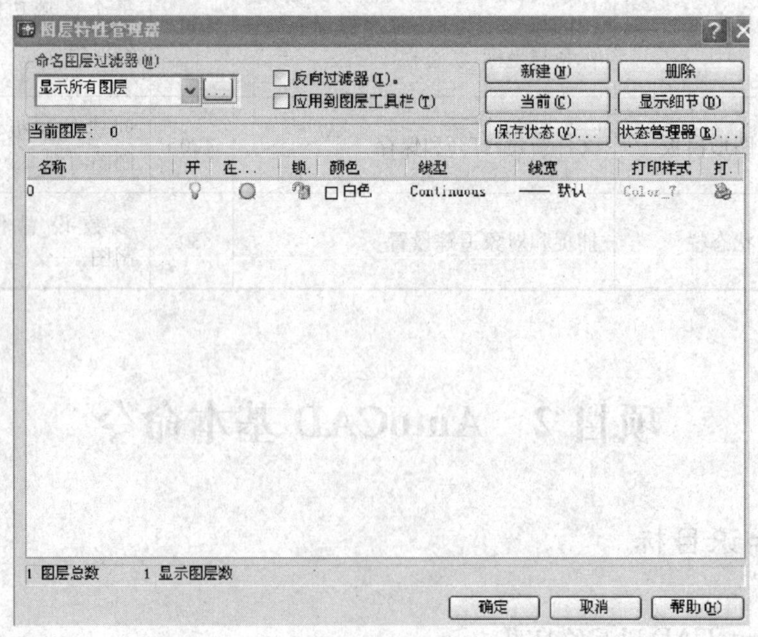

各选项含义如下：

(1)“新建”：新建图层，可绘图层起名、设置线型、颜色、线宽等。

注：在新建一次图层后，再新建图层按“，”键可连续新建图层。

(2)“删除”：删除图层的。

下列有四种图层不可删除：① 图层 0 和定义点；② 当前图层；③ 依赖外部参照的图层；④ 包含对象的图层。

(3) 外部参照：文件之间的一个链接关系，某文件依赖于外部文件的变化而变化。

步骤：① 新建一个窗口命名为文件 1；② 在“插入”菜单下选择“外部参照”，选择参照文件名为 2，确定；③ 在文件 1 中插入文件 2，保存；④ 打开文件 2，进行改动保存；⑤ 打开文件 1 观察到文件 1 的改动跟文件 2 一样，即文件 2 改动，文件 1 随之跟着而改动。

(4) 开关状态：图层处于打开状态时，灯泡为黄色，该图层上的图形可以在显示器上显示，也可以打印；图层处于关闭状态时，灯泡为灰色，该图层上的图形不能显示，也不能打印。

(5) 冻结/解冻状态：图层被冻结，该图层上的图形对象不能被显示出来，也不能打印输出，而且也不能编辑或修改；图层处于解冻状态时，该图层上的图形对象能够显示出来，也能够打印，并且可以在该图层上编辑图形对象。

注：不能冻结当前层，也不能将冻结层改为当前层。

从可见性来说，冰结的图层与关闭的图层是相同的，但冻结的对象不参加处理过程中的运算，关闭的图层则要参加运算。所以在复杂的图形中，冻结不需要的图层中可以加快系统重新生成图形的速度。

(6) 锁定/解锁状态：锁定状态并不影响该图层上图形对象的显示，用户不能编辑锁定图层上的对象，但还可以在锁定的图层中绘制新图形对象。此外，还可以在锁定的图层上使用查询命令和对象捕捉功能。

(7) 颜色、线型与线宽：单击“颜色”列中对应的图标，可以打开“选择颜色”对话框，选择图层颜色；单击在“线型”列中的线型名称，可以打开“选择类型”对话框，选择所需的线型；单击“线宽”列显示的线宽值，可以打开“线宽”对话框，选择所需的线宽。如下面四个图所示。

3) 图形转移图层方法

(1) 选中该图形。

(2) 右击空白处弹出“特性”对话框，如下面一页的图所示。

(3) 在“特性”对话框的“图层”列表中，选所需图层。

(4) 关闭即可。

注：对象特性包含一般特性和几何特性，一般特性包括对象的颜色、线型、图层及线宽等，几何特性包括对象的尺寸和位置。可以直接在“特性”窗口中设置和修改对象的特性。

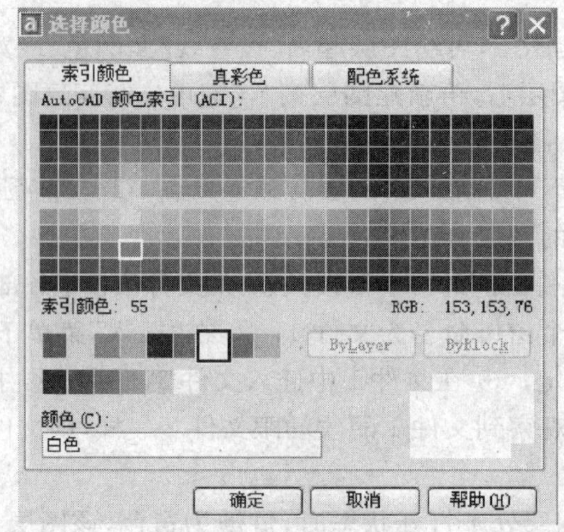

选择颜色
索引颜色
真彩色
配色系统
AutoCAD 颜色索引 (ACI):
索引颜色: 55
RGB: 153,153,76
ByLayer
ByBlock
颜色(C):
白色
确定
取消
帮助(H)

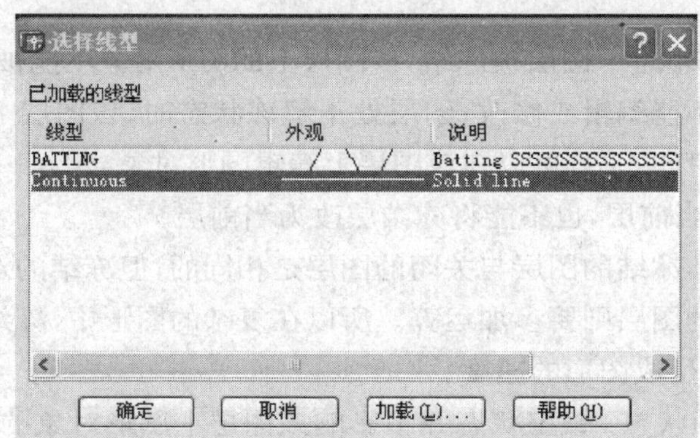

选择线型
已加载的线型
线型
外观
说明
BATTING
Batting SSSSSSSSSSSSSSSS
Continuous
Solid line
确定
取消
加载(L)...
帮助(H)

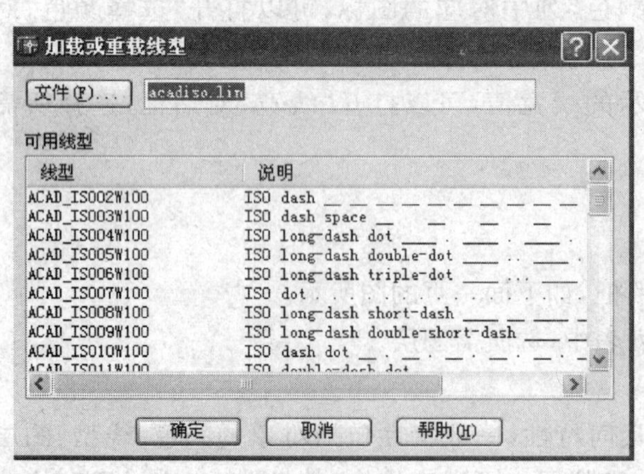

加载或重载线型
文件(F)...
acadiso.lin
可用线型
线型
说明
ACAD_ISO02W100
ISO dash
ACAD_ISO03W100
ISO dash space
ACAD_ISO04W100
ISO long-dash dot
ACAD_ISO05W100
ISO long-dash double-dot
ACAD_ISO06W100
ISO long-dash triple-dot
ACAD_ISO07W100
ISO dot
ACAD_ISO08W100
ISO long-dash short-dash
ACAD_ISO09W100
ISO long-dash double-short-dash
ACAD_ISO10W100
ISO dash dot
确定
取消
帮助(H)

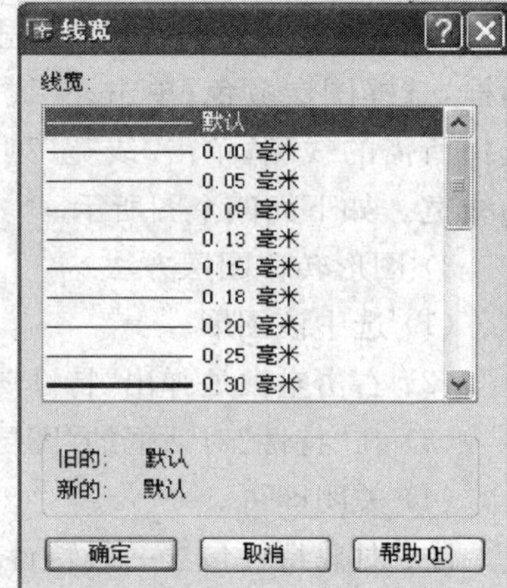

线宽
线宽:
默认
0.00 毫米
0.05 毫米
0.09 毫米
0.13 毫米
0.15 毫米
0.18 毫米
0.20 毫米
0.25 毫米
0.30 毫米
旧的: 默认
新的: 默认
确定
取消
帮助(H)

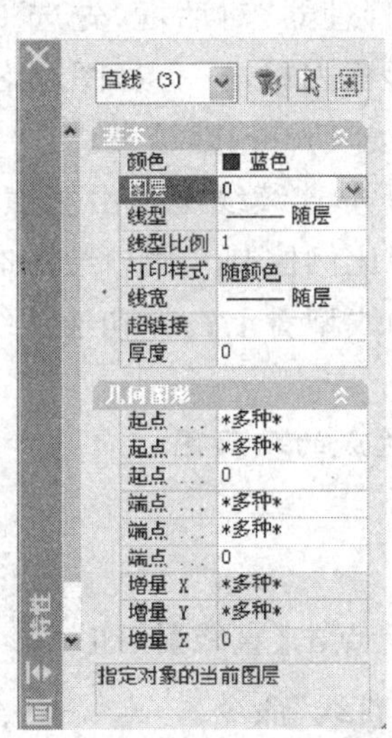

在实际绘图时，为了便于操作，主要通过"图层"工具栏和"对象特性"工具栏实现图层切换，这时只需选择要将其设置为当前层的图层名称即可，如下图所示。

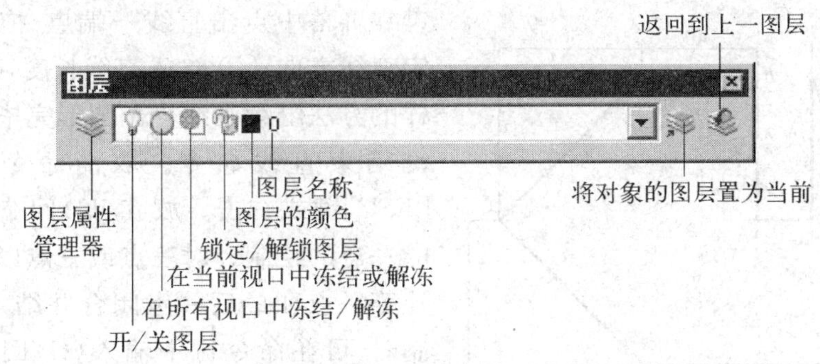

4）管理图层

管理图层主要包括排序图层、显示所需的一组图层、删除不再使用的图层以及重新命名图层等，以下对部分图层进行介绍。

（1）删除不再使用图层　方法是在"图层特性管理器"对话框中选择图层名称，单击按钮，AutoCAD标记要删除的图层，再单击将此图层删除。但当前层、0层、定义点层（Defpoints），以及包含图形对象的层不能被删除。

（2）重新命名图层　良好的图层命名将有助于用户对图样进行管理。要重新命

名一个图层，可打开“图层特性管理器”对话框，先选中要修改的图层名称，该名称周围出现一个白色矩形框，在矩形框内单击一点，图层名称就高亮显示。此时，就可输入新的图层名称，输入完成后，按[Enter]键结束。

(3) 修改非连续线型外观　非连续线型是由短横线、空格等构成的重复图案，图案中短线长度、空格大小由线型比例控制。用户绘图时常会遇到下列情况，本来想画虚线或点画线，但最终绘制出的线型看上去却和连续线一样，出现这种现象的原因是线型比例设置得太大或太小。

2. 绘制直线、圆及圆弧等构成的平面图

1) 直线命令(快捷键为 L)

绘制方式：

(1) 直接在“绘图”工具栏上点击【直线】按钮 。

(2) 在“绘图”菜单下单击“直线”命令。

(3) 直接在命令中输入快捷键 L(在命令行内输入命令快捷键，回车或空格或鼠标右键确定)。

直线的输入方法：① 从命令行内输入直线命令的快捷键：L 确定；② 用鼠标左键在屏幕中点击直线一端点，拖动鼠标，确定直线方向；③ 输入直线长度，确认依照同样的方法继续画线直至图形完毕，按[确认]键结束直线命令。取消命令方法为按[ESC]键或右击。放弃(U)回车，取消最近的一点的绘制。对三点或三点以上的，如想让第一点和最后一点闭合并结束直线的绘制时，可在命令行中输入(C)回车，如左图所示。

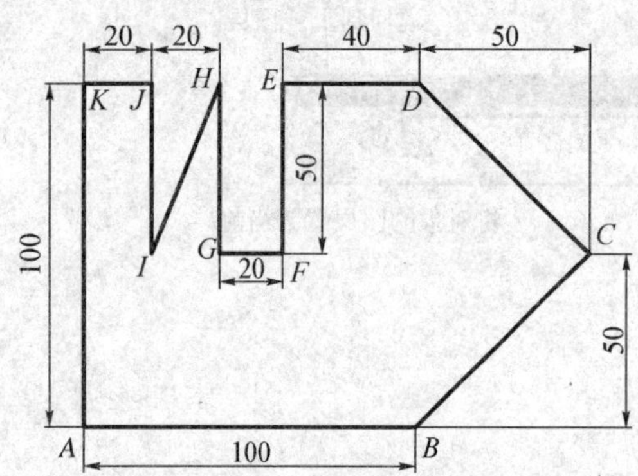

2) 构造线命令(快捷键为 XL)

一般作为辅助线使用，创建的线是无限长的。绘制方式：

(1) 直接在“绘图”工具栏上点击【构造线】按钮 。

(2) 在绘图菜单下单击“构造线”命令。

(3) 直接在命令中输入快捷键 XL。

```
命令: xl XLINE 指定点或 [水平(H)/垂直(V)/角度(A)/二等分(B)/偏移(O)]:
```

在“构造线”命令行中：H 为水平构造线，V 为垂直构造线，A 为角度(可设定构造线角度，也可参考其他斜线进行角度复制)，B 二等分(等分角度，两直线夹角平分线)，O 偏移(通过 T，可以任意设置距离)。

3) 点命令(PO)

在绘图中起辅助作用,绘制方式:

(1) 直接在"绘图"工具栏上点击【点】按钮 。

(2) 在"绘图"菜单下单击"点"命令。

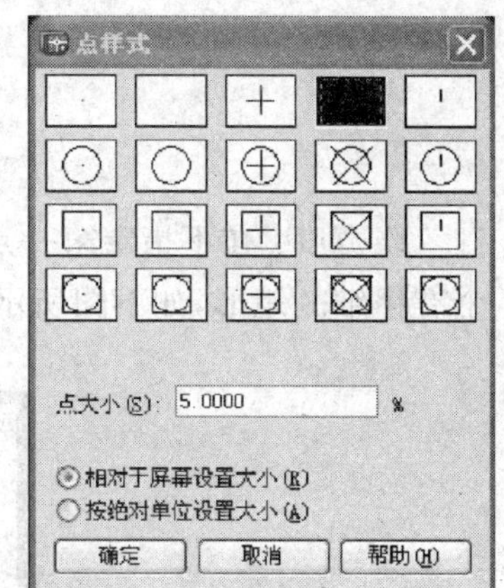

(3) 直接在命令中输入快捷键 PO。

"绘图"菜单——点,其中:

单点 S:一次只能画一个点;

多点 P:一次可画多个点,左击加点,ESC 停止;

定数等分 D:选择对象后,设置数目;

定距等分 M:选择对象后;

设置点的样式方法:"格式"菜单→"点样式"命令,如右图所示。

在此"点样式"对话框中,可以选择点的样式、设定点大小;

相对于屏幕设置大小:当滚动滚轴时,点大小随屏幕分辨率大小而改变;

按相对单位设置大小:点大小不会改变。

注:在同一图层中,点的样式必须是统一的,不能出现不同的点。

4) 矩形命令(REC)

绘制矩形的步骤如下:

在命令行内输入命令的快捷键为 Rec,确定,用鼠标左键在操作窗口中指定第一角点,并拖动鼠标,在命令行内输入@X、Y,确定。其中:

X 为矩形在水平方向上的距离;Y 指矩形在垂直方向上的距离。

长、宽度:指定第一角点在拖出一个点后按 D,确定,这时会使用尺寸方法创建矩形。

按完 D 后确定,输入矩形的长度和宽度,指定另外一个角将这一点定位在矩形的内部。

倒角:不指定第一角点直接点击 C,确定,指定矩形的第一个倒角距离和指定矩形的第二个倒角距离,便可出来一个带有倒角现象的矩形,如下图所示。

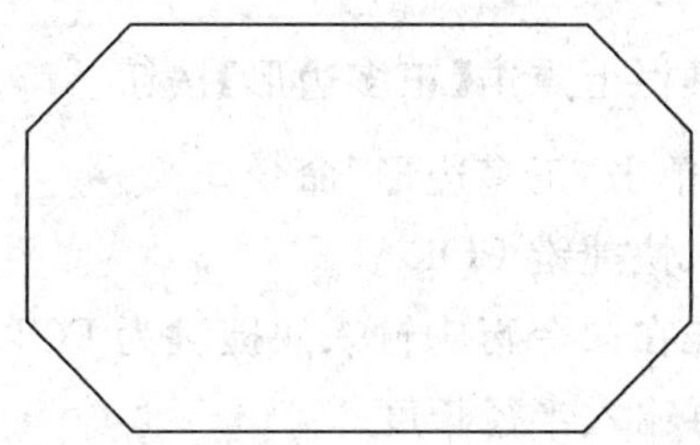

圆角:不指定第一角点而直接点击 F 确定,指定矩形的圆角半径,便可出现一个有圆角的矩形,如下图所示。

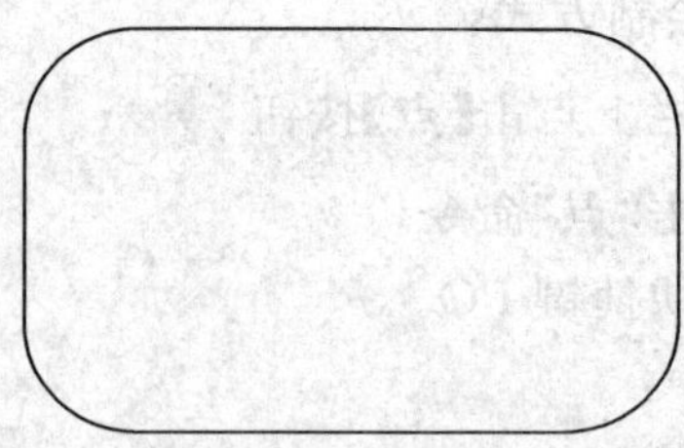

线宽度：在不指定第一点时直接点击 W 确定，指定矩形的线宽粗细，便可出现一个有粗细的矩形，如下图所示。

厚度：自身的厚度，相当于长方体的高度。

标高，提升物体。各种形状的矩形，如下图所示。

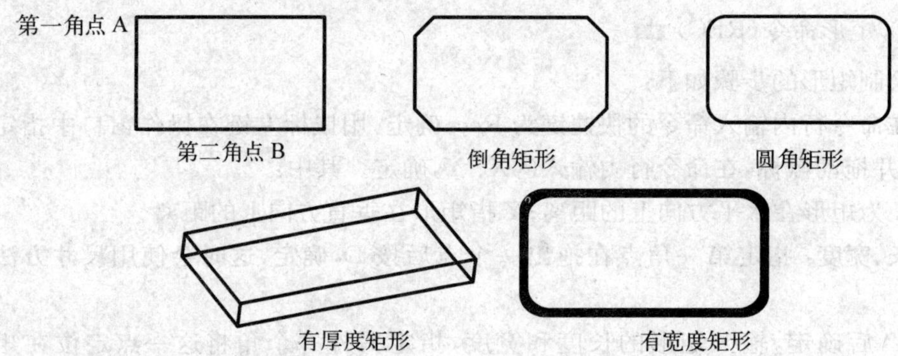

5）正多边形命令（POL）

它是具有 3 到 1 024 条等长边的闭合多段线创建，特点为每个边都相等。绘制方式：

（1）直接在“绘图”工具栏上点击【正多边形】按钮 。

（2）在“绘图”菜单下，单击“正多边形”命令。

（3）直接在命令中输入快捷键 POL。

绘制内接正多边形：先在命令行中输入快捷键为 POL，然后输入边数，指定正多边形的中心，输入 i 确定，再输入半径长度。

注：“内接于圆”表示绘制的多边形将内接于假想的圆。

绘制外切正多边形：先在命令行中输入快捷键为 POL，然后输入边数，指定正多边形的中心，输入 C 确定，再输入半径长度。

注："外切于圆"表示绘制的多边形将外切于假想的圆。

通过指定一条边绘制正多边形：先在命令中输入快捷键为 POL，然后输入边数、输入 E，指定正多边线段的起点，指定正多边线段的端点，连线后形成正多边形，如右图所示。

课后练习：掌握多线的绘制及样式设置，多段线的绘制及创建矩形的几种方法，并完成一些模型的绘制。

6）圆命令（C）

绘制方式：

（1）直接在"绘图"工具栏上点击【圆】按钮 。

（2）在"绘图"菜单下单击"圆"命令。

（3）直接在命令中输入快捷键 C。

通过指定圆心和半径或直径绘制圆：在命令行中输入快捷键为 C，指定圆心，指定半径或直径。

创建与两个对象相切的圆：选择 CAD 中"切点"对象捕捉模式，在命令行中输入快捷键为 C，点击 T，选择与要绘制的圆相切的第一个对象，选择与要绘制的圆相切的第二个对象，指定圆的半径。

三点（3P）：通过单击第一点、第二点、第三点，确定一个圆。

相切、相切、相切（A）：相切三个对象，可以画一个圆。

二点（2P）：两点确定一个圆。

在"绘图"菜单中提供了下图所示六种画圆方法。

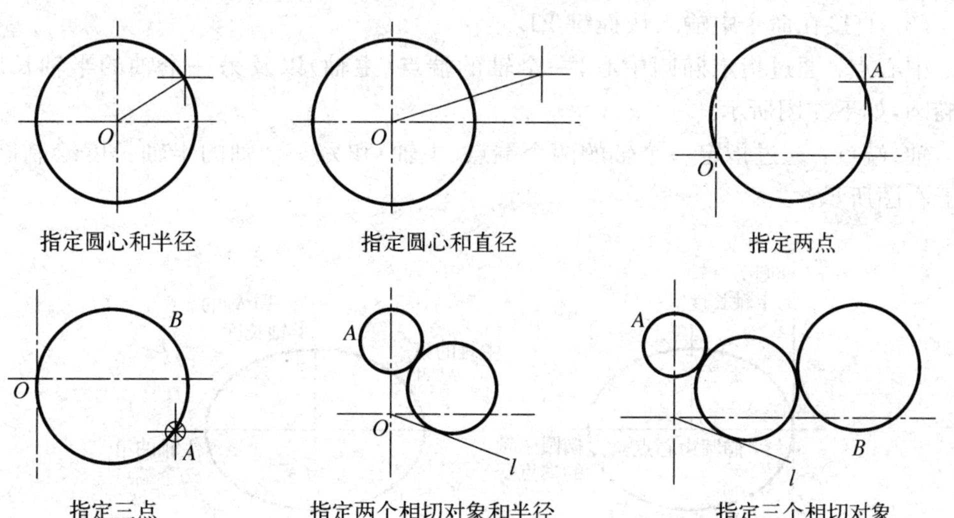

指定圆心和半径　　指定圆心和直径　　指定两点

指定三点　　指定两个相切对象和半径　　指定三个相切对象

7）圆弧命令(A)

绘制方式：

(1) 直接在“绘图”工具栏上点击【圆弧】按钮 。

(2) 在“绘图”菜单下单击“圆弧”命令。

(3) 直接在命令中输入快捷键 A。

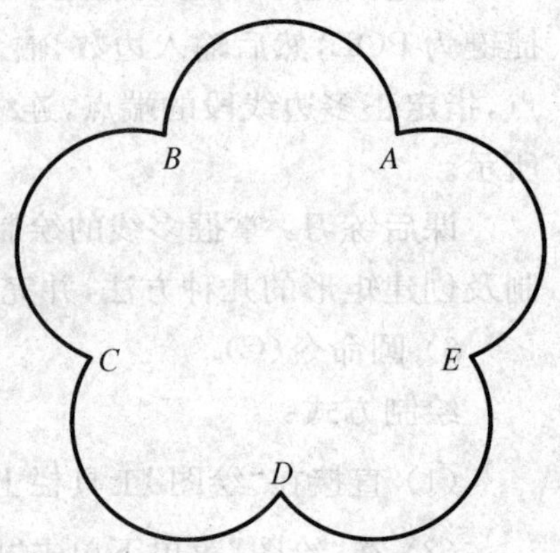

绘制圆弧的形式：“绘图”菜单中提供了十一种方式，右图所示为其中的一种。

通过指定三点的绘制圆弧：确定弧的起点位置，确定第二点的位置，确定第三点的位置。

通过指定起点、圆心、端点绘制圆弧。

已知起点、中心点和端点绘制圆弧：可以通过首先指定起点或中心点来绘制圆弧，中心点是指圆弧所在圆的圆心。

通过指定起点、圆心、角度绘制圆弧：如果存在可以捕捉到的起点和圆心点，并且已知包含角度，使用“起点、圆心、角度”或“圆心、起点、角度”选项。

如果已知两个端点但不能捕捉到圆心，可以使用“使用、端点、角度”法。

通过指定起点、圆心、长度绘制圆弧：如果可以捕捉到的起点和中心点，并且已知弦长，可使用“起点、圆心、长度”或“圆心、起点、长度”选项（弧的弦长决定包含角度）。

8）椭圆命令(EL)

绘制方式：

(1) 直接在“绘图”工具栏上点击【椭圆】按钮 。

(2) 在“绘图”菜单下单击椭圆命令。

(3) 直接在命令中输入快捷键 EL。

中心点：通过指定椭圆中心，一个轴的端点(主轴)以及另一个轴的半轴长度绘制椭圆，如下左图所示。

轴、端点：通过指定一个轴的两个端点(主轴)和另一个轴的半轴长度绘制椭圆，如下右图所示。

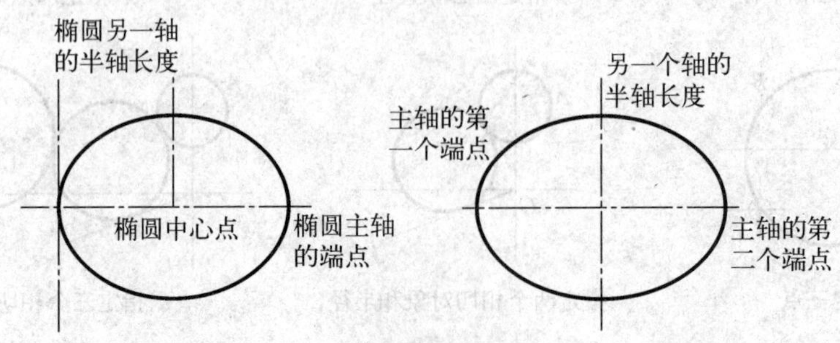

9）椭圆弧命令

绘制方式：

（1）直接在绘图工具栏上点击【椭圆弧】按钮 。

（2）在"绘图"菜单下单击"椭圆弧"命令。

椭圆弧绘制方法：按照命令行提示绘制，顺时针方向是图形去除的部分，逆时针方向是图形保留的部分，如右图所示。

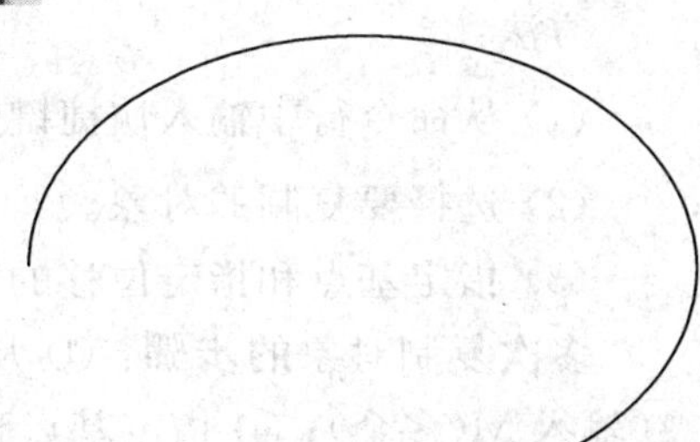

任务考评

序号	考核内容	考 核 项 目	配分	检测标准	得分
1	AutoCAD 图层的应用	根据要求创建图层	30	作图过程熟练运用图层，简化操作	
2	绘制直线、圆、多边形等简单图形	用不同方法绘制直线、圆、多边形等简单图形	70	方法使用准确，图形符合要求	

项目 3　机械平面图的绘制

知识目标

掌握移动、复制、镜像、阵列、倒角等编辑工具的使用

技能目标

结合基本命令，运用编辑工具熟练绘制机械平面图

任务描述

1. 删除命令(E)

方法：

（1）从"修改"工具栏中选择"删除"工具 ，选择物体后确定，即可删除物体。

（2）选中物体之后，按键盘上的[Delete]键也可将物体删除。

(3) 在命令行中直接输入快捷键 E,选择想要删除的物体确定即可。

(4) 在“修改”菜单下单击“删除”命令,选择想要删除的物体确定即可。

2. 复制命令(CO)

方法:

(1) 从命令行中输入快捷键为 CO,或在“修改”工具栏中选择【复制】按钮 。

(2) 选择要复制的对象。

(3) 指定基点和指定位移的第二点。

多次复制对象的步骤:① 从命令行中输入复制命令;② 选择要复制的对象;③ 输入 M(多个);④ 指定基点和指定位移的第二点;⑤ 指定下一个位移点,继续插入,或确定结束命令。

单个复制的结果如下图所示。

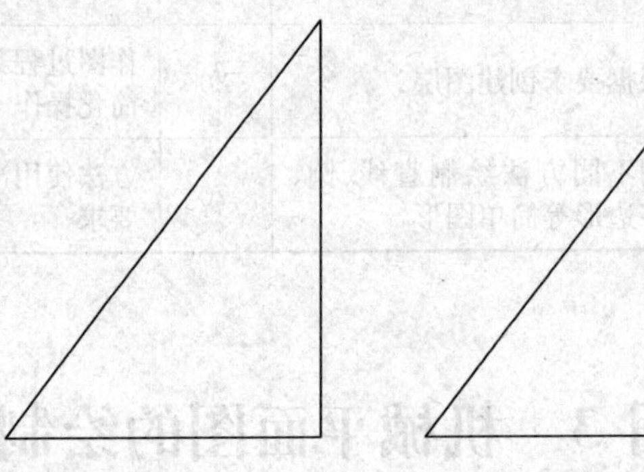

3. 镜像命令(MI)

方法:

(1) 从命令行中输入快捷键为 MI 或在“修改”工具栏中选择【镜像】按钮 。

(2) 选择要镜像的对象。

(3) 指定镜像直线的第一点和第二点。

(4) 按[确定]键是保留对象,如下图所示,或者按[Y]键将其删除。

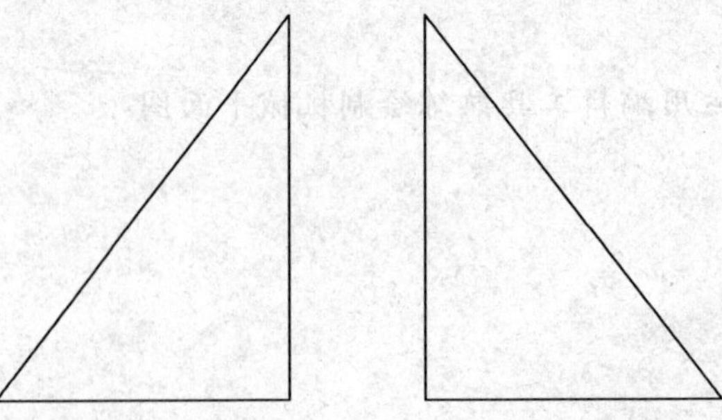

4. 偏移命令(O)

在实际应用中,常利用此命令创建平行线或等距离分布图形。

块物体不能执行偏移命令,偏移命令在使用中鼠标拖动的方向就是偏移的方向。

1）以指定的距离偏移对象的步骤

（1）从“修改”菜单中选择“偏移”/快捷键为 O/，单击“修改”工具栏上的【偏移】按钮 。

（2）指定偏移距离，可以输入值。

（3）选择要偏移的对象。

（4）指定要放置新对象的一侧上的一点。

（5）选择另一个要偏移的对象，或按【确定】按钮结束命令。

2）使偏移对象通过一个点的步骤

（1）从“修改”菜单中选择“偏移”。

（2）输入 T(通过点)。

（3）选择要偏移的对象。

（4）指定通过点。

（5）选择另一个要偏移的对象，或按回车键结束命令。

5．阵列命令(AR)

1）创建矩形阵列的步骤

（1）在命令行中输入快捷键为 AR 或单击“修改”工具栏上的【阵列】按钮 。

（2）在“阵列”对话框中选择“矩形阵列”，选择“选择对象”，去选择物体后确定，如下图所示。

（3）使用以下方法之一指定对象间水平和垂直间距(偏移)：

① 在行偏移和列偏移中输入行间距、列间距，添加“＋”或减“－”号确定方向；

② 单击【拾取行列偏移】按钮，使用它设备指定阵列中某个单元的相对角点，此单元决定行和列的水平和垂直间距；

③ 单击【拾取行偏移】或【拾取列偏移】按钮，使用定点设备指定水平和垂直间距；

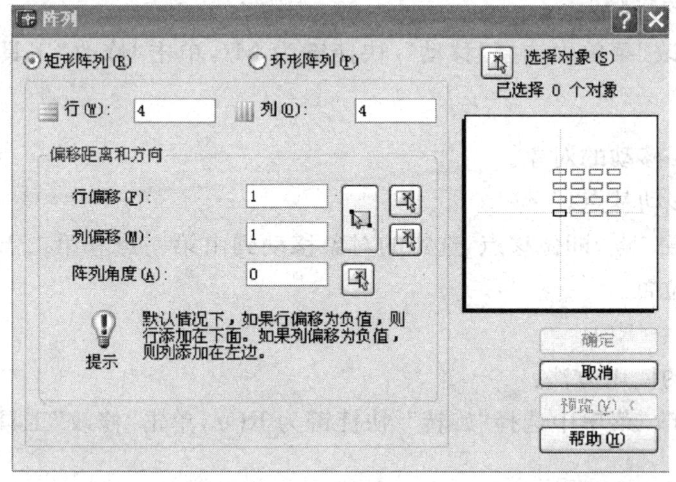

④ 若要修改阵列的旋转角度，请在“阵列角度”旁边输入新角度。

(4) 选择确定。

2) 创建环形阵列的步骤

(1) 在命令行中输入“阵列”命令。

(2) 在其对话框中选择“环形阵列”，如下图所示。

(3) 指定中点后，执行以下操作之一：

① 输入环形阵列中点的 X 坐标值和 Y 坐标值；

② 单击【拾取中点】按钮，“阵列”对话框关闭，使用定点设备指定环形阵列的圆心。

(4) 选择“选择对象”。

(5) 输入项目数目(包括原对象)。

(6) 确定即可。

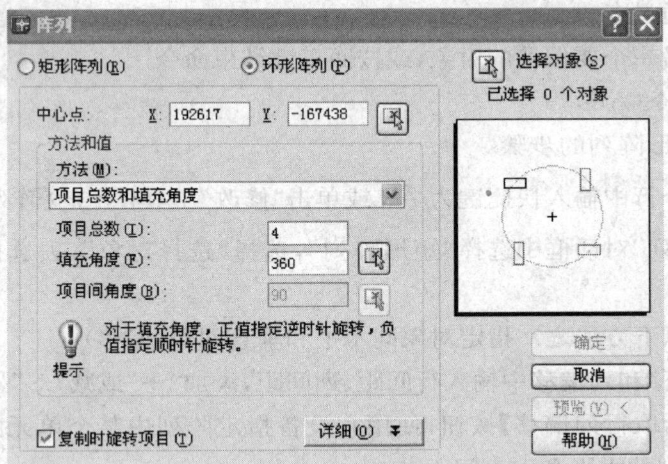

6. 移动命令(M)

移动对象的步骤：

(1) 从“修改”菜单中选择“移动”/快捷键为 M/，单击“修改”工具栏上的【移动】按钮 ✥ 。

(2) 选择要移动的对象。

(3) 指定移动基点。

(4) 指定第二点，即位移点，选定的对象移动到由第一点和第二点之间的方向和距离确定的新位置。

7. 旋转命令(RO)

旋转命令的使用方法：

(1) 从“修改”菜单中选择“旋转”/快捷键为 RO/，单击“修改”工具栏上的【旋转】按钮 ↻ 。

(2) 选择要旋转的对象。

(3) 指定旋转基点。

(4) 输入旋转角度，确定，如下图所示。

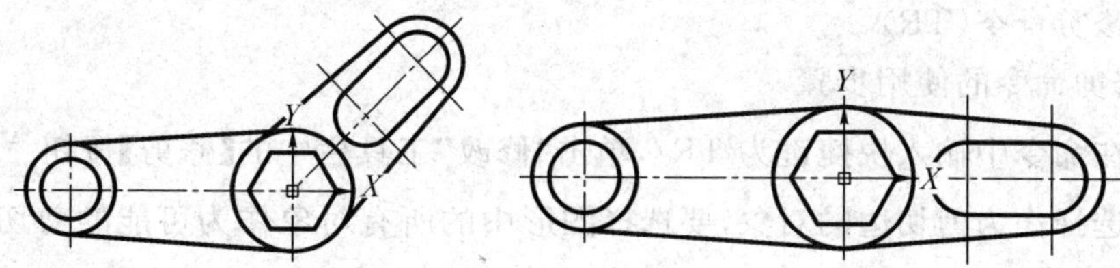

8. 缩放命令(SC)

缩放的步骤：

(1) 从“修改”菜单中选择“缩放”/快捷键为 SC/，单击“修改”工具栏上的【缩放】按钮 。

(2) 选择要缩放的对象。

(3) 指定缩放基点。

(4) 输入缩放的比例因子，确定即可，如下图所示。

注：基点一般选择线段的端点，角的顶点。

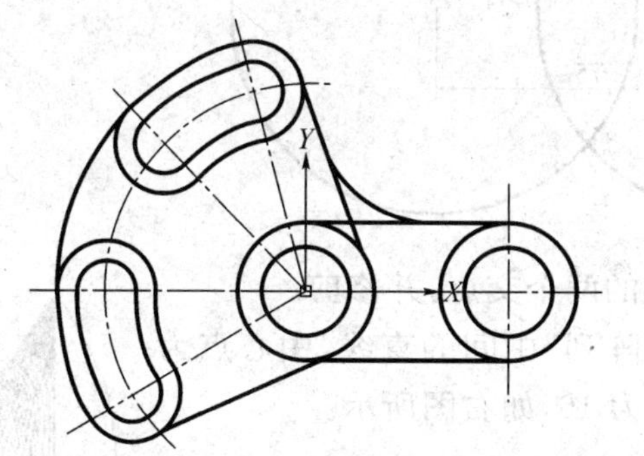

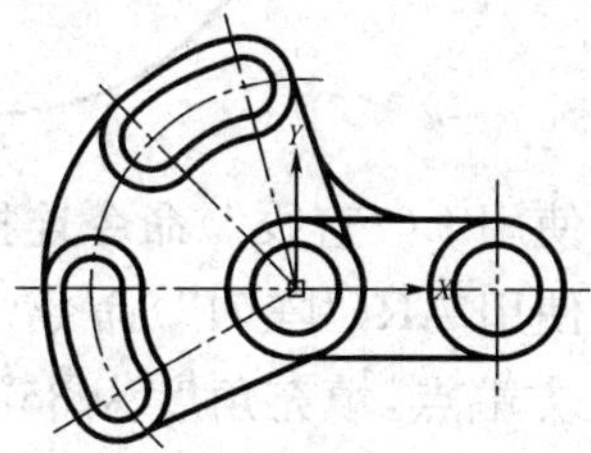

9. 拉伸命令(S)

用来把对象的单个边进行缩放，拉伸只能框住对象的一半进行拉伸。如果全选，则只是对物体进行移动，毫无意义，如下图所示。

拉伸命令的使用步骤：

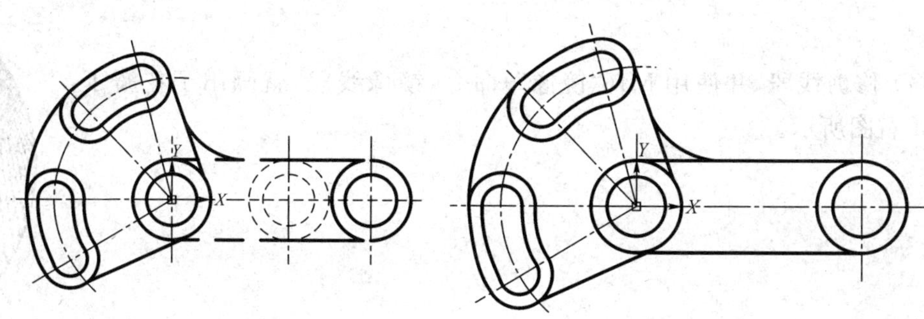

（1）在命令行中输入快捷键为 S，确定。

（2）反选选择非块形状，可进行拉伸命令。

（3）从命令行内直接输入拉伸距离。

10. 修剪命令（TR）

1）修剪命令的使用步骤

（1）在命令中输入快捷键为 TR/，单击“修改”工具栏中的【修剪】按钮 。

（2）选择作为剪切边的对象，要选择图形中的所有对象作为可能的剪切边，按回车键确定即可。

（3）选择要修剪的对象。

2）用 CAD 五个简单命令绘莲花图案

（1）先绘制一个直径为 100 的圆，使用 CO（“复制”）命令将该圆向右复制一个，它们的中心距为 75，如下图所示。

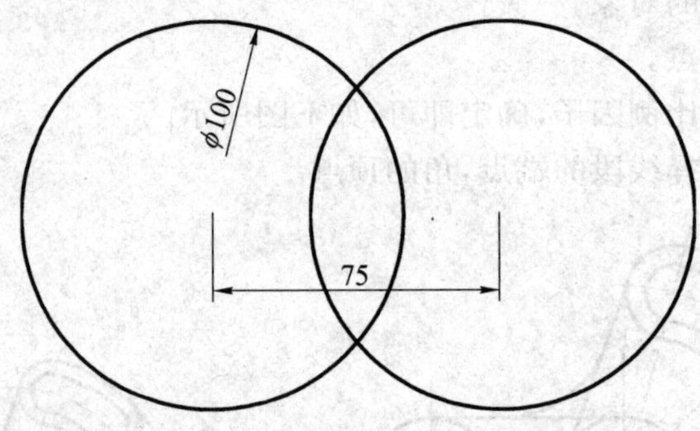

（2）使用 L（“直线”）命令连接两圆的两个交点，并修剪。

（3）使用 AR（“阵列”）命令，“环形阵列”中间的直线，中心点为直线最上方端点，填充角度为 35°，数量为 16，如右图所示。

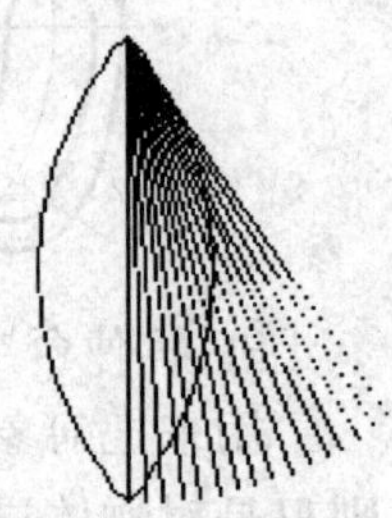

（4）修剪线段，并使用 MI（“镜像”）命令，镜像线段，就画出了花瓣了，结果如右图所示。

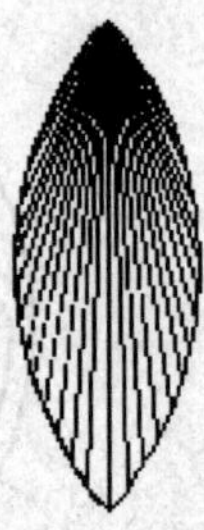

在 AutoCAD 中，当要修剪的对象使用同一条剪切边时，可使用“F”选项，一次性修剪多个对象。要修剪多余的线段，先输入“TR”命令，选择右边圆弧作为剪切边，选择修剪对象时，输入“F”＋空格，再点取 A 点、B 点，确认，即可一次性修剪所有多余的边。

11. 延伸命令(EX)

延伸命令的使用步骤：

(1) 在命令行中输入快捷键为 EX/，单击“修改”工具栏中的【延伸】按钮 。

(2) 选择作为边界的对象，在选择图形中的所有对象作为可能的边界边后，按回车键即可。

(3) 选择要延伸的对象。

例如，延伸左图的弧 AB，使其与辅助线 OC 相交，效果如下面的右图所示。

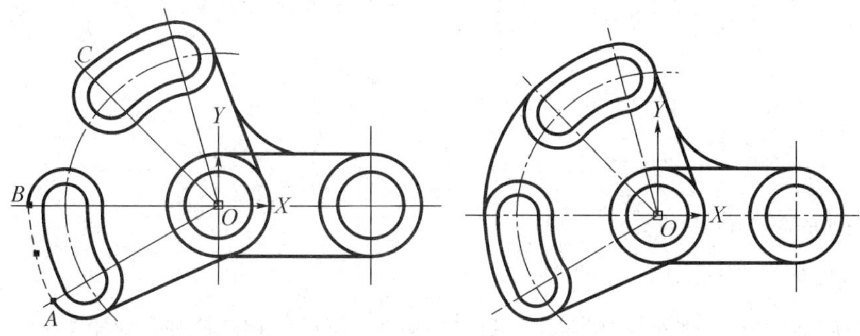

12. 打断命令(BR)

打断命令的使用方法：

(1) 从命令中输入打断的快捷键 BR/，单击“修改”工具栏中的【打断】按钮 。

(2) 用鼠标点击第一个点，再点击第二个打断点；或者先选择要打断的对象，再按 F 确定，然后指定第一个打断点和指定第二个打断点，打断命令能明显看出变化来。

在下图中，使用打断命令时，单击点 A 和 B 与单击点 B 和 A 产生的效果是不同的，如下面右边的两图所示。

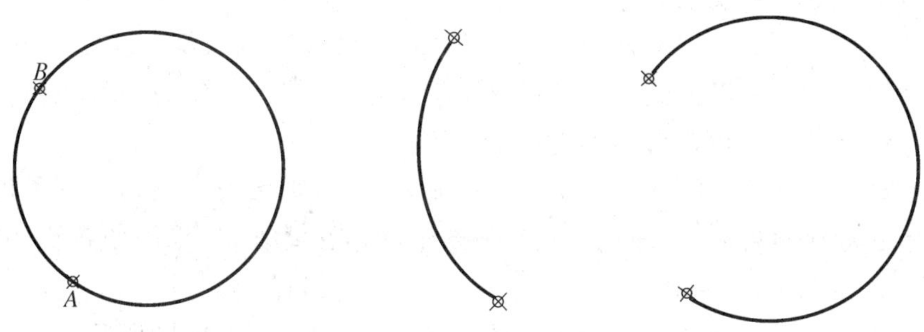

13. 打断于点命令

打断于点命令的使用：

(1) 画一个闭合物体。

(2) 从修改中点击“打断于点”命令。

(3) 根据命令行中提示，可把一个连在一起的物体打断，但现在看不出效果，在移动命令下移动物体可以看出来变化来。

在下图中，要从点 C 处打断圆弧，可以执行“打断于点”命令，并选择“圆弧”，然后单击点 C 即可，如下面的右图所示。

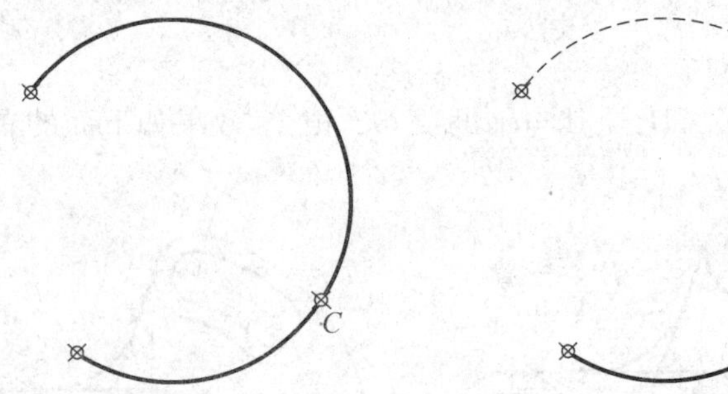

14. 倒角命令(CHA)

1) 倒角命令的使用

(1) 从命令行中输入快捷键为 CHA/，单击“修改”工具栏中【倒角】按钮 ⌈ 。

(2) 输入 D(距离)，输入第一个倒角距离(“角度”or“直角”边长)和第二个倒角距离(直角边长)。

(3) 选择倒角直线，显示以下选项：

[多段线(P)/距离(D)/角度(A)/修剪(T)/方式(M)/多个(U)]:

2) 各选项含义：

(1) “多段线(P)”：可以以当前设置的倒角大小对多段线的各顶点(交角)修倒角。

(2) “距离(D)”：设置倒角距离尺寸。

(3) “角度(A)”：可以根据第一个倒角距离和角度来设置倒角尺寸。

(4) “修剪(T)”：设置倒角后是否保留原拐角边。

(5) “多个(U)”：可以对多个对象绘制倒角。

注：修倒角时，倒角距离或倒角角度不能太大，否则无效。当两个倒角距离均为 0 时，此命令将延伸两条直线使之相交，不产生倒角。此外，如果两条直线平行、发散等，则不能修倒角。

例如，对下图所示上面的轴平面图修倒角后，结果如下面的图所示。

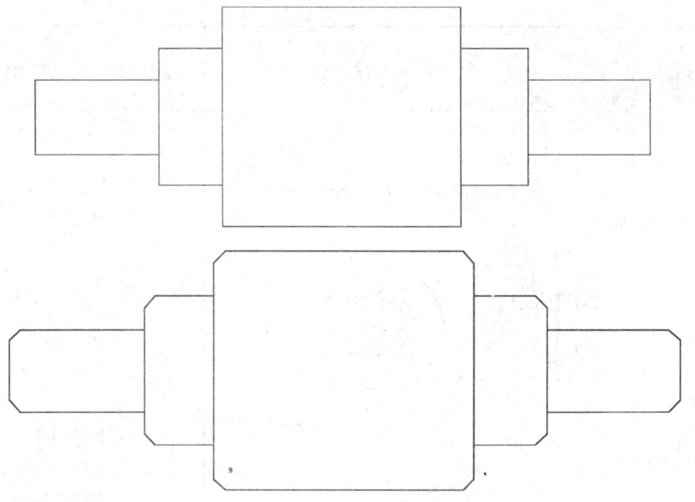

15. 圆角命令(F)

设置圆角的步骤：

(1) 从“修改”菜单中选择“圆角”/快捷键F/，单击“修改”工具栏中的【圆角】按钮 。

(2) 输入半径R，输入圆角半径。

(3) 选择要进行圆角的对象，如右图所示。

16. 分解命令(X)

分解命令的使用方法：

(1) 从“修改”菜单中选择“分解”或快捷键为X。

(2) 选择要分解的对象(对于大多数对象，分解的效果并不是看得见的)。

分解命令只是针对于块物体，文字不能使用分解命令。

任务考评

序号	考核内容	考 核 项 目	配分	检测标准	得分
1	编辑工具的使用	绘制下列图形，不标注尺寸	100	图形符合要求，线型选用正确，图层配置合理	

（续表）

序号	考核内容	考 核 项 目	配分	检测标准	得分
1	编辑工具的使用	绘制下列图形，不标注尺寸	100	图形符合要求，线型选用正确，图层配置合理	

项目 4　文字书写和尺寸标注

掌握书写各种文字的方法

掌握图样的尺寸标注

熟练书写文字

熟练标注图形尺寸并修改

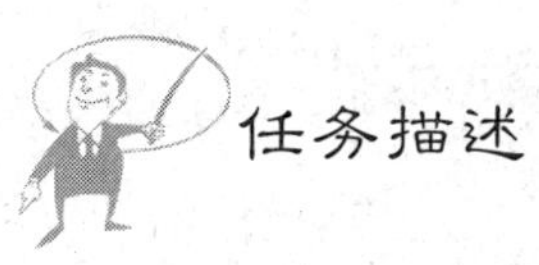

1. 文字命令(T)

分为多行文字和单行文字。

多行文字：输入的文字是一个整体。

单行文字：也可以输入多行文字，但是输入的每一行都是一个独立的对象。

1）绘制方式

(1) 直接在“绘图”工具栏上点击“文字”按钮 A 。

(2) 在“绘图”菜单下单击“文字”命令。

(3) 在命令行中直接输入快捷键为T。

2）绘制文字的步骤

(1) 从命令行中输入文字的快捷键为L，确定。

(2) 输入文字时，要用鼠标左键画出文字所在的范围。在其对话框中，可以设置字体、颜色等。

注：修改文字的快捷键为ED，或双击也可以对它进行修改。当文字出现“?”时，说明字体不对或者没有字体名(格式—文字样式—字体名)，应选择正确的字体，但有@的不可用。

使用的文字控制符见下表。

控　制　符	功　　能
%%O	打开或关闭文字上划线
%%U	打开或关闭文字下划线
%%D	标注度(°)符号
%%P	标注正负公差(±)符号
%%C	标注直径(ϕ)符号

2. 标注图形尺寸

1）创建与设置标注的样式

(1) 打开“标注样式管理器”对话框　方法如下：

① 单击“标注”工具栏上的【标注样式】按钮 。

② 格式菜单下“标注样式”命令。

③ 快捷键为D，确定或按Ctrl+M，对话框如下图所示。

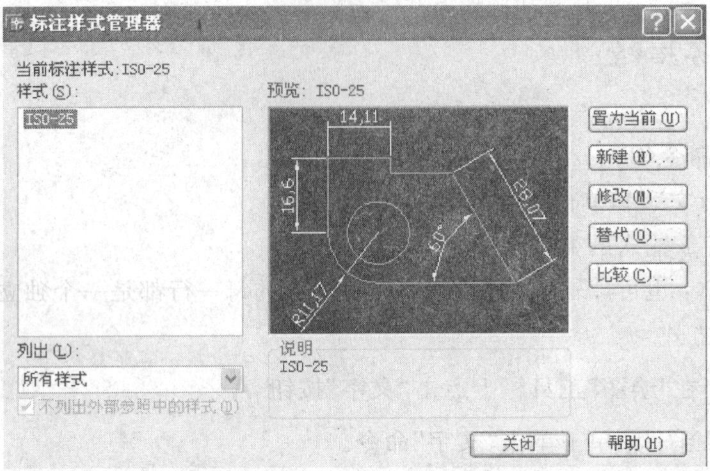

(2) 打开“修改标注样式”对话框　单击对话框中的【修改】按钮，弹出下图所示的对话框。

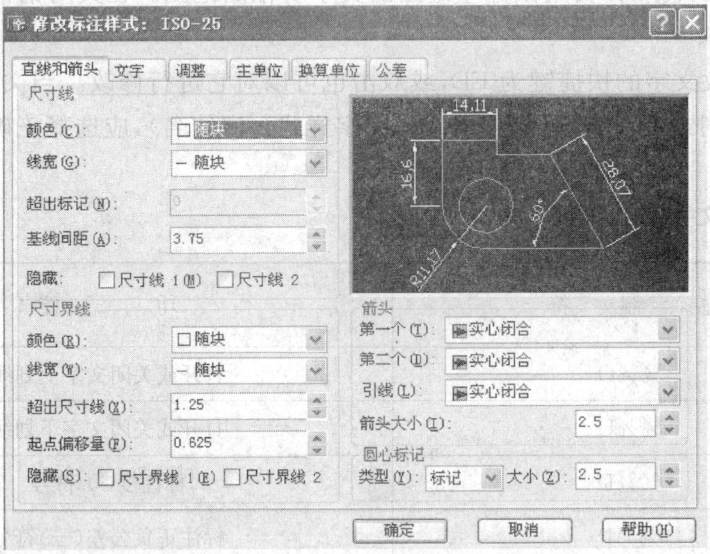

①“直线和箭头”选项卡，说明如下：

a.“尺寸线”选项区：可以设置尺寸线的颜色、线宽、超出标记，以及基线间距等属性。

该选项区中各选项含义如下：

“颜色”下拉列表框：用于设置尺寸线的颜色。

“线宽”下拉列表框：用于设置尺寸线的宽度。

“超出标记”微调框：当尺寸线的箭头采用倾斜，建筑标记、小点、积分或无标记等样式时，使用该文本框可以设置尺寸线超出尺寸界线的长度，如下图所示。

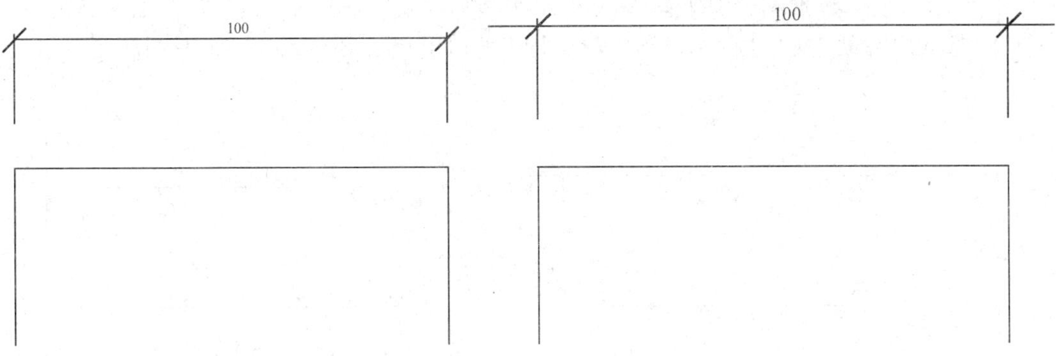

超出标注为 0 时　　　　超出标记不为 0 时

“基线间距”文本框：进行基线尺寸标注进时，可以设置各尺寸线之间的距离，如下图所示。

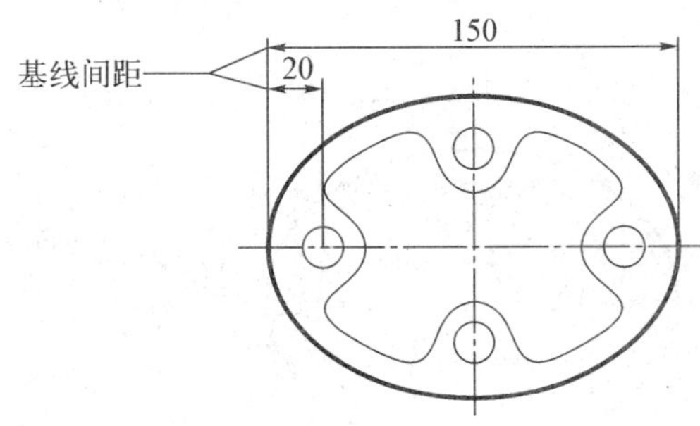

“隐藏”选项区：通过选择“尺寸线 1”或“尺寸线 2”复选框，可以隐藏第一段或第二段尺寸线及其相应的箭头，如下图所示。

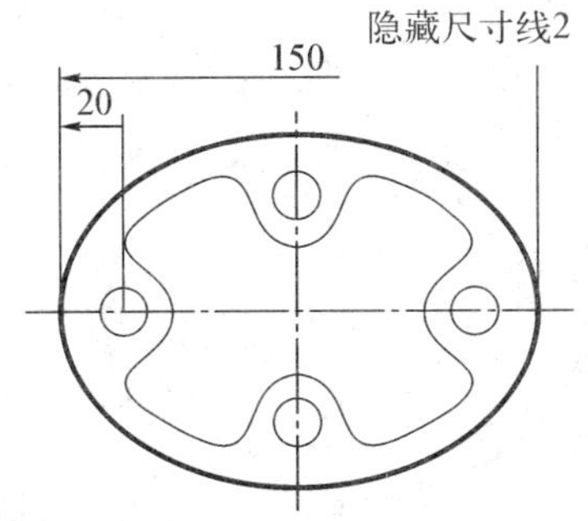

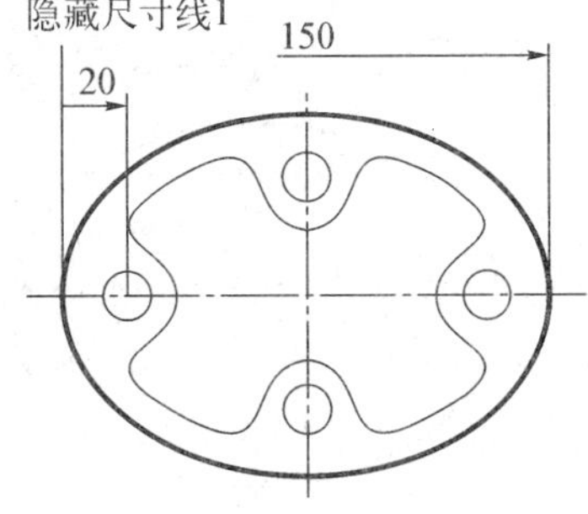

b. “尺寸界线”选项区：可以设置尺寸界线的颜色、线宽、超出尺寸线的长度和起点偏移量、隐藏控制等属性。

该选项区中各选项含义如下：

“颜色”下拉列表框：用于设置尺寸界线的颜色。

"线宽"下拉列表框：用于设置尺寸界线的宽度。

"超出尺寸线"文本框：用于设置尺寸界线超出尺寸线的距离，如下图所示。

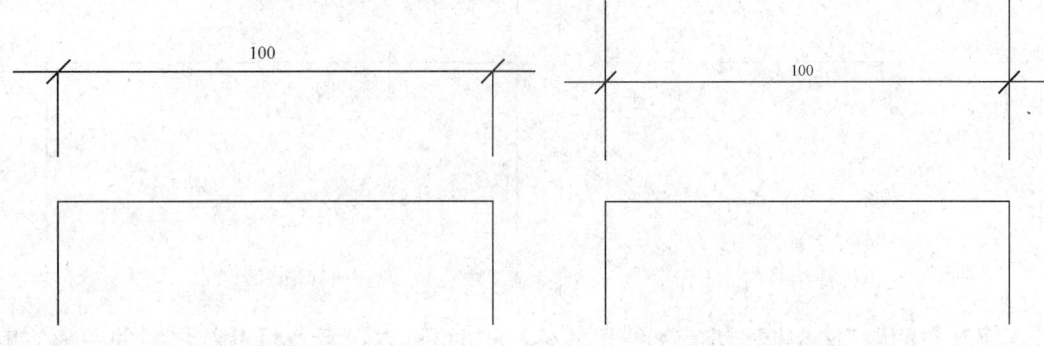

超出尺寸线距离为 0 时　　　　超出尺寸线距离不为 0 时

"起点偏移量"文本框：用于设置尺寸界线的起点与标注定义的距离偏移量，如下图所示。

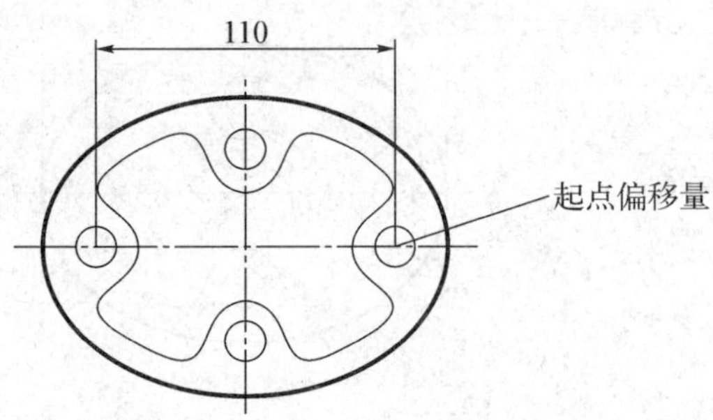

"隐藏"选项区：通过选择"尺寸界线 1"或"尺寸界线 2"复选框，可以隐藏尺寸界线，如下图所示。

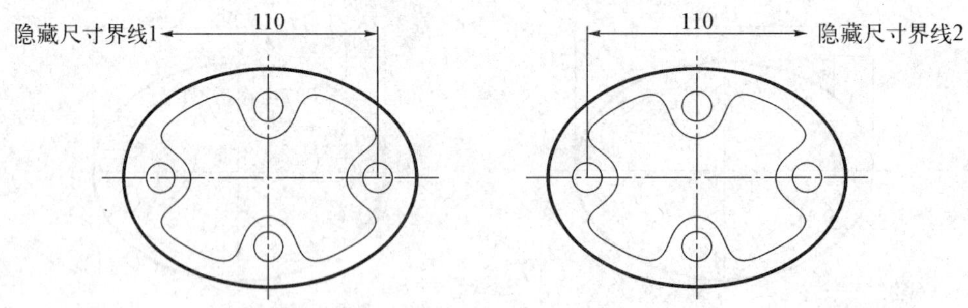

c. "箭头"选项区：可以设置尺寸线和引线箭头的类型及尺寸大小。

d. "圆心标记"选项区：在该选项组中，可以设置圆或圆弧的圆心标记类型，如"标记"、"直线"和"无"。其中，选择"标记"选项，可对圆或圆弧绘制圆心标记；选择"直线"选项，可对圆或圆弧绘制中心线；选择"无"选项，则没有任何标记。

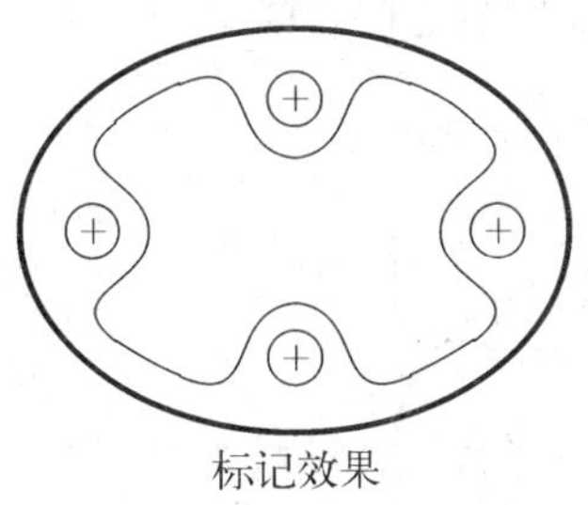
标记效果

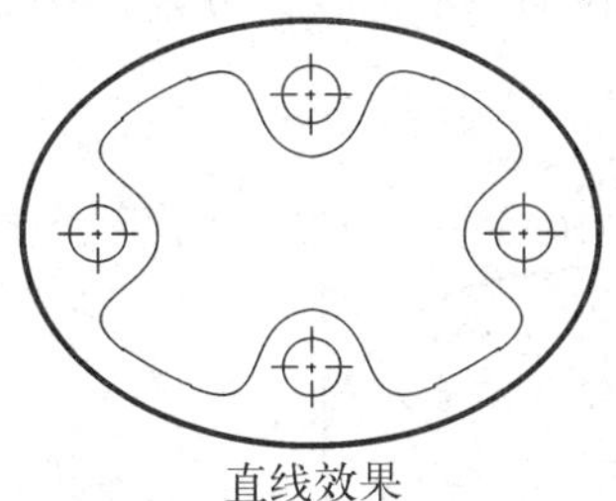
直线效果

②“文字”选项卡,如下图所示。

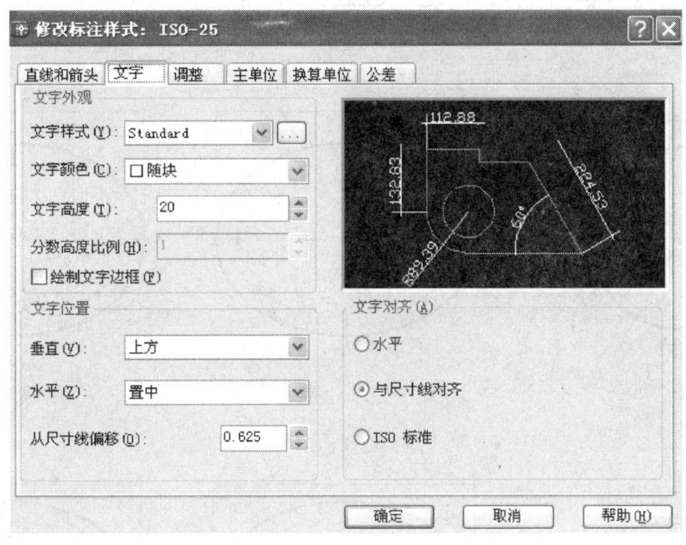

a.“文字外观”选项区:可以设置文字的形式、颜色、高度、分数高度比例,以及控制是否绘制文字的边框。

该选项区中各选项含义如下:

“文字样式”下拉列表框:用于选择标注文字的样式。

“文字颜色”下拉列表框:用于设置标注文字的颜色。

“文字高度”文本框:用于设置标注文字的高度。

“绘制文本边框”复选框:用于设置是否给标注文字加边框,如下图所示。

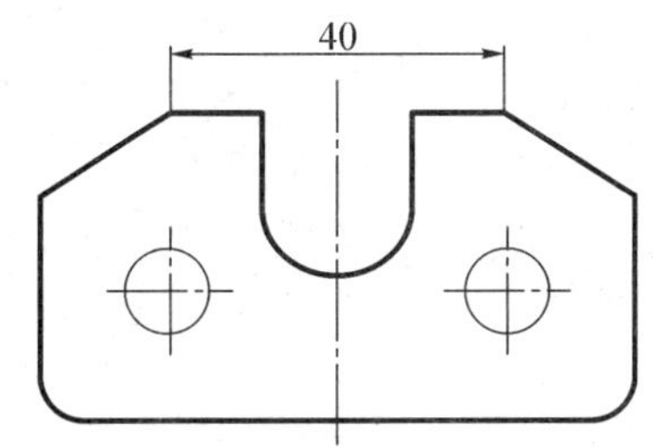

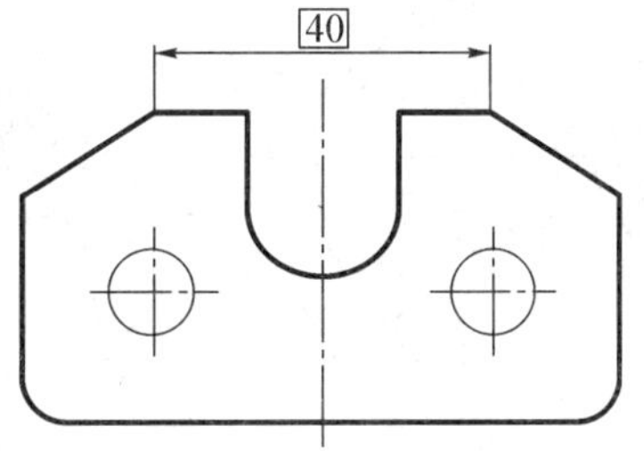

b. “文字位置”选项区：可以设置文字的垂直、水平位置，以及距尺寸线的偏移量，如下图所示。

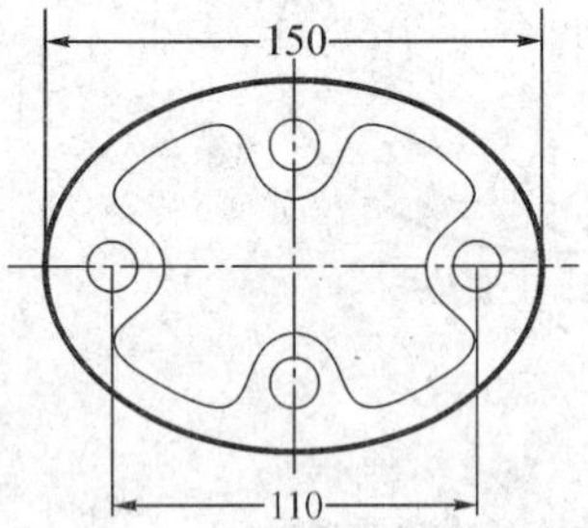

置中 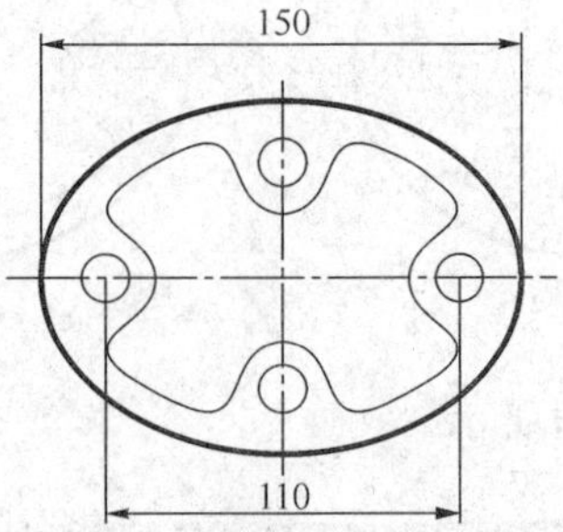　　上方 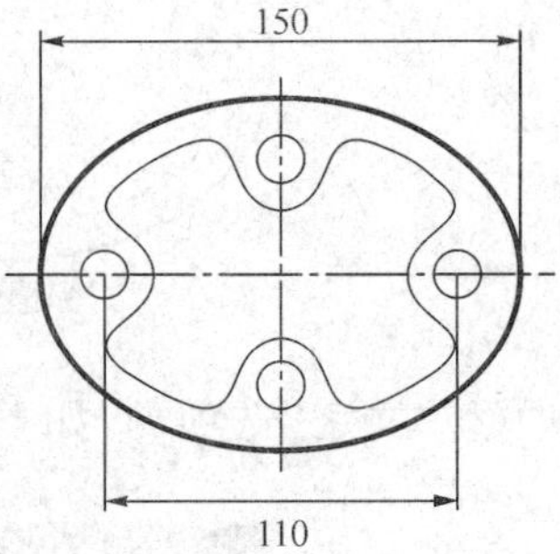　　外部

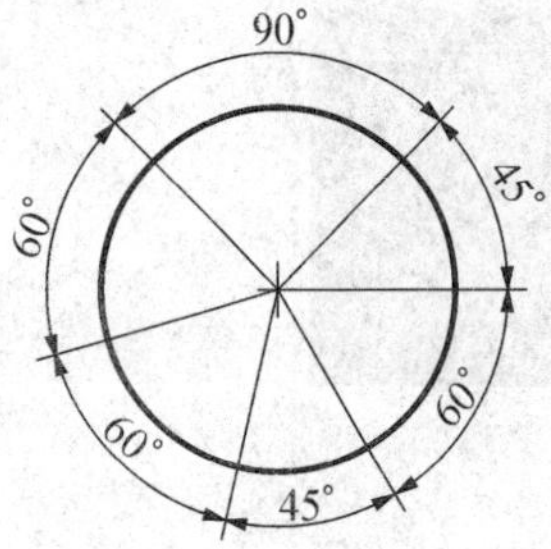

JIS 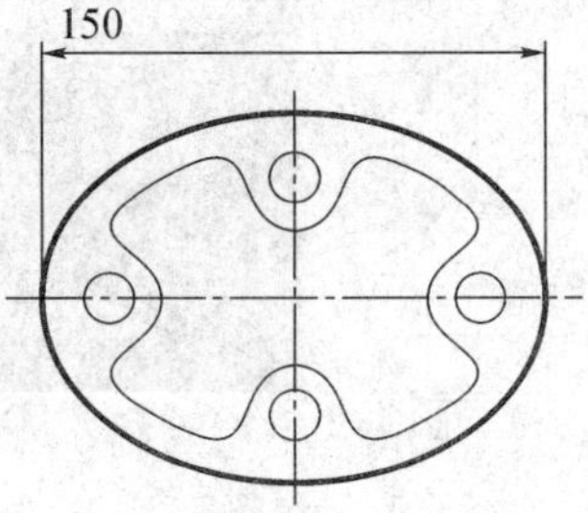　　第一条尺寸界线 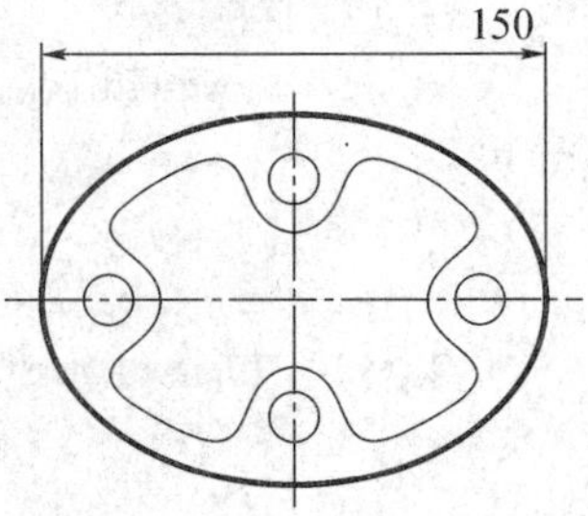　　第二条尺寸界线

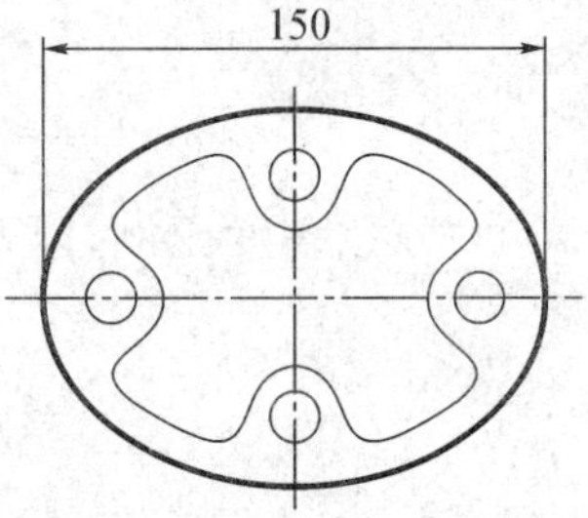

置中 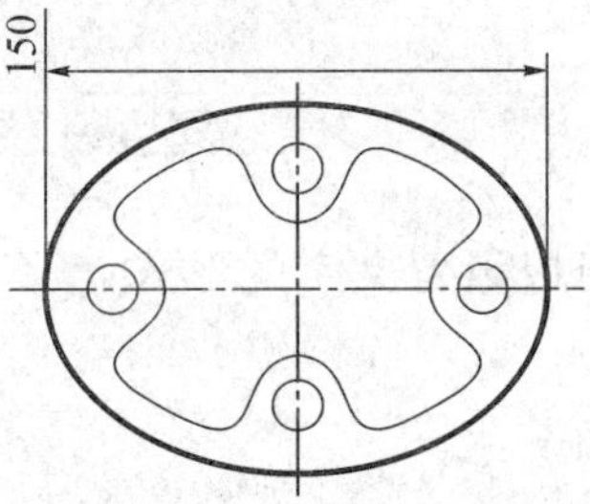　　第一条尺寸界线上方 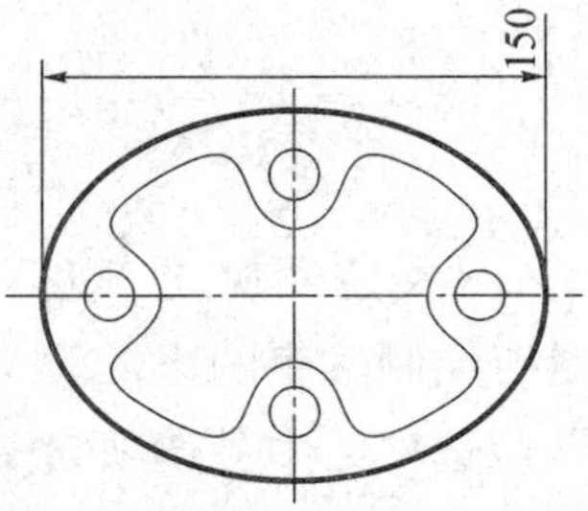　　第二条尺寸界线上方

c. “文字对齐”选项区：可以设置标注文字是保持水平，还是与尺寸线平行，如下图所示。

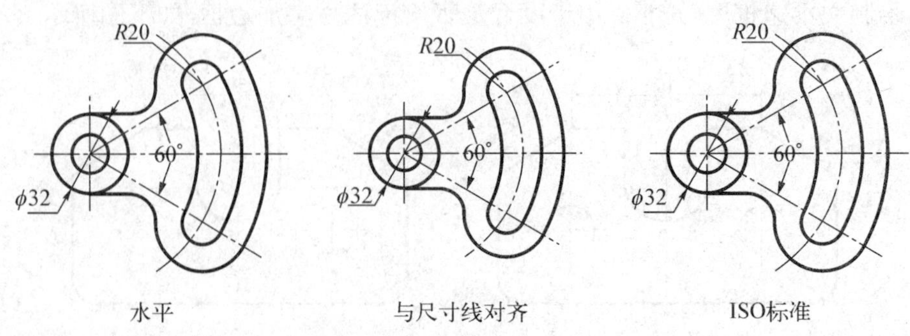

水平　　与尺寸线对齐　　ISO标准

③ “调整”选项卡，如下图所示。

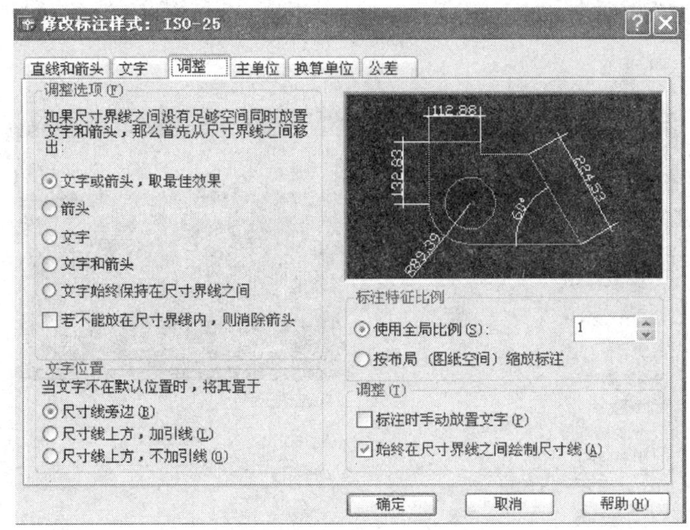

a. “调整选项”选项区：可以确定当尺寸界线之间没有足够空间同时放置标注文字和箭头时，应首先从尺寸界线之间移出的对象。

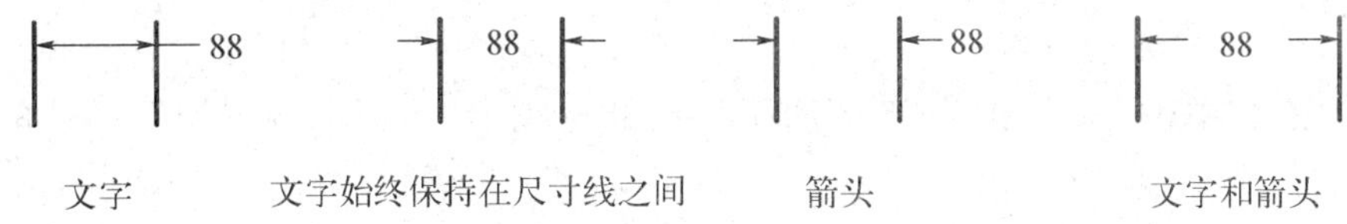

文字　　文字始终保持在尺寸线之间　　箭头　　文字和箭头

b. “文字位置”选项区：用户可以设置当文字不在默认位置时的位置，如下图所示。

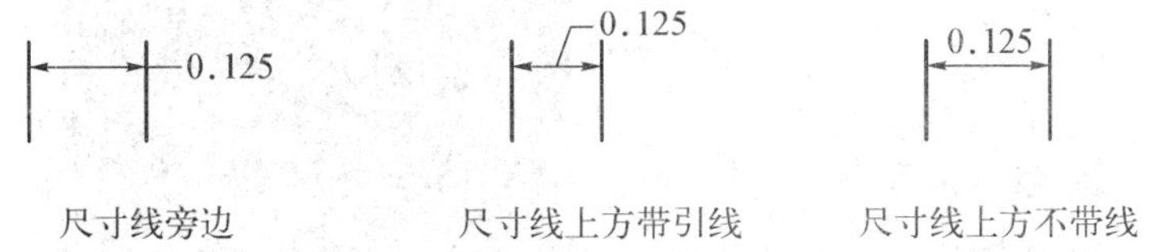

尺寸线旁边　　尺寸线上方带引线　　尺寸线上方不带线

c. “标注特征比例”选项区：可以设置标注尺寸的特征比例，以便通过设置全局比例因子来增加或减少各标注的大小，如下图所示。

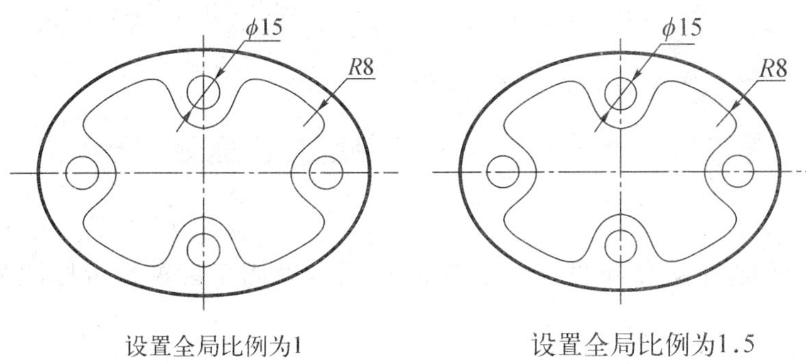

设置全局比例为1　　设置全局比例为1.5

d. “调整”选项区：可以对标注文本和尺寸线进行细微调整。

④“主单位”选项卡，如下图所示。在此选项卡中，可以设置主单位的格式与精度等属性。

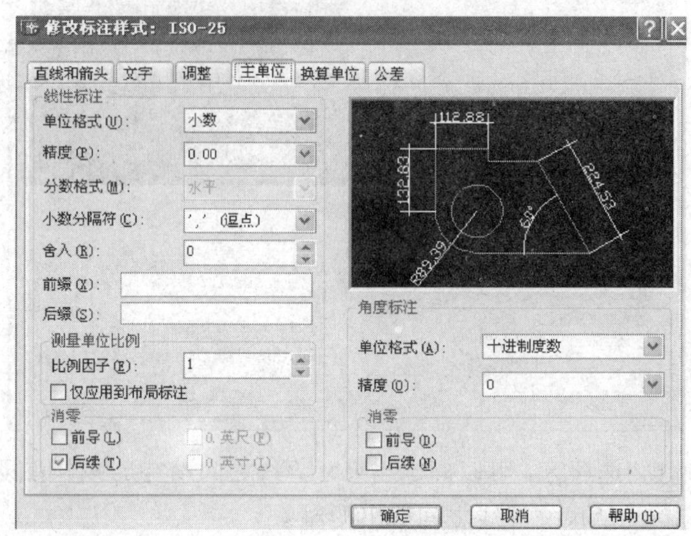

⑤“换算单位”选项卡，如下图所示。在此选项卡中，可以设置换算单位的格式。

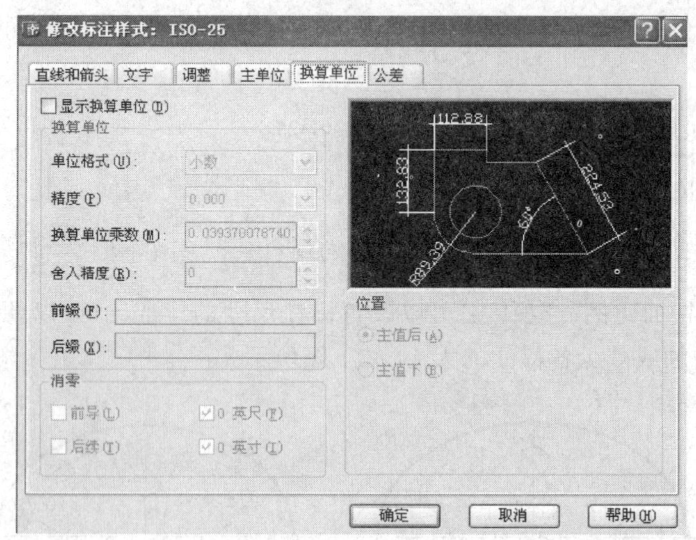

⑥“公差”选项卡，如下图所示。在此选项卡中用于设置是否标注分差，以及以何种方式进行标注。

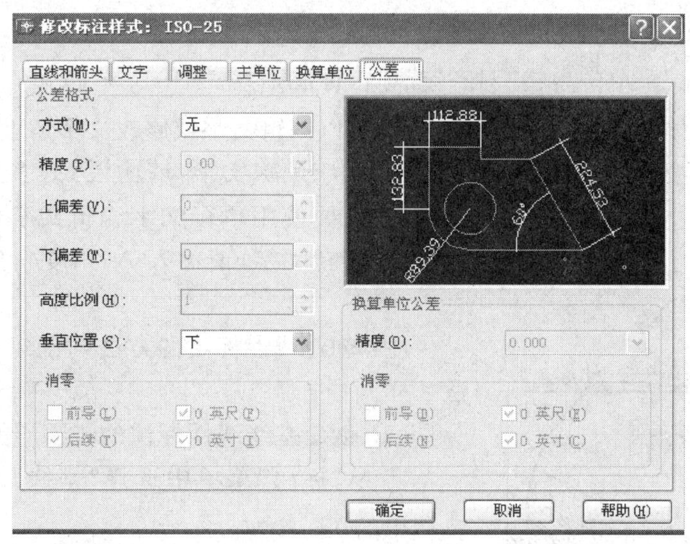

2）尺寸标注的类型

“标注”框的菜单、各类型指定尺寸标注位置示例，如下面两图所示。

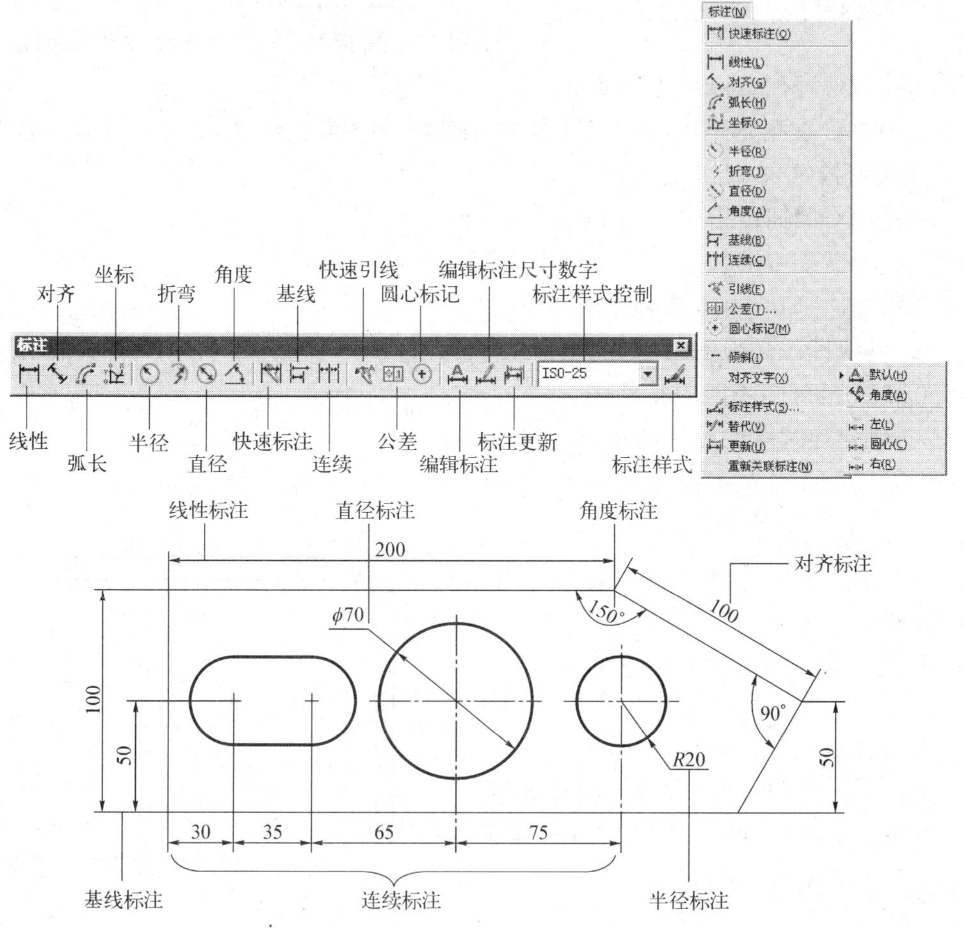

（1）创建对齐标注的步骤　操作如下：

① 在“标注”菜单中单击“对齐”或单击标注工具栏中的 按钮。

② 指定物体，在指定尺寸位置之前，可以编辑文字或修改文字角度。

③ 根据需要输入选项：要使用多行文字编辑文字，请输入 M（多行文字），在多行文字编辑器中修改文字，然后单击确定；要使用单行文字编辑文字，请输入 T（文字），修改命令行上的文字，然后确定；要旋转文字，请输入 A（角度），然后输入文字角度。

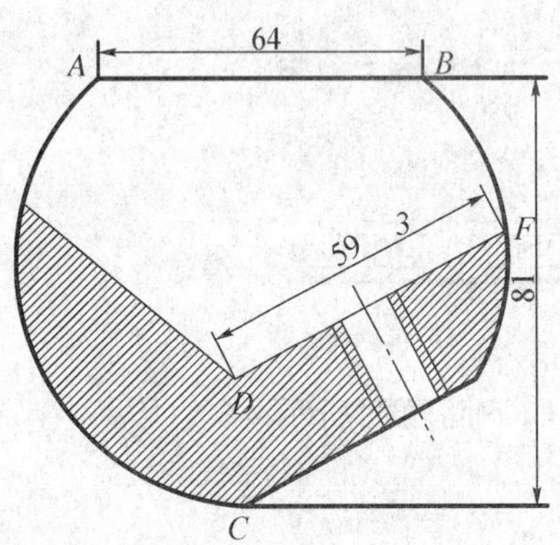

注：创建线性标注的方法同创建对齐标注的方法一样。

（2）创建基线线性标注的步骤　操作如下：

① 从“标注”菜单中选择“基线”或单击标注工具栏中的 按钮。

默认情况下，上一个创建的线性标注的原点用作新基线标注的第一尺寸界线。AutoCAD 提示指定第二条尺寸线，如左图所示。

② 使用对象捕捉选择第二条尺寸界线原点，或按[Enter]键选择任意标注作为基准标注。

AutoCAD 在指定距离（在“标注样式管理器”的“直线和箭头”选项卡的“基线间距”选项中所指定）自动放置第二条尺寸线。

③ 使用对象捕捉指定下一个尺寸界线原点。

④ 根据需要可继续选择尺寸界线原点。

⑤ 按两次[Enter]键结束命令。

注：基线标注必须借助于线性标注或对齐标注基础上；连续标注必须借助于线性标注和对齐标注，不能单独使用。

（3）创建连续线性标注的步骤　操作如下：

① 从“标注”菜单中选择“连续”或单击标注工具栏中的 按钮。

AutoCAD 使用现有标注的第二条尺寸界线的原点作为第一条尺寸界线的原点，如右图所示。

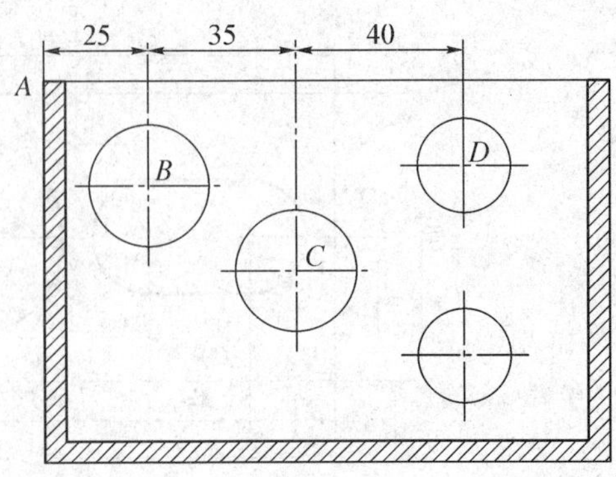

② 使用对象捕捉指定其他尺寸界线原点。

③ 按两次[Enter]键结束命令。

（4）创建直径标注的步骤　操作如下：

① 从“标注”菜单中选择“直径”或单击标注工具栏中的 按钮。

② 选择要标注的圆或圆弧。

③ 根据需要输入选项：要编辑标注文字内容，请输入 T(文字)或 M(多行文字)；要改变标注文字角度，请输入 A(角度)。

④ 指定引线的位置。

注：创建半径标注的步骤同创建直径的步骤相同。

(5) 创建角度标注的步骤　操作如下：

① 从“标注”菜单中选择“角度”或单击标注工具栏中的 按钮。

② 使用下列方法之一，如下图所示：

标注圆，在角的第一端点选择圆，然后指定角的第二端点；

标注其他对象，请选择第一条直线，然后选择第二条直线。

③ 根据需要输入选项：编辑标注文字内容，输入 T(文字)或 M(多行文字)；在括号内编辑或覆盖括号(〈〉)，将修改或删除 AutoCAD 计算的标注值；通过在括号前后添加文字，可以在标注值前后附加文字；编辑标注文字角度，输入 A(角度)。

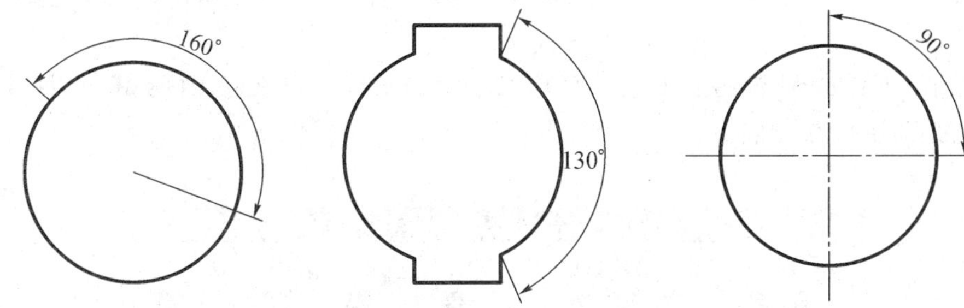

注：圆心标记 ：可标注圆、圆弧的圆心位置。

(6) 创建引线的步骤　操作如下：

① 从“标注”菜单中选择“引线”或单击标注工具栏中的 按钮。

② 按[Enter]键显示“引线设置”对话框，并进行以下选择：

在“引线和箭头”选项卡中选择“直线”，在“点数”下选择“无限制”；

在“注释”选项卡中选择“多行文字”；

选择确定。

③ 指定引线的“第一个”引线点和“下一个”引线点。

④ 按[Enter]键结束选择引线点。

⑤ 指定文字宽度。

⑥ 输入该行文字。按[Enter]键根据需要输入新的文字行。

⑦ 按两次[Enter]键结束命令。

完成 QLEADER 命令后，文字注释将变成多行文字对象。快速引线中的文字可用 ED 来修改。

（7）其他各类尺寸标注　阐述如下：

坐标标注 ：横向标注是 Y 轴坐标值，纵向标注是 X 轴坐标值。

快速标注 ：可以快速创建标注布局。

形位公差：即形状位置公差，在机械图中极为重要。一方面，如果形位公差不能完全控制，装配件就不能装配；另一方面，过度吻合的形位公差又会由于额外的制造费用而造成浪费，但在大多数的建筑图形中，形位公差几乎不存在的。

形位公差的符号表示，如下图所示：

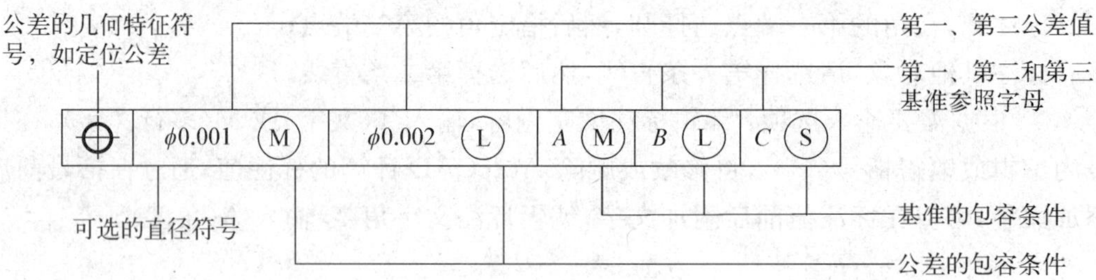

在形位公差中，特征控制框至少包含几何特征符号和公差值两部分，如下图所示，各组成部分的意义如下：

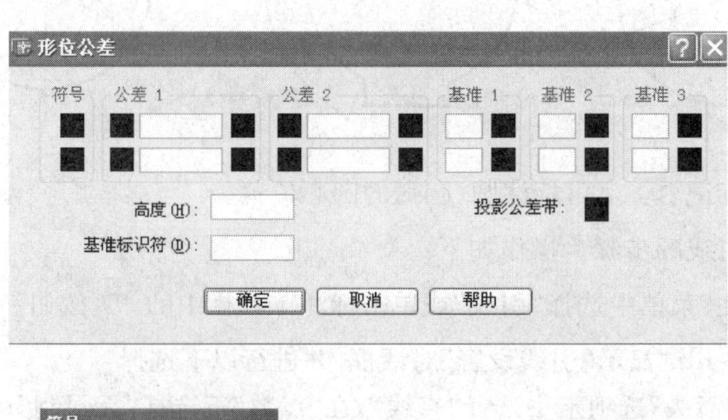

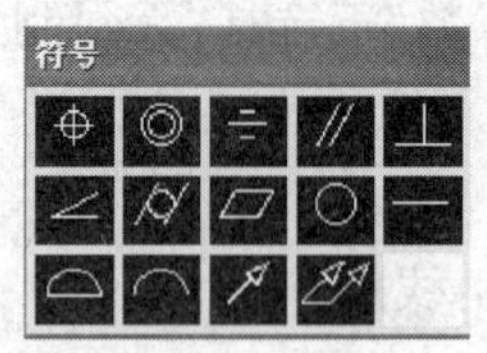

几何特征：用于表明位置、同心度或共轴性、对称性、平行性、垂直性、角度、圆柱度、平直度、圆度、直度、面剖、线剖、环形偏心度及总体偏心度等。

直径：用于指定一个圆形的公差带，并放于公差值前。

公差值：用于指定特征的整体公差的数值。

包容条件：用于大小可变的几何特征，有 Ⓜ 、Ⓛ 、Ⓢ 和空白四个选择。其中，

Ⓜ 表示最大包容条件,几何特征包含规定极限尺寸内的最大容量;Ⓛ 表示最小包含条件,几何特征包含规定有限尺寸内的最小包含量;Ⓢ 表示不考虑特征尺寸,这时几何特征可能是规定极限尺寸内的任意大小。

基准:特征控制框中的公差值,最多可跟随三个可选的基准参照字母及其修饰符号。

形位公差对话框:从“标注”菜单中选择“公差”或单击“标注”工具栏中的 按钮。

编辑标注 :可以编辑已有标注的标注文字内容和放置位置。

“默认”:选择该选项,并选择尺寸对象,可以按默认位置及方向放置尺寸文字。

“新建”:修改尺寸对象,此时系统将显示“文字格式”工具栏和文字输入窗口,修改或输入尺寸文字后,选择需要修改的尺寸对象即可。

“旋转”:将尺寸文字旋转一定的角度。

“倾斜”:使非角度标注的尺寸界线倾斜一个角度。

编辑标注文字 :主要是控制文字的位置。

任务考评

序号	考核内容	考 核 项 目	配分	检测标准	得分
1	绘制图形,标注尺寸	绘制下列图形,并标注尺寸	70	标注正确清晰,引线标注合理	
2	书写文字	在图形旁边写出三个技术要求,并填写标题栏	30	字体大小和排列符合要求	

项目 5　图案填充、块及设计中心

掌握图案填充和块的使用方法
了解 CAD 设计中心

熟练运用图案填充工具
灵活运用块绘制二维图形

1. 图案填充

图案填充命令(H)：可以填充封闭或不封闭的图形，起一个说明/表示作用，是一个辅助工具。

1) 绘制方式

(1) 直接在“绘图”工具栏上点击【填充】按钮 。

(2) 在“绘图”菜单下单击“填充”命令。

(3) 在命令行中，直接输入快捷键为 H。

2) 填充选定对象的步骤

(1) 从命令行中输入 H，在其对话框中选择“选择对象”。

(2) 指定要填充的对象，对象不必构成闭合边界，也可以指定任何不应被填充的弧物体。

(3) 确定。

3) 图案填充选项说明

在“边界图案填充”对话框中，选择“图案填充”选项卡，如下图所示。

类型和图案：在这两个选项组中，可以设置图案填充的类型和图案。

拾取点：是指以鼠标左键点击位置为准向四周扩散，遇到线形就停，所有显示虚线的图形是填充的区域，一般填充的是封闭的图形。

选择对象：是指鼠标左键击中的图形为填充区域，一般用于不封闭的图形。

边界图案填充
图案填充
高级
渐变色
类型(Y): 预定义
图案(P): ANGLE
样例:
自定义图案(M):
角度(L): 0
比例(S): 1
相对图纸空间(E)
间距(C): 1
ISO 笔宽(O):
拾取点(K)
选择对象(B)
删除孤岛(R)
查看选择集(V)
继承特性(I)
双向(U)
组合
关联(A)
不关联(N)
预览(W)
确定
取消
帮助(H)

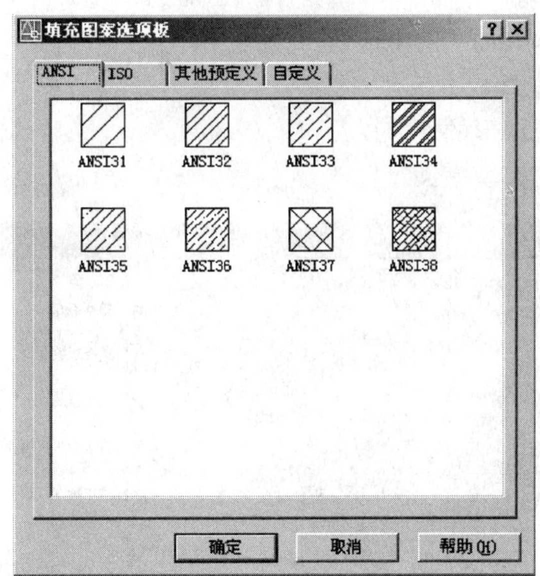
填充图案选项板
ANSI
ISO
其他预定义
自定义
ANSI31
ANSI32
ANSI33
ANSI34
ANSI35
ANSI36
ANSI37
ANSI38
确定
取消
帮助(H)

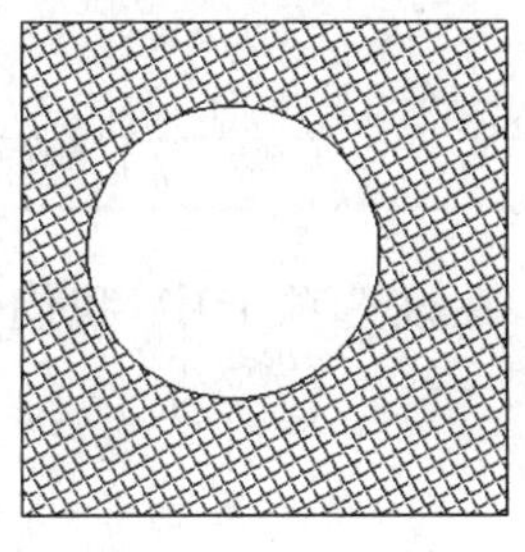
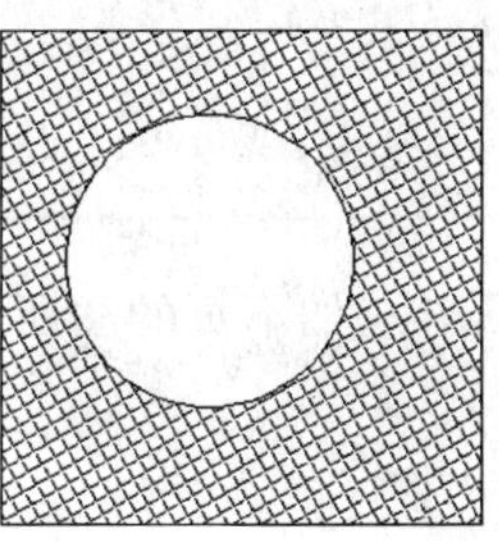

继承特性：图案的类型，角度和比例完全一致的复制，在另一填充区域内。

关联：在关联状态下的填充是指填充图形中有障碍图形，当删除障碍图形时，障碍图形内的空白位置被填充图案自动修复，如下图所示。

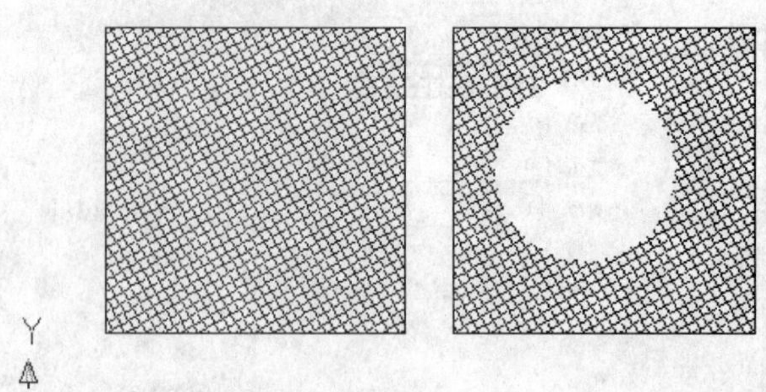

角度和比例：在这两个选项组中，可以设置用户定义类型的图案填充的角度和比例等参数。

注：比例大小要适当，过大、过小都会使填充不上。

4）其他选项说明

（1）高级选项卡　如下图所示，在此选项卡中：

普通 M：只填充奇数。

外部 O：只填充图形的外部。

忽略 G：所有的都填率。

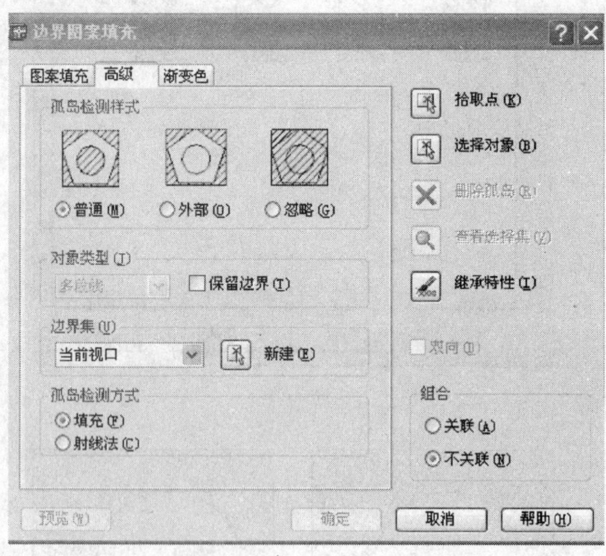

（2）渐变色选项卡　如下页的图所示，在该选项卡中，我们可以选择颜色之间的渐变进行填充。

2. 块的定义

块也称为图块，是 AutoCAD 图形设计中的一个重要概念。在绘制图形时，如果

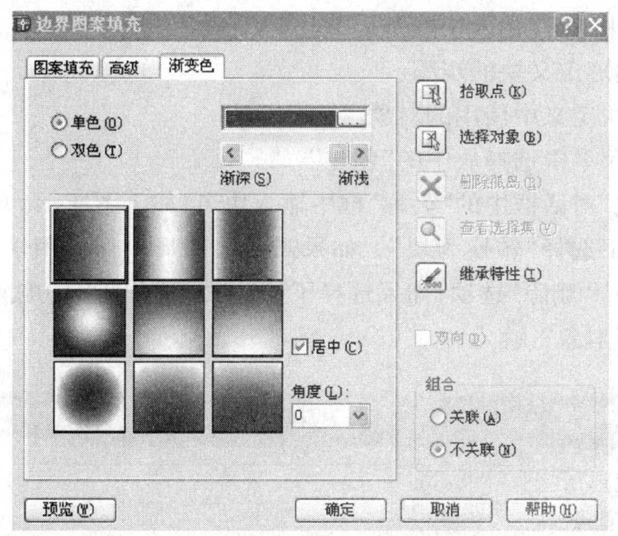

Y

图形中有大量相同或相似的内容，或者所绘制的图形与已有的图形文件相同，则可以把要重复绘制的图形创建成块，并根据需要为块创建属性，指定块的名称、用途及设计者等信息。在需要时，可直接插入它们，从而提高绘图效率。

当然，用户也可以把已有的图形文件以参照的形式插入当前图形中(即外部参照)，或是通过 AutoCAD 设计中心浏览、查找、预览、使用和管理 AutoCAD 图形、块、外部参照等不同的资源文件。

块是一个或多个对象组成的对象集合，常用于绘制复杂、重复的图形。一旦一组对象组合成块，就可以根据作图需要将这组对象插入图中任意指定位置，而且还可以按不同的比例和旋转角度插入。在 AutoCAD 中，有创建块、插入块、存储块，使用块可以提高绘图速度，节省存储空间，便于修改图形。

1) 创建块命令(B)

创建块是指将所有单图形，合并成一个图形，交点只有一个。

(1) 绘制方式

① 直接在“绘图”工具栏上点击创建块按钮 。

② 在“绘图”菜单下单击“创建块”命令。

③ 在命令行中，直接输入快捷键为 B。

(2) 将当前图形定义块的步骤：

① 创建要在块定义中使用的对象。

② 从“绘图”菜单中选择块中的“创建”。

③ 在“块定义”对话框中的“名称”框中输入块名，如下图所示。

④ 在“对象”下选择“转换为块”。如果需要在图形中保留用于创建块定义的原对象，请确保未选中“删除”选项；如果选择了该选项，将从图形中删除原对象。

⑤ 选择“选择对象”，确定。

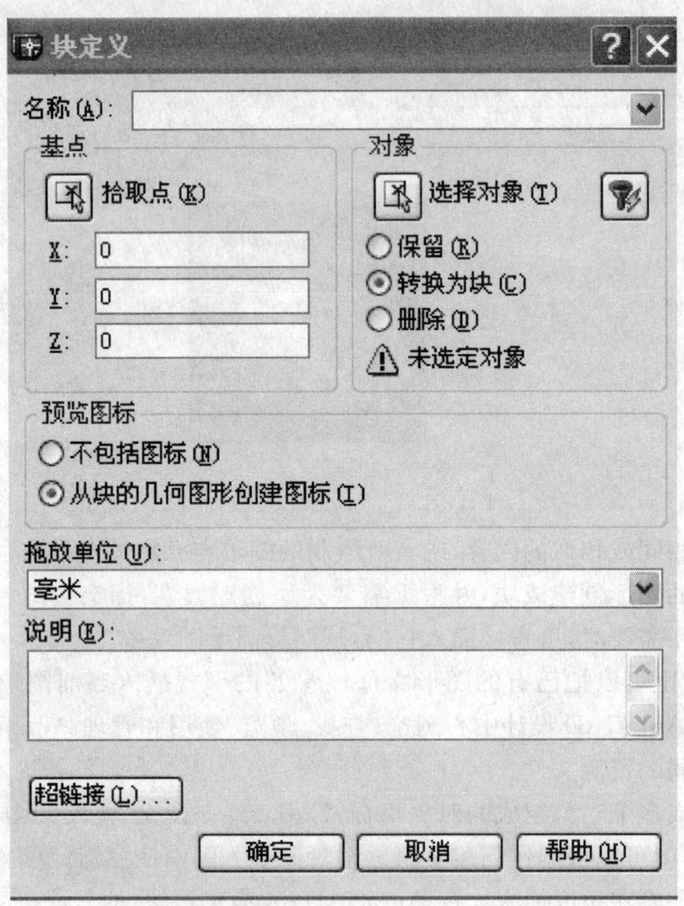

“定义块”对话框中，各主要选项的功能如下：

“名称”文本框：用于输入块的名称，最多可使用 255 个字符。

“基点”选项区域：用于设置块的插入基点位置。

“对象”选项区域：用于设置组成块的对象。

“预览图标”选项区域：用于设置是否根据块的定义保存预览图标。如果保存了预览图标，通过设计中心将能够预览该图标。

"拖放单位"下拉列表框：用于设置从设计中心拖动块时的缩放单位。

"说明"文本框：用于输入当前块的说明部分。

2）插入块命令(I)

此命令可以在图形中插入块或其他图形，在插入的同时还可以改变所插入块或图形的比例与旋转角度。

绘制方式

（1）直接在"绘图"工具栏上点击插入块按钮 。

（2）在命令行中直接输入快捷键为 I。

如下图所示，"插入"对话框中各主要选项的功能如下：

"名称"下拉列表框：用于选择块或图形的名称，用户也可以单击其后的"浏览"按钮，打开"选择图形文件"对话框，选择要插入的块和外部图形。

"插入点"选项区：用于设置块的插入点位置。

"缩放比例"选项区：用于设置块的插入比例。可不等比例缩放图形，在 X、Y、Z 三个方向进行缩放。

"旋转"选项区：用于设置块插入时的旋转角度。

"分解"复选框，选中该复选框，可以将插入的块分解成组成块的各基本对象。

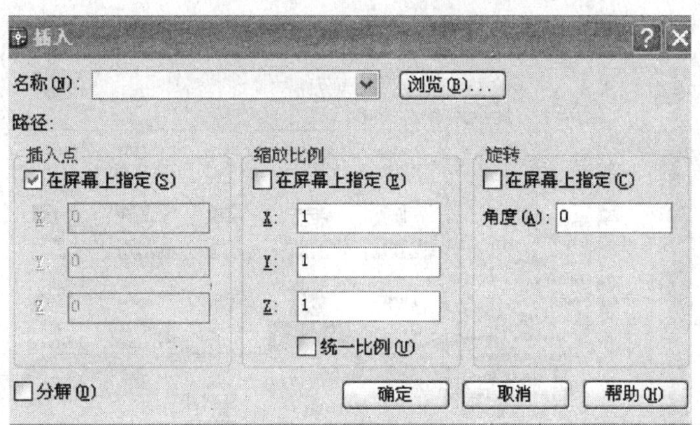

3）写块命令(W)

此命令可以将块以文件的形式存入磁盘，亦称存储块。

如下图所示，"写块"对话框中各选项含义如下：

（1）"源"选项区：设置组成块的对象来源。

"块"单选按钮：可以将使用创建块命令创建的块写入磁盘。

"整个图形"：可以把全部图形写入磁盘。

"对象"：可以指定需要写入磁盘的块对象。

（2）"目标"选项区：设置块的保存名称、位置。

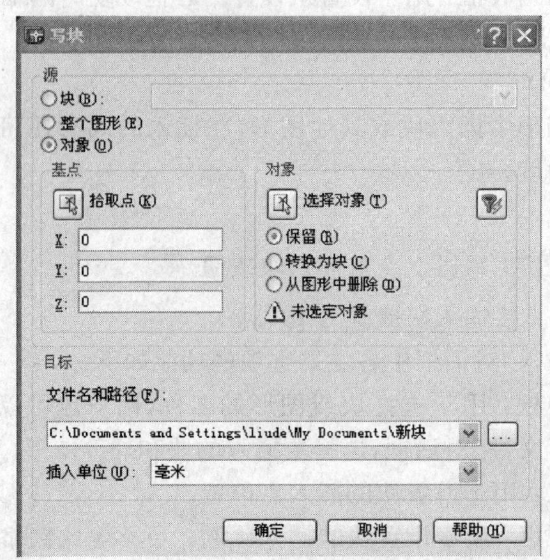

选择"工具"、"设计中心"命令,或在"标准"工具栏中单击【设计中心】按钮,可以打开"设计中心"窗口。

AutoCAD 设计中心的功能

使用 AutoCAD 设计中心

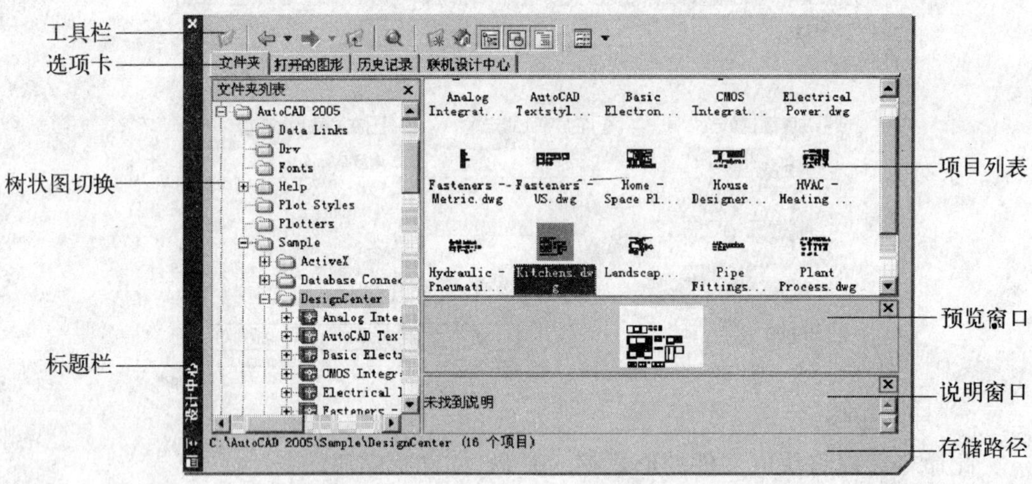

文件夹选项卡:显示所有文件的名称。左栏显示文件夹名称及所在位置,右栏显示图形。

打开图形选项卡:显示当前所选图形的一些属性。

历史记录选项卡:记录最近打开的文件。

在 AutoCAD 2004 中,使用 AutoCAD 设计中心可以完成如下工作:

创建对频繁访问的图形、文件夹和 Web 站点的快捷方式。

根据不同的查询条件在本地计算机和网络上查找图形文件，找到后可以将它们直接加载到绘图区或设计中心。

浏览不同的图形文件，包括当前打开的图形和 Web 站点上的图形库。

查看块、图层和其他图形文件的定义并将这些图形定义插入当前图形文件中。通过控制显示方式来控制设计中心控制板的显示效果，还可以在控制板中显示与图形文件相关的描述信息和预览图像。

使用 AutoCAD 设计中心，可以方便地在当前图形中插入块，引用光栅图像及外部参照，在图形之间复制块、复制图层、线型、文字样式、标注样式以及用户定义的内容等。

3. 设计中心(Ctrl+2)

CAD 的设计中心为用户提供了一种直观、高效的工具，与 Windows 资源管理器相似的操作界面，用户通过它可以很容易地查找和组织本地局域网络或 Internet 上存储的图形文件，同时还能方便地利用其他图形资源及图形文件中的块、文本样式及尺寸样式等内容。此外，如果用户打开多个文件时，还能通过设计中心进行有效的管理。

AutoCAD 设计中心的主要功能具体概括为以下几点。

可以从本地磁盘、网络，甚至 Internet 上浏览图形文件内容，并可通过设计中心打开文件。

设计中心可以将某一图形文件中包含的块、图层、文本样式及尺寸样式等信息展示出来，并提供预览功能。

利用拖放操作就可以将一个图形文件或块、图层、文字样式等插入另一图形中使用。

可以快速查找存储在其他位置的图样、图块、文字样式、标注样式及图层等信息。

搜索完成后，可将结果加载到设计中心或直接拖入当前图形中使用。

利用设计中心查看图形及打开图形。

1) 单击【标准】工具栏上的按钮 ▦ ，打开【设计中心】对话框。该对话框包含以下四个选项卡。

【文件夹】：显示本地计算机及网上邻居的信息资源，与 Windows 资源管理器类似。

【打开的图形】：列出当前 AutoCAD 中所有打开的图形文件。单击文件名前的图标“ ⊞ ”，设计中心即列出该图形所包含的命名项目，如图层、文字样式及图块等。

【历史记录】：显示最近访问过的图形文件，包括文件的完整路径。

【联机设计中心】：访问联机设计中心网页。该网页包含块、符号库、制造商及联机目录等内容。

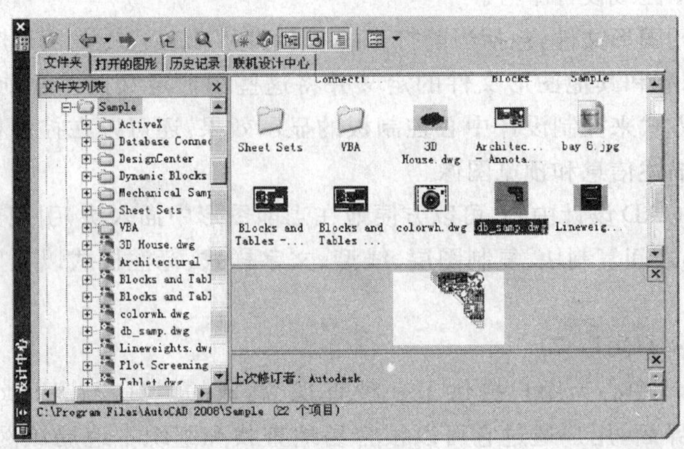

2）查找“AutoCAD 2008”子目录，选中子目录中的“Sample”文件夹并将其展开。单击对话框顶部的 按钮，选择【大图标】，结果设计中心在右边的窗口中显示文件夹中图形文件的小型图片，如图所示。

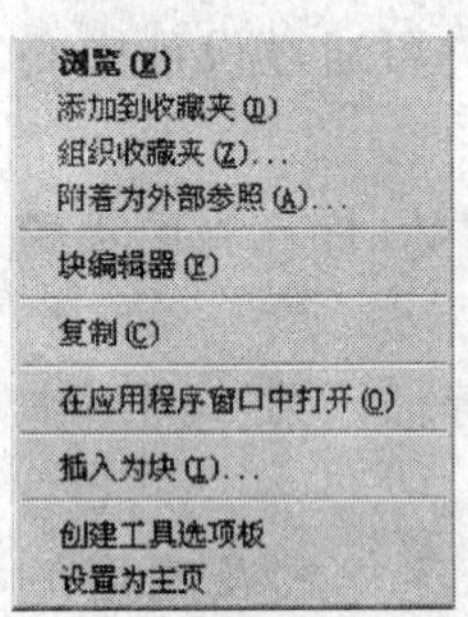

3）选中“db_samp.dwg”图形文件的小型图标，【文件夹】选项卡下部则显示出相应预览图片及文件路径。

4）单击鼠标右键，弹出快捷菜单，如图所示。选择【在应用程序窗口中打开】选项，则打开此文件。

菜单中常用选项的功能如下：

【浏览】：列出文件中块、图层及文本样式等命名项目。

【附着为外部参照】：以附加或覆盖方式引用外部图形。

【插入为块】：将图形文件以块的形式插入当前图样中。

【创建工具选项板】：创建以文件名命名的工具选项板，该选项板包含图形文件中的所有图块。

利用设计中心插入图块。

1）打开设计中心，查找“AutoCAD 2008\Sample”子目录，选中子目录中的“Design-Center”文件夹并展开它。

2）选中“House Designer.dwg”文件，则设计中心在右边的窗口中列出图层、图块及文字样式等项目，如图所示。

3）选中项目【块】，单击鼠标右键，选择【浏览】选项，设计中心则列出图形中的所有图块，如图所示。

4）选中某一图块，单击右键，出现快捷菜单，选择【插入块】选项，就可将此图块插入当前图形中。

5）用上述类似的方法可将图层、标注样式及文字样式等项目插入当前图形中。

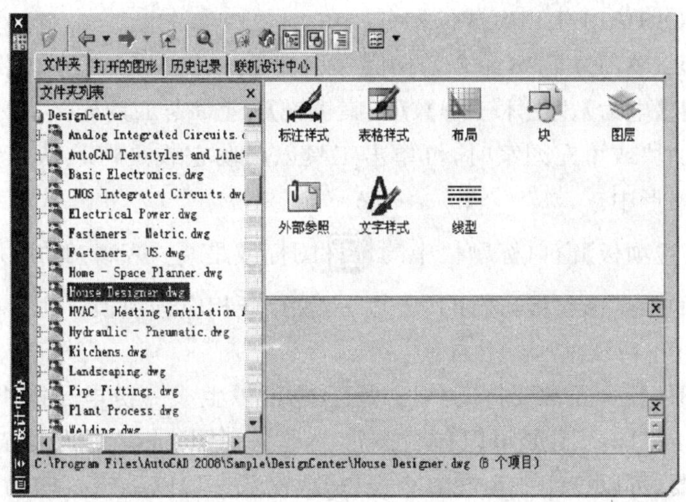

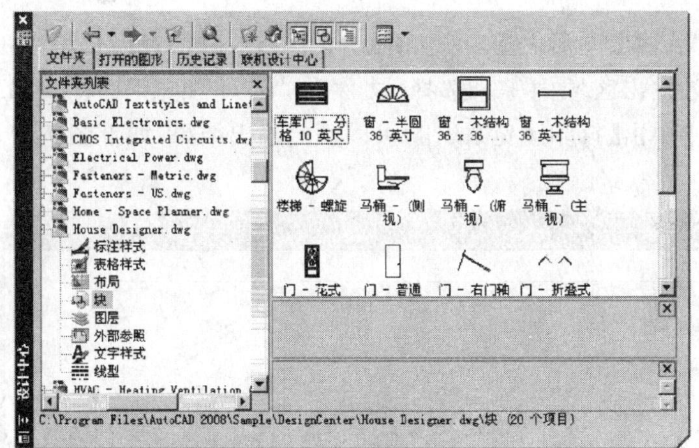

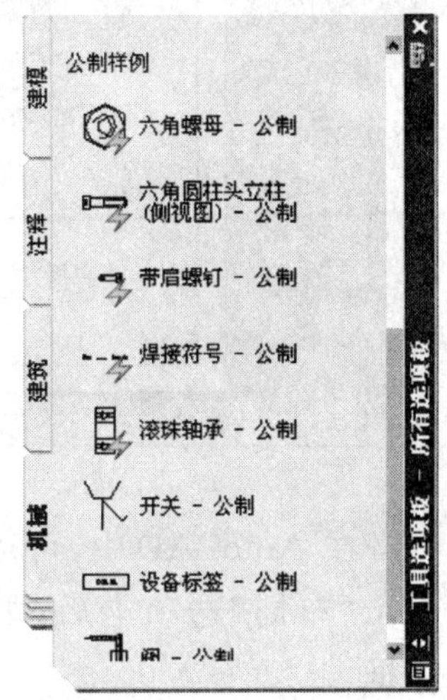

【工具选项板】窗口包含一系列工具选项板，这些选项板以选项卡的形式布置在选项板窗口中，如图所示。选项板中包含图块、填充图案等对象，这些对象常被称为工具。用户可以从工具选项板中直接将某个工具拖入当前图形中（或单击工具以启动它），也可以将新建图块、填充图案等放入工具选项板中，还可将整个工具选项板输出，或是创建新的工具选项板。总之，工具选项板提供了组织、共享图块及填充图案的有效方法。

工具选项板中显示出了图块及填充图案的预览图片，因而便于用户快速查找及使用它们。

命令启动方法：

菜单命令：【工具】/【选项板】/【工具选项板】。

工具栏：【标准】工具栏上的 按钮。

命令：TOOLPALETTES或简写TP。

启动TOOLPALETTES命令，打开【工具选项板】窗口，该窗口中包含【注释】、【建筑】、【机械】、【电力】、【土木工程】、【图案填充】及【命令工具样例】等选项板。当需要向图形中添加块或填充图案时，可单击工具以启动它或是将其从工具选项板中直接拖入到当前图形中。

单击【工具选项板】窗口标题栏中的 图标或是 区域，弹出快捷菜单，该菜单列出了所有的工具选项板，选择其中之一，就打开相应选项板。

4. 输出、打印图纸

创建完图形之后，通常要打印到图纸上，也可以生成一份电子图纸，以便从互联网上进行访问。打印的图形可以包含图形的单一视图，或者更为复杂的视图排列。根据不同的需要，可以打印一个或多个视口，或设置选项以决定打印的内容和图像在图纸上的布置。

在打印预览、输出图形之前，可以预览输出结果，以检查设置是否正确。例如，图形是否都在有效输出区域内等。选择“文件”—“打印预览”命令(PREVIEW)，或在“标准”工具栏中单击【打印预览】按钮，可以预览输出结果，如下图所示。

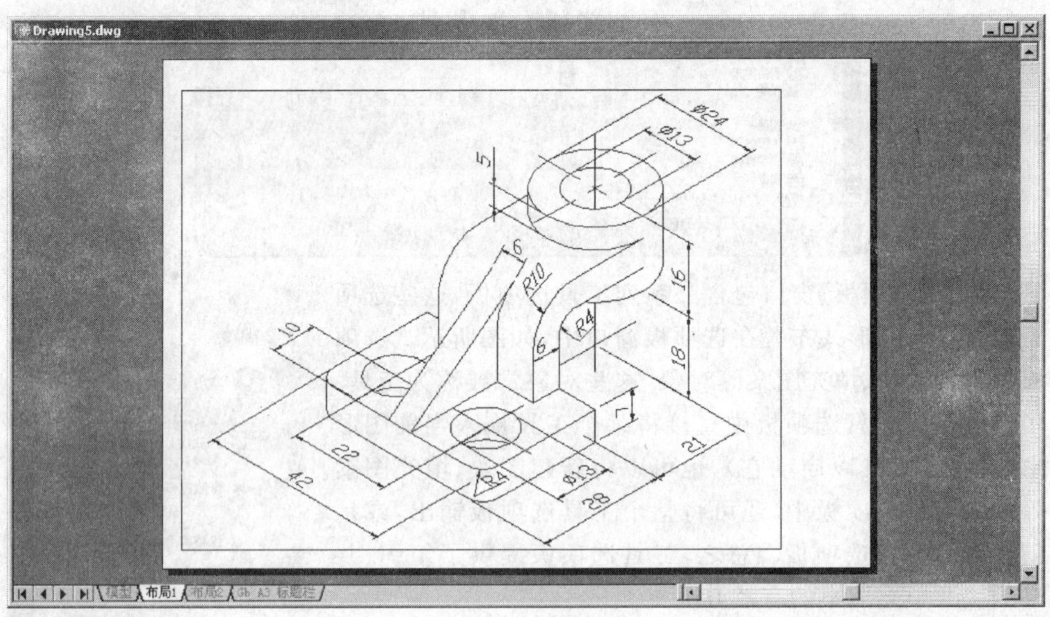

在AutoCAD中，可以使用“打印”对话框打印图形。当在“绘图”窗口中选择一个“布局”选项卡后，如下图所示，选择“文件”—“打印”命令可打开“打印”对话框。

任务考评

序号	考核内容	考 核 项 目	配分	检测标准	得分
1	图案填充	绘制下列图形 φ49 φ66 φ31 30° φ7 φ11 6 2 R41	70	填充图案正确	
2	块的使用	绘制粗糙度图形符号,并定义成块,插入图形中	30	块的正确创建和插入	

项目 6　绘制三维图形

知识目标

了解三维建模基础知识

理解建立和修改三维实体的方法

技能目标

能创建简单三维实体

能将零件的平面图转化成三维实体

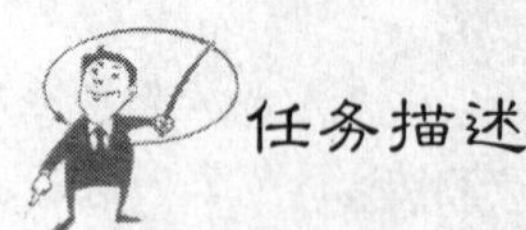
任务描述

在工程设计和绘图过程中,三维图形应用越来越广泛。AutoCAD 可以利用三种方式来创建三维图形,即线架模型方式、曲面模型方式和实体模型方式。线架模型方式为一种轮廓模型,它由三维的直线和曲线组成,没有面和体的特征。曲面模型用面描述三维对象,它不仅定义了三维对象的边界,而且还定义了表面即具有面的特征。实体模型不仅具有线和面的特征,而且还具有体的特征,各实体对象间可以进行各种布尔运算操作,从而创建复杂的三维实体图形。

1. 观察三维图形

在 AutoCAD 中,使用"视图"菜单下的"缩放"、"视图"菜单下的"平移"子菜单中的命令可以缩放或平移三维图形,以观察图形的整体或局部。其方法与观察平面图形的方法相同。此外,在观测三维图形时,还可以通过旋转、消隐及着色等方法来观察三维图形。

使用"三维动态观察器"和"三维连续观察器"命令进行观察:

(1) 选择"视图"菜单下"三维动态观察器"命令(BDORBIT)或单击

中的三维动态观察按钮,可通过单击和拖动的方式,在三维空间动态观察对象。移动光标时,其形状也将随之改变,以指示视图的旋转方向。

(2) 单击

中的三维连续观察按钮,观察鼠标拖动的方向就是旋转的方向,鼠标拖动的快与慢就是模型旋转速度的快与慢。

2. 绘制三维点和线

选择"绘图"—"点"命令,或在"绘图"工具栏中单击【点】按钮,然后在命令行中直接输入三维坐标即可绘制三维点。由于三维图形对象上的一些特殊点,如交点、中点等不能通过输入坐标的方法来实现,可以采用三维坐标下的目标捕捉法来拾取点。在三维空间中指定两个点后,如点(0, 0, 0)和点(1, 1, 1),这两个点之间的

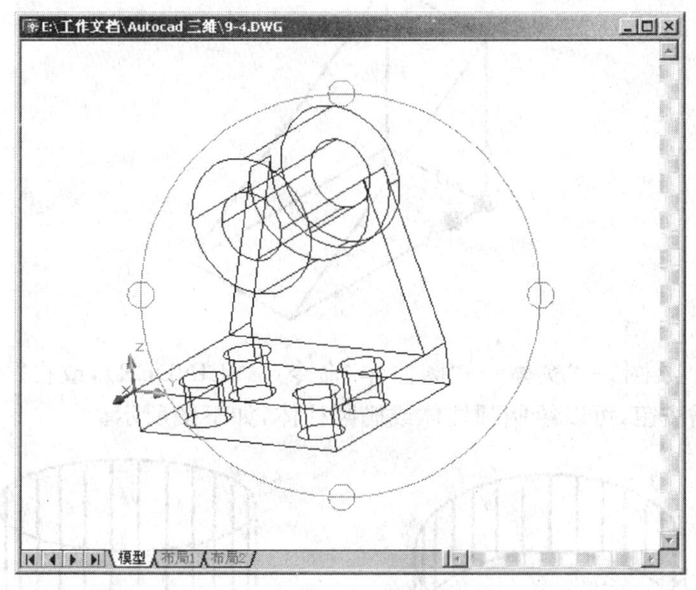

连线即是一条 3D 直线。

同样，在三维坐标系下，使用“样条曲线”命令，可以绘制复杂 3D 样条曲线，这时定义样条曲线的点不是共面点。

在二维坐标系下，使用“绘图”—“多段线”命令绘制多段线，尽管各线条可以设置宽度和厚度，但它们必须共面。三维多线段的绘制过程和二维多线段基本相同，但其使用的命令不同。另外，在三维多线段中只有直线段，没有圆弧段。选择“绘图”—“三维多段线”命令(3DPOLY)，此时命令行提示依次输入不同的三维空间点，以得到一个三维多段线。

3. 绘制三维实体

在 AutoCAD 中，使用“绘图”—“实体”子菜单中的命令，或使用“实体”工具栏，如下图所示，可以绘制长方体、球体、圆柱体、圆锥体、楔体及圆环体等基本实体模型。

(1) 选择“绘图”—“实体”—“长方体”命令(BOX)，或在“实体”工具栏中单击【长方体】按钮，都可以绘制长方体。此时，命令行显示如下提示：

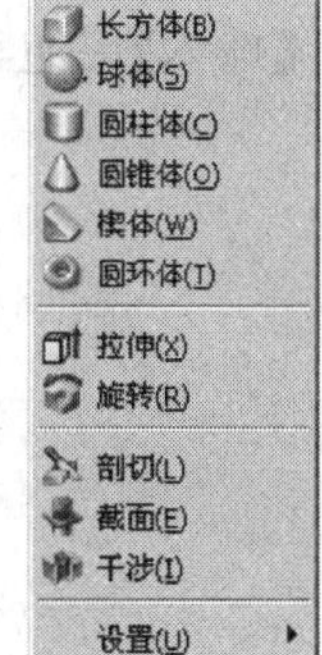

指定长方体的角点或 [中心点(CE)]〈0, 0, 0〉：

在创建长方体时，其底面应与当前坐标系的 XY 平面平行，方法主要有指定长方体角点和中心两种。

(2) 选择“绘图”—“实体”—“楔体”命令(WEDGE)，或在“实体”工具栏中单击【楔体】按钮，都可以绘制楔体，如下图所示。由于楔体是长方体沿对角线切成两半后的结果，因此可以使用与绘制长方体同样的方法来绘制楔体。

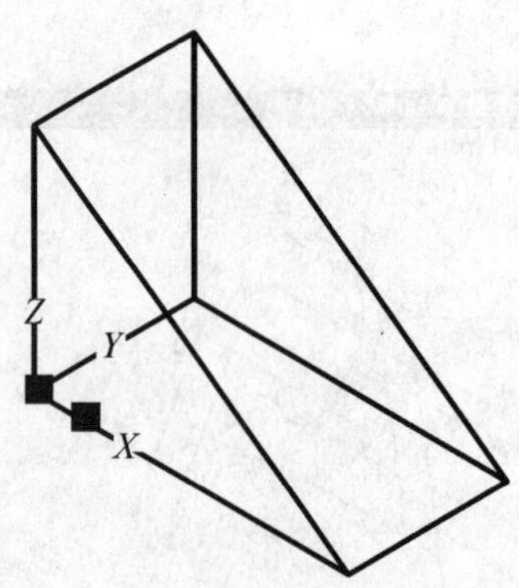

(3) 选择“绘图”—“实体”—“圆柱体”命令(CYLINDER),或在“实体”工具栏中单击【圆柱体】按钮,可以绘制圆柱体或椭圆柱体,如下图所示。

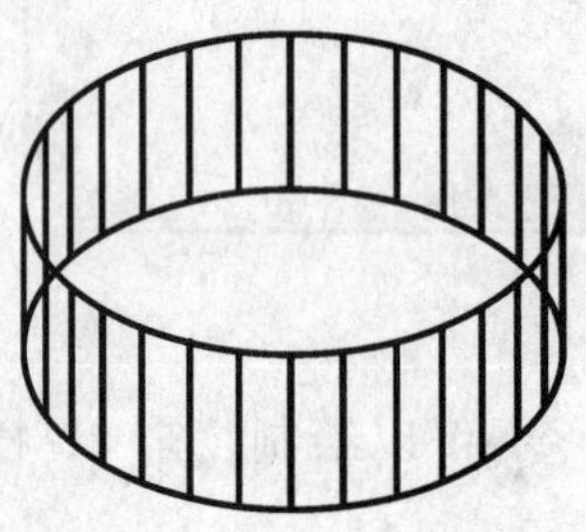

(4) 选择“绘图”—“实体”—“圆锥体”命令(CONE),或在“实体”工具栏中单击【圆锥体】按钮,即可绘制圆锥体或椭圆形锥体,如下图所示。

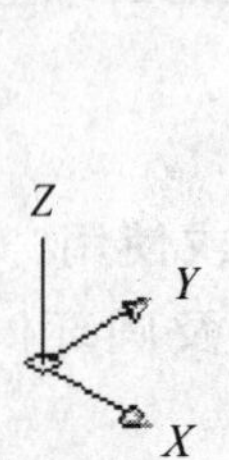

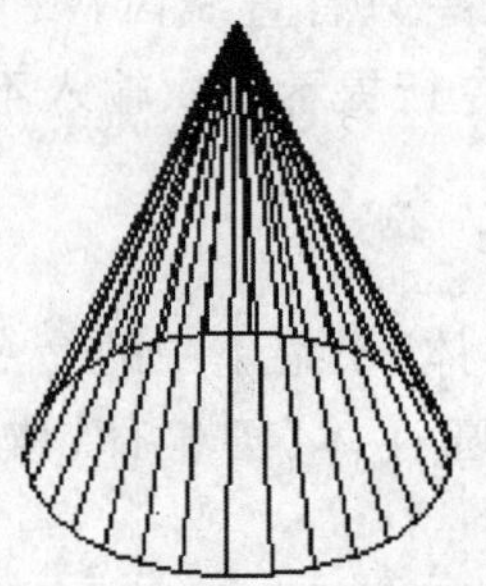

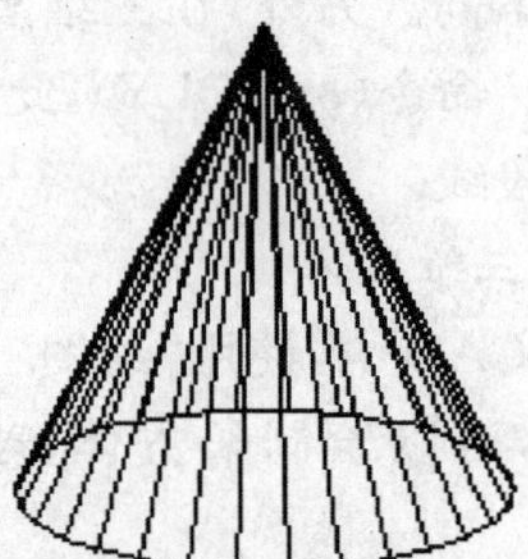

(5) 选择“绘图”—“实体”—“球体”命令(SPHERE),或在“实体”工具栏中单击【球体】按钮,都可以绘制球体,如下图所示。

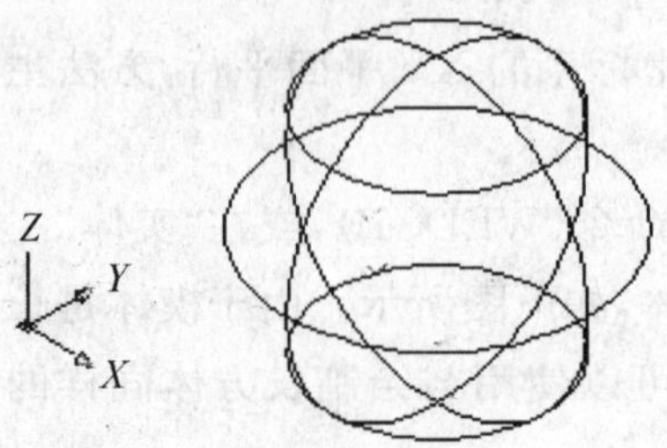

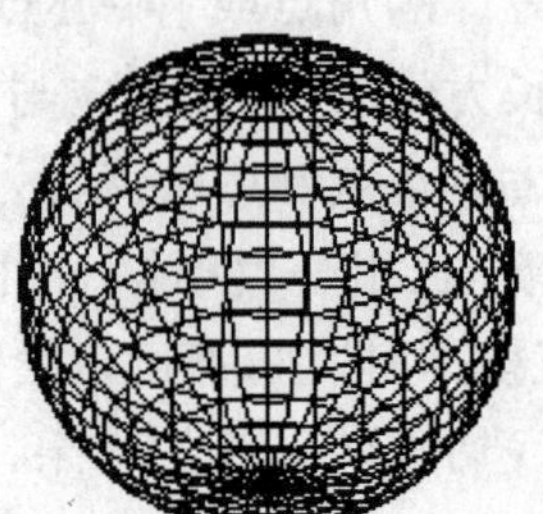

(6) 选择“绘图”—“实体”—“圆环体”命令(TORUS),或在“实体”工具栏中单击【圆环体】按钮,都可以绘制圆环实体,此时需要指定圆环的中心位置、圆环的半径或直径,以及圆管的半径或直径。

4. 通过二维图形创建实体

在 AutoCAD 中,选择“绘图”—“实体”—“拉伸”命令(EXTRUDE),可以将 2D 对象沿 Z 轴或某个方向拉伸成实体,如下图所示。拉伸对象被称为断面,可以是任何 2D 封闭多段线、圆、椭圆、封闭样条曲线和面域,多段线对象的顶点数不能超过 500 个且不小于 3 个。

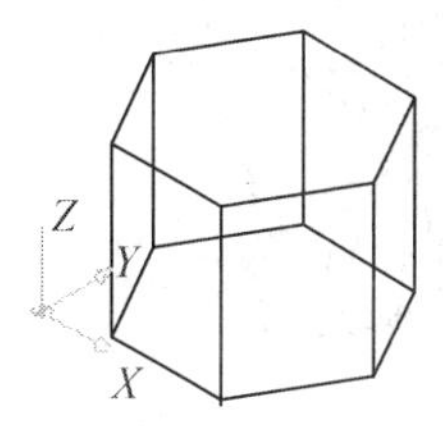

拉伸倾斜角为0°

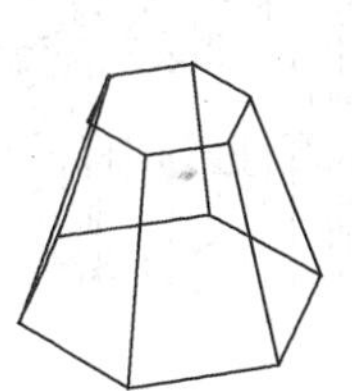
拉伸倾斜角为度15°

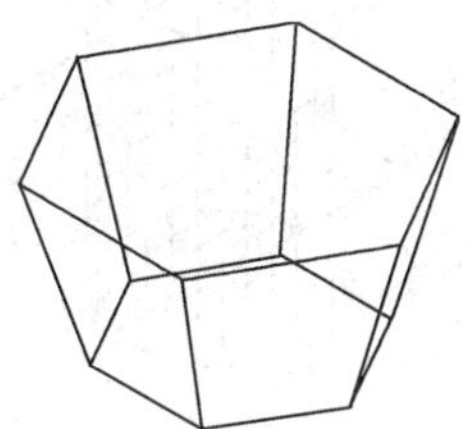
拉伸倾斜角度为−10°

对二维线进行拉伸方法如下:

(1) 在命令栏中输入快捷键为 EXT。

(2) 指定位伸的高度。

(3) 指定拉伸的倾斜角度。

(4) 确定。

使用“绘图”—“实体”—“旋转”命令,将二维对象绕某一轴旋转生成实体,如下图所示。用于旋转的二维对象可以是封闭多段线、多边形、圆、椭圆、封闭样条曲线、圆环及封闭区域。三维对象、包含在块中的对象、有交叉或自干涉的多段线不能被旋转,而且每次只能旋转一个对象。

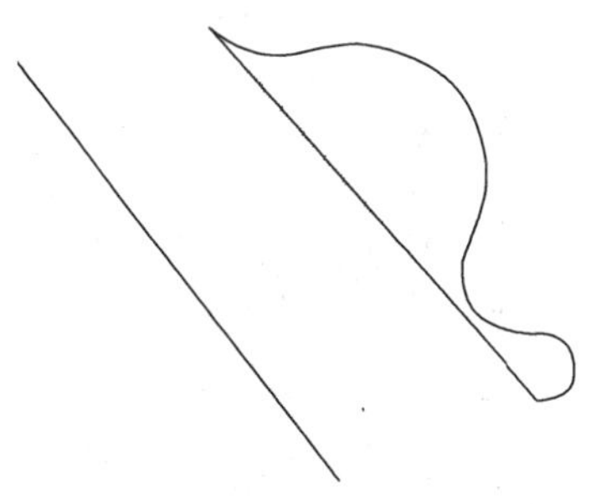

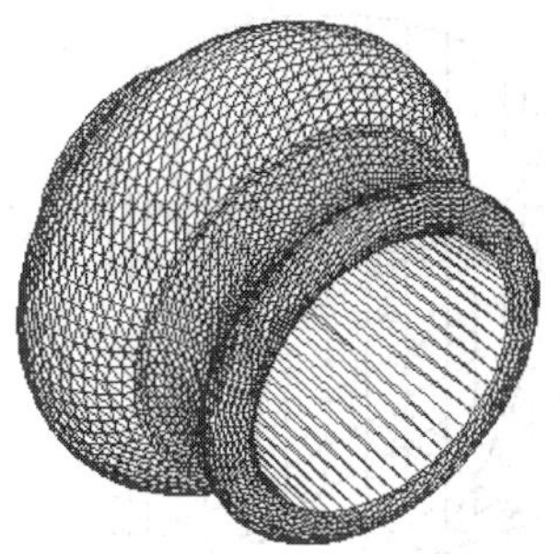

5. 三维实体的布尔运算

在 AutoCAD 中,可以对三维实体进行并集、差集、交集布尔运算来创建复杂实体。

并集运算：并集是指将两个实体所占的全部空间作为新物体。

差集运算：指 A 物体在 B 物体上所占空间部分清除，形式的新物体（$A-B$ 或 $B-A$）。

交集运算：指两个实体的公共部分作为新物体。

(1) 选择"修改"—"实体编辑"—"并集"命令（UNION），或在"实体编辑"工具栏中单击【并集】按钮，可以实现并集运算，形成如下所示的图。

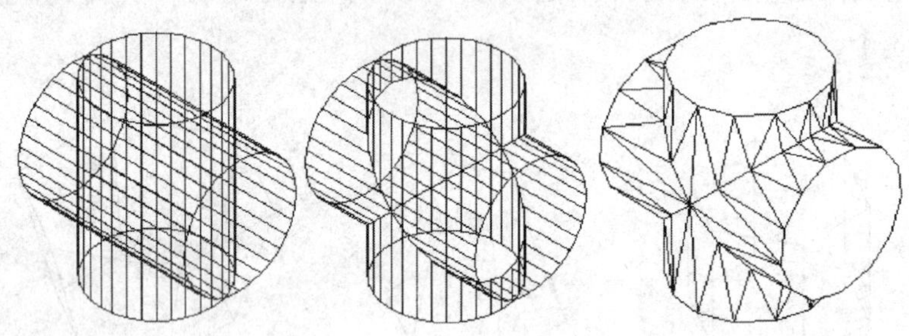

使用并集的步骤：

① 从"修改"菜单中选择"实体编辑"或单击

中的 按钮。

② 为并集选择一个面域。

③ 选择另一个面域。

④ 可以按任何顺序选择要合并的面域，继续选择面域，或按[Enter]键结束命令。

(2) 选择"修改"—"实体编辑"—"差集"命令（SUBTRACT），或在"实体编辑"工具栏中单击【差集】按钮，可以实现差集运算，形成如下所示的图。

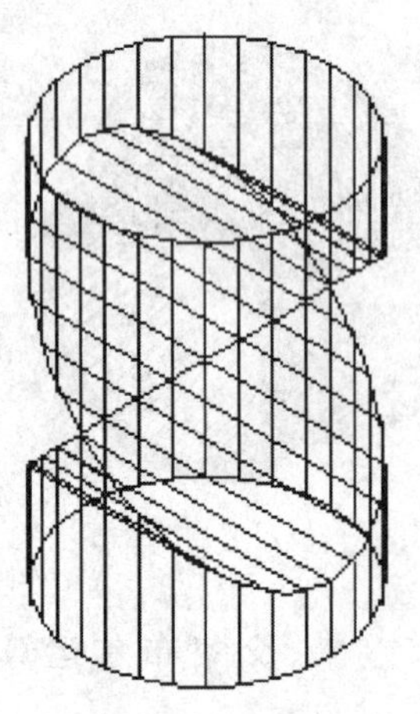

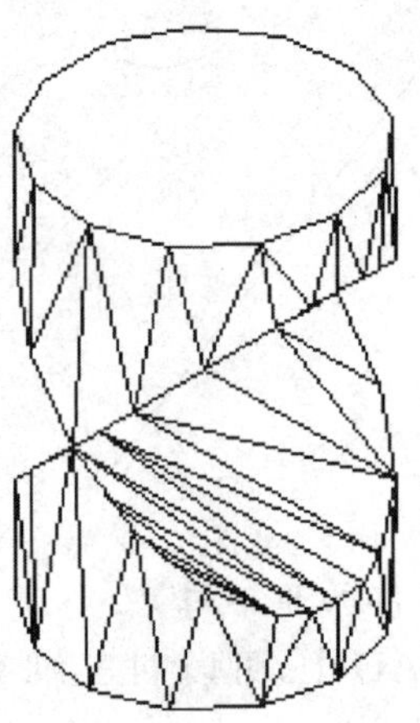

使用差集的步骤：

① 从“修改”菜单中选择“实体编辑”或单击

中的 按钮。

② 选择一个或多个要从其中减去的面域，然后按[Enter]键。

③ 选择要减去的面域，然后按[Enter]键。

即：已从第一个面域的面积中减去了所选定的第二个面域的面积。

(3) 选择“修改”—“实体编辑”—“交集”命令(INTERSECT)，或在“实体编辑”工具栏中单击【交集】按钮，可以实现交集运算，形成如下所示的图。

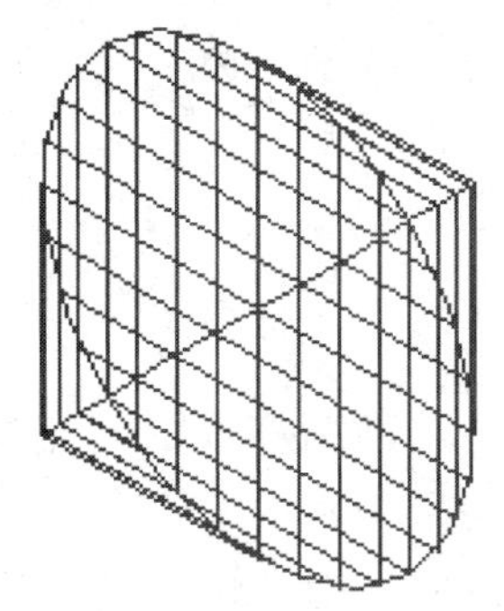

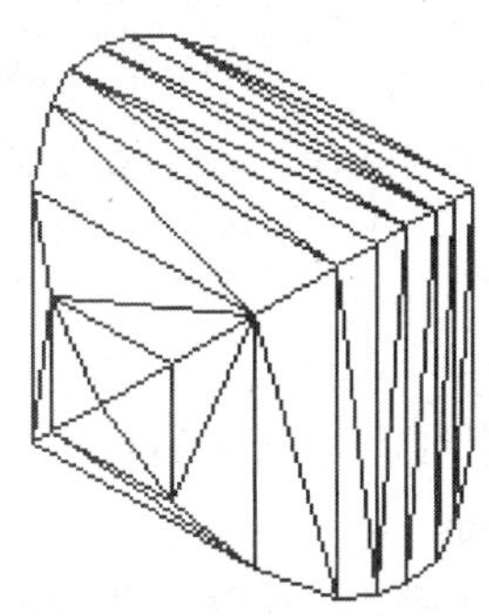

使用交集的步骤：

① 从“修改”菜单中选择“实体编辑”或单击

中的 按钮。

② 选择一个相交面域。

③ 选择另一个相交面域。

④ 可以按任何顺序选择面域来查找它们的交点，继续选择面域，或按[Enter]键结束命令。

6. 编辑三维对象

在 AutoCAD 中，选择“修改”—“三维操作”子菜单中的命令，可以对三维空间中的对象进行阵列、镜像、旋转及对齐操作。

(1) 选择“修改”—“三维操作”—“三维阵列”命令(3DARRAY)，可以在三维空间中使用环形阵列或矩形阵列方式复制对象。

(2) 选择“修改”—“三维操作”—“三维镜像”命令(MIRROR3D)，可以在三维空间中将指定对象相对于某一平面镜像。执行该命令并选择需要进行镜像的对象，然后指定镜像面。镜像面可以通过三点确定，也可以是对象、最近定义的面、Z 轴、视图、XY 平面、YZ 平面和 ZX 平面。

(3) 选择“修改”—“三维操作”—“三维旋转”命令(ROTATE3D),可以使对象绕三维空间中任意轴(X 轴、Y 轴或 Z 轴)、视图、对象或两点旋转,其方法与三维镜像图形的方法相似。

(4) 选择“修改”—“三维操作”—“对齐”命令(ALIGN),可以对齐对象。对齐对象时需要确定三个对点,每对点都包括一个源点和一个目的点。第 1 对点定义对象的移动,第 2 对点定义二维或三维变换和对象的旋转,第 3 对点定义对象不明确的三维变换。

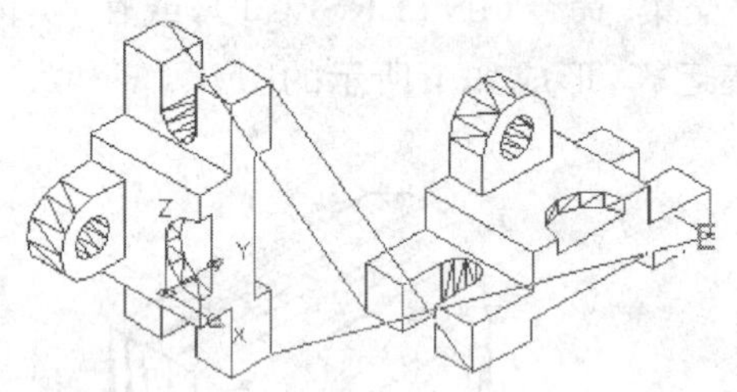

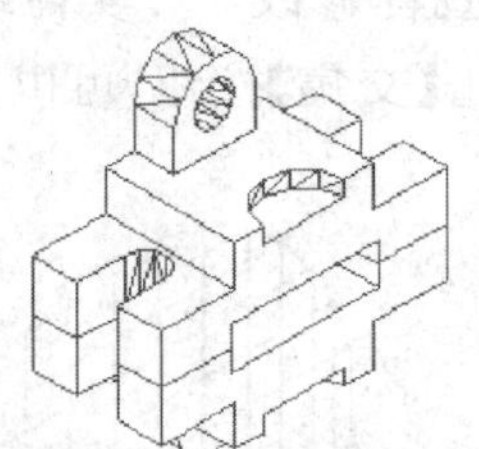

在“实体编辑”工具栏中,其他工具的含义:

拉伸面:将选定的三维实体对象的面拉伸到指定的高度或沿一路径拉伸。一次可以选择多个面。

移动面:沿指定的高度或距离移动选定的三维实体对象的面。一次可以选择多个面。

偏移面:按指定的距离或通过指定的点,将面均匀地偏移。正值增大实体尺寸或体积,负值减小实体尺寸或体积。

删除面:从选择集中删除先前选择的边。

旋转面:绕指定的轴旋转一个面、多个面或实体的某些部分。

旋转角度:从当前位置起,使对象绕选定的轴旋转指定的角度。

倾斜面:按一个角度将面进行倾斜。

注:倾斜角度的旋转方向由选择基点和第二点(沿选定矢量)的顺序决定。

复制面:从三维实体上复制指定的面。

着色面:从三维实体上给指定的面着上指定颜色。

注:复制边和着色边同上方法一样。

压印:文字不能压印。与物体底面平行,被压印的对象必须与选定对象的一个或多个面相交。压印操作仅限于下列对象:圆弧、圆、直线、二维和三维多段线、椭圆、样条曲线、面域体及三维实体。

清除:清除的是压印的物体。

分割:用于布尔运算后的物体。

抽壳:选择三维物体右击确定,然后输入抽壳的数值,用差集布尔运算相减就能看出抽壳效果,如下图所示。

渲染：选择“视图”菜单下的“渲染”命令，或单击渲染工具栏中的按钮，打开“渲染”对话框如下面左图所示，可以从中对场景或指定对象进行渲染，结果如下面右图所示。

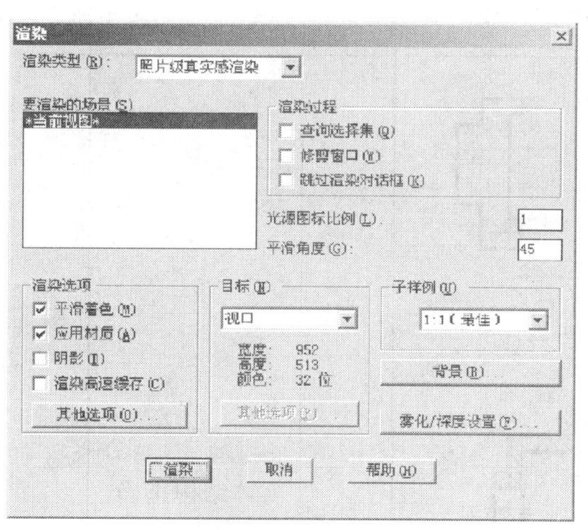

任务考评

序号	考核内容	考 核 项 目	配分	检测标准	得分
1	创建三维建模空间	创建三维建模界面	10	三维工具栏的调出、用户坐标系的建立	

（续表）

序号	考核内容	考 核 项 目	配分	检测标准	得分
2	创建编辑三维实体	(1) 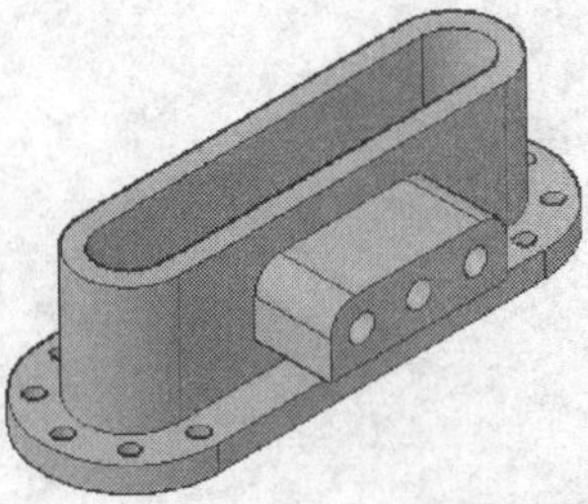 (2) 	40	实体结构正确，部件定位正确	
3	根据平面图创建三维实体	(1) 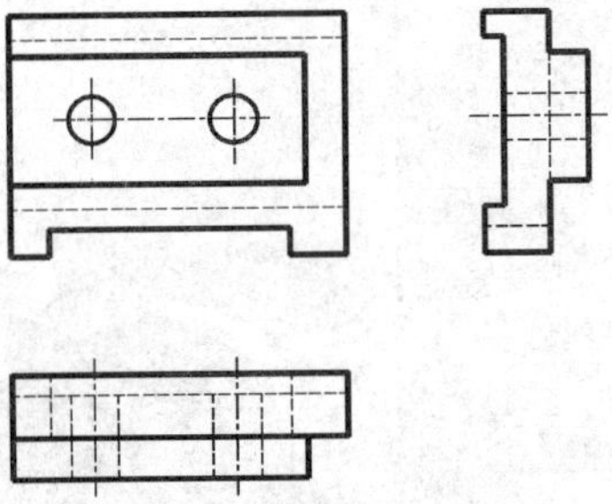 (2) 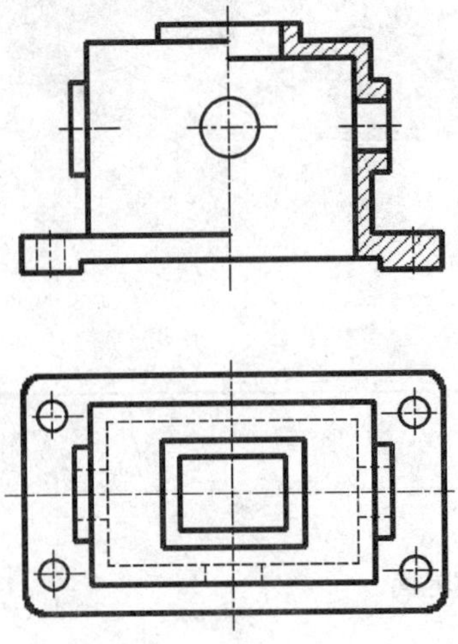	50	实体结构正确，部件定位正确	

任务一小结：（AutoCAD 基本原理与操作程序）

AutoCAD 是 CAD 技术领域中的一个基础性的应用软件包，由于它具有丰富的绘图功能及简便易学的特点，因而受到广大工程技术人员的普遍欢迎。学生以之前所学制图理论为基础，学习 CAD 的操作，在完成任务考评的过程中将理论知识融入大量的绘图实例中，让学生在实际绘图中不知不觉地掌握理论知识，提高绘图技能，使之最后能准确、快速地绘制机械图样和三维建模，适应企业的需要。

任务二 机械制图员培训及模拟考试

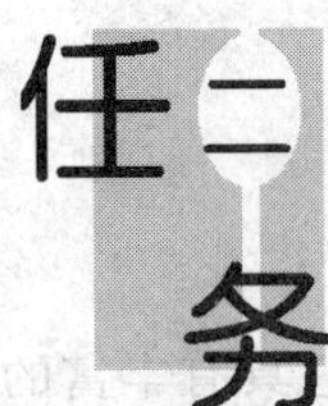

学习目标

我国现已实行持证上岗人力资源工作制度，制图员作为一种职业已列入中华人民共和国职业分类大典中，在学习手工画图和计算机绘图后，即可报考中级或高级制图员证，有利于顶岗实习和就业，并为今后报考技师奠定基础，学习目标就是取得相关制图员职业资格认证书。

项目 1　制图员培训工作任务

知识目标

初、中、高级制图员考核要求

制图员考核应知应会部分内容培训计划

技能目标

达到制图员考核应知应会的知识技能目标

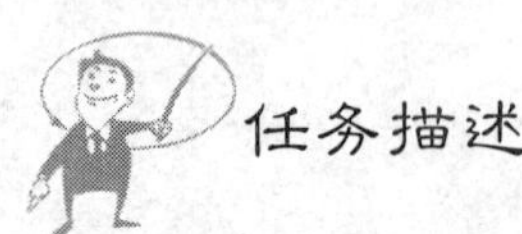

任务描述

1. 制图员考核要求

1）初级考试要求

（1）职业功能：绘制二维图。

工作内容：

① 描图：能描绘墨线图。

② 手工绘图：能绘制螺纹联接的装配图，能绘制和阅读支架类零件图，能绘制和阅读箱体类零件图。

相关知识：

描图的知识，几何绘图知识，三视图投影知识，绘制视图、剖视图、断面图的知识，尺寸标注的知识，专业图的知识。

（2）职业功能：绘制三维图。

工作内容：

① 计算机绘图：能使用一种软件绘制简单的二维图形并标注尺寸，能使用打印机或绘图机输出图纸。

② 描图：能描绘正等轴测图。

相关知识：

调出图框、标题栏的知识，绘制直线、曲线的知识，曲线编辑的知识，文字标注的知识。

（3）职业功能：图档管理。

工作内容：

① 图纸折叠：能按要求折叠图纸。

② 图纸装订：能按要求将图纸装订成册。

相关知识：

折叠图纸的要求，装订图纸的要求。

2）中级考试要求

（1）职业功能：绘制二维图。

工作内容：

手工绘图：能绘制螺纹联接的装配图，能绘制和阅读支架类零件图，能绘制和阅读支架类零件图，能绘制和阅读箱体类零件图。

相关知识：截交线的绘图知识，绘制相贯线的知识，一次变换投影面的知识，组合体的知识。

（2）职业功能：绘制二、三维图。

工作内容：

① 计算机绘图：能绘制简单的二维专业图形。

② 描图：能够描绘斜二测图，能够描绘正二测图。

③ 手工绘制轴测图：能绘制正等轴测图，能绘制正等轴测剖视图。

相关知识：图层设置的知识，工程标注的知识，调用图符的知识，属性查询的知识，绘制斜二轴测图的知识，绘制正二轴测图的知识，绘制正等轴测图的知识，绘制正等轴测剖视图的知识。

（3）职业功能：图档管理。

工作内容：

软件管理：能使用软件对成套图纸进行管理。

相关知识：管理软件的使用知识。

3）高级考试要求

职业功能：绘制二维图。

工作内容：

① 手工绘图：能绘制各种标准件和常用件，能绘制和阅读不少于15个零件的装配图。

② 手工绘制草图：能绘制箱体类零件草图。

③ 计算机绘图：能根据零件图绘制装配图；能根据装配图绘制零件图。

相关知识：变换投影面的知识，绘制两回转体轴线垂直交叉，相贯线的知识，测量工具的使用知识，绘制专业示意图的知识，图块制作和调用的知识，图库的使用知识，属性修改的知识。

2. 应会

计算机绘图，测绘零件图，由装配图拆画零件图。

3. 培训方式

(1) 集中辅导，课后答疑，模拟做题。

(2) 培训时间：30～60课时。

4. 考证

(1) 考场：各地人力资源部门在上、下半年分别举办两次考试，学校只有具有两名考评员以上教师和合格考场，才具备考点。

(2) 试题：从试题库随机抽取。

(3) 监考和阅卷：由考评员负责监考和阅卷。

(4) 发证：只有两门考卷均达到60分以上才能发证。

任务考评

(1) 是否熟悉初、中、高级制图员考试要求中提出的应知应会内容。

(2) 为取得资格证书，在培训过程中，你如何充分发挥学习的主观能动性。

项目2　基本知识应知应会

知识目标

投影法的基本知识

轴测图
齿轮图
图档管理

掌握投影法的原理
熟悉机械制图相关国家标准
了解轴测图的形成，掌握常用轴测投影的画法
熟悉齿轮与齿轮啮合的规定画法及圆柱齿轮几何尺寸的计算
熟悉图档管理的基本工作内容

任务描述

试题库部分题例展示。

1. 投影法的基本知识

(1) 图纸中汉字应写成(　　)体，采用国家正式公布的简化字。

A. 新宋　　B. 隶书　　C. 长仿宋　　D. 方正舒

(2) 机械图样中，表示可见轮廓线采用(　　)线型。

A. 粗实线　　B. 细实线　　C. 波浪线　　D. 虚线

(3) 图样上标注的尺寸，一般由(　　)组成。

A. 尺寸数字、尺寸线及其终端、尺寸箭头
B. 尺寸界线、尺寸线及其终端、尺寸数字
C. 尺寸界线、尺寸箭头、尺寸数字
D. 尺寸线、尺寸界线、尺寸数字

(4) 2∶1是(　　)比例。

A. 放大　　B. 缩小　　C. 优先选用　　D. 尽量不用

(5) (　　)分为正投影法和斜投影法两种。

A. 平行投影法　　B. 中心投影法　　C. 投影面法　　D. 辅助投影法

(6) 平行投影法中的(　　)相垂直时，称为正投影法。

A. 物体与投影面　　B. 投射线与投影面
C. 投射中心与投影线　　D. 投影线与物体

(7) (　　)常用工具有铅笔、圆规、曲线板、三角板等。

A. 描图　　B. 画正式图　　C. 画草图　　D. 画底图

(8) 在绘制正图时，加深的顺序是(　　)。

A. 先加深圆或圆弧后加深直线　　B. 先注尺寸和写字后加深图形
C. 一边加深图形一边注尺寸和写字　　D. 加深图形和注尺寸及写字不分先后

(9) 正投影的基本特性主要有实形性、积聚性、(　　)。
A. 类似性　　B. 特殊性　　C. 统一性　　D. 普遍性

(10) 机件的真实大小应以图样上(　　)为依据，与图形的大小及绘图的准确度无关。
A. 所注尺寸数字　　B. 所画图样形状
C. 所标绘图比例　　D. 所加文字说明

(11) 绘制工程图正图时常用的工具是(　　)。
A. 直尺、圆规、钢笔　　B. 直尺、圆规、铅笔
C. 曲线板、直尺、圆珠笔　　D. 分规、椭圆板、描图笔

(12) 某产品用放大两倍的比例绘图，在标题栏比例项中应填(　　)。
A. 放大一倍　　B. 1×2　　C. 2/1　　D. 2∶1

(13) 制图国家标准规定，字体的号数，即字体的高度，分为(　　)。
A. 5　　B. 6　　C. 7　　D. 8

(14) 制图国家标准规定，图纸幅面尺寸应优先选用(　　)种基本幅面尺寸。
A. 3　　B. 4　　C. 5　　D. 6

(15) 制图国家标准规定，必要时图纸幅面尺寸可以沿(　　)边加长。
A. 长　　B. 短　　C. 斜　　D. 各种

(16) 制图国家标准规定，字体的号数，即是字体的(　　)。
A. 高度　　B. 宽度　　C. 长度　　D. 角度

(17) 制图国家标准规定，字体的号数，即是字体的高度，单位为(　　)。
A. 分米　　B. 厘米　　C. 毫米　　D. 微米

(18) 图纸中数字和字母分为(　　)两种字形。
A. A型和B型　　B. 大写和小写　　C. 简体和繁体　　D. 中文和英文

(19) 机械图样中常用的图线线型有粗实线、(　　)、细点划线、虚线等。
A. 细实线　　B. 边框线　　C. 轮廓线　　D. 轨迹线

(20) 图样中的尺寸一般以(　　)为单位时，不需标注其计量单位符号，若采用其他计量单位时必须标明。
A. km　　B. dm　　C. cm　　D. mm

(21) 机件的每一尺寸，一般只标注(　　)，并应注在反映该形状最清晰的图形上。
A. 一次　　B. 两次　　C. 三次　　D. 四次

(22) 图样上所注的尺寸，为该图样所示机件的(　　)，否则应另加说明。
A. 留有加工余量尺寸　　B. 最后完工尺寸
C. 加T参考尺寸　　D. 有关测量尺寸

(23) 标注圆的直径尺寸时，(　　)一般应通过圆心，尺寸箭头指到圆弧上。

A. 尺寸线　　B. 尺寸界线　　C. 尺寸数字　　D. 尺寸箭头

(24) 标注(　　)尺寸时,应在尺寸数字前加注符号“ϕ”。

A. 圆的直径　　B. 圆球的直径

C. 圆的半径　　D. 圆球的半径

(25) 工程上常用的(　　)有中心投影法和平行投影法。

A. 投影法　　B. 图解法　　C. 技术法　　D. 作图法

(26) 平行投影法分为(　　)两种。

A. 中心投影法和平行投影法　　B. 正投影法和斜投影法

C. 主要投影法和辅助投影法　　D. 一次投影法和二次投影法

(27) 平行投影法中的投射线与投影面相垂直时,称为(　　)。

A. 正投影法　　B. 斜投影法　　C. 垂直投影法　　D. 中心投影法

2. 轴测图

(1) 相邻两轴测轴之间的夹角为(　　)。

A. 夹角　　B. 轴间角　　C. 两面角　　D. 倾斜角

(2) 空间三个坐标轴在轴测投影面上轴向伸缩因素一样的投影,称为(　　)。

A. 正轴测投影　　B. 斜轴测投影

C. 正等轴测投影　　D. 斜二轴测投影

(3) 正等轴测图中,轴向伸缩因素为(　　)。

A. 0.82　　B. 1　　C. 1.22　　D. 1.5

(4) 正等轴测图中,简化伸缩因素为(　　)。

A. 0.82　　B. 1　　C. 1.22　　D. 1.5

(5) 国家标准推荐的轴测投影为(　　)。

A. 正轴测投影和斜轴测投影　　B. 正等测和正二测

C. 正二测和斜二测　　D. 正等测和斜二测

(6) 正轴测投影中,其中两个轴的轴向伸缩因素(　　)的轴测图称为正二等轴测图。

A. 相同　　B. 不同　　C. 相反　　D. 同向

(7) 正二轴测投影图中的轴间角分别为(　　)。

A. 120°、120°和 90°　　B. 131°25″、131°25″和 97°10″

C. 90°、90°和 60°　　D. 60°、60°和 45°

(8) 画正二轴测图,首先要确定(　　)。

A. 轴测轴　　B. 三视图位置　　C. 物体的位置　　D. 投影方向

(9) 当画正二轴测图时,在坐标面上的圆投影均为椭圆,(　　)。

A. 三个椭圆均不同　　B. 三个椭圆均相同

C. 其中二个椭圆相同　　D. 三个椭圆的短轴相同

(10) 在正等轴测投影中,筋板的剖面线通过纵向对称平面时,应(　　)。

A. 不画剖面符号　　B. 画剖面符号

C. 加标注　　D. 画波浪线

(11) 正等轴测投影中，画剖视图的方法有(　　)等几种。

A. 全剖法、半剖法、断面法　　B. 剖面法、局部剖切法、断面法

C. 复合法、全剖法、半剖法　　D. 剖切法、剖面法、重合法、坐标法

(12) 正等轴测投影中，剖视图中剖面线的画法应(　　)。

A. 与正投影相同　　B. 与水平线成 45°

C. 平行于迹线三角形的对应边　　D. 任意角度

(13) 正等轴测投影中，剖视图中剖面线应画成(　　)。

A. 粗实线　　B. 点画线　　C. 双点画线　　D. 细实线

(14) 四心圆法画椭圆，四个圆心(　　)上。

A. 均在椭圆的长轴　　B. 均在椭圆的短轴

C. 在椭圆的长、短轴　　D. 不在椭圆的长、短轴

(15) 椭圆的长、短轴方向是互相(　　)的。

A. 平行　　B. 交叉　　C. 相交　　D. 垂直

(16) 球的正等轴测投影图，如采用简化伸缩因素，直径放大(　　)倍。

A. 1　　B. 1.5　　C. 0.82　　D. 1.22

3. 齿轮图

(1) 在齿轮投影为圆的视图上，分度圆采用(　　)绘制。

A. 细实线　　B. 点画线　　C. 粗实线　　D. 虚线

(2) 一对互相啮合的齿轮，它们的(　　)必须相同。

A. 分度圆直径　　B. 齿数　　C. 模数与齿数　　D. 模数和齿形角

(3) 两圆柱齿轮轴线之间最短距离称为(　　)。

A. 全齿高　　B. 齿距　　C. 分度圆周长　　D. 中心距

(4) 根据两啮合齿轮轴线在空间的相对位置不同，常见的齿轮传动可分为圆柱齿轮、蜗杆蜗轮和(　　)。

A. 圆锥齿轮　　B. 斜齿轮　　C. 链轮　　D. 皮带轮

(5) 一组啮合的圆柱正齿轮，它们的中心距为(　　)。

A. $2m(d_1+d_2)$　　B. $(d_1+d_2)/2$

C. $m(d_1+d_2)/2$　　D. $2(d_1+d_2)$

(6) 一圆柱正齿轮的模数 $m=2.5$，齿数 $z=40$ 时，齿轮的齿顶圆直径为(　　)。

A. 100　　B. 105　　C. 93.5　　D. 102.5

4. 零件图草图

(1) 徒手绘图要求画图速度快，(　　)比例要准，图面质量要好。

A. 画图　　B. 选择　　C. 目测　　D. 计算

(2) 草图就是目测估计图形与实物的比例，按一定的画法要求，(　　)绘制

所图。

A. 用计算机　　B. 用仪器　　C. 用绘图仪　　D. 徒手

(3) 在表达设计方案确定布图方式时，往往先画出(　　)，以便进行具体讨论。

A. 正式图　　B. 草图　　C. 计算机图　　D. 三视图

(4) 草图中线条要求粗细分明，基本(　　)方向正确。

A. 垂直　　B. 水平　　C. 圆　　D. 平直

(5) 在生产中，需根据现有零件，通过(　　)手段画出零件草图。

A. 目测　　B. 测绘　　C. 计算机　　D. 仪器作图

(6) 徒手画图的基本要求是(　　)。

A. 线条横平竖直　　B. 尺寸准确　　C. 快、准、好　　D. 速度快

(7) 徒手画草图的比例是(　　)方法。

A. 目测　　B. 测量　　C. 查表　　D. 类比

5. 图档管理

(1) 图纸的装订位置，应在图纸的(　　)。

A. 左侧　　B. 下方　　C. 上方　　D. 右侧

(2) 图纸一般折叠成(　　)的规格后再装订。

A. A3 或 A4　　B. A0 或 A1　　C. A1 或 A2　　D. A2 或 A3

(3) 无论哪种装订，都需将(　　)露在外边。

A. 明细表　　B. 技术要求　　C. 图形　　D. 标题栏

(4) 无装订边图纸的装订，是在图纸的左下角，粘贴上(　　)。

A. 图钉　　B. 装订胶带　　C. 胶布　　D. 硬纸板

(5) 制图国家标准规定，图框格式分为(　　)两种，但同一产品的图样只能采用一种格式。

A. 横装和竖装　　B. 有加长边和无加长边

C. 不留装订边和留装订边　　D. 粗实线和细实线

(6) 制图国家标准规定，(　　)分为不留装订边和留装订边两种，但同一产品的图样只能采用一种格式。

A. 图框格式　　B. 图纸幅面　　C. 基本图幅　　D. 标题栏

(7) 某一产品的图样，有一部分图纸的图框为留装订边，有一部分图纸的图框为不留装订边，这种做法是(　　)。

A. 正确的　　B. 错误的　　C. 无所谓　　D. 允许的

(8) 生产现场和技术交流活动中的工程图样，是有(　　)或原图复制而成的复制图。

A. 描图　　B. 工程图　　C. 底图　　D. 照片

(9) 常见的复制图样的方法有重氮晒图法(　　)和缩微复制法。

A. 照相　　B. 静电复印法　　C. 描图　　D. 拓印

(10) 用于复制图样或描绘底图的原图有3种，第一是硬板原图，第二是计算机绘制的设计原图，第三是(　　)。

A. 效果图　　B. 草图

C. 轴测图　　D. 设计工作中产生的铅笔图

(11) 为保证成套图纸的完整性，复制图纸一般复制(　　)套。

A. 1　　B. 2　　C. 3　　D. 4

(12) 成套图纸必须编制(　　)。

A. 图号　　B. 目录　　C. 索引总目录　　D. 时间

(13) (　　) 应当作为主要的技术资料存档。

A. 草图　　B. 三视图　　C. 示意图　　D. 复制图

(14) 凡是绘制了视图，编制了(　　)的图纸称为图样。

A. 标题栏　　B. 技术要求　　C. 尺寸　　D. 图号

(15) 成套图纸必须进行系统的(　　)。

A. 编号　　B. 分类　　C. 分类编号　　D. 图号

(16) 分类编号，按对象功能、形状的相似性，采用(　　)进制分类法进行编号。

A. 二　　B. 十　　C. 十二　　D. 六十

(17) 图样和文件的编号一般有分类编号和(　　)编号两大类。

A. 图纸　　B. 零件图

C. 装配图　　D. 隶属

(18) 每个产品、部件、零件的图样和文件均应有独立的(　　)。

A. 代号　　B. 标注　　C. 分类编号　　D. 字母

任务考评

(1) 是否熟悉机械制图国家标准有关图幅、比例、线型、字体及标注尺寸等的规定。

(2) 能否正确绘制轴测投影图和齿轮与齿轮啮合图。

(3) 是否了解图档管理工作内容。

项目3　中级制图员知识测试模拟考试

知识目标

机械制图国家标准相关内容

机械制图基本知识

标注表面粗糙度

读图补画视图、斜视图

画正等轴测图

画螺栓联接装配图

标注尺寸

技能目标

熟悉机械制图国家标准

具备读图与绘图的基本技能

任务描述

按中级制图员应知应会组织职业培训。

任务考评

职业技术鉴定

中级制图员(机械)知识测试试卷(A)

注意事项：(1) 请在试卷的标封处填写您的姓名、考号、所在地区及考试等级。

(2) 请仔细阅读各种题目的回答要求,作图题一律用铅笔完成。

(3) 请保持卷面整洁、线型分明,不要在标封区填写无关内容。

一、单项选择题(在每小题四个备选答案中选出一个正确答案,并将正确答案的字母填入题中的括号内)(共 10 分,每小题 1 分)

1. 图样中书写汉字字体号数,即为字体(　　)。

A. 宽度　　B. 高度　　C. 长度　　D. 厚度

2. 在绘制图样中,应采用机械制图国家标准规定的(　　)种图线。

A. 4　　B. 6　　C. 8　　D. 10

3. 投影的要素为投影线、(　　)、投影面。

A. 观察者　　B. 物体　　C. 光源　　D. 画面

4. 两圆柱齿轮中心线之间的距离称为(　　)。

A. 全齿高　　B. 齿距　　C. 分度圆直径　　D. 中心距

5. 在斜二等轴测图中,取二个轴的轴向伸缩因素为 1 时,另一个轴的轴向伸缩因素为(　　)。

A. 0.5　　B. 0.6　　C. 1.22　　D. 0.82

6. 将投影中心移至无限远处,则投影线视为互相(　　)。

A. 平行　　B. 交于一点　　C. 垂直　　D. 交叉

7. 绘制正等轴测图的步骤是，先在投影图中画出物体的(　　)。

A. 直角坐标系　　B. 坐标点

C. 轴测轴　　D. 大致外形

8. 用于复制图样或描绘底图的原图有三种，硬板原图、计算机绘制的设计原图和(　　)。

A. 效果图　　B. 草图

C. 轴测图　　D. 设计中的铅笔图

9. 为保证成套图纸的完整性，复制图一般复制(　　)套。

A. 1　　B. 2　　C. 3　　D. 4

10. 成套图纸必须编制(　　)。

A. 图号　　B. 目录

C. 索引总目录　　D. 时间

二、在图中标注尺寸(1∶1从图中量尺寸)，按表中 R_a 值，在图中标注表面粗糙度(15分)

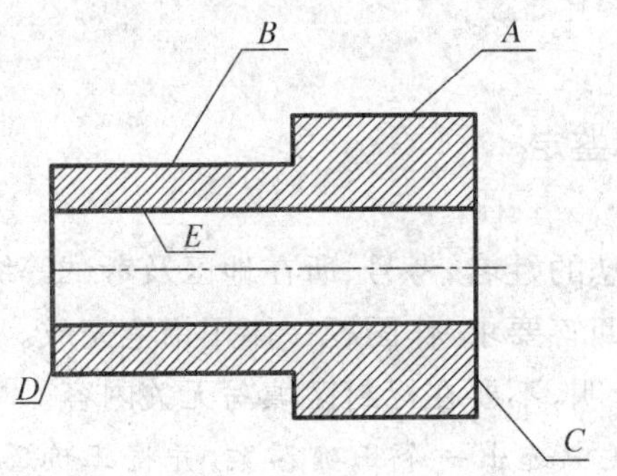

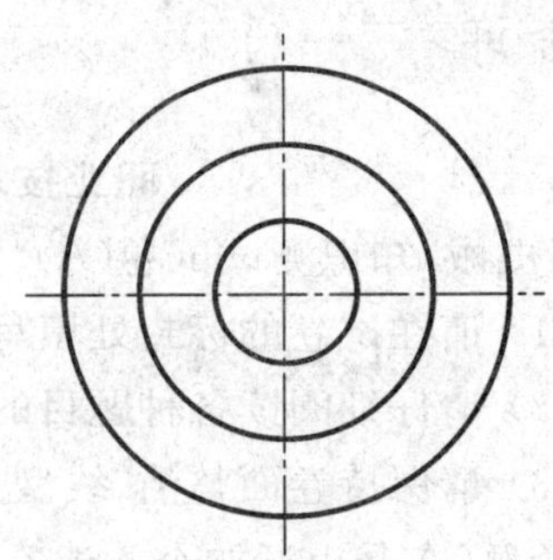

零件表面粗糙度表

A	1.6
B	1.5
C	1.4
D	1.3
E	1.2

三、按下图作 A-A 剖视图(15分)

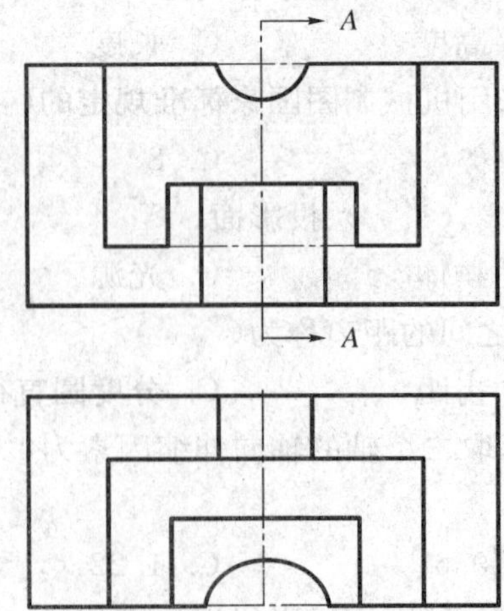

四、按下图画出 A 向斜视图(位置自定)(尺寸从图中量取)(10 分)

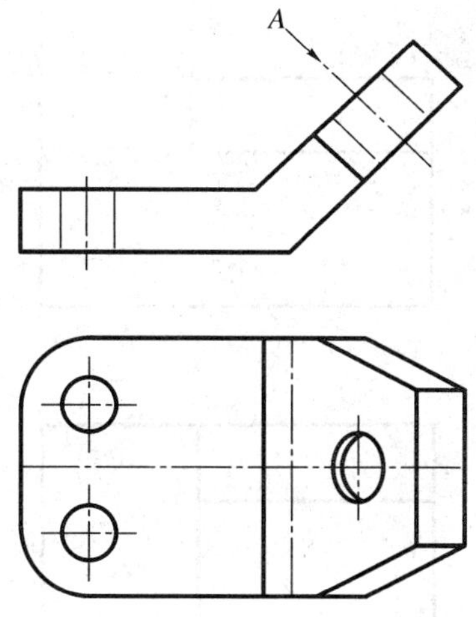

五、按下面图补画左视图(不可见线用虚线表示)(10 分)

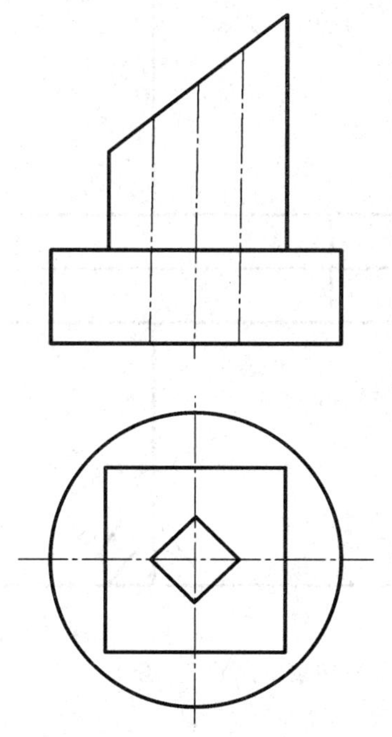

六、根据下面视图画正等轴测图(10 分)

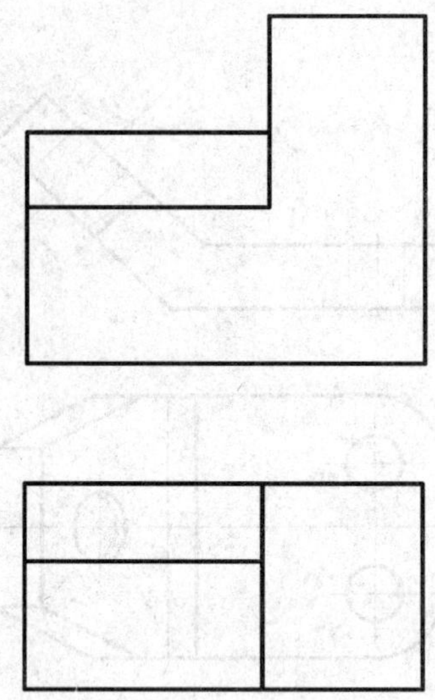

七、按装配图画法完成螺栓联接的全剖视图(10 分)

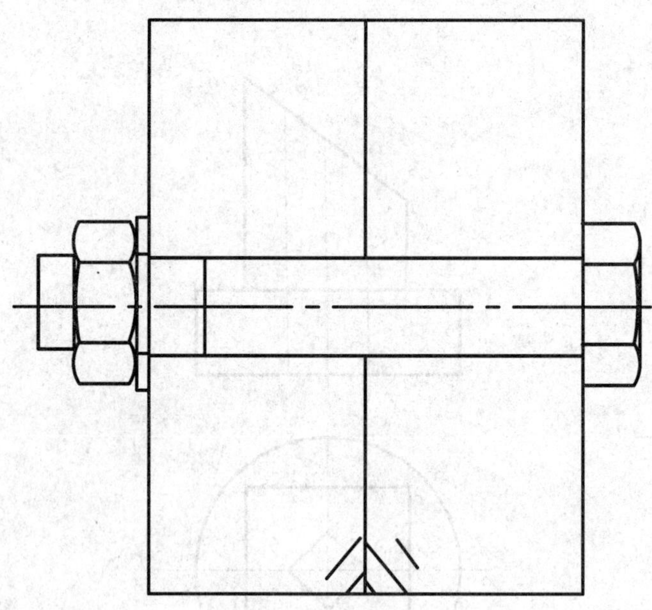

八、读下面零件图补图,并回答问题(20 分)

1. 补画左视图(12 分)。
2. 写出该零件的外形尺寸(4 分)。
3. 在图上标出径向和轴向尺寸的主要基准(4 分)(用箭头指明引出标注)。

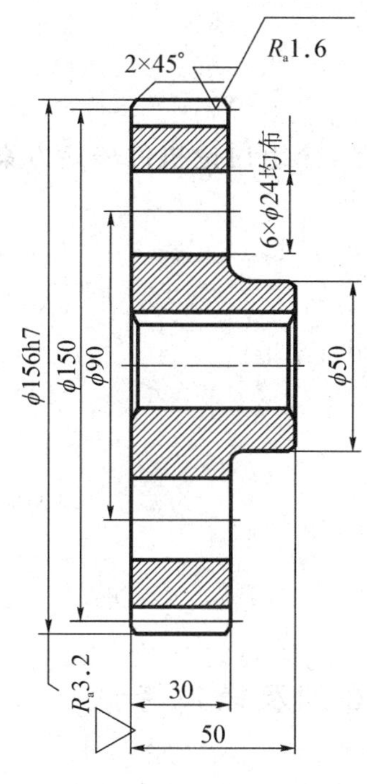

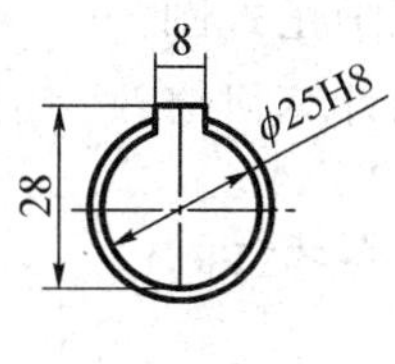

项目 4　基本训练与检验

典型零件图识读与绘图分析

能够识读与测绘典型零件工作图

能够运用计算机软件绘制典型机械零件工作图

1. 分析生产中的典型零件及零件工作图(教师辅导)

(1) 传动轴。

(2) 圆柱齿轮。

(3) 减速箱体。

(4) 叉架。

2. 测绘

择取生产实践中的典型零件，布置测绘任务，分组讨论机件表达方案，然后展开测绘工作，任务完成后，教师进行评讲。

(1) 手工测绘制草图。

(2) 尺规画正式图。

(3) 运用计算机修改完成测绘任务画的零件工作图。

任务考评

中级制图员职业技能鉴定模拟考试。

(题、图，此略)

任务二小结：(机械制图员培训及模拟考试)

制图员职业已列入《中华人民共和国职业分类大典》，我国从1999年开始培训并考证工作。

机械制图是每个从事机械工程设计、制造、维修和管理必须具备的，在此基础上运用计算机高效绘图是高科技发展大势所趋。

国家职业共分4级，制图员考证初级(国家职业资格五级)、中级(国家职业资格四级)、高级(国家职业资格三级)、技师(国家职业资格二级)。主要考试分应知机械制图理论知识考题和应会计算机绘图考题。

最终目标：在校生考取中级或高级制图员证，为毕业后考技师奠定基础。

促成目标：

(1) 熟练掌握机械零件造型构图方法和理论。

(2) 熟练掌握零件各种图的尺规画图和计算机绘图画法和技能。

(3) 了解零件加工过程，会测绘零件图。

(4) 了解机器各种零部件的配合和连接。

为此，《机械图的识读与零件测绘》课程，教学安排组织机械制图员培训工作，让学生把学科学习与专业考证紧密结合起来。

附 录

附表1　普通螺纹

普通螺纹直径与螺距系列(GB/T193—2003)、基本尺寸(GB/T196—2003)摘编

标记示例

公称直径为24 mm,螺距为3 mm,右旋粗牙普通螺纹:M24

公称直径为24 mm,螺距为1.5 mm,左旋细牙普通螺纹:M24×1.5LH

公称直径 D、d		螺距 P		粗牙中径 D_2、d_2	粗牙小径 D_1、d_1
第一系列	第二系列	粗牙	细　牙		
3		0.5	0.35	2.675	2.459
	3.5	(0.6)		3.110	2.850
4		0.7	0.5	3.545	3.242
	4.5	(0.75)		4.013	3.688
5		0.8		4.480	4.134
6		1	0.75,(0.5)	5.350	4.917
8		1.25	1,0.75,(0.5)	7.188	6.647
10		1.5	1.25,1,0.75,(0.5)	9.026	8.376
12		1.75	1.5,1.25,1,(0.75),(0.5)	10.863	10.106
	14	2	1.5,(1.25)*,1,(0.75)	12.701	11.835
16		2	1.5,1,(0.75),(0.5)	14.701	13.835
	18	2.5	2,1.5,1,(0.75),(0.5)	16.376	15.294
20		2.5		18.376	17.294
	22	2.5	2,1.5,1,(0.75),(0.5)	20.376	19.294
24		3	2,1.5,1,(0.75)	22.051	20.752
	27	3	2,1.5,1,(0.75)	22.051	23.752
30		3.5	(3),2,1.5,1,(0.75)	27.727	26.211
	33	3.5	(3),2,1.5,(1),(0.75)	30.727	29.211
36		4	3,2,1.5,(1)	33.402	31.670
	39	4		36.402	34.670

注:1. 优先选用第一系列,括号内尺寸尽可能不用,第三系列未列入。
2. M14×1.25仅适用于火花塞。

附表 2 管 螺 纹

55°非密封管螺纹(GB/T17307—2001)摘编

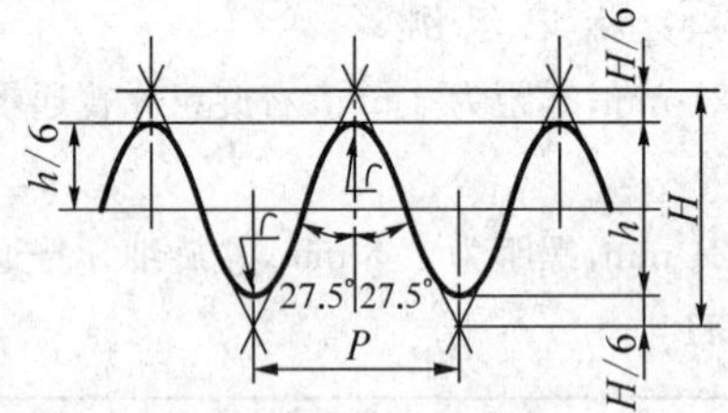

标 记 示 例

尺寸代号 2,右旋,圆柱内螺纹:G2

尺寸代号 3,右旋,A 级圆柱外螺纹:G3A

尺寸代号 4,左旋,B 级圆柱外螺纹:G4BLH

尺寸代号	每 25.4 mm 内所含的牙数 n	螺距 P /mm	牙高 h /mm	基本尺寸		
				大径 $d=D$/mm	中径 $d_2=D_2$ /mm	小径 $d_1=D_1$ /mm
1/16	28	0.907	0.581	7.723	7.142	6.561
1/8	28	0.907	0.581	9.728	9.147	8.566
1/4	19	1.337	0.856	13.157	12.301	11.445
3/8	19	1.337	0.856	16.662	15.806	14.950
1/2	14	1.814	1.162	20.955	19.793	18.631
3/4	14	1.814	1.162	26.441	25.279	24.117
1	11	2.309	1.479	33.249	31.770	30.291
1¼	11	2.309	1.479	41.910	40.431	38.952
1½	11	2.309	1.479	47.803	46.324	44.845
2	11	2.309	1.479	59.614	58.135	56.656
2½	11	2.309	1.479	75.184	73.705	72.226
3	11	2.309	1.479	87.884	86.405	84.926
4	11	2.309	1.479	113.030	111.551	110.072
5	11	2.309	1.479	138.430	136.951	135.472
6	11	2.309	1.479	163.830	162.351	160.872

附表3 管 螺 纹

55°密封管螺纹 圆柱内螺纹与圆锥外螺纹(GB/T17306.1—2000)

圆锥内螺纹与圆锥外螺纹(GB/T17306.2—2000)摘编

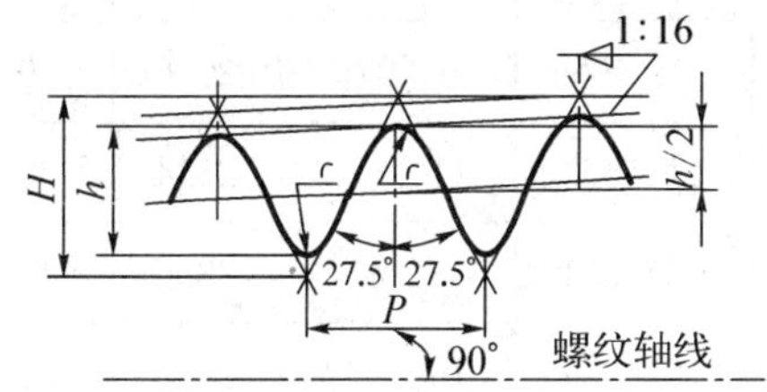

圆锥螺纹的设计牙型

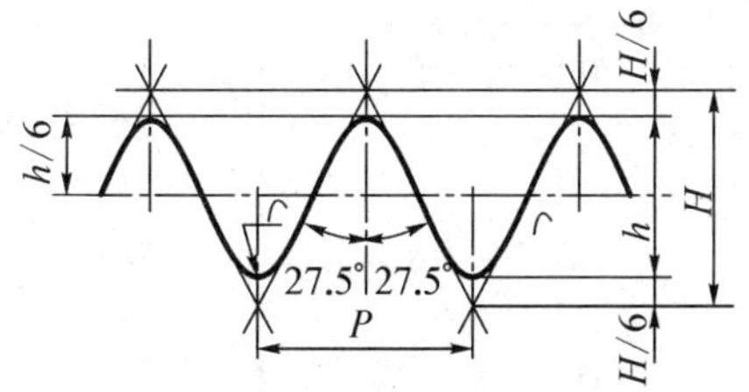

圆柱内螺纹的设计牙型

标记示例

GB/T7306.1—2000

尺寸代号 3/4,右旋,圆柱内螺纹:R_P3/4

尺寸代号 3,右旋,圆锥外螺纹:$R_1$3

尺寸代号 3/4,左旋,圆柱内螺纹:R_P3/4*LH*

右旋圆锥外螺纹、圆柱内螺纹螺纹副:$P_R/R_1$3

标记示例

GB/T7306.2—2000

尺寸代号 3/4,右旋,圆锥内螺纹:R_c3/4

尺寸代号 3,右旋,圆锥外螺纹:$R_2$3

尺寸代号 3/4,左旋,圆锥内螺纹:R_c3/4*LH*

右旋圆锥内螺纹、圆锥外螺纹螺纹副:$R_c/R_2$3

尺寸代号	每25.4 mm内所含的牙数 n	螺距 P /mm	牙高 h /mm	基准平面内的基本尺寸			基准距离(基本)/mm	外螺纹的有效螺纹不小于
				大径(基准直径) $d=D$/mm	中径 $d_2=D_2$	小径 $d_1=D_1$		
1/16	28	0.907	0.581	7.723	7.142	6.561	4	6.5
1/8	28	0.907	0.581	9.728	9.147	8.566	4	6.5
1/4	19	1.337	0.856	13.157	12.301	11.445	6	9.7
3/8	19	1.337	0.856	16.662	15.806	14.950	6.4	10.1
1/2	14	1.814	1.162	20.955	19.793	18.631	8.2	13.2
3/4	14	1.814	1.162	26.441	25.279	24.117	9.5	14.5
1	11	2.309	1.479	33.249	31.770	30.291	10.4	16.8

(续表)

尺寸代号	每25.4 mm内所含的牙数 n	螺距 P /mm	牙高 h /mm	基准平面内的基本尺寸			基准距离(基本)/mm	外螺纹的有效螺纹不小于
				大径(基准直径) $d=D$/mm	中径 $d_2=D_2$	小径 $d_1=D_1$		
1¼	11	2.309	1.479	41.910	40.431	38.952	12.7	19.1
1½	11	2.309	1.479	47.803	46.324	44.845	12.7	19.1
2	11	2.309	1.479	59.614	58.135	56.656	15.9	23.4
2½	11	2.309	1.479	75.184	73.705	72.226	17.5	26.7
3	11	2.309	1.479	87.884	86.405	84.926	20.6	29.8
4	11	2.309	1.479	113.030	111.551	110.072	25.4	35.8
5	11	2.309	1.479	138.430	136.951	135.472	28.6	40.1
6	11	2.309	1.479	163.830	162.351	160.872	28.6	40.1

附表 4　梯形螺纹

梯形螺纹基本尺寸(GB/T5796.3—2005)摘编

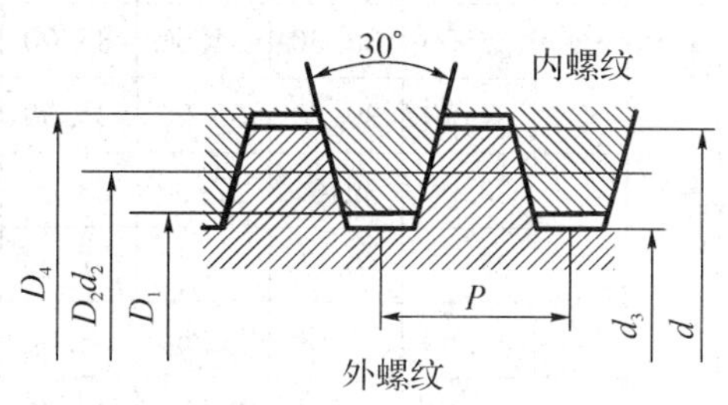

标记示例

公称直径 28 mm、螺距 5 mm,中径公差带代号为 7H 的单线右旋梯形内螺纹:Tr28×5—7H

公径直径 28 mm、导线 10 mm、螺距 5 mm、中径公差带代号为 8c 的双线左旋梯形外螺纹:Tr28×10(P5)LH—8c

内外螺纹旋合所组成的螺纹副的标记为:Tr24×8—7H/8c

公称直径		螺距 P	中径 $d_2=D_2$	大径 D_4	小径		公称直径		螺距 P	中径	大径	小径	
第一系列	第二系列				d_3	D_1	第一系列	第二系列		$d_2=$ D_2 D_1	D_4	d_3	D_1
8		1.5	7.25	8.30	6.20	6.50		26	3	24.50	26.50	22.50	23.00
	9	1.5	8.25	9.30	7.20	7.50			5	23.50	26.50	20.50	21.00
		2	8.00	9.50	6.50	7.00			8	22.00	27.00	17.00	18.00
10		1.5	9.25	10.30	8.20	8.50	28		3	26.50	28.50	24.50	25.00
		2	9.00	10.50	7.50	8.00			5	25.50	28.50	22.50	23.00
	11	2	10.00	11.50	8.50	9.00			8	24.00	29.00	19.00	20.00
		3	9.50	11.50	7.50	8.00		30	3	28.50	30.50	26.50	27.00
12		2	11.00	12.50	9.50	10.00			6	27.50	31.50	23.50	24.00
		3	10.50	12.50	8.50	9.00			10	25.00	31.00	19.00	20.00
	14	2	13.00	14.50	11.50	12.00	32		3	30.50	32.50	28.50	29.00
		3	12.50	14.50	10.50	11.00			6	29.50	33.50	25.50	26.00
16		2	15.00	16.50	13.50	14.00			10	27.00	33.00	21.00	22.00
		4	14.00	16.50	11.50	12.00		34	3	32.50	34.50	30.50	31.00

（续表）

公称直径		螺距 P	中径 $d_2 = D_2$	大径 D_4	小径	
第一系列	第二系列				d_3	D_1
	18	2	17.00	18.50	15.50	16.00
		4	16.00	18.50	13.50	14.00
20		2	19.00	20.50	17.50	18.00
		4	18.00	20.50	15.50	16.00
	22	3	20.50	22.50	18.50	19.00
		5	19.50	22.50	16.50	17.00
		8	18.50	23.50	13.00	14.00
24		3	22.50	24.50	20.50	21.00
		5	21.50	24.50	18.50	19.00
		8	20.00	25.00	15.00	16.00

公称直径		螺距 P	中径	大径	小径	
第一系列	第二系列		$d_2 =$ D_2 D_1	D_4	d_3	D_1
	34	6	31.50	35.50	27.50	28.00
		10	29.00	35.00	23.00	24.00
36		3	34.50	36.50	32.50	33.00
		6	33.50	37.50	29.50	30.00
		10	31.00	37.00	25.00	26.00
	38	3	36.50	38.50	34.50	35.00
		7	34.50	39.50	30.50	31.00
		10	33.00	39.00	27.00	28.00
40		3	38.50	40.50	36.50	37.00
		7	36.50	41.50	32.50	33.00
		10	35.00	41.00	29.00	30.00

附表 5　六角头螺栓(GB/T5782～5783—2000)摘编

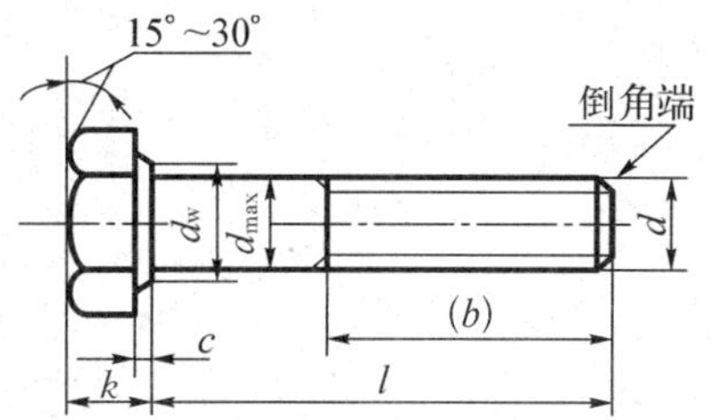

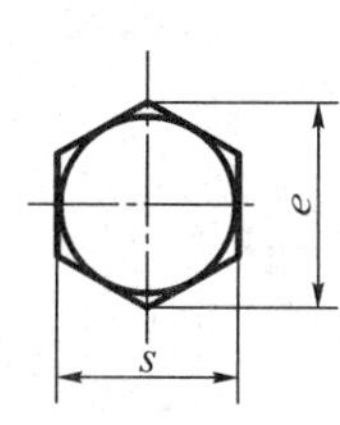

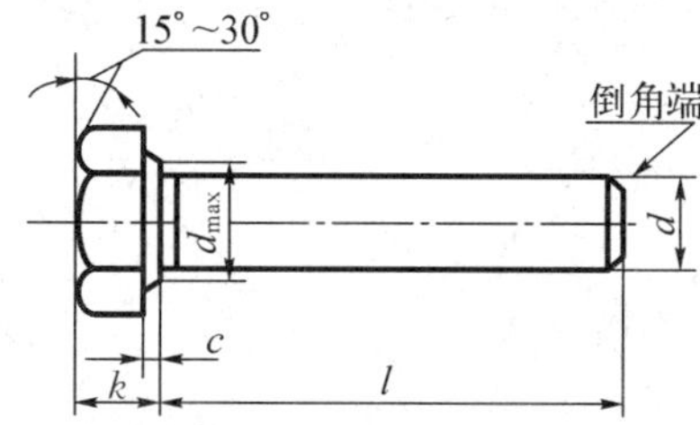

螺纹规格 d = M12 、公称长度 l = 80 mm、性能等级为 8.8 级、表面氧化、产品等级为 A 级的六角头螺栓:螺栓 GB/T5782M12×80

螺纹规格 d = M12 、公称长度 l = 80 mm、性能等级为 8.8 级、表面氧化、全螺纹、产品等级为 A 级的六角头螺栓:螺栓 GB/T5783M12×80

螺纹规格 d		M4	M5	M6	M8	M10	M12	M16	M20	M24	M30	M36	M42	M48
螺距 P		0.7	0.8	1	1.25	1.5	1.75	2	2.5	3	3.5	4	4.5	5
b 参考	$l \leqslant 125$	14	16	18	22	26	30	38	46	54	66	—	—	—
	$125 < l \leqslant 200$	20	22	24	28	32	36	44	52	60	72	84	96	108
	$l \leqslant 200$	33	35	37	41	45	49	57	65	73	85	97	109	121
c_{max}		0.4	0.5		0.6			0.8						1
k		2.8	3.5	4	5.3	6.4	7.5	10	12.5	15	18.7	22.5	26	30
d_{max}		4	5	6	8	10	12	16	20	24	30	36	42	48
s_{max}		7	8	10	13	16	18	24	30	36	46	55	65	75
e_{min}	A	7.66	8.79	11.05	14.38	17.77	20.03	26.75	33.53	39.98	—	—	—	—
	B	7.50	8.63	10.89	14.2	17.59	19.85	26.17	32.95	39.55	50.85	60.79	71.3	82.6
d_{wmin}	A	5.88	6.88	8.88	11.63	14.63	16.63	22.49	28.19	33.61	—	—	—	—
	B	5.74	6.74	8.74	11.47	14.47	16.47	22	27.7	33.25	42.75	51.11	59.95	69.4

（续表）

l 范围	GB/T5782	25～40	25～50	30～60	40～80	45～100	50～120	65～160	80～200	90～240	110～300	140～360	160～440	180～480
	GB/T5783	8～40	10～50	12～60	16～80	20～100	25～120	30～150	40～150	50～150	60～200	70～200	80～200	90～200
l 系列	GB/T5782	25～65(5 进位)、70～160(10 进位)、180～480(20 进位)												
	GB/T5783	8、10、12、16、18、20～65(5 进位)、70～160(10 进位)、180、200												

注：1. 末端按 GB/T2—1985 规定。

2. 螺纹公差:6g。

附表 6　双头螺栓(GB/T897.898.899.900—2000)摘编

$b_m = 1d$ (GB/T897—1988)　　$b_m = 1.5d$ (GB/T899—1988)

$b_m = 1.25d$ (GB/T898—1988)　　$b_m = 2d$ (GB/T900—1988)

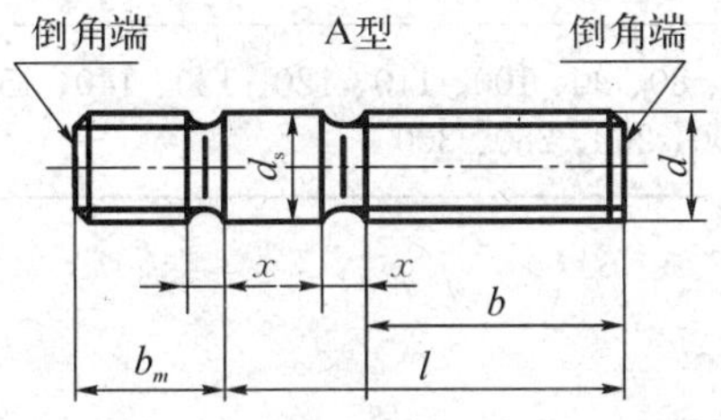

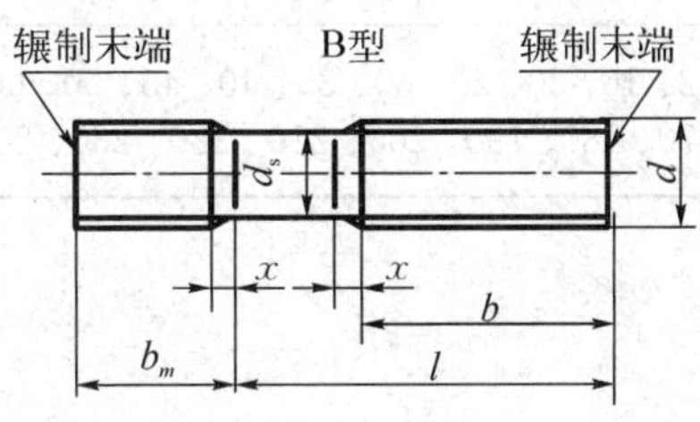

螺纹规格 d	b_m(公称)				l/b
	GB/T897—1998	GB/T898—1998	GB/T899—1998	GB/T900—1998	
M2			3	4	12～16/6、20～25/10
M2.5			3.5	5	16/8、20～30/11
M3			4.5	6	16～20/6、25～40/12
M4			6	8	16～20/8、25～40/14
M5	5	6	8	10	(16～20)/10、(25～50)/16
M6	6	8	10	12	20/10、(25～30)/14、(35～70)/18
M8	8	10	12	16	20/12、(25～30)/16、(35～90)/22
M10	10	12	15	20	25/14、(30～35)/16、(40～120)/26、130/32
M12	12	15	18	24	(25～30)/16、(35～40)/20、(45～120)/30、(130～180)/36
M16	16	20	24	32	(30～35)/20、(40～50)/30、(60～120)/38、(130～200)/44

（续表）

螺纹规格 d	b_m（公称）				l/b
	GB/T897—1998	GB/T898—1998	GB/T899—1998	GB/T900—1998	
M20	20	25	30	40	(35～40)/25、(45～60)/35、(70～120)/46、(130～200)/52
M24	24	30	36	48	(45～50)/30、(60～70)/45、(80～120)/54、(130～200)/60
M30	30	38	45	60	60/40、(70～90)/50、(100～120)/66、(130～200)/72、(210～250)/85
M36	36	45	54	72	70/45、(80～110)/60、120/78、(130～200)/72、(130～200)/84、(210～300)/97
l（系列）	12、16、20、25、30、35、40、45、50、60、70、80、90、100、110、120、130、140、150、160、170、180、190、200、210、220、230、240、250、260、280、300				

附表 7　六 角 螺 母

Ⅰ型六角螺母 A 和 B 级(GB/T6170—2000)、六角螺母 C 级(GB/T41—2000)摘编

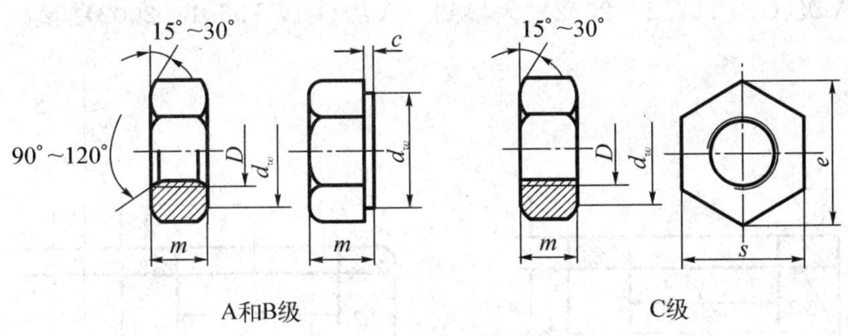

标 记 示 例

螺纹规格 $D=$ M12、性能等级为 8 级、不经表面处理、产品等级为 A 级的Ⅰ型六角螺母：螺母 GB/T6170 M12

螺纹规格 $D=$ M12、性能等级为 5 级、不经表面处理、产品等级为 C 级的六角螺母：螺母 GB/T41

螺纹规格		M2.5	M3	M4	M5	M6	M8	M10	M12	M16	M20
螺距 P		0.45	0.5	0.7	0.8	1	1.25	1.5	1.75	2	2.5
c max		0.3	0.4	0.4	0.5	0.5	0.6	0.6	0.6	0.8	0.8
d_a	max	2.9	3.45	4.6	5.75	6.75	8.75	10.8	17.3	21.6	13
	min	2.5	3.00	4.0	5.00	6.00	8.00	10.0	16.0	20.0	12
d_w min		4.1	4.6	5.9	6.9	8.9	11.6	14.6	16.6	22.5	27.7
e min		5.45	6.01	7.66	8.79	11.05	14.38	17.77	20.03	26.75	32.95
m	max	2.00	2.40	3.2	4.7	5.2	6.8	8.4	14.8	18.0	10.8
	min	1.75	2.15	2.9	4.4	4.9	6.44	8.04	14.1	16.9	10.37
m_w min		1.4	1.7	2.3	3.5	3.9	5.2	6.4	8.3	11.3	13.5
s	公称=max	5.00	5.50	7.00	8.00	10.00	13.00	16.00	24.00	30.00	18.00
	min	4.82	5.32	6.78	7.78	9.78	12.73	15.73	23.67	29.16	17.73

注：1. A 级用于 $D\leqslant 16$ 的螺母；B 级用于 $D>16$ 的螺母。本表仅按优选的螺纹规格列出。
2. 螺纹规格为 M8—M64、细牙、A 级和 B 级的Ⅰ型六角螺母，请查阅 GB/T6171—2000。

附表 8　垫　圈

小垫圈—A 级(GB/T848—2002)、平垫圈—A 级(GB/T97.1—2002)、平垫圈倒角型—A 级(GB/T97.2—2002)、大垫圈—A 级(GB/T96.1—2002)摘编

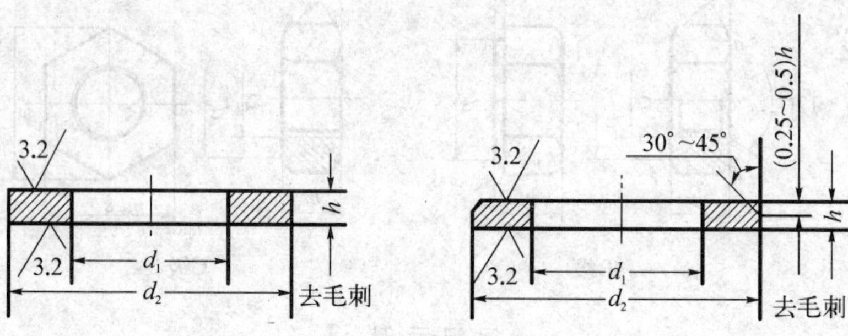

标 记 示 例

标准系列、规格 8 mm、性能等级为 140HV 级、不经表面处理的平垫

垫圈　GB/T97.1　8

<table>
<tr><th colspan="3">规格(螺纹大径)</th><th>3</th><th>4</th><th>5</th><th>6</th><th>8</th><th>10</th><th>12</th><th>14</th><th>16</th><th>20</th><th>24</th></tr>
<tr><td rowspan="4">内径 d_1</td><td rowspan="4">公称(min)</td><td>GB/T848—2002</td><td rowspan="2">3.2</td><td rowspan="2">4.3</td><td rowspan="4">5.3</td><td rowspan="4">6.4</td><td rowspan="4">8.4</td><td rowspan="4">10.5</td><td rowspan="4">13</td><td rowspan="4">15</td><td rowspan="4">17</td><td rowspan="3">21</td><td rowspan="3">25</td></tr>
<tr><td>GB/T97.1—2002</td></tr>
<tr><td>GB/T97.2—2002</td><td>—</td><td>—</td></tr>
<tr><td>GB/T96.1—2002</td><td>3.2</td><td>4.3</td><td>22</td><td>36</td></tr>
<tr><td rowspan="3">内径 d_2</td><td rowspan="3">公称(max)</td><td>GB/T848—2002</td><td>6</td><td>8</td><td>9</td><td>11</td><td>15</td><td>18</td><td>20</td><td>24</td><td>28</td><td>34</td><td>39</td></tr>
<tr><td>GB/T97.1—2002</td><td>7</td><td>9</td><td rowspan="2">10</td><td rowspan="2">12</td><td rowspan="2">16</td><td rowspan="2">20</td><td rowspan="2">24</td><td rowspan="2">28</td><td rowspan="2">30</td><td rowspan="2">37</td><td rowspan="2">44</td></tr>
<tr><td>GB/T97.2—2002</td><td>—</td><td>—</td></tr>
</table>

(续表)

<table>
<tr><td colspan="3">规格(螺纹大径)</td><td>3</td><td>4</td><td>5</td><td>6</td><td>8</td><td>10</td><td>12</td><td>14</td><td>16</td><td>20</td><td>24</td></tr>
<tr><td>内径 d_2</td><td>公称 (max)</td><td>GB/T96.1 —2002</td><td>9</td><td>12</td><td>15</td><td>18</td><td>24</td><td>30</td><td>37</td><td>44</td><td>50</td><td>60</td><td>72</td></tr>
<tr><td rowspan="4">厚度 h</td><td rowspan="4">公称 (max)</td><td>GB/T848 —2002</td><td rowspan="2">0.5</td><td>0.5</td><td rowspan="3">1</td><td rowspan="3">1.6</td><td rowspan="3">1.6</td><td>1.6</td><td>2</td><td rowspan="3">2.5</td><td>2.5</td><td rowspan="3">3</td><td rowspan="3">4</td></tr>
<tr><td>GB/T97.1 —2002</td><td>0.8</td><td rowspan="2">2</td><td rowspan="2">2.5</td><td rowspan="2">3</td></tr>
<tr><td>GB/T97.2 —2002</td><td>—</td><td>—</td></tr>
<tr><td>GB/T96.1 —2002</td><td>0.8</td><td>1</td><td>1.2</td><td>1.6</td><td>2</td><td>2.5</td><td>3</td><td>3</td><td>3</td><td>4</td><td>5</td></tr>
</table>

附表9 弹簧垫圈

标准型弹簧垫圈(GB/T93—1987)、轻型弹簧垫圈(GB/T67—2000)摘编

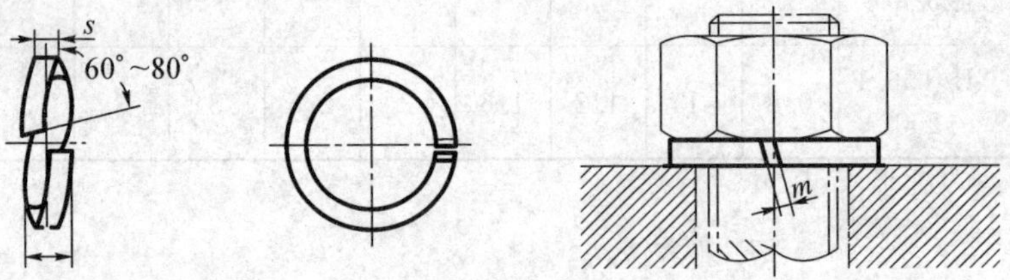

规格16 mm、材料为65Mn、表面氧化的标准型弹簧垫圈:垫圈　GB/T93　16

规格16 mm、材料为65Mn、表面氧化的轻型弹簧垫圈:垫圈　GB/T859　16

规格(螺纹大径)			2	2.5	3	4	5	6	8	10	12	16	20	24	48
d	min		2.1	2.6	3.1	4.1	5.1	6.1	8.1	10.2	12.2	16.2	20.2	24.5	48.5
	max		2.35	2.85	3.4	4.4	5.4	6.68	8.68	10.9	12.9	16.9	21.04	25.5	49.7
$s(b)$公称	GB/T93—1987		0.5	0.65	0.8	1.1	1.3	1.6	2.1	2.6	3.1	4.1	5	6	12
s公称	GB/T859—1987		—	—	0.6	0.8	1.1	1.3	1.6	2	2.5	3.2	4	5	—
b公称	GB/T859—1987		—	—	1	1.2	1.5	2	2.5	3	3.5	4.5	5.5	7	—
H	GB/T93—1987	min	1	1.3	1.6	2.2	2.6	3.2	4.2	5.2	6.2	8.2	10	12	24
		max	1.25	1.63	2	2.75	3.25	4	5.25	6.5	7.75	10.25	12.5	15	30
	GB/T859—1987	min	—	—	1.2	1.6	2.2	2.6	3.2	4	5	6.4	8	10	—
		max	—	—	1.5	2	2.75	3.25	4	5	6.25	8	10	12.5	—
$m\leqslant$	GB/T93—1987		0.25	0.33	0.4	0.55	0.65	0.8	1.05	1.3	1.55	2.05	2.5	3	6
	GB/T859—1987		—	—	0.3	0.4	0.55	0.65	0.8	1	1.25	1.6	2	2.5	—

注:m应大于零。

附表 10　螺　钉

开槽圆柱头螺钉(GB/T65—2000)、开槽盘头螺钉(GB/T859—1987)、开槽沉头螺钉(GB/T859—1987)摘编

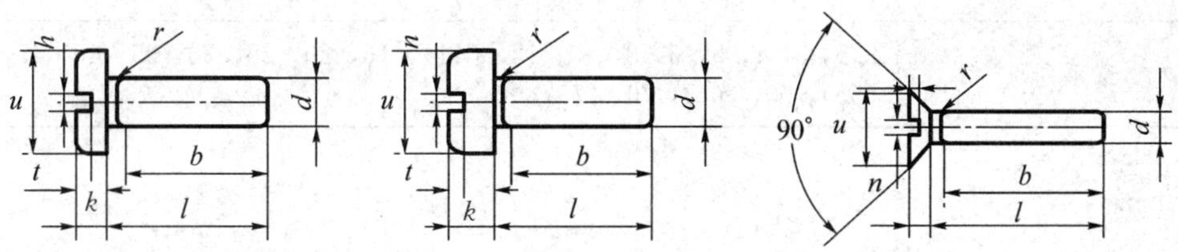

螺纹规格 d = M8、公称长度 l = 20 mm，性能等级为 4.8 级，不经表面处理的 A 级开槽圆柱头螺钉：螺钉 GB/T65 M8×20

螺纹规格 d		M2	M2.5	M3	M4	M5	M6	M8	M10
GB/T65—2000	d_k	3.8	4.5	5.5	7	8.5	10	13	16
	k	1.4	1.8	2.0	2.6	3.3	3.9	5	6
	t_{min}	0.5	0.6	0.7	1	1.2	1.4	1.9	2.4
	r_{min}	0.1	0.1	0.1	0.2	0.2	0.25	0.4	0.4
	l	3～25	3～25	4～30	5～40	6～50	8～60	10～80	12～80
	全螺纹时最大长度	30	30	30	40	40	40	40	40
GB/T67—2000	d_k	4	5	5.6	8	9.5	12	16	20
	k	1.3	1.5	1.8	2.4	3	3.6	4.8	6
	t_{min}	0.5	0.6	0.7	1	1.2	1.4	1.9	2.4
	r_{min}	0.1	0.1	0.1	0.2	0.2	0.25	0.4	0.4
	l	3～25	3～25	4～30	5～40	6～50	8～60	10～80	12～80
	全螺纹时最大长度	30	30	30	40	40	40	40	40

（续表）

<table>
<tr><td rowspan="6">GB/T68—2000</td><td>d_k</td><td>3.8</td><td>4.7</td><td>5.5</td><td>8.4</td><td>9.3</td><td>11.3</td><td>15.8</td><td>18.3</td></tr>
<tr><td>k</td><td>1.2</td><td>1.5</td><td>1.65</td><td>2.7</td><td>2.7</td><td>3.3</td><td>4.65</td><td>5</td></tr>
<tr><td>$t_{\min}$</td><td>0.6</td><td>0.75</td><td>0.85</td><td>1.3</td><td>1.4</td><td>1.6</td><td>2.3</td><td>2.6</td></tr>
<tr><td>$r_{\min}$</td><td>0.5</td><td>0.6</td><td>0.8</td><td>1</td><td>1.3</td><td>1.5</td><td>2</td><td>2.5</td></tr>
<tr><td>l</td><td>3～20</td><td>4～25</td><td>5～30</td><td>6～40</td><td>8～50</td><td>8～60</td><td>10～80</td><td>12～80</td></tr>
<tr><td>全螺纹时最大长度</td><td>30</td><td>30</td><td>30</td><td>40</td><td>40</td><td>40</td><td>40</td><td>40</td></tr>
<tr><td colspan="2">n</td><td>0.5</td><td>0.6</td><td>0.8</td><td>1.2</td><td>1.2</td><td>1.6</td><td>2</td><td>2.5</td></tr>
<tr><td colspan="2">b</td><td colspan="3">25</td><td colspan="5">38</td></tr>
<tr><td colspan="2">t(系列)</td><td colspan="8">2.5，3，4，5，6，8，10，12，(14)，16，20，25，30，35，40，45，50，(55)，60，(65)，70，(75)，80</td></tr>
</table>

附表 11 紧定螺钉

开槽锥锥端紧定螺钉(GB/T71—1985)、开槽平端紧定螺钉(GB/T73—1985)、开槽长圆柱紧定螺钉(GB/T75—1985)摘编

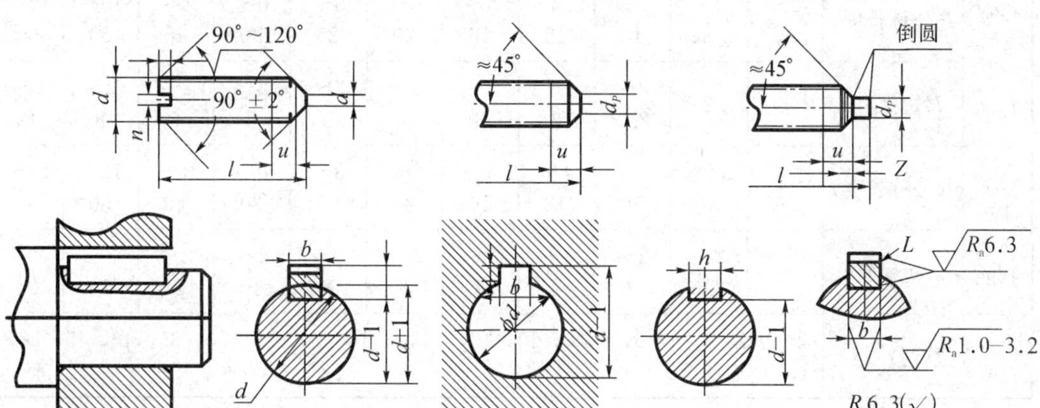

公称长度为短螺钉时,应制成 120°,u 为不完整螺纹的长度≤2P

标 记 示 例

螺纹规格 d = M5、公称长度 l = 12 mm、性能等级为 14H 级、表面氧化的开槽平端紧定螺钉:

螺钉 GB/T73 M5×12

螺纹规格 d		M1.2	M1.6	M2	M2.5	M3	M4	M5	M6	M8	M10	M12
螺距 P		0.25	0.35	0.4	0.45	0.5	0.7	0.8	1	1.25	1.5	1.75
d_1	≈	螺纹小径										
d_1	min	—	—	—	—	—	—	—	—	—	—	—
	max	0.12	0.16	0.2	0.25	0.3	0.4	0.5	1.5	2	2.5	3
d_P	min	0.35	0.55	0.75	1.25	1.75	2.25	3.2	3.7	5.2	6.64	8.14
	max	0.6	0.8	1	1.5	2	2.5	3.5	4	5.5	7	8.5
n	公称	0.2	0.25	0.25	0.4	0.4	0.6	0.8	1	1.2	1.6	2
	min	0.26	0.31	0.31	0.46	0.46	0.66	0.86	1.06	1.26	1.66	2.06
	max	0.4	0.45	0.45	0.6	0.6	0.8	1	1.2	1.51	1.91	2.31

（续表）

t	min	0.4	0.56	0.64	0.72	0.8	1.12	1.28	1.6	2	2.4	2.8
	max	0.52	0.74	0.84	0.95	1.05	1.42	1.63	2	2.5	3	3.6
z	min	—	0.8	1	1.25	1.5	2	2.5	3	4	5	6
	max	—	1.05	1.25	1.5	1.75	2.25	2.75	3.25	4.3	5.3	6.3
GB/T71—1985	l(公称长度)	2～6	2～8	3～10	3～12	4～16	6～20	8～25	8～30	10～40	12～50	14～60
	l(短螺钉)	2	2～2.5	2～2.5	2～3	2～3	2～4	2～5	2～6	2～8	2～10	2～12
GB/T73—1985	l(公称长度)	2～6	2～8	2～10	2.5～12	3～16	4～20	5～25	6～30	8～40	10～50	12～60
	l(短螺钉)	—	2	2～2.5	2～3	2～3	2～4	2～5	2～6	2～6	2～8	2～10
GB/T75—1985	l(公称长度)	—	2.5～8	3～10	4～12	5～16	6～20	8～25	8～30	10～40	12～50	14～60
	l(短螺钉)	—	2～2.5	2～3	2～4	2～5	2～6	2～8	2～10	2～14	2～16	2～20
t(系列)		2，2.5，3，4，5，6，8，10，12，(14)，16，20，25，30，35，40，45，50，(55)，60										

注：1. 公称长度为商品规格尺寸。

2. 尽可能不采用括号内的规格。

附表 12　普通平键

普通平键尺寸与公差(GB/T1096—2003)摘编

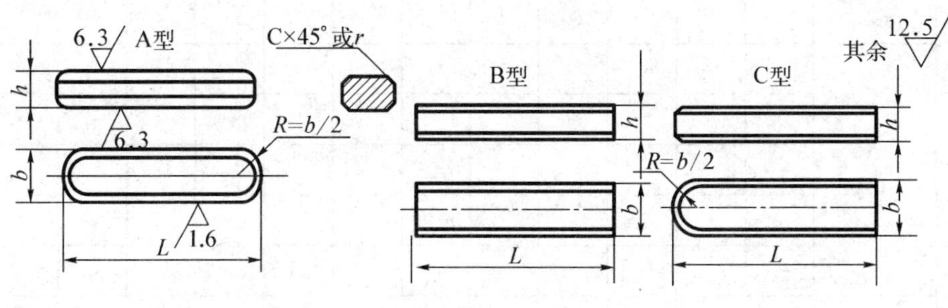

标记示例

圆头普通平键(A 型)、$b=18$ mm、$h=11$ mm、$L=100$ mm：GB/T1096—2003 键　18×11×100

平头普通平键(B 型)、$b=18$ mm、$h=11$ mm、$L=100$ mm：GB/T1096—2003 键　B　18×11×100

单圆头普通平键(C 型)、$b=18$ mm、$h=11$ mm、$L=100$ mm：GB/T1096—2003 键　C　18×11×100

mm

<table>
<tr><td rowspan="2">宽度
b</td><td colspan="2">基本尺寸</td><td>2</td><td>3</td><td>4</td><td>5</td><td>6</td><td>8</td><td>10</td><td>12</td><td>14</td><td>16</td><td>18</td><td>20</td><td>22</td></tr>
<tr><td colspan="2">极限偏差
(h8)</td><td colspan="2">0
−0.014</td><td colspan="3">0
−0.018</td><td colspan="2">0
−0.022</td><td colspan="4">0
−0.027</td><td colspan="2">0
−0.033</td></tr>
<tr><td rowspan="3">高度
h</td><td colspan="2">基本尺寸</td><td>2</td><td>3</td><td>4</td><td>5</td><td>6</td><td>7</td><td>8</td><td>8</td><td>9</td><td>10</td><td>11</td><td>12</td><td>14</td></tr>
<tr><td rowspan="2">极
限
偏
差</td><td>矩形
(h11)</td><td colspan="2">—</td><td colspan="3">—</td><td colspan="5">0
−0.090</td><td colspan="3">0
−0.010</td></tr>
<tr><td>方形
(h8)</td><td colspan="2">0
−0.014</td><td colspan="3">0
−0.018</td><td colspan="5">—</td><td colspan="3">—</td></tr>
<tr><td colspan="3">倒角或圆角 s</td><td colspan="3">0.16～0.25</td><td colspan="3">0.25～0.40</td><td colspan="5">0.40～0.60</td><td colspan="2">0.60～0.80</td></tr>
<tr><td colspan="3">长度 L</td><td colspan="13" rowspan="2"></td></tr>
<tr><td>基本
尺寸</td><td colspan="2">极限偏差
(h14)</td></tr>
<tr><td>6</td><td colspan="2" rowspan="3">0
−0.36</td><td></td><td></td><td>—</td><td>—</td><td>—</td><td>—</td><td>—</td><td>—</td><td>—</td><td>—</td><td>—</td><td>—</td><td>—</td></tr>
<tr><td>8</td><td></td><td></td><td></td><td>—</td><td>—</td><td>—</td><td>—</td><td>—</td><td>—</td><td>—</td><td>—</td><td>—</td><td>—</td></tr>
<tr><td>10</td><td></td><td></td><td></td><td></td><td>—</td><td>—</td><td>—</td><td>—</td><td>—</td><td>—</td><td>—</td><td>—</td><td>—</td></tr>
</table>

(续表)

12	0 −0.48					—	—	—	—	—	—	—	—	—
14							—	—	—	—	—	—	—	—
16							—	—	—	—	—	—	—	—
18								—	—	—	—	—	—	—
20	0 −0.52							—	—	—	—	—	—	—
22		—			标准				—	—	—	—	—	—
25		—							—	—	—	—	—	—
28		—								—	—	—	—	—
32	0 −0.62	—								—	—	—	—	—
36		—									—	—	—	—
40		—	—								—	—	—	—
45		—	—				长度					—	—	—
50		—	—	—									—	—
56	0 −0.74	—	—	—										—
63		—	—	—	—									
70		—	—	—	—									
80		—	—	—	—	—								
90	0 −0.87	—	—	—	—	—				范围				
100		—	—	—	—	—	—							
110		—	—	—	—	—	—							
125	0 −1.00	—	—	—	—	—	—	—						
140		—	—	—	—	—	—	—						
160		—	—	—	—	—	—	—	—					
180		—	—	—	—	—	—	—	—	—				
200	0 −1.15	—	—	—	—	—	—	—	—	—	—			
220		—	—	—	—	—	—	—	—	—	—	—		
250		—	—	—	—	—	—	—	—	—	—	—	—	

附表 13　普通平键键槽

普通平键键槽尺寸与公差(GB/T1095—2003)摘编

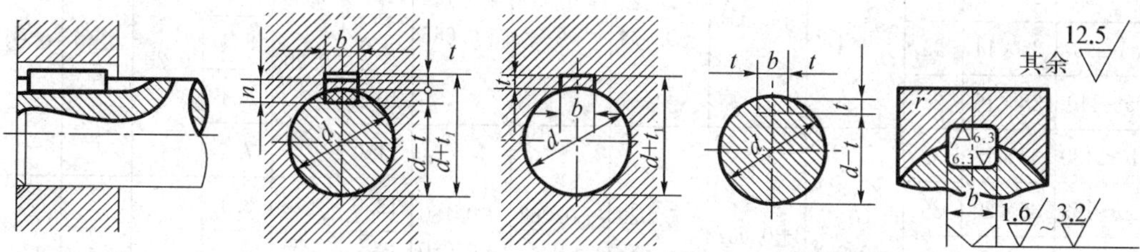

注:在工作图中,轴槽深用 t_1 或($d-t_1$)标注,轮毂槽深用($d+t_2$)标注

mm

■的直径 d	键尺寸 $b\times h$	键槽											
		宽度 b						深度				半径 r	
		基本尺寸	极限偏差					轴 t_1		毂 t_2			
			正常连接		紧密连接	松连接							
			轴 N9	毂 JS9	轴和毂 P9	轴 H9	毂 D10	基本尺寸	极限偏差	基本尺寸	极限偏差	min	max
■6~8	2×2	2	−0.004 −0.029	±0.0125	−0.006 −0.031	+0.025 0	+0.060 +0.020	1.2	+ 0.10	1	+ 0.10	0.08	0.16
>8~10	3×3	3						1.8		1.4			
10~12	4×4	4	0 −0.030	±0.015	−0.012 −0.042	+0.030 0	+0.078 +0.030	2.5		1.8			
12~17	5×5	5						3.0		2.3		0.16	0.25
17~22	6×6	6						3.5		2.8			
22~30	8×7	8	0 −0.036	±0.018	−0.015 −0.051	+0.036 0	+0.098 +0.040	4.0	+ 0.20	3.3	+ 0.20		
30~38	10×8	10						5.0		3.3		0.25	0.40
38~44	12×8	12	0 −0.043	±0.026	+0.018 −0.061	+0.043 0	+0.120 +0.050	5.0		3.3			
44~50	14×9	14						5.5		3.8			
50~58	16×10	16						6.0		4.3			
58~65	18×11	18						7.0		4.4			

（续表）

<table>
<tr><th rowspan="5">■的
直径
d</th><th rowspan="5">键尺寸
$b\times h$</th><th colspan="12">键　　槽</th></tr>
<tr><th colspan="6">宽　度 b</th><th colspan="4">深　　度</th><th rowspan="3">半径 r</th><th rowspan="3"></th></tr>
<tr><th rowspan="3">基本尺寸</th><th colspan="5">极 限 偏 差</th><th colspan="2">轴 t_1</th><th colspan="2">毂 t_2</th></tr>
<tr><th colspan="2">正常连接</th><th>紧密连接</th><th colspan="2">松连接</th><th rowspan="2">基本尺寸</th><th rowspan="2">极限偏差</th><th rowspan="2">基本尺寸</th><th rowspan="2">极限偏差</th></tr>
<tr><th>轴 N9</th><th>毂 JS9</th><th>轴和毂 P9</th><th>轴 H9</th><th>毂 D10</th><th>min</th><th>max</th></tr>
<tr><td>65～75</td><td>20×12</td><td>20</td><td rowspan="4">0
−0.052</td><td rowspan="4">±0.031</td><td rowspan="4">+0.022
−0.074</td><td rowspan="4">+0.052
0</td><td rowspan="4">+0.149
+0.065</td><td>7.5</td><td rowspan="5">+
0.20</td><td>4.9</td><td rowspan="5">+
0.20</td><td rowspan="5">0.40</td><td rowspan="5">0.60</td></tr>
<tr><td>75～85</td><td>22×14</td><td>22</td><td>9.0</td><td>5.4</td></tr>
<tr><td>85～95</td><td>25×14</td><td>25</td><td>9.0</td><td>5.4</td></tr>
<tr><td>95～110</td><td>28×16</td><td>28</td><td>10.0</td><td>6.4</td></tr>
<tr><td>110～130</td><td>32×18</td><td>32</td><td rowspan="4">0
−0.062</td><td rowspan="4">±0.037</td><td rowspan="4">−0.026
−0.088</td><td rowspan="4">+0.062
0</td><td rowspan="4">+0.180
+0.080</td><td>11.0</td><td>7.4</td></tr>
<tr><td>130～150</td><td>36×20</td><td>36</td><td>12.0</td><td rowspan="3">+
0.30</td><td>8.4</td><td rowspan="3">+
0.30</td><td rowspan="3">0.70</td><td rowspan="3">1.0</td></tr>
<tr><td>150～170</td><td>40×22</td><td>40</td><td>13.0</td><td>9.4</td></tr>
<tr><td>170～200</td><td>45×25</td><td>45</td><td>15.0</td><td>10.4</td></tr>
</table>

注：1. $(d-t_1)$和$(d+t_2)$两组组合尺寸的极限偏差按相应的 t_1 和 t_2 的极限偏差选取，但$(d-t_1)$极限偏差应取负号(−)。

2. 轴的直径不在本标准所列，仅供参考。

附表 14　圆柱销

圆柱销　不淬硬钢和奥氏体不锈钢(GB/T119.1—2000)、淬硬钢和马氏体不锈钢(GB/T119.2—2000)摘编

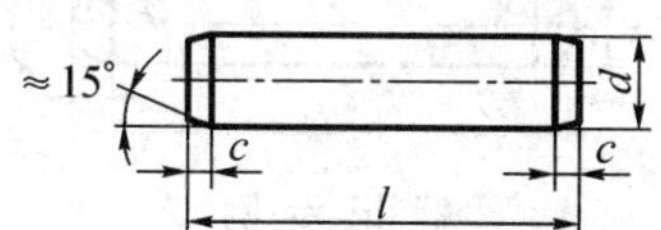

标记示例

公称直径 $d=6$ mm、公差为 m6、公称长度 $l=30$ mm、材料为钢、不经淬火、不经表面处理的圆柱销:销 GB/T119.66m6×30

公称规格		4	5	6	8	10	12	16	20
C　max		0.63	0.8	1.2	1.6	2	2.5	3	3.5
l(商品长度单位)	GB/T119.1	14	20	27	39	56	80	120	170
	GB/T119.2	12	17	23	29	44	69	110	160
l(系列)		3, 4, 5, 6, 8, 10, 12, 14, 16, 18, 20, 22, 25, 28, 32, 35, 40, 45, 50, 55, 60, 65, 70, 75, 80, 90, 95, 100, 120, 140, 160, 180, 200, ……							

注:1. 公差直径 d 的直径:GB/T119.2—2000 规定为 m6 和 h8,(GB/T119.2—2000)仅有 m6。其他公差由供需双方协议。

2. GB/T119.2—2000 中淬硬钢按淬火方法不同,分为普通淬火(A 型)和表面淬火(B 型)。

3. 公称长度大于 200 mm,按 20 mm 递增。

附表 15 圆锥销

圆锥销(GB/T117—2000)摘编

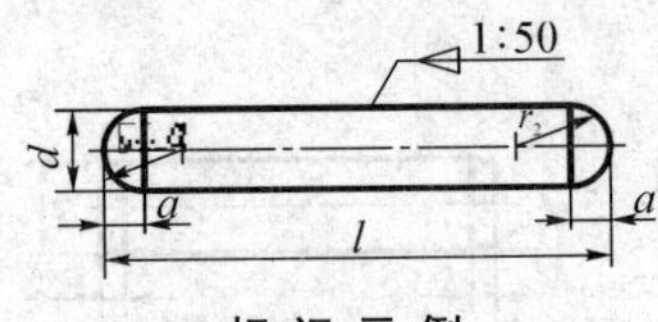

标记示例

公称直径 $d=6$ mm,公称长度 $l=30$ mm、材料为 35 钢、热处理硬度 28~30HRC、表面氧化处理的 A 型圆锥销:销 GB/T117 6×30

d(公称)	4	5	6	8	10	12	16	20
≈	0.5	0.63	0.8	1	1.2	1.6	2	2.5
l(系列)	3, 4, 5, 6, 8, 10, 12, 14, 16, 18, 20, 22, 25, 28, 32, 35, 40, 45, 50, 55, 60, 65, 70, 75, 80, 90, 95, 100, 120, 140, 160, 180, 200, ……							

注:1. 公差直径 d 的直径规定为 h10,其他公差 a11,c11 和 f8 由供需双方协议。

2. 圆锥销有 A 型和 B 型。A 型为磨削,锥面表面粗糙度 $R_a=0.8$ μm,B 型为切削或冷镦,锥面表面粗糙度 $R_a=3.2$ μm。

3. 公称长度大于 200 mm,按 20 mm 递增。

附表 16　开　口　销

开口销(GB/T91—2000)摘编

允许制造的形式

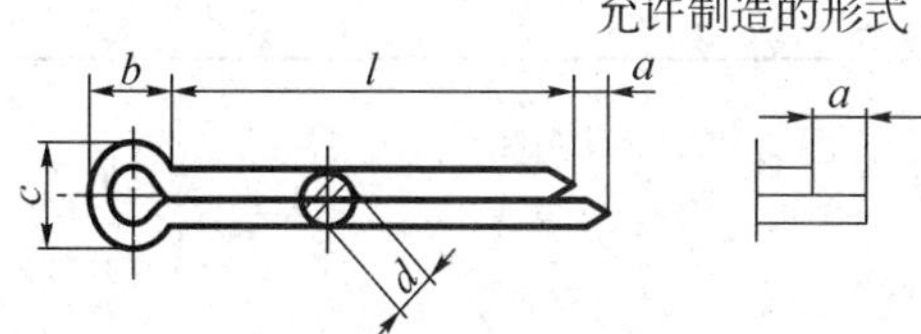

标记示例

公称规格为 5 mm、公称长度 $l = 50$ mm、材料为 Q215 或 Q235、不经表面处理的开口销：

销　GB/T91　5×50

公称规格		0.6	0.8	1	1.2	1.6	2	2.5	3.2
d	max	0.5	0.7	0.9	1.0	1.4	1.8	2.3	2.9
	min	0.4	0.6	0.8	0.9	1.3	1.7	2.1	2.4
a	max	1.6	1.6	1.6	2.50	2.50	2.50	2.50	3.2
b≈		2	2.4	3	3	3.2	4	5	6.4
C	max	1.0	1.4	1.8	2.0	2.8	3.6	4.6	5.8
适用的直径螺栓	>	—	2.5	3.5	4.5	5.5	7	9	11
	≤	2.5	3.5	4.5	5.5	7	9	11	14
商品长度范围		4～12	5～16	6～20	8～25	8～32	10～40	12～50	14～63
公称规格		4	5	6.3	8	10	13	16	20
d	max	3.7	4.6	5.9	7.5	9.5	12.4	15.4	19.3
	min	3.5	4.4	5.7	7.3	9.3	12.1	15.1	19.0
a	max	4	4	4	4	6.30	6.30	6.30	6.30
b≈	8	10	12.6	16	20	26	32	40	
C	max	7.4	9.2	11.8	15.0	19.0	24.8	30.88	38.5
螺栓直径	>	14	20	27	39	56	80	120	170
	≤	20	27	39	56	80	120	170	
商品长度范围	18～80	22～100	32～125	40～160	45～200	71～250	112～280	160～280	
l(系列)	4, 5, 6, 8, 10, 12, 14, 16, 18, 20, 22, 25, 28, 32, 36, 40, 45, 50, 56, 63, 71, 80, 90, 100, 112, 125, 140, 160, 180, 200, 224, 250, 280								

注：公称规格等于开口销孔的直径。对销孔直径推荐的公差为：公称规格≤1.2：H14；公称规格>1.2：H14　根据供需双方协议，允许采用公称规格为 3、6 和 12 mm 的开口销。

附表 17 轴　承

深沟球轴承(GB/T276—1994)摘编

60000 型

轴承代号	尺寸/mm			轴承代号	尺寸/min		
	d	*D*	*B*		*d*	*D*	*dB*
10 系列				02 系列			
606	6	17	6	623	3	10	4
607	7	19	6	624	4	13	5
608	8	22	7	625	5	16	5
609	9	24	7	626	6	19	6
6000	10	26	8	627	7	22	7
6001	12	28	8	628	8	24	8
6002	15	32	9	629	9	26	8
6003	17	35	10	6200	10	30	9
6004	20	42	12	6201	12	32	10
60/22	22	44	12	6202	15	35	11
6005	25	47	12	6203	17	40	12
60/28	28	52	12	6204	20	47	14
6006	30	55	13	62/22	22	50	14
60/32	32	58	13	6205	25	52	15
6007	35	62	14	03 系列			
6008	40	68	15				
6009	45	75	16	633	3	13	5
6010	50	80	16	634	4	16	5
6011	55	85	18	635	5	19	6
6012	60	90	18	6300	10	35	11

（续表）

轴承代号	尺寸/mm		
	d	*D*	*B*
03 系列			
6301	12	37	12
6302	15	42	13
6303	17	47	14
6304	20	52	15
63/22	22	56	16
6305	25	62	17
63/28	28	68	18
6306	30	72	19
63/32	32	75	20
6307	35	80	21
6308	40	90	23
6309	45	100	25
6310	50	110	27
6311	55	120	29
6312	60	130	31
6313	65	140	33
6314	70	150	35
6315	75	160	37
6316	80	170	39

轴承代号	尺寸/min		
	d	*D*	*B*
03 系列			
6317	85	180	41
6318	90	190	43
04 系列			
6403	17	62	17
6404	20	72	19
6405	25	80	20
6406	30	90	23
6407	35	100	25
6408	40	110	27
6409	45	120	29
6410	50	130	31
6411	55	140	33
6412	60	150	35
6413	65	160	37
6414	70	180	42
6415	75	190	45
6416	80	200	48

附表18 轴 承

圆锥滚子轴承(GB/T276—1994)摘编

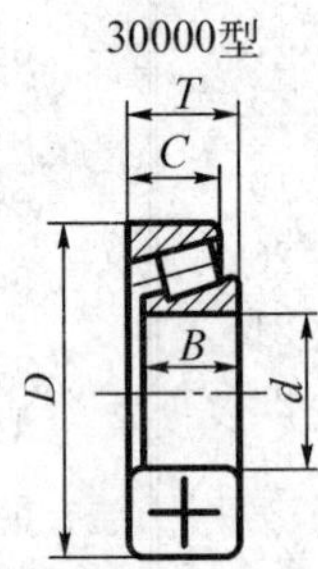

尺寸系列代号为03、内径代号为12的圆锥滚子轴承:滚动轴承 30312 GB/T297—1994

轴承代号		外形尺寸					轴承代号		外形尺寸				
		d	*D*	*T*	*B*	*C*			*d*	*D*	*T*	*B*	*C*
02系列	30204	20	47	15.25	14	12	03系列	30304	20	52	16.25	15	13
	30205	25	52	16.25	15	13		30305	25	62	18.25	17	15
	30206	30	62	17.25	16	14		30306	30	72	20.25	19	16
	30207	35	72	18.75	17	15		30307	35	80	22.75	21	18
	30208	40	80	19.75	18	16		30308	40	90	25.25	23	20
	30209	45	85	20.75	19	17		30309	45	100	27.25	25	22
	30210	50	90	21.75	20	18		30310	50	110	29.25	27	23
	30211	55	100	23.75	21	18		30311	55	120	31.50	29	25
	30212	60	110	23.75	22	19		30312	60	130	33.50	31	26
	30213	65	120	24.75	23	20		30313	65	140	36	33	28
	30214	70	125	26.25	24	21		30314	70	150	38	35	30
	30215	75	130	27.25	25	22		30315	75	160	40	37	31
	30216	80	140	28.25	26	22		30316	80	170	42.50	39	33
	30217	85	150	30.50	28	24		30317	85	180	44.50	41	24
	30218	90	160	32.50	30	26		30318	90	190	46.50	43	36
	30219	95	170	34.50	32	27		30319	95	200	49.50	45	38
	30220	100	180	37	34	29		30320	100	215	51.50	47	39

(续表)

轴承代号		外形尺寸					轴承代号		外形尺寸				
		d	*D*	*T*	*B*	*C*			*d*	*D*	*T*	*B*	*C*
22系列	32204	20	47	19.25	18	15	23系列	32304	20	52	22.25	21	18
	32205	25	52	19.25	18	16		32305	25	62	25.25	24	20
	32206	30	62	21.25	20	17		32306	30	72	28.75	27	23
	32207	35	72	24.25	23	19		32307	35	80	32.75	31	25
	32208	40	80	24.75	23	19		32308	40	90	35.25	33	27
	32209	45	85	24.75	23	19		32309	45	100	38.25	36	30
	32210	50	90	24.75	23	19		32310	50	110	42.25	40	33
	32211	55	100	26.75	25	21		32311	55	120	45.50	43	35
	32212	60	110	29.75	28	24		32312	60	130	48.50	46	37
	32213	65	120	32.75	31	27		32313	65	140	51	48	39
	32214	70	125	33.25	31	27		32314	70	150	54	51	42
	32215	75	130	33.25	31	27		32315	75	160	58	55	45
	32216	80	140	35.25	33	28		32316	80	170	61.50	58	48
	32217	85	150	38.50	36	30		32317	85	180	63.50	60	49
	32218	90	160	42.50	40	34		32318	90	190	67.50	64	53
	32219	95	170	45.50	43	37		32319	95	200	71.50	67	55
	32220	100	180	49	46	39		32320	100	215	77.50	73	60

附表 19 倒角与倒圆

零件倒圆与倒角(GB/T6403.4—1986)摘编

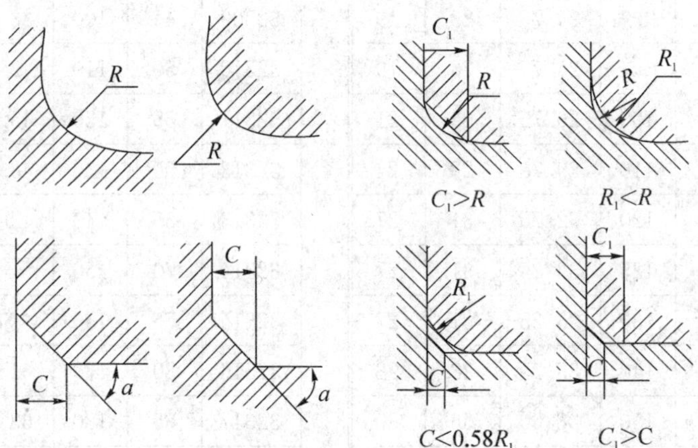

<table>
<tr><td>形式</td><td colspan="16">R，C 尺寸系列：
0.1，0.2，0.3，0.4，0.5，0.6，0.8，1.0，1.2，1.6，2.0，2.5，
3.0，4.0，5.0，6.0，8.0，10，12，16，20，25，32，40，50</td></tr>
<tr><td rowspan="3">装配方式</td><td colspan="16">尺寸规定：
1. R_1、C_1 的偏差为正：R、C 的偏差为负。
2. 左下的装配方式($G<0.58R_1$)，C 的最大值 C_{max} 与 R_1 的关系如下。</td></tr>
<tr><td>R_1</td><td>1.0</td><td>1.2</td><td>1.6</td><td>2.0</td><td>2.5</td><td>3.0</td><td>4.0</td><td>5.0</td><td>6.0</td><td>8.0</td><td>10</td><td>12</td><td>16</td><td>20</td><td>25</td></tr>
<tr><td>C_{max}</td><td>0.5</td><td>0.6</td><td>0.8</td><td>1.0</td><td>1.2</td><td>1.6</td><td>2.0</td><td>2.5</td><td>3.0</td><td>4.0</td><td>5.0</td><td>6.0</td><td>8.0</td><td>10</td><td>12</td></tr>
</table>

直径 ϕ 相应的倒角 C、倒圆 R 的推荐值

ϕ	>6~10	>10~18	>18~30	>30~50	>50~80	>80~120	>120~180
C 或 R	0.6	0.8	1.0	1.6	2.0	2.5	3.0

ϕ	>180~250	>250~320	>320~400	>400~500	>500~630	>630~800	>800~1 000	>1 000~1 250	>1 250~1 600
C 或 R	4.0	5.0	6.0	8.0	10	12	16	20	25

附表 20　砂轮越程槽

砂轮越程槽(用于回转面及端面)(GB/T6403.5—1986)摘编

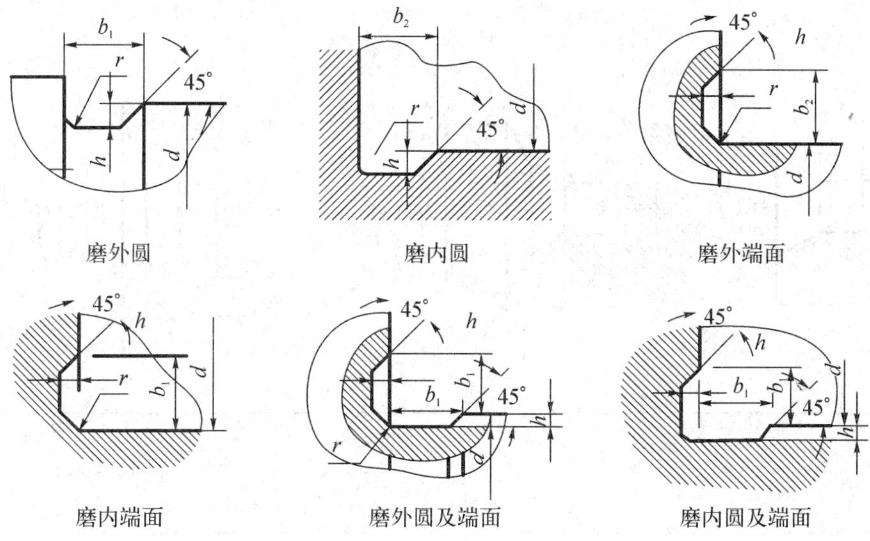

磨外圆　　磨内圆　　磨外端面

磨内端面　　磨外圆及端面　　磨内圆及端面

<table>
<tr><td>b_1</td><td>0.6</td><td>1.0</td><td>1.6</td><td>2.0</td><td>3.0</td><td>4.0</td><td>5.0</td><td>8.0</td><td>10</td></tr>
<tr><td>b_2</td><td>2.0</td><td colspan="2">3.0</td><td colspan="2">4.0</td><td colspan="2">5.0</td><td>8.0</td><td>10</td></tr>
<tr><td>h</td><td>0.1</td><td colspan="2">0.2</td><td>0.3</td><td colspan="2">0.4</td><td>0.6</td><td>0.8</td><td>1.2</td></tr>
<tr><td>r</td><td>0.2</td><td colspan="2">0.5</td><td>0.8</td><td colspan="2">1.0</td><td>1.6</td><td>2.0</td><td>3.0</td></tr>
<tr><td>d</td><td colspan="3">~10</td><td colspan="2">>10~15</td><td colspan="2">>50~100</td><td colspan="2">>100</td></tr>
</table>

注:1. 越程槽内两直线相交处,不允许产生尖角。
2. 越程槽深度 h 与圆弧半径 r 要满足 $r \leqslant 3h$。
3. 磨削具有数个直径的工件时,可使用同一规格的越程槽。
4. 直径 d 值大的零件,允许选择小规格的砂轮越程槽。

附表21 中 心 孔

中心孔的形式与尺寸(GB/T145—2001)、中心孔表示方法(GB/T4459.5—1999)摘编

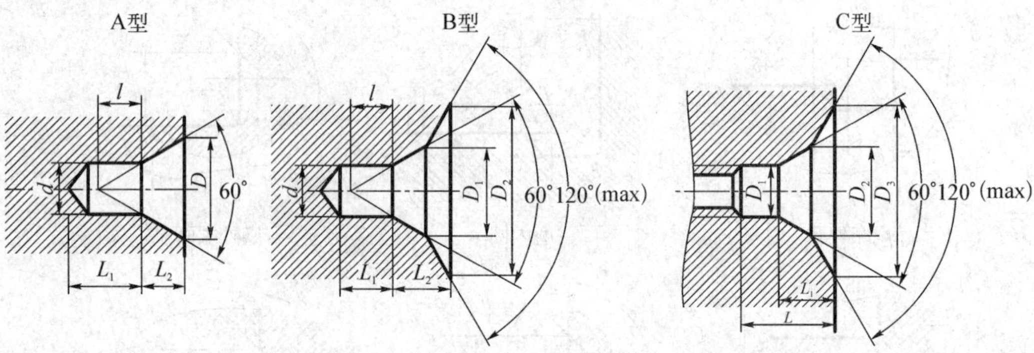

中心孔尺寸														
A型				B型					C型					
d	D	l_2	t 参考	d	D_1	D_2	l_2	t 参考	d	D_1	D_2	D_3	l	t_1 参考
2.00	4.25	1.95	1.8	2.00	4.25	6.30	2.54	1.8	M4	4.3	6.7	7.4	3.2	2.1
2.50	6.30	2.42	2.2	2.50	5.30	8.00	3.20	2.2	M5	5.3	8.1	8.8	4.0	2.4
3.15	6.70	3.07	2.8	3.15	6.70	10.00	4.03	2.8	M6	6.4	9.6	10.5	5.0	2.8
4.00	8.50	3.90	3.5	4.00	8.50	12.50	5.05	3.5	M8	8.4	12.2	13.2	6.0	3.3
(5.00)	10.60	4.85	4.4	(5.0)	10.60	16.00	6.41	4.4	M10	10.5	14.9	16.3	7.5	3.8
6.30	13.20	5.98	5.5	6.30	13.20	18.00	7.36	5.5	M12	13.0	18.1	19.8	9.5	4.4
(8.00)	17.00	7.79	7.0	(8.0)	17.00	22.40	9.36	7.0	M16	17.0	23.0	25.3	12.0	5.2
10.00	21.20	9.70	8.7	10.0	21.20	28.00	11.66	8.7	M20	21.0	28.4	31.3	15.0	6.4

注:1. 尺寸11取决于中心钻的长度,此值不应小于 t 值。

2. 括号内的尺寸尽量不采用。

附表 22 轴的极限偏差数值(GB/T1800.3—1998)摘编

(μm)

基本尺寸/mm		基本偏差数值																														
		上偏差 es												下偏差 ei																		
		所有标准公差等级												IT5和IT6	IT7	IT8	IT4至IT7	≤IT3 >IT7	所有标准公差等级													
大于	至	a	b	c	cd	d	e	ef	f	fg	g	h	js	j			k		m	n	p	r	s	t	u	v	x	y	z	za	zb	zc
—	3	−270	−140	−60	−34	−20	−14	−10	−6	−4	−2	0	偏差 $=\pm\frac{IT_n}{2}$，式中 IT_n 是IT数值	−2	−4	−6	0	0	+2	+4	+6	+10	+14		+18		+20		+26	+32	40	+60
3	6	−270	−140	−70	−46	−30	−20	−14	−10	−6	−4	0		−2	−4		+1	0	+4	+8	+12	+15	+19		+23		+28		+35	+42	+50	+80
6	10	−280	−150	−80	−56	−40	−25	−18	−13	−8	−5	0		−2	−5		+1	0	+6	+10	+15	+19	+23		+28		+34		+42	+52	+67	+97
10	14	−290	−150	−95		−50	−32		−16		−6	0		−3	−6		+1	0	+7	+12	+18	+23	+28		+33		+40		+50	+64	+90	+130
14	18																									+39	+45		+60	+77	+180	+150
18	24	−300	−160	−110		−65	−40		−20		−7	0		−4	−8		+2	0	+8	+15	+22	+28	+35		+41	+47	+54	+63	+73	+98	+136	+188
24	30																							+41	+48	+55	+64	+75	+88	+118	+160	+218
30	40	−310	−170	−120		−80	−50		−25		−9	0		−5	−10		+2	0	+9	+17	+26	+34	+43	+48	+60	+68	+80	+94	+112	+148	+200	+274
40	50	−320	−180	−130																				+54	+70	+81	+97	+114	+136	+180	+242	+325
50	65	−340	−190	−140		−100	−60		−30		−10	0		−7	−12		+2	0	+11	+20	+32	+41	+53	+66	+87	+102	+122	+144	+172	+226	+300	+405
65	80	−360	−200	−150																		+43	+59	+75	+102	+120	+146	+174	+210	+274	+360	+480
80	100	−380	−220	−170		−120	−72		−36		−12	0		−9	−15		+3	0	+13	+23	+37	+51	+71	+91	+124	+146	+178	+214	+258	+335	+445	+585
100	120	−410	−240	−180																		+54	+79	+104	+144	+172	+210	+254	+310	+400	+525	+690
120	140	−460	−260	−220		−145	−85		−43		−14	0		−11	−18		+3	0	+15	+27	+43	+63	+92	+122	+170	+202	+248	+300	+365	+470	+620	+800
140	160	−520	−280	−210																		+65	+100	+134	+190	+228	+280	+340	+415	+535	+700	+900
160	180	−580	−310	−230																		+68	+108	+146	+210	+252	+310	+380	+465	+600	+780	+1 000
180	200	−660	−340	−240		−170	−100		−50		−15	0		−13	−21		+4	0	+17	+31	+50	+77	+122	+166	+236	+284	+350	+425	+520	+670	+880	+1 150
200	225	−740	−380	−260																		+80	+130	+180	+258	+310	+385	+470	+575	+740	+960	+1 250
225	250	−820	−420	−280																		+84	+140	+196	+284	+340	+425	+520	+640	+820	+1 050	+1 350
250	280	−920	−480	−300		−190	−110		−56		−17	0		−16	−26		+4	0	+20	+34	+56	+94	+158	+218	+315	+385	+475	+580	+710	+920	+1 200	+1 550
280	315	−1 050	−540	−330																		+98	+170	+240	+350	+425	+525	+650	+790	+1 000	+1 300	+1 700

（续表）

基本尺寸/mm		基本偏差数值																														
		上偏差 es												下偏差 ei																		
		所有标准公差等级												IT5和IT6	IT7	IT8	IT4至IT7	≤IT3 >IT7	所有标准公差等级													
大于	至	a	b	c	cd	d	e	ef	f	fg	g	h	js	j			k		m	n	p	r	s	t	u	v	x	y	z	za	zb	zc
315	355	−1 200	−600	−360		−210	125		−2		−18	0		−18	−28		+4	0	+21	+37	+62	+108	+190	+268	+390	+475	+590	+730	+900	+1 150	+1 500	+1 900
355	400	−1 350	680	−400																		+114	+208	+294	+435	+530	+660	+820	+1 000	+1 300	+1 650	+2 100
400	450	−1 500	−760	−440		−230	135		−68		−20	0		−20	−32		+5	0	+23	+40	+68	+126	+232	+330	+490	+595	+740	+920	+1 100	+1 450	+1 850	+2 400
450	500	−1 650	−840	−480																		+132	+252	+360	+540	+660	+820	+1 000	+1 250	+1 600	+2 100	+2 600
500	560					−260	−145		−76		−22	0					0	0	+26	+44	+78	+150	+280	+400	+600							
560	630																					+155	+310	+450	+660							
630	710					−290	−160		−80		−24	0					0	0	+30	+50	+88	+175	+340	+500	+740							
710	800																					+185	+380	+560	+840							
800	900					−320	−170		−86		−26	0					0	0	+34	+56	+100	+210	+430	+620	+940							
900	1 000																					+220	+470	+680	+1 050							
1 000	1 120					−350	−195		−98		−28	0					0	0	+40	+66	+120	+250	+520	+780	+1 150							
1 120	1 250																					+260	+580	+840	+1 300							
1 250	1 400					−390	−220		−110		−30	0					0	0	+48	+78	+140	+300	+640	+960	+1 450							
1 400	1 600																					+330	+720	+1 050	+1 600							
1 600	1 800					−430	−240		−120		−32	0					0	0	+58	+92	+170	+370	+820	+1 200	+1 850							
1 800	2 000																					+400	+920	+1 350	+2 000							
2 000	2 240					−480	−260		−130		−34	0					0	0	+68	+110	+195	+440	+1 000	+1 500	+2 300							
2 240	2 500																					+460	+1 100	+1 650	+2 500							
2 500	2 800					−520	−290		−145		−38	0					0	0	+76	+135	+240	+550	+1 250	+1 900	+2 900							
2 800	3 150																					+580	+1 400	+2 100	+3 200							

注：1. 基本尺寸小于或等于 1 mm 时，基本偏差 a 和 b 均不采用。
2. 公差带 js7 至 js11，若 IT_n 数值是奇数，则取偏差 $=\pm IT(n-1)/2$。

附表 23　孔的极限偏差数值(GB/T1800.3—1998)摘编

(μm)

基本尺寸/mm		基本偏差数值																																		Δ值					
		下偏差EI												上偏差EI																											
		所有标准公差等级												IT6	IT7	IT8	≤IT8	>IT8	≤IT8	>IT8	≤IT8	>IT8	≤IT7	标准公差等级大于IT7												标准公差等级					
大于	至	A	B	C	CD	D	E	EF	F	FG	G	H	JS	J			K		M		N		P至ZC	P	R	S	T	U	V	X	Y	Z	ZA	ZB	ZC	IT3	IT4	IT5	IT6	IT7	IT8
—	3	+270	+140	+60	−34	+20	+14	+10	+6	+4	+2	0	偏差=±$\frac{IT_n}{2}$，式中IT_n是IT数值	+2	+4	+6	0	0	−2	−2	−4	−4	在大于IT7的相应数值上增加一个Δ值	−6	−10	−14		−18		−20		−26	−32	−40	−60	0	0	0	0	0	0
3	6	+270	+140	+70	−46	+30	+20	+14	−10	+6	+4	0		+5	+6	+10	−1+Δ		−4+Δ	−4	−10+Δ	0		−12	−15	−19		−23		−28		−35	−42	−50	−80	1	1.5	1	3	4	6
6	10	+280	+150	+80	−56	+40	+25	+18	−13	+8	+5	0		+5	+8	+12	−1+Δ		−6+Δ	−6	−10+Δ	0		−15	−19	−23		−28		−34		−42	−52	−67	−97	1	1.5	2	3	6	7
10	14	+290	+150	+95		+50	+32		+16		+6	0		+6	+10	+15	−1+Δ		−7+Δ	−7	−12+Δ	0		−18	−23	−28		−33		−40		−50	−64	−90	−130	1	2	3	3	7	9
14	18																												−39	−45		−60	−77	−108	−150						
18	24	+300	+160	+110		+65	+40		+20		+7	0		+8	+12	−20	−2+Δ		−8+Δ	−8	−15+Δ	0		−22	−28	−35		−41	−47	−54	−63	−73	−98	−136	−188	1.5	2	3	4	8	12
24	30																										−41	−48	−55	−64	−75	−88	−118	−160	−218						
30	40	+310	+170	+120		+80	+50		+25		+9	0		+10	+14	−24	−2+Δ		−9+Δ	−9	−17+Δ	0		−26	−34	−43	−48	−60	−68	−80	−94	−112	−148	−200	−274	1.5	3	4	5	9	14
40	50	+320	+180	+130																							−54	−70	−81	−97	−114	−136	−180	−242	−325						
50	65	+340	+190	−140		+100	+60		+30		+10	0		+13	+18	−28	−2+Δ		−11+Δ	−11	−20+Δ	0		−32	−41	−53	−66	−87	−102	−122	−144	−172	−226	−300	−405	2	3	5	6	11	16
65	80	+360	+200	−150																					−43	−59	−75	−102	−120	−146	−174	−210	−274	−360	−480						
80	100	+380	+220	−170		+120	+72		+36		+12	0		−16	+22	−34	−3+Δ		−13+Δ	−13	−23+Δ	0		−37	−51	−71	−91	−124	−146	−178	−214	−258	−335	−445	−585	2	4	5	7	13	19
100	120	+410	+240	−180																					−54	−79	−104	−144	−172	−210	−254	−310	−400	−525	−690						
120	140	+460	+260	−200		+145	+85		+43		+14	0		−18	+26	−41	−3+Δ		−15+Δ	−15	−27+Δ	0		−43	−63	−92	−122	−170	−202	−248	−300	−365	−470	−620	−800	3	4	6	7	15	23
140	160	+520	+280	−210																					−65	−100	−134	−190	−228	−280	−340	−415	−535	−700	−900						
160	180	+580	+310	−230																					−68	−108	−146	−210	−252	−310	−380	−465	−600	−780	−1 000						
180	200	+660	+340	+240		+170	+100		+50		+15	0		−22	+30	+47	−4+Δ		−17+Δ	−17	−31+Δ	0		−50	−77	−122	−166	−236	−284	−350	−425	−520	−670	−880	−1 150	3	4	6	9	17	26
200	225	+740	+380	+260																					−80	−130	−180	−258	−310	−385	−470	−575	−740	−960	−1 250						
225	250	+820	+420	+280																					−84	−140	−196	−284	−340	−425	−520	−640	−820	−1 050	−1 350						
250	280	+920	+480	+300		+190	+110		+56		+17	0		−25	+36	+55	−4+Δ		−20+Δ	−20	−34+Δ	0		−56	−94	−158	−218	−315	−385	−475	−580	−710	−920	−1 200	−1 550	4	4	7	9	20	29
280	315	+1 050	+540	+330																					−98	−170	−240	−350	−425	−525	−650	−790	−1 000	−1 300	−1 700						

（续表）

基本尺寸/mm		基本偏差数值																																		Δ值					
		下偏差 EI												上偏差 ES																											
		所有标准公差等级												IT6	IT7	IT8	≤IT8	>IT8	≤IT8	>IT8	≤IT8	>IT8	≤IT7	标准公差等级大于 IT7												标准公差等级					
大于	至	A	B	C	CD	D	E	EF	F	FG	G	H	JS	J			K		M		N		P至ZC	P	R	S	T	U	V	X	Y	Z	ZA	ZB	ZC	IT3	IT4	IT5	IT6	IT7	IT8
315	355	+1 200	+600	+360		+210	−125		+62		+18	0		+29	+39	+60	$-4+\Delta$		$-21+\Delta$	−21	$-37+\Delta$	0		−62	−108	−190	−268	−39	−475	−590	−730	−900	−1 150	−1 500	−1 900	4	5	7	11	21	32
355	400	+1 350	+680	+400																					−114	−208	−294	−435	−530	−660	−820	−1 000	−1 300	−1 650	−2 100						
400	450	+1 500	+760	+440		+230	−135		+68		+20	0		+33	+43	66	$-5+\Delta$		$-23+\Delta$	−23	$-40+\Delta$	0		−68	−126	−232	−330	−490	−595	−740	−920	−1 100	−1 450	−1 850	−2 400	5	5	7	13	23	34
450	500	+1 650	+840	+480																					−132	−252	−360	−540	−660	−820	−1 000	−1 250	−1 600	−2 100	−2 600						
500	560					+260	+145		+76		+22	0					0		−26		−44			−78	−150	−280	−400	−600													
560	630																								−155	−310	−450	−660													
630	710					+290	+160		+80		+24	0					0		−30		−50			−88	−175	−340	−500	−740													
710	800																								−185	−380	−560	−8 −840													
800	900					−32	+170		+86		+26	0					0		−34		−56			−100	−210	−430	−620	−940													
900	1 000																								−220	−470	−680	−1 050													
1 000	1 120					+350	+195		+98		+28	0					0		−40		−66			−120	−250	−520	−780	−1 150													
1 120	1 250																								−260	−580	−840	−1 350													
1 250	1 400					+390	+220		+110		+30	0					0		−48		−78			−140	−300	−640	−960	−1 450													
1 400	1 600																								−330	−720	−1 050	−1 600													
1 600	1 800					+430	+240		+120		+32	0					0		−58		−92			−170	−370	−820	−1 200	−1 850													
1 800	2 000																								−400	−920	−1 350	−2 000													
2 000	2 240					+480	+260		+130		+34	0					0		−68		−110			−195	−440	−1 000	−1 500	−2 300													
2 240	2 500																								−460	−1 100	−1 650	−2 500													
2 500	2 800					+520	+290		+145		+38	0					0		−76		−135			−240	−550	−1 250	−1 900	−2 900													
2 800	3 150																								−580	−1 400	−2 100	−3 200													

注：1. 基本尺寸小于或等于 1 mm 时，基本偏差 A 和 B 及大于 IT8 的 N 均不采用。
2. 公差带 JS7 至 JS11，若 IT_n 数值是奇数，则取偏差 $=\pm IT(n-1)/2$。

附表 24 常用钢材牌号及用途

名 称	牌 号	应 用 举 例
碳素结构钢 (GB/T700—2006)	Q215 Q235	塑性较高,强度较低,焊接性好,常用做各种板材及型钢
	Q275	强度较高,可制作承受中等应力的普通零件,如紧固件、吊钩、拉杆等;也可经热处理后制造不重要的轴
优质碳素结构钢 (GB/T699—1999)	15 20	塑形、韧性、焊接性和冷冲性很好,但强度较低。用于制造受力不大,韧性要求较高的零件、紧固件、渗碳零件及不要求热处理的低荷载零件,如螺栓、螺钉、拉条、法兰等
	35	有较好的塑形和适当的强度,用于制造曲轴、转轴、轴销、杠杆、连杆、横梁、链轮、垫圈、螺钉、螺母。这种钢多在正火和调制状态下使用,一般不作焊接作用
	40 45	用于要求强度较高,韧性要求中等的零件,通常进行调质或正火处理。用于制造齿轮、齿条、链轮、轴、曲轴等;经高频表面淬火后可代替渗碳钢制作齿轮、轴、活塞销等零件
	55	经热处理后有较高的表面硬度和强度,具有较好的韧性,一般经正火或淬火,回火后使用。用于制造齿轮、连杆、轮圈及轧辊等。焊接性及冷变性均低
	65	一般经淬火中温回火,具有较高弹性,适用于制作小尺寸弹簧
	15Mn	性能与 15 钢相似,但其淬透性、强度和塑性均高于 15 钢。用于制作中心部分的力学性能要求较高且需渗碳钢的零件。这种钢焊接性好
	16Mn	性能与 65 钢相似,始于制造弹簧、弹簧垫圈、弹簧和片,以及冷拔钢丝【≤7 mm】和发条
合金结构钢 (GB/T3077—1999)	20Cr	用于渗碳零件,制作受力不太大,不需要强度很高的耐磨零件,如机齿床轮、齿轮轴、蜗杆、凸轮活塞销等
	40Cr	调制后强度比碳钢高,常用做中等截面,要求力学性能比碳钢高的重要调至零件,如齿轮、轴、曲轴、连杆、螺栓等

(续表)

名　称	牌　号	应　用　举　例
合金结构钢 (GB/T3077—1999)	20CrMnTi	强度、韧性均高,是铬镍钢的代用材料。经热处理后,用于承受高速,中等或重载荷以及冲击、磨损等的重要零件,如渗碳齿轮、凸轮等
	38CrMoAl	是渗氮专用钢种,经热处理后用于要求高耐韧性、高疲劳强度和相当高的强度且热处理变形小的零件,如镗杆、主轴、齿轮、蜗杆、套筒、套环等
	35SiMn	除了要求低温【-20°以下】及冲击韧性很高的情况外,可全面代替 40Cr 作调质钢;亦可部分代替 40CrNi,制作中小型轴类、齿轮等零件
	50CrVA	用于【ϕ30～ϕ50】mm 重要的承受大应力的各种弹簧也可用做大截面的温度低于 400℃的气阀弹簧,喷油嘴弹簧等
铸钢 (GB/T11352—1989)	ZG200—400	用于各种形状的零件,如机座、变速箱壳等
	ZG230—450	用于铸造平坦的零件,如机座、机盖、箱体等
	ZG270—500	用于各种形状的零件,如飞机、机架、水压机工作缸、横梁等

附表 25　常用铸铁牌号及用途

名　称	牌　号	应　用　举　例	说　　明
灰铸铁 (GB/T9439—1988)	HT100	低载荷和不重要的零件，如盖、外罩、手轮、支架、重锤等	牌号“HT”是“灰铁”二字的汉语拼音的第一个字母，其后的数字表示最低抗拉强(MPa)，但这一力学性能铸件壁厚有关
	HT150	承受中等压力的零件，如支柱、底座齿轮箱、工作台、刀架、端盖、阀体、管路附件及一般无工作条件的零件	
	HT200 HT250	承受较大压力和较重要零件。如汽缸体、齿轮、机座、飞轮、床身、缸套、活塞、刹车轮、联轴器、齿轮箱、轴承座、油缸等	
	HT300 HT350 HT400	承受高弯曲应力及抗压应力的重要条件，如齿轮、凸轮、车床卡盘、剪床和压力机的机身、床身、高压油缸、滑阀缸体等	
球墨铸铁 (GB/T1348—1988)	QT400—15 QT450—10 QT500—7 QT600—3 QT700—2	球墨铸铁可代替部分碳钢、合金钢，用来制造一些受力复杂，强度、韧性和耐磨性要求高的零件。前两种牌号的球墨铸铁，具有较高的韧性和塑性，常用来制造受压阀门、机器底座、汽车后桥壳等；后两种牌号的球墨铸铁，具有较高的强度与耐磨性，常用来制造拖拉机或柴油机中的曲轴、连杆、凸轮轴、各种齿轮、机床的主轴、蜗杆、蜗轮、轧钢机的轧辊、大齿轮、大型水压机的工作缸、活塞等	牌号中的“QT”是“球铁”二字的汉语拼音的第一个字母，后面两组数字分别表示其最低抗拉强度(MPa)和最小伸长率

附表 26 常用有色金属牌号及用途

<table>
<tr><th colspan="3">名称</th><th>牌号</th><th>应用举例</th></tr>
<tr><td rowspan="6">加工黄铜
(GB/T5232
—1985)</td><td colspan="2" rowspan="4">普通黄铜</td><td>H62</td><td>销钉、铆钉、螺钉、螺母、垫圈、弹簧等</td></tr>
<tr><td>H68</td><td>复杂的冷冲压件、散热器外壳、弹壳、导管、波纹管、轴套等</td></tr>
<tr><td>H90</td><td>双金属片、供水和排水管、证章、艺术品等</td></tr>
<tr><td>QBe2</td><td>用于重要的弹簧及弹性元件耐磨零件以及在高速、高温下工作的轴承等</td></tr>
<tr><td colspan="2">铍青铜</td><td rowspan="2">HPb59—1</td><td rowspan="2">适用于仪器仪表等工业部门用的切削加工零件，如销螺钉、螺母、轴套等</td></tr>
<tr><td colspan="2">铅黄铜</td></tr>
<tr><td rowspan="4">加工青铜
(GB/T5232
—1985)</td><td rowspan="4">锡青铜</td><td rowspan="2">加工锡青铜</td><td>QSn4—3</td><td>弹性元件、管配件、化工机械中耐磨零件及抗磁零件</td></tr>
<tr><td>QSn6.5—0.1</td><td>弹簧、接触片、振动片、精密仪器中的耐磨零件</td></tr>
<tr><td rowspan="2">铸造锡青铜</td><td>ZCuSn10Pb1</td><td>重要的减摩零件，如轴承、轴套、蜗轮、摩擦轮、机床丝杠螺母等</td></tr>
<tr><td>ZCuSn5Pb5Zn5</td><td>中速、中载荷的轴承、轴套、蜗轮等耐磨零件</td></tr>
<tr><td colspan="3" rowspan="4">铸造铝合金
(GB/T1172—1995)</td><td>ZAlSi7Mg
(ZL101)</td><td>形态复杂的砂型、金属型和压力铸造零件，如飞机、仪器的零件，抽水机壳体，工作温度不超过 185℃ 的汽化器等</td></tr>
<tr><td>ZAlSi12
(ZL102)</td><td>形态复杂的砂型、金属型和压力铸造零件，如仪表，抽水机壳体，工作温度不超过 200℃以下要求气密性、承受低载荷的零件</td></tr>
<tr><td>ZAlSi5Cu1Mg
(ZL105)</td><td>砂型、金属型和压力铸造的形态复杂，在 225℃以下工作的零件，如风冷发动机的汽缸头、机匣，油泵壳体等</td></tr>
<tr><td>ZAlSi12CU2Mg1
(ZL108)</td><td>砂型、金属型铸造的，要求高温度及膨胀系数的高速内燃机活塞及其他耐热零件</td></tr>
</table>

附表 27　常用钢的热处理和表面处理名词解释

名称	代号及标注举例	说　　明	目　　的
退火	Th	加热—保温—随炉冷却	用来消除铸、锻、焊零件的内应力，降低硬度，以利切削加工，细化晶粒，改善组织，增加韧性
正火	Z	加热—保温—空气冷却	用于处理低碳钢、中碳结构钢及渗碳零件，细化晶粒，增加强度和韧性，减少内应力，改善切削性能
淬火	C C84(淬火回火 HRC45～50)	加热—保温—急冷	提高机件强度及耐磨性。但淬火后引起内应力，使钢弯脆，所以淬火后必须回火
调质	T T235C(调质至 HB220～250)	淬火—高温回火	提高韧性及强度。重要的齿轮、轴及丝杆等零件需调质
高频淬火	G G52(高频淬火后回火至 HRC50～55)	用高频电流将零件表面加热—急速冷却	提高机件表面的硬度及耐磨性，而心部保持一定的韧性，使零件既耐磨又能承受冲击，常用来处理齿轮等
渗碳淬火	S—C S0.5～C59(渗碳层深 0.5，淬火硬度 HRC56～62)	将零件在渗碳剂中加热，使渗入钢的表面后，再淬火回火渗碳深度 0.5～2 mm	提高机件表面的硬度、耐磨性、抗拉强度等。适用于低碳、中碳[$w(C)<0.4\%$]结构钢的中、小型零件
氮化	D D0.3～900(氮化深度 0.3，硬度大于 HV850)	将零件放入氨气内加热，使氮原子渗入钢表面，氮化层 0.025～0.8 mm，氮化时间 40～50 h	提高机件的表面硬度、耐磨性、疲劳强度和抗蚀能力，适用于合金钢、碳钢、铸铁件，如机床主轴、丝杆、重要液压元件中的零件
氰化	Q Q3(氰化淬火后，回火至 HRC56～62)	钢件在碳、氮中加热，使碳、氮原子同时渗入钢表面，可得到 0.2～0.5 氰化层	提高表面硬度、耐磨性、疲劳强度的耐蚀性，用于要求硬度高、耐磨的中、小型薄片零件、刀具等

（续表）

名称	代号及标注举例	说　明	目　　的
时效	时效处理	机件精加工前，加热到100～150℃后，保温5～20 h，空气冷却，铸件可天然时效露天放一年以上	消除内应力，稳定机件形状和尺寸，常用于处理精密机件，如精密轴承、精密丝杆等
发兰发黑	发兰或发黑	将零件置于氧化剂内加热氧化，使表面形成一层氧化铁保护膜	防腐蚀、美化，如用于螺纹联结件
镀镍	镀镍	用电解方法，在钢件表面镀一层镍	防腐蚀、美化
镀铬	镀铬	用电解方法，在钢件表面镀一层铬	提高表面硬度、耐磨性和耐蚀能力，也用于修复零件上磨损了的表面
硬度	HB（布氏硬度） HRC（洛氏硬度） HV（维氏硬度）	材料抵抗硬物压入其表面的能力 依测定方法不同而有布氏、洛氏、维氏等几种	检验材料经热处理后的机械性能——硬度 HB用于退火、正火、调质的零件及铸件 HRC用面经淬火、回火及表面渗碳、渗氨等处理的零件 HV用于薄层硬化零件

附表 28 常用热处理工艺及代号(GB/T12603—2005)

工　艺	代　号	工 艺 代 号 意 义
退火	511	
正火	512	
调质	515	
淬火	513	
空冷淬火	513—A	
油冷淬火	513—O	
水冷淬火	513—W	
感应加热淬火	513—04	
淬火和回火	514	5　×　×—××　××
表面淬火和回火	521	5_— — — — —热处理
感应淬火和回火	521—04	×— — — — — — — — — — — — —工艺类型
火焰淬火和回火	521—05	×—××—工艺名称(前一×)加热方式代号(后两×)
渗碳	531	××— — — — — — — — — — —冷火工艺代号或淬火冷却介质
固体渗碳	531—09	和冷却方法代号。
渗氮	522	其中前三位为基础分类工益代号,半字线后面的为附加工艺代号。
氮碳共渗	534	

习　题

模块一　机械制图

任务一　基本知识

项目1　机械制图国家标准
项目2　几何作图
项目3　投影法及三视图的形成

1. 将所给图线或图形抄画在右边。

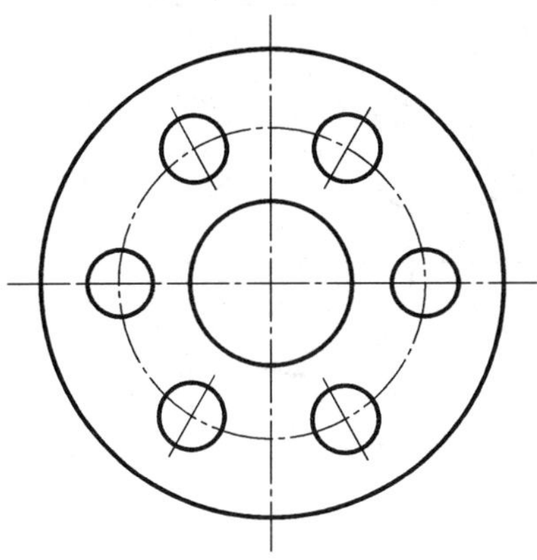

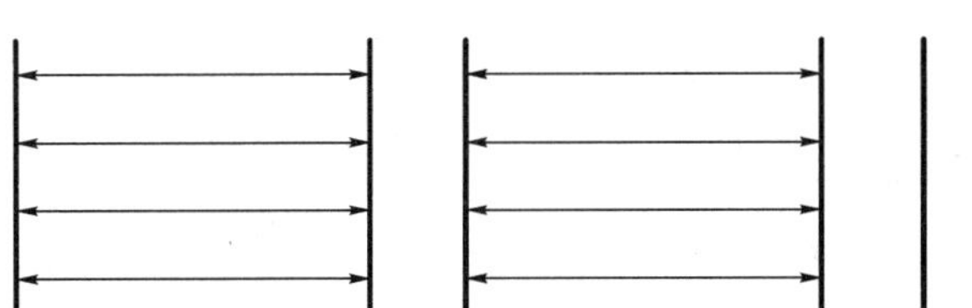

2. 参照右图所示图形,按给定尺寸用 1∶2 比例画出图形,并标注尺寸。

3. 参照右上角图例,用给定的半径 R 作圆弧连接。

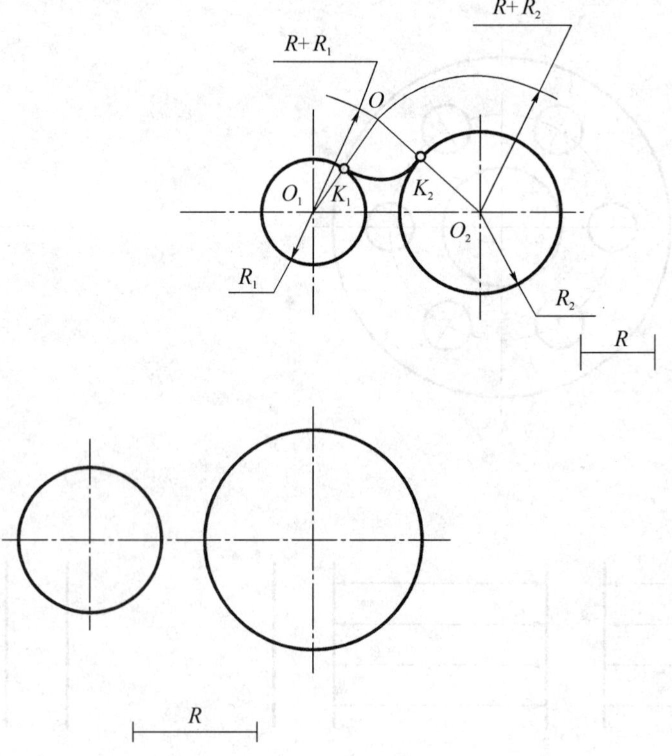

4. 指出下列左图中尺寸标注的错误，并在右图中正确标注。

（1）

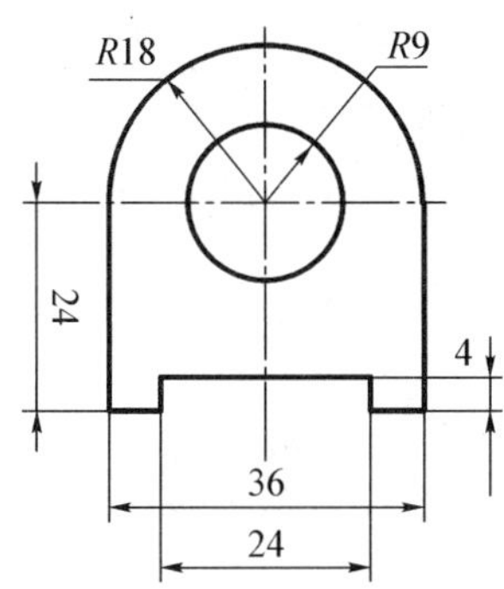

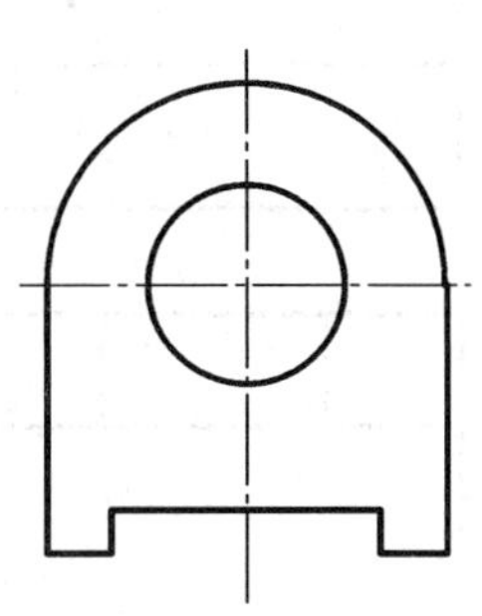

（2）

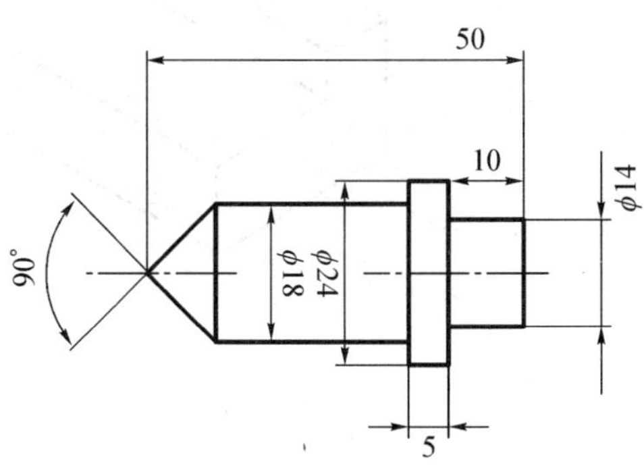

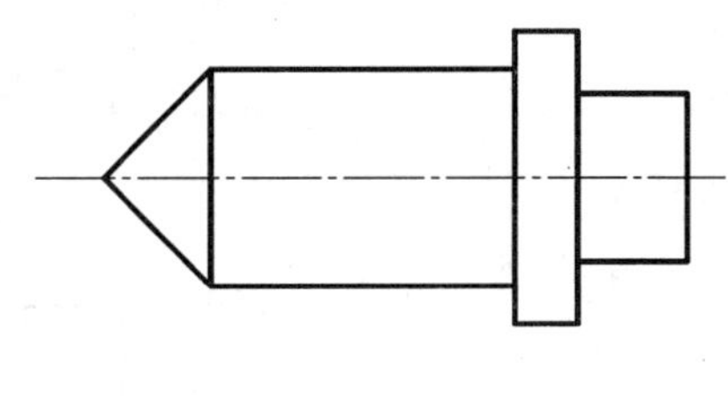

（3）

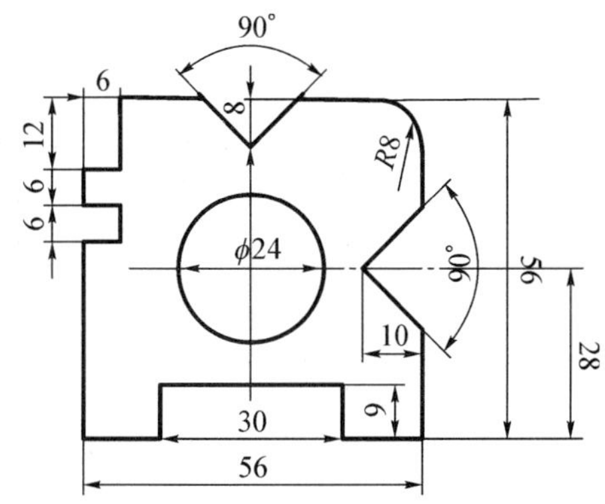

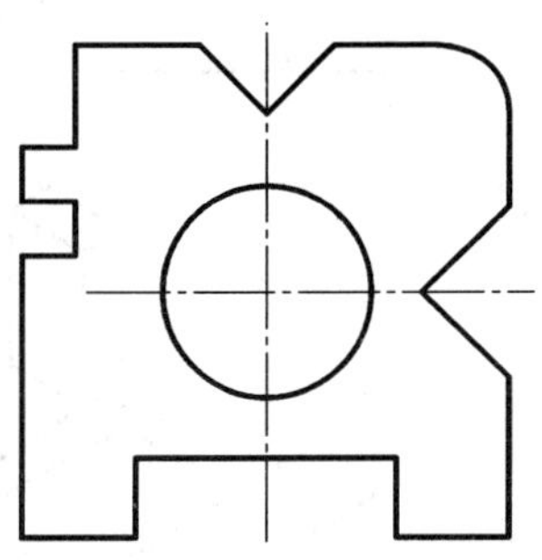

5. 对照立体图补画第三视图。

(1)

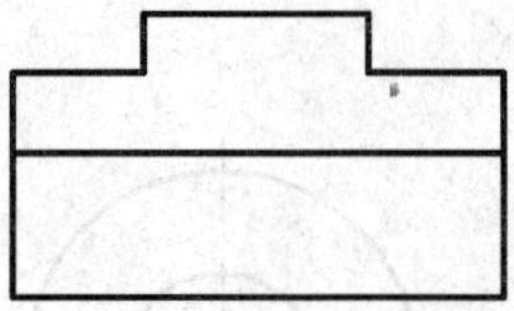

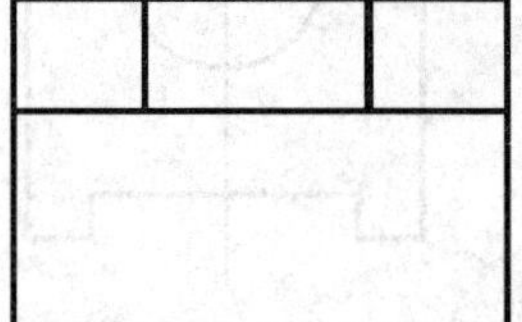

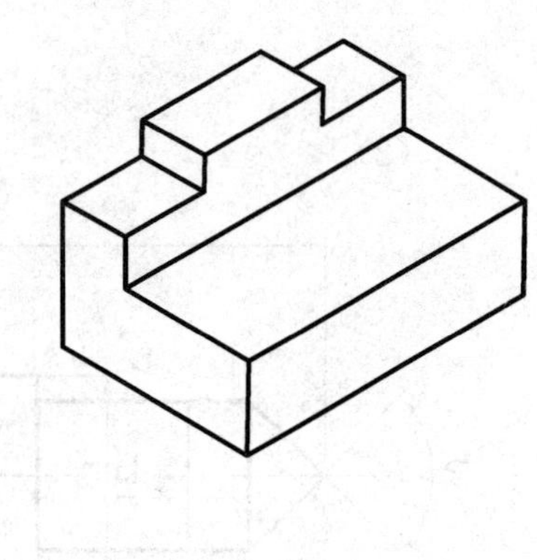

(2)

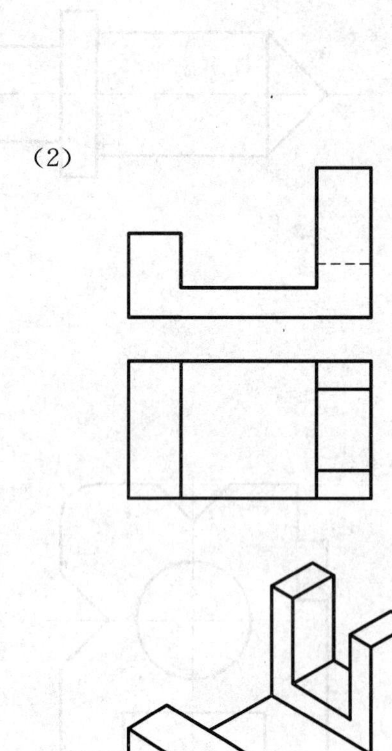

项目 4　点的投影

1. 根据立体图中各点的空间位置，画出它们的投影图，并量出各点距各投影面的距离(mm)，填入下列表格。

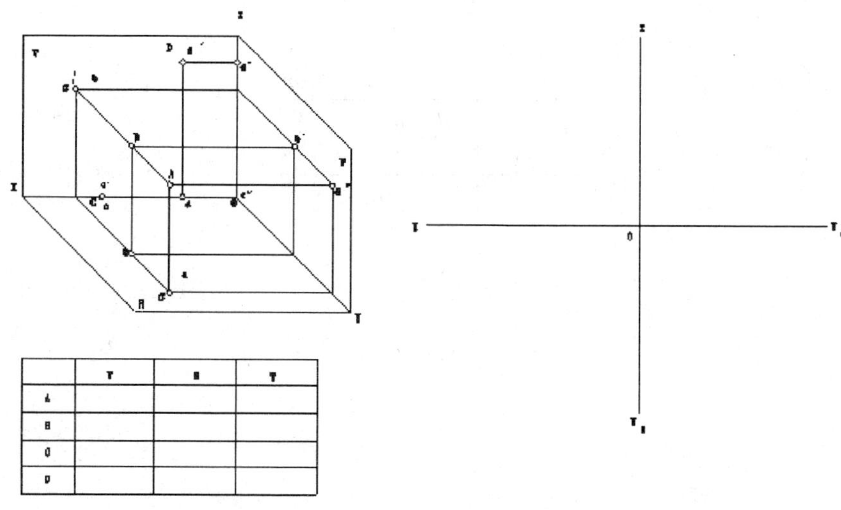

	[illegible]	[illegible]	[illegible]
A			
B			
C			
D			

2. 已知直线 AB 的 V 面、H 面投影，AB 上有一点 C，使 $AC : CB = 3 : 2$，求点 C 的三面投影。

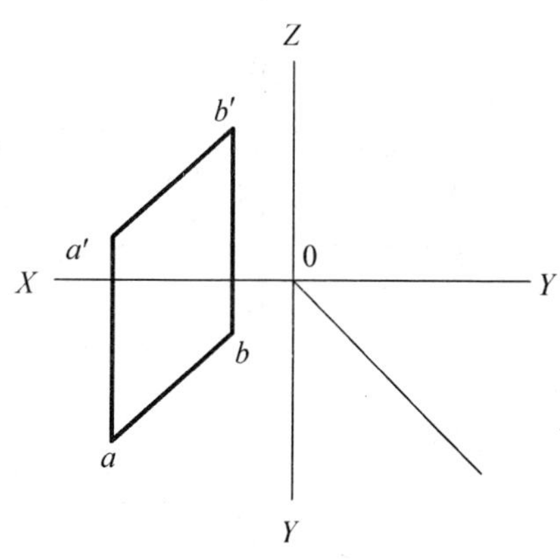

3. 已知 A、B、C、D 四点的两个投影，求作第三投影。

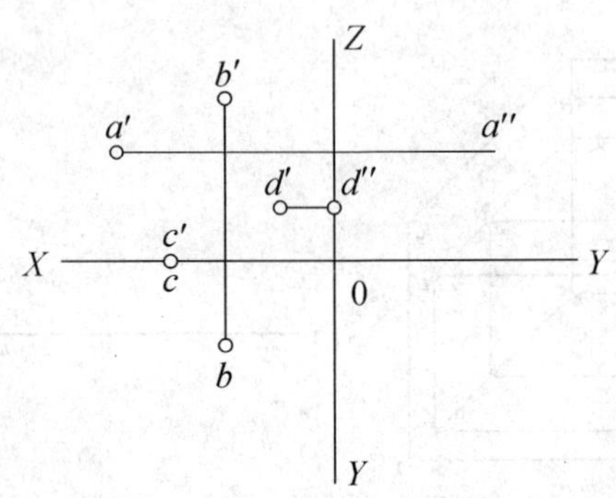

4. 比较 C、D 两点的相对位置。

D 与 C 相比，D 在 C 的________方(上或下)；________方(前或后)；________方(左或右)。

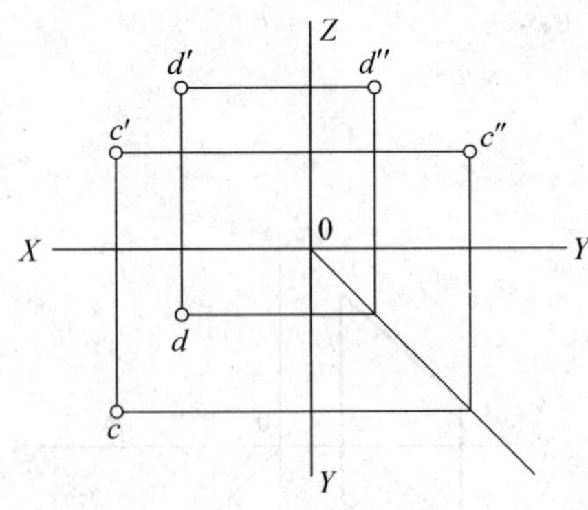

5. 已知点 $A(30, 20, 25)$、$B(25, 15, 20)$、$C(8, 25, 28)$，画出它们的三面投影。

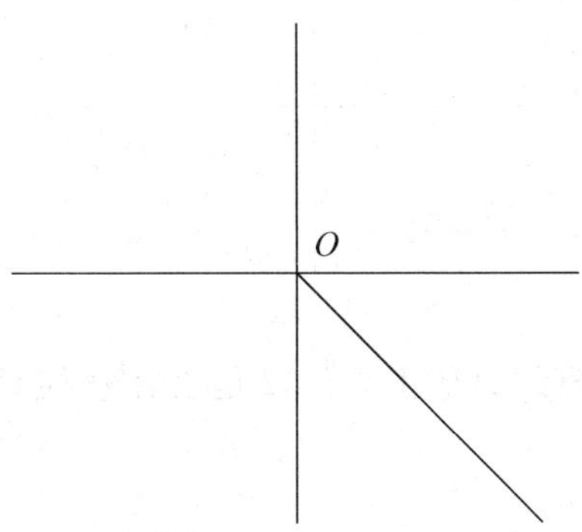

项目 5　直线的投影

1. 求出直线的第三投影，并判断各直线对投影面的相对位置。

(1) AB 是________线。

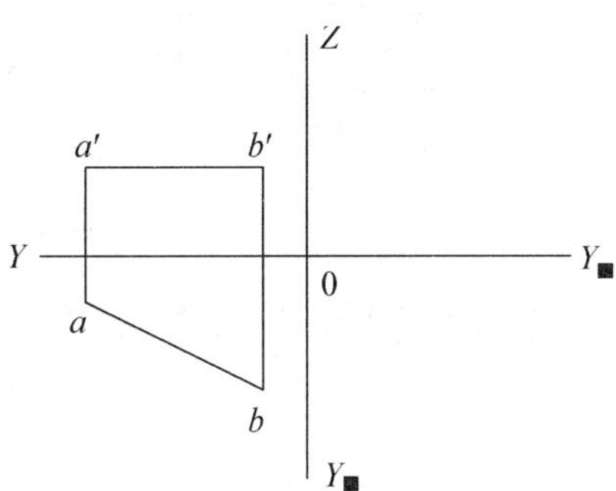

(2) CD 是________线。

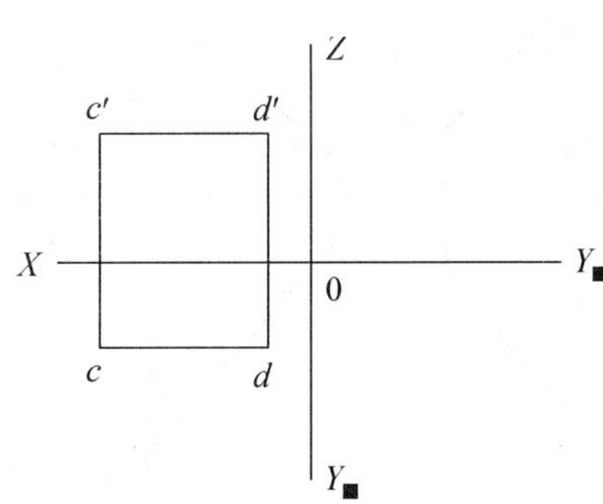

(3) EF 是________线。

2. 试判断点 K 是否在直线 AB 上，点 M 是否在直线 CD 上。

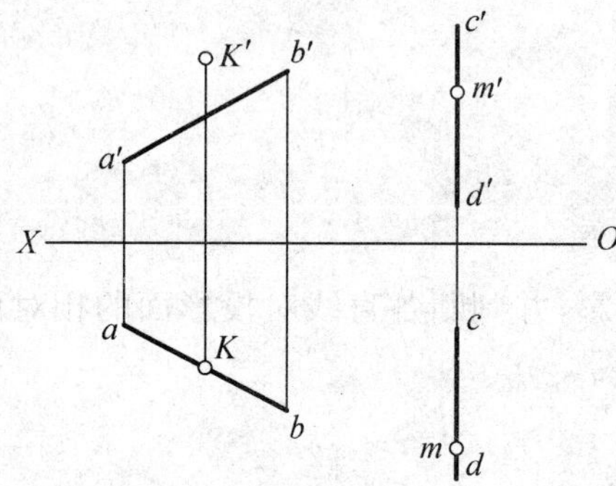

3. 过点 M 作直线 MK 与直线 AB 平行并与直线 CD 相交。

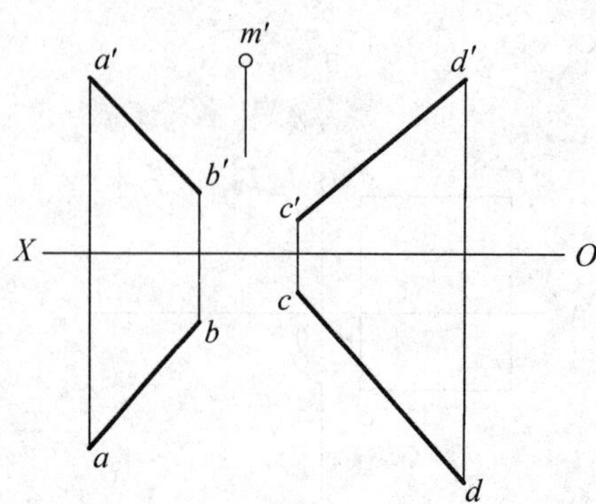

4. 已知直线 AB 的端点 B 比 A 高，且 $AB=40$ 毫米，试求其正面投影。

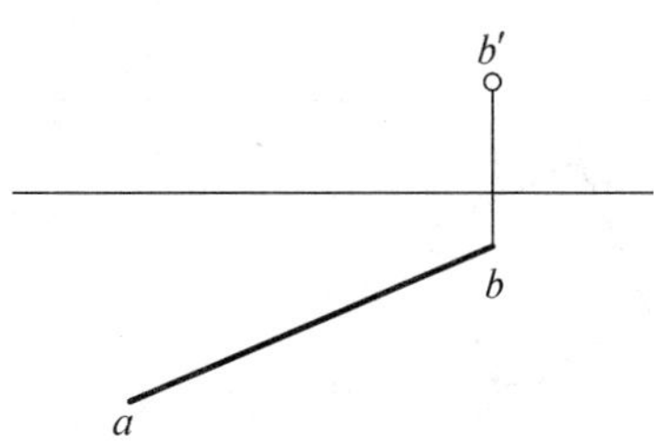

项目 6 平面的投影

1. 画出下列各平面的第三投影，判断其对投影面的相对位置，并标出特殊位置平面对投影面倾角的真实大小。

(1) 三角形 ABC 是________面。

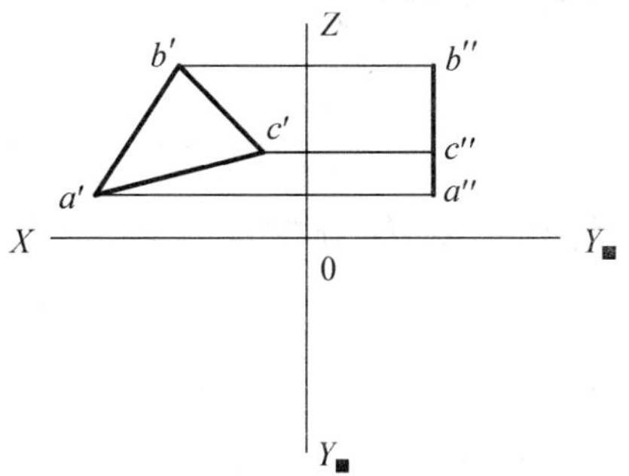

(2) 三角形 ABC 是________面。

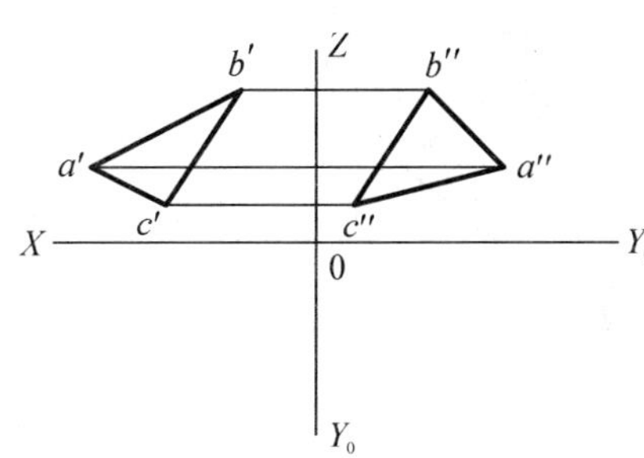

(3) 四边形 $ABCD$ 是________面。

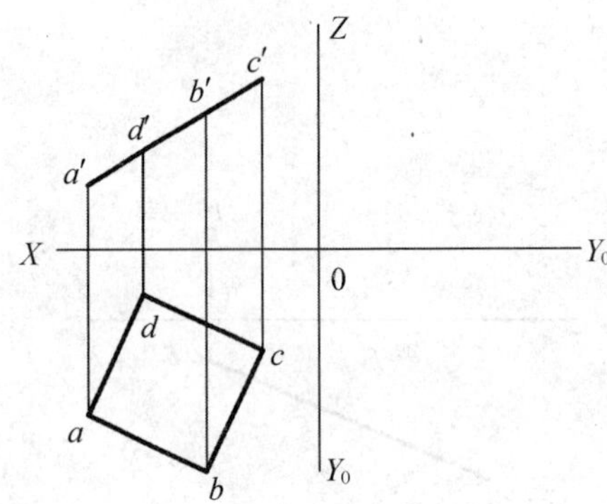

(4) 多边形 $ABCEFGH$ 是________面。

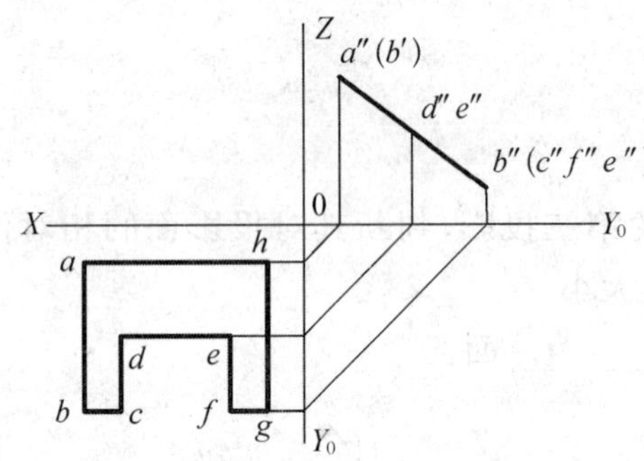

2. 已知点 K 在平面三角形 ABC 内,试完成点 K 三面投影。

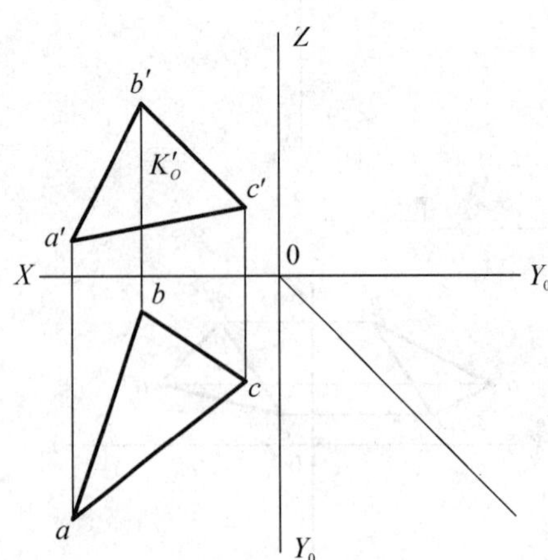

3. 已知点 K 在平面 ABC 内，求出其正面投影。判断点 D 是否在平面内。

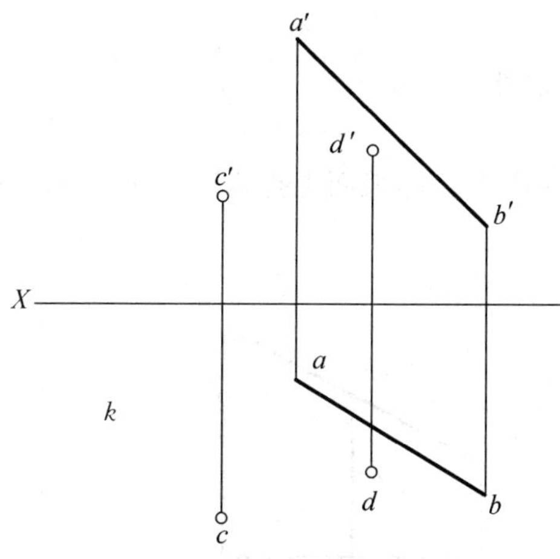

4. 完成五边形 $ABCDE$ 的正面投影(已知 AB 为侧平线)。

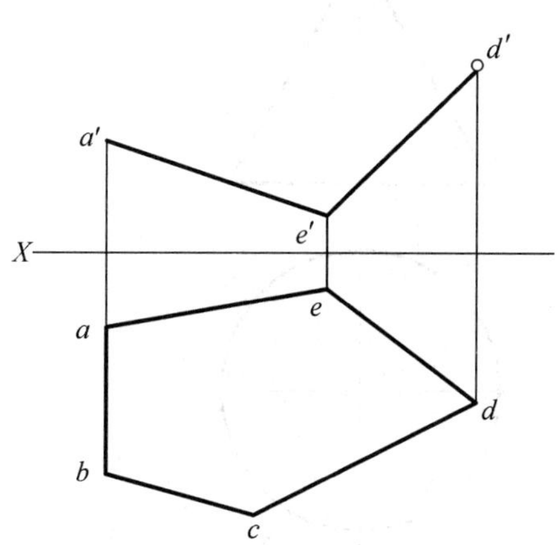

任务二　形体投影

项目 1　基本体的投影

项目 2　基本体的尺寸标注

1. 补画第三视图，并作出立体表面上点 M、N 的另两个投影。

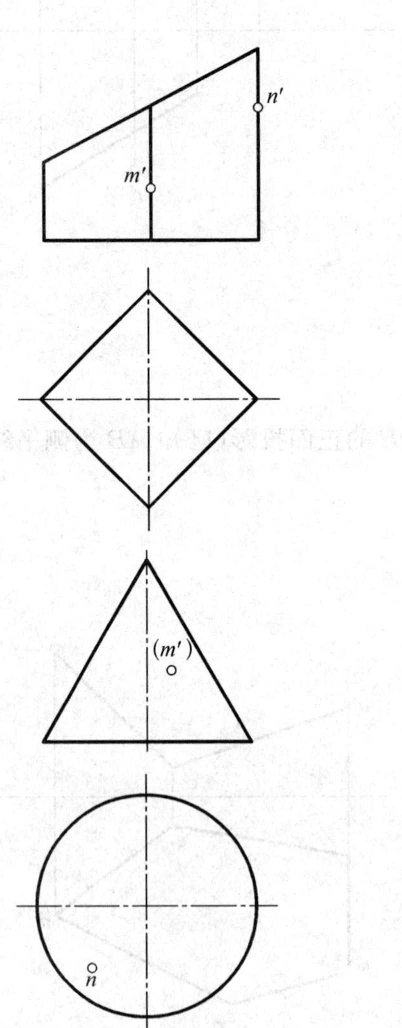

2. 求作平面立体表面上点的另外两个投影，并判断可见性，标注平面立体的尺寸（数值从图中量取）。

（1）

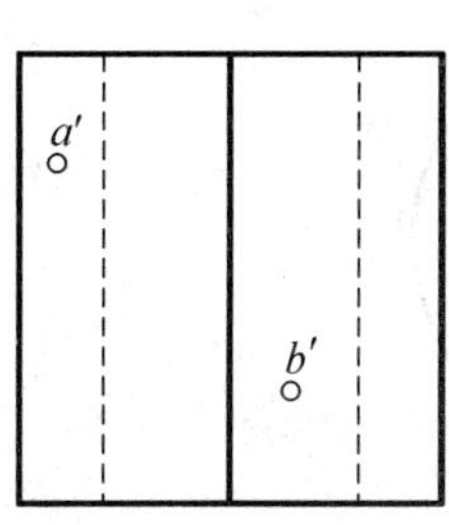

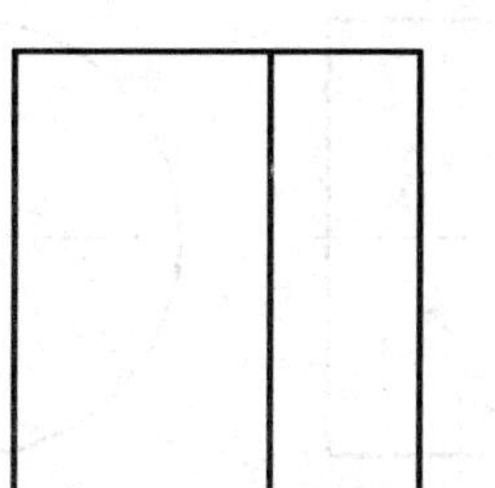

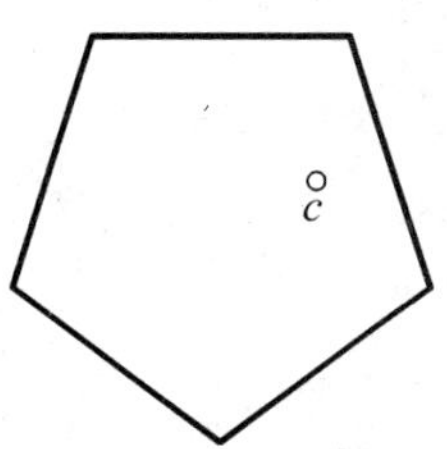

（2）

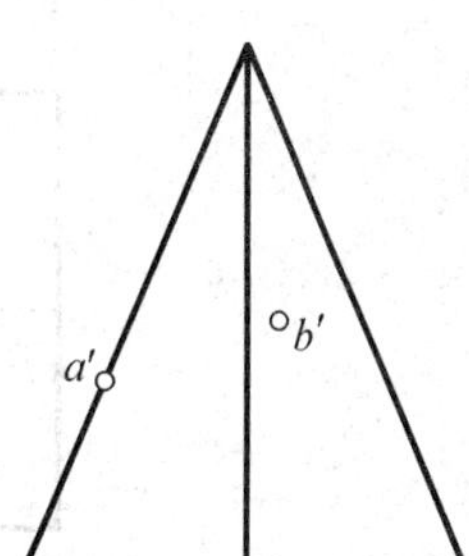

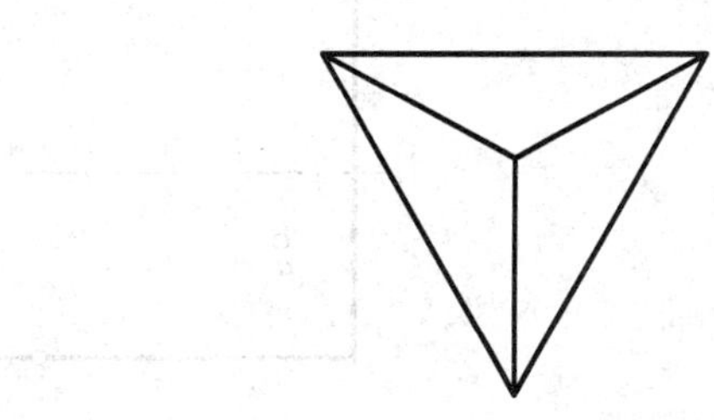

（3）

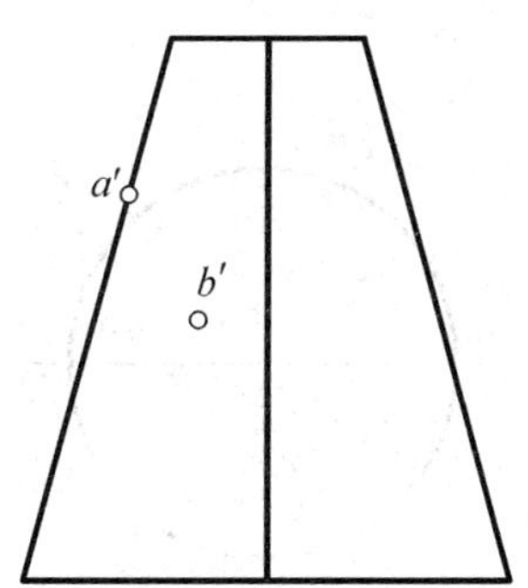

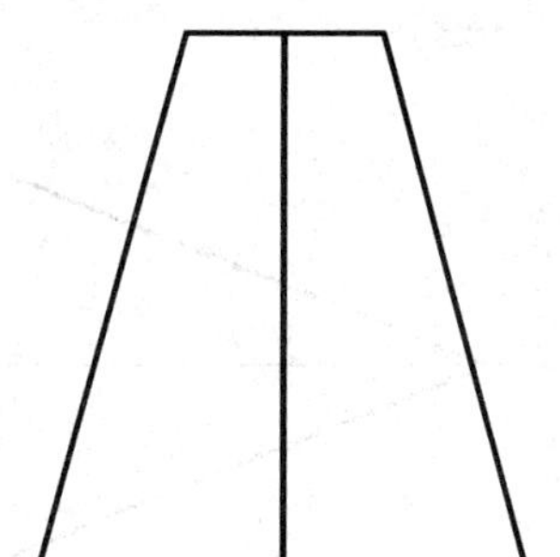

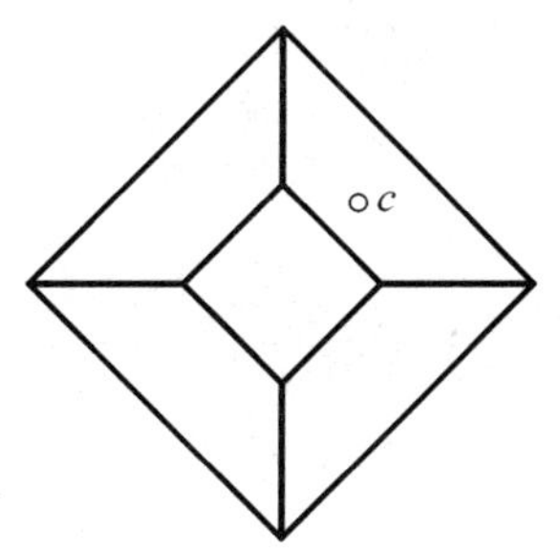

3. 求作回转体表面上点的另外两个投影，并判断可见性，标注回转体的尺寸（数值从图中量取）。

（1）

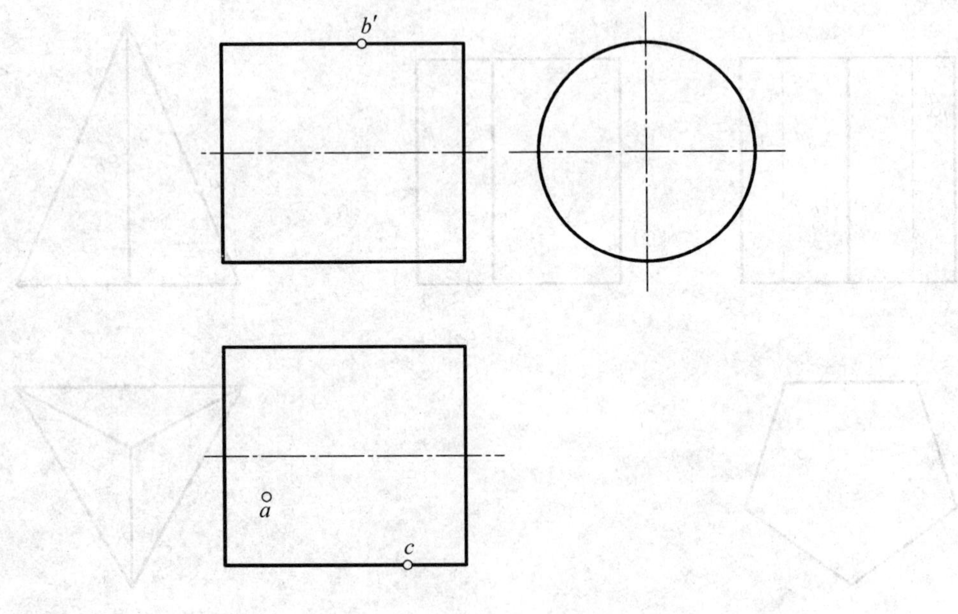

（2）

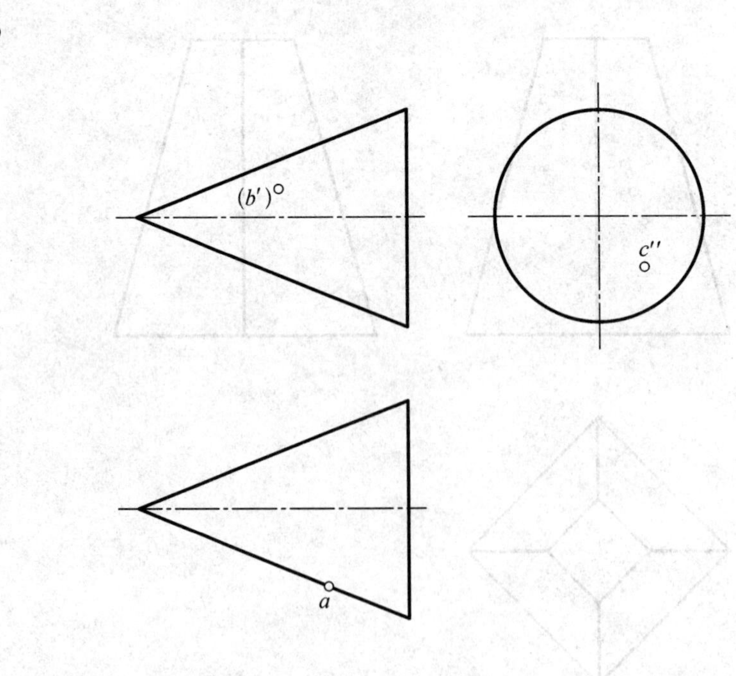

项目 3　截交线

1. 分析截交线的投影，补画第三视图（两小题）。

（1）

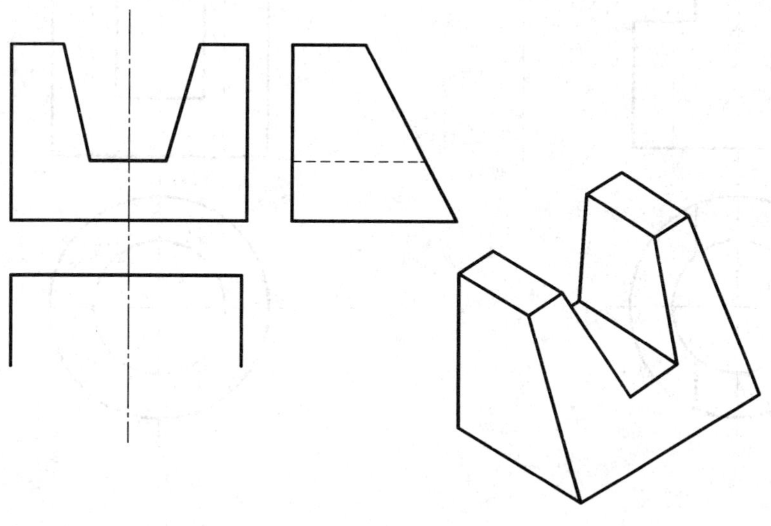

（2）

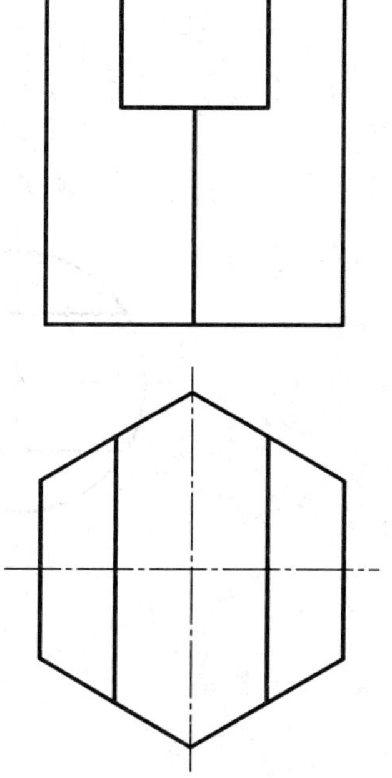

2. 完成曲面立体被切割后的左视图。

(1)

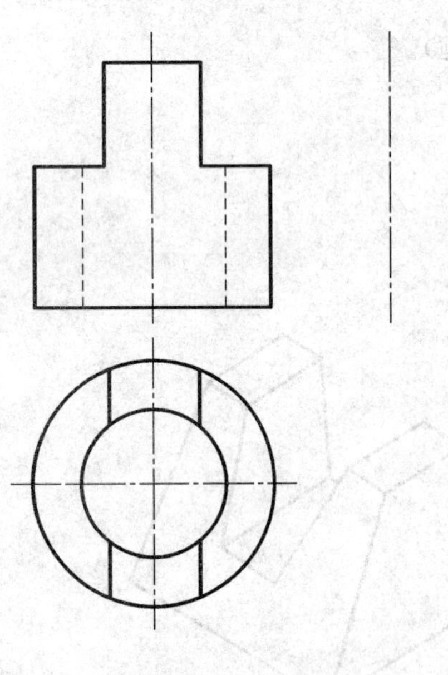

(2)

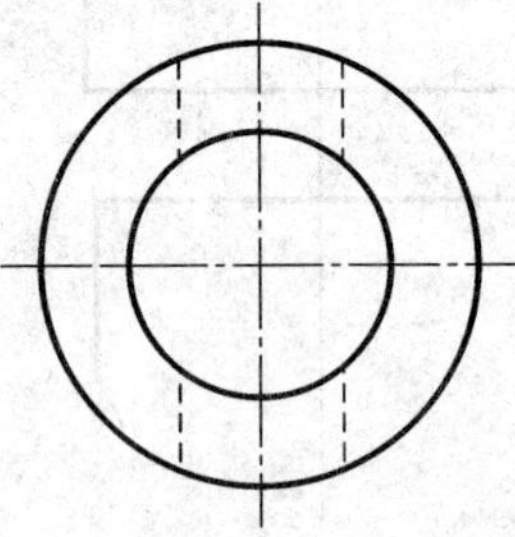

3. 完成曲面立体被切割后的左视图或俯视图。

(1)

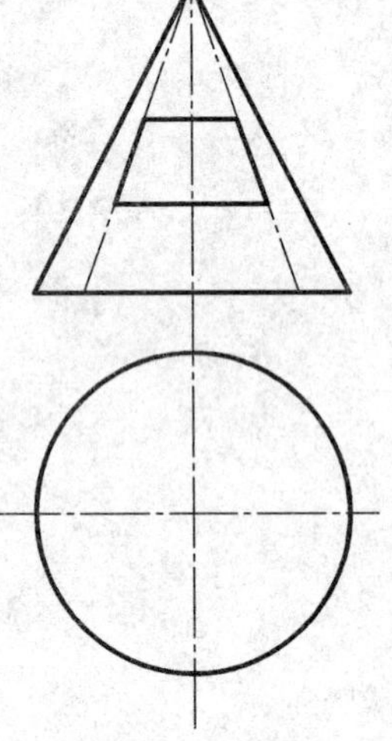

(2)

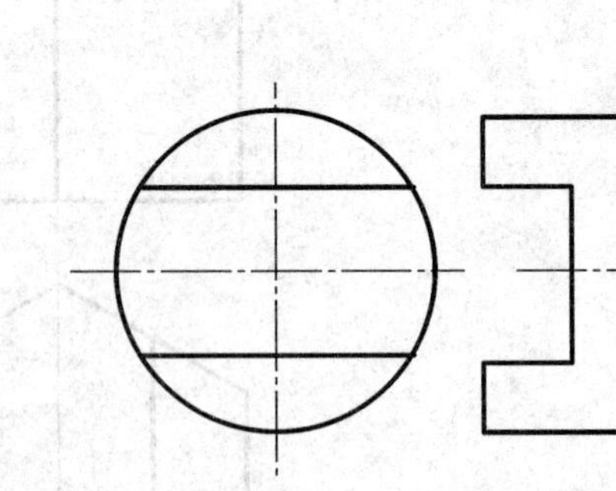

项目 4 相贯线

1. 补全相贯线的投影。

(1)

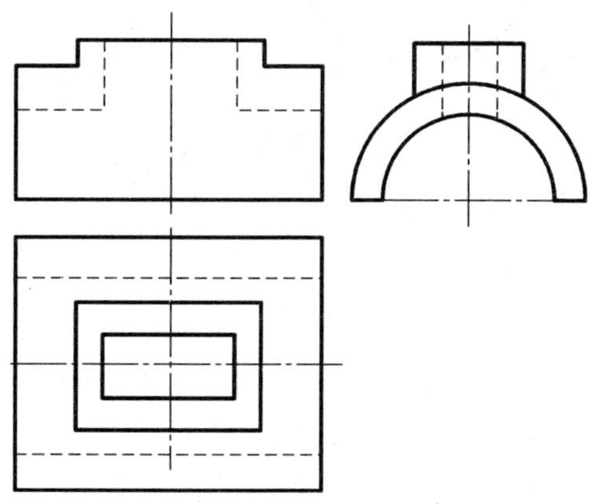

(2)

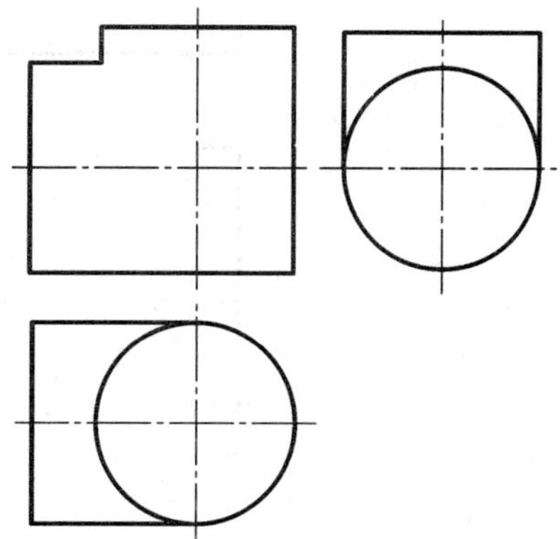

(3)

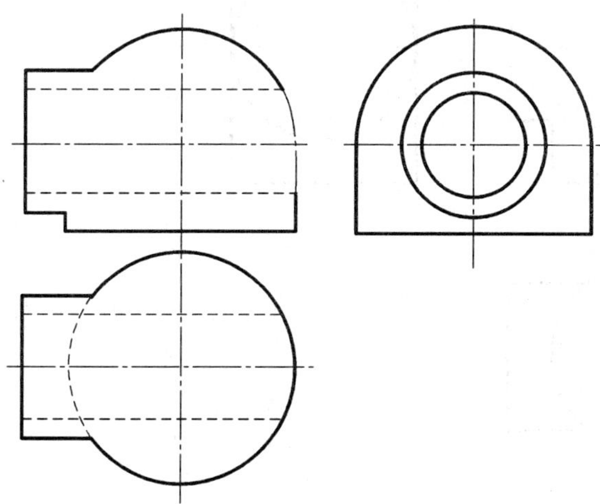

2. 求相贯线的投影。

(1)

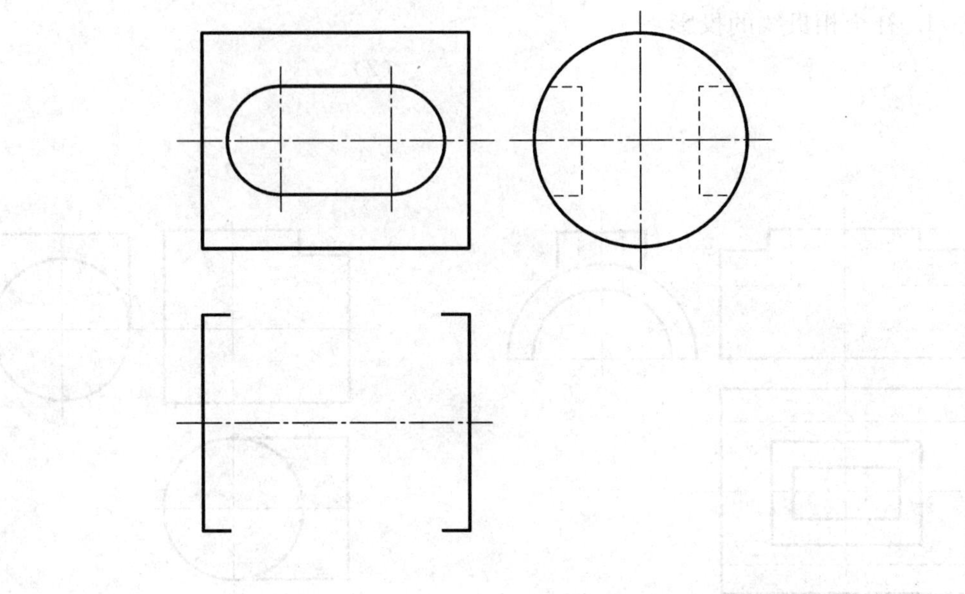

(2)

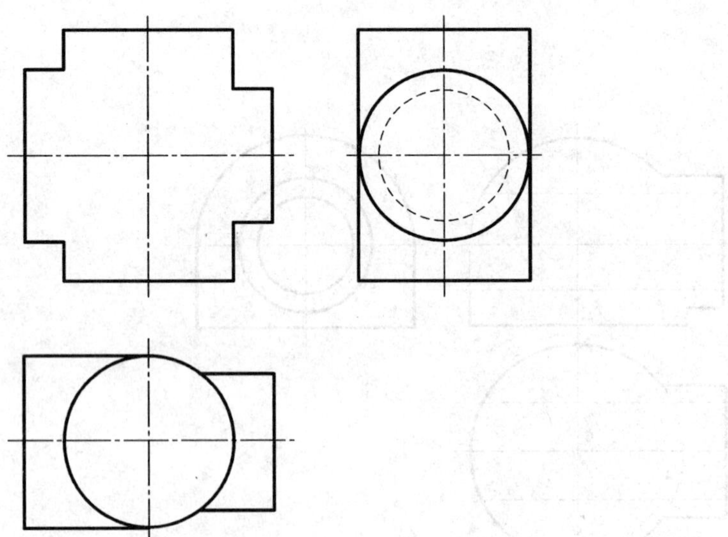

项目 5　组合体三视图的画法
项目 6　组合体的尺寸标注
项目 7　读组合体视图

1. 参照立体示意图，补画三视图中的漏线。

(1)

(2)

(3)

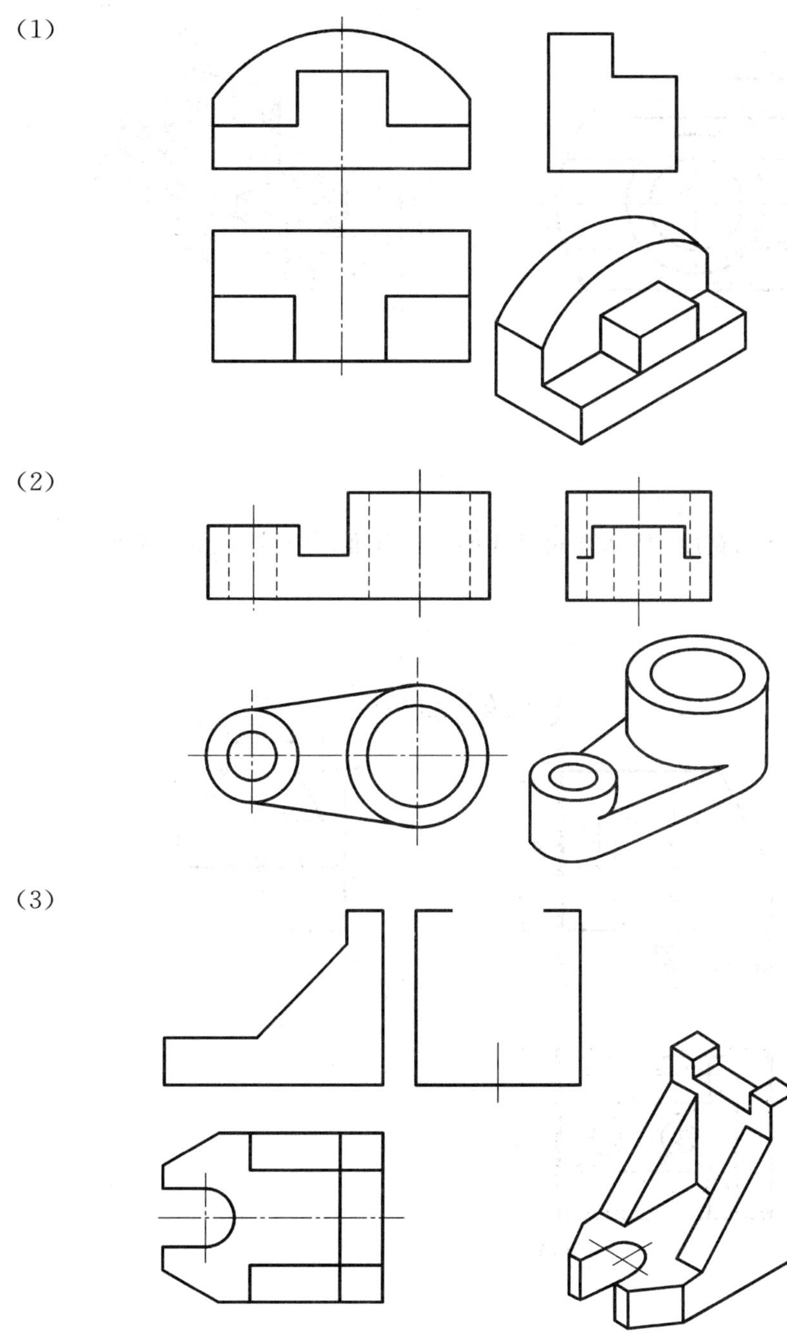

2. 参照立体示意图和给定的视图,补画其他视图。

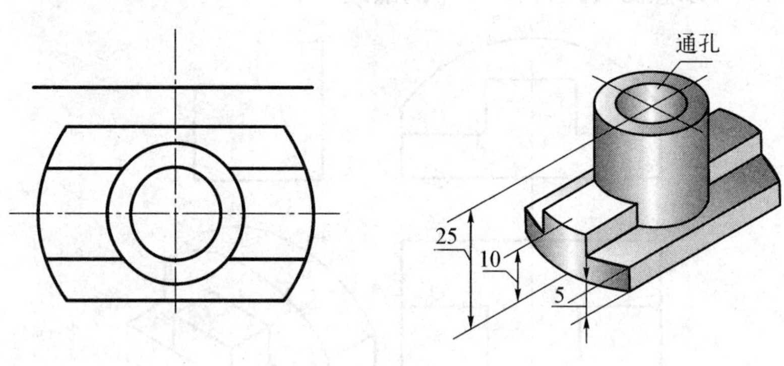

3. 用符号▲标出宽度、高度方向尺寸的主要基准,并补注视图中遗漏的尺寸。

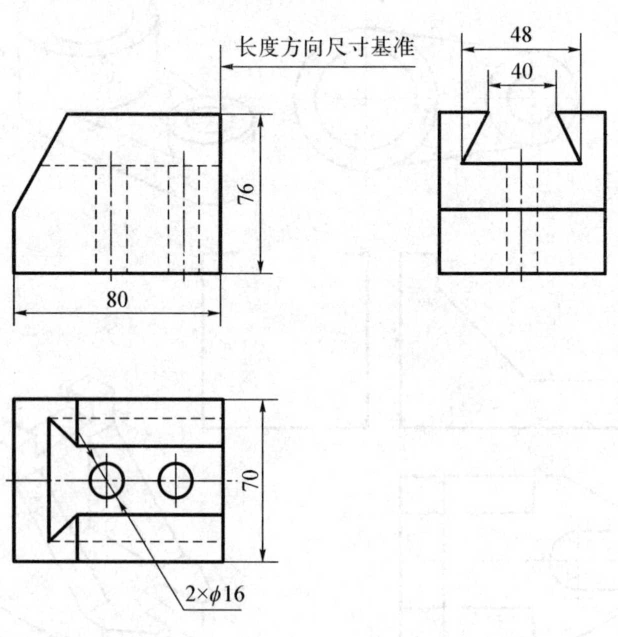

4. 标出组合体的尺寸，数值从视图中量取，并标出尺寸基准。

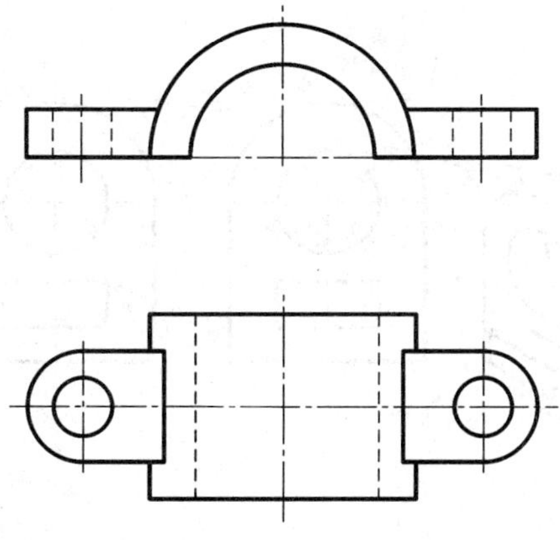

5. 画组合体的三视图（比例 1∶1），并标注尺寸。

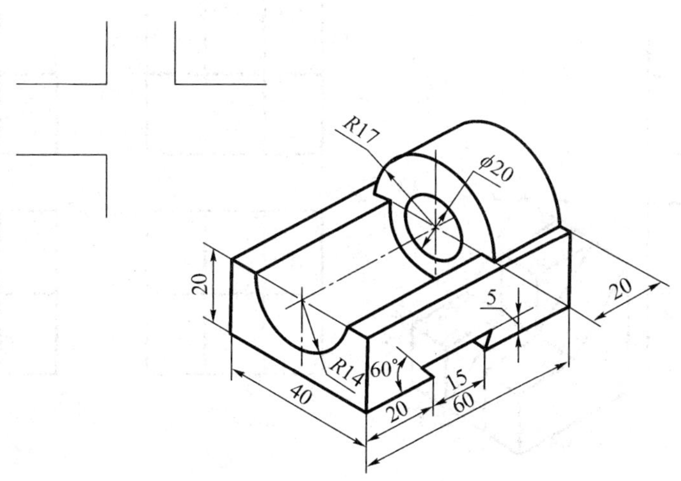

6. 构图补画俯视图(半圆板厚 5 mm,若有凸出部分,向前伸出 3 mm)。

(1) (2) (3) (4)

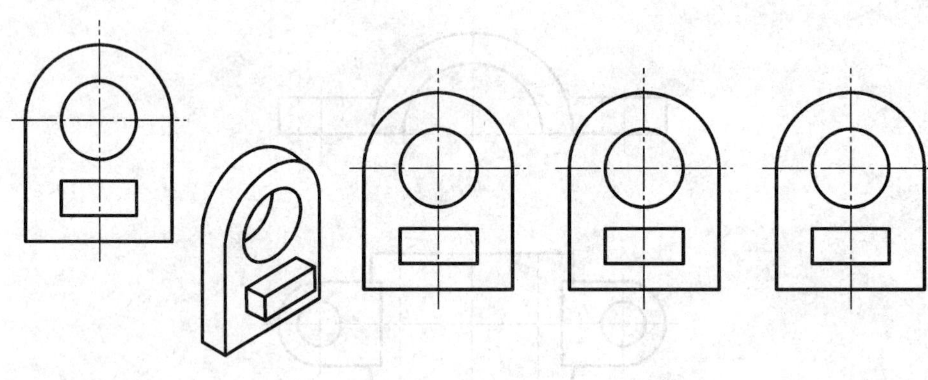

7. 补画左视图(构图)。

(1) (2) (3)

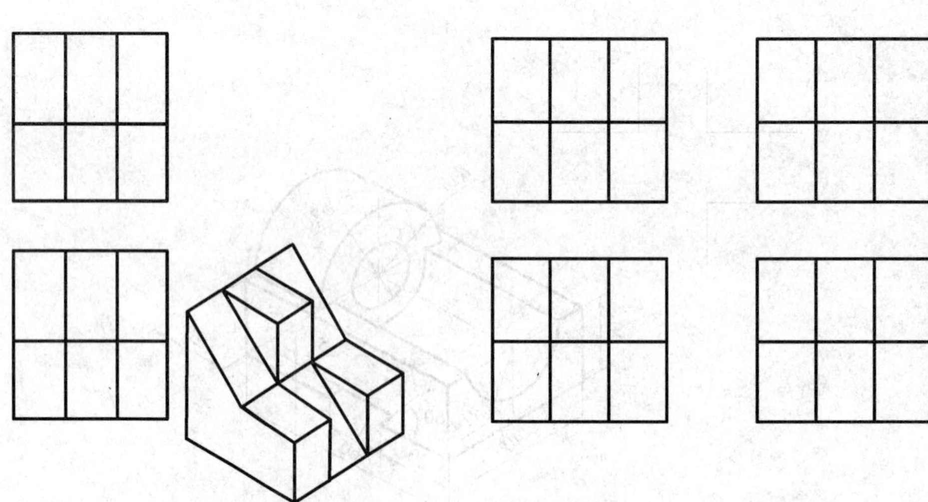

8. 读懂组合体三视图，填空。

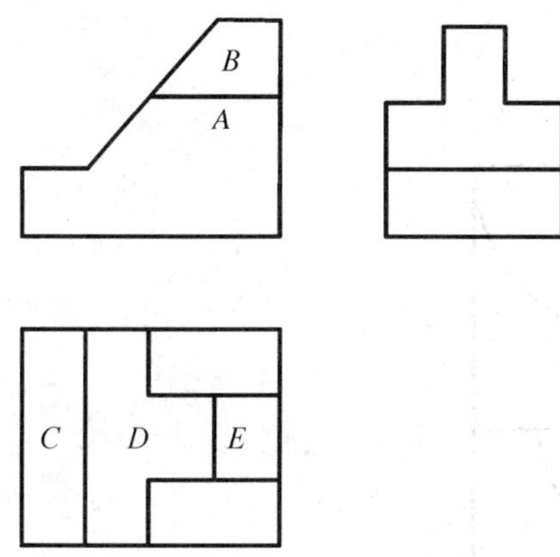

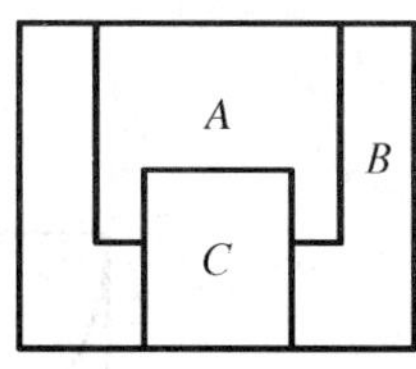

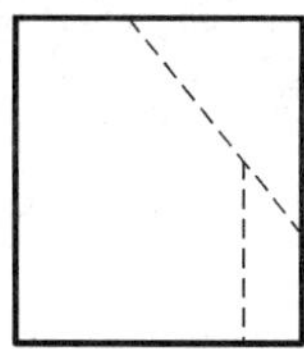

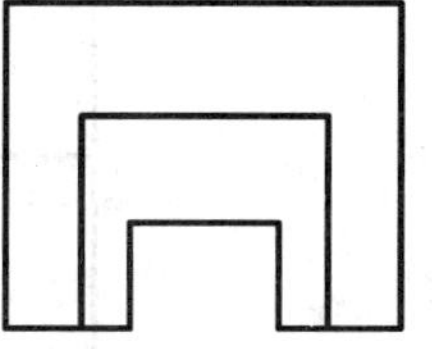

线框 A 表示________面
线框 D 表示________面
面 A 在面 B 之________（前、后）
面 C 在面 E 之________（上、下）
将面 D 在主、俯、左视图中的投影涂红色（如为积聚投影，则将其描红）

线框 A 表示________面
线框 C 表示________面
面 B 在面 C 之________（前、后）
将面 A 在主、俯、左视图中的投影涂红色（如为积聚投影，则将其描红）

9. 由已知两视图补画第三视图。

(1)

(2)

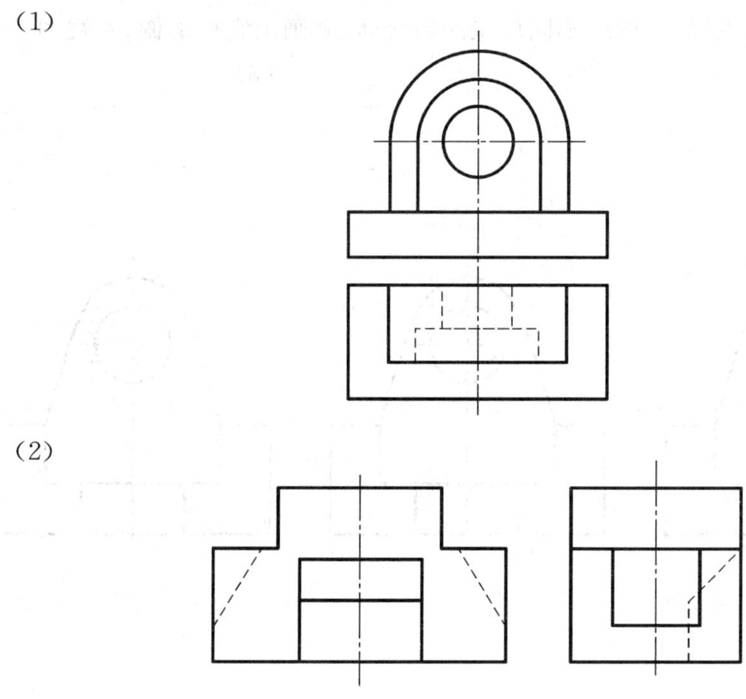

10. 由已知两视图补画第三视图。

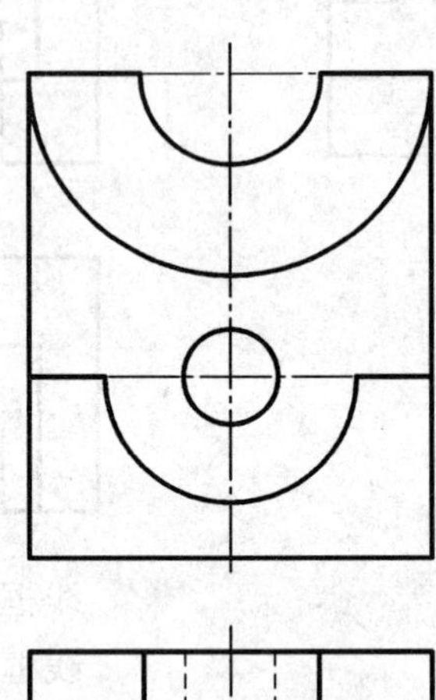

11. 根据给定的主视图，构思不同形状的组合体，并画出它们的俯、左视图。

(1)　　(2)　　(3)

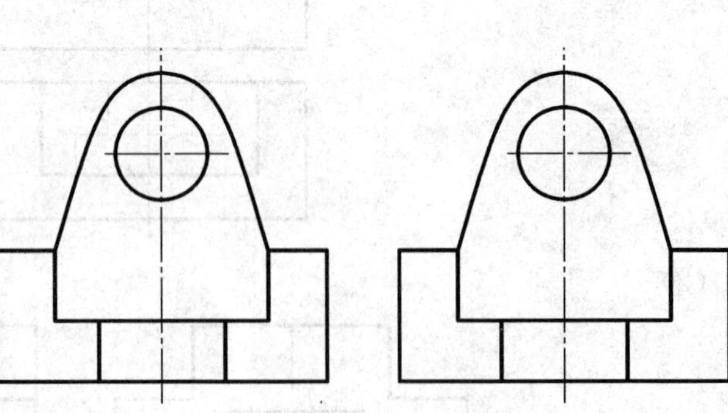

任务三　机件的表达方法

项目 1　轴测图

1. 由视图画正等轴测图。

（1）

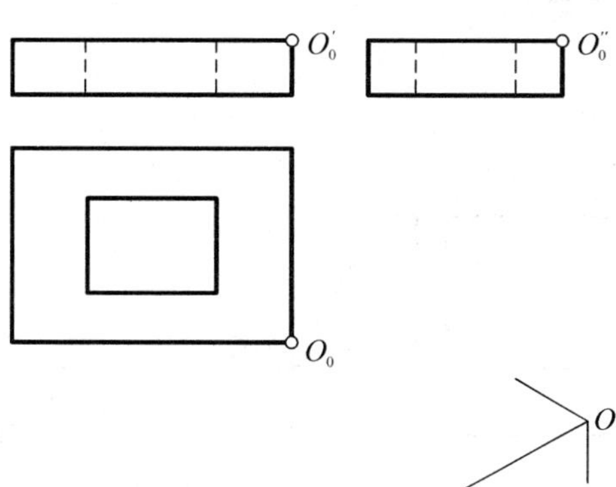

（2）

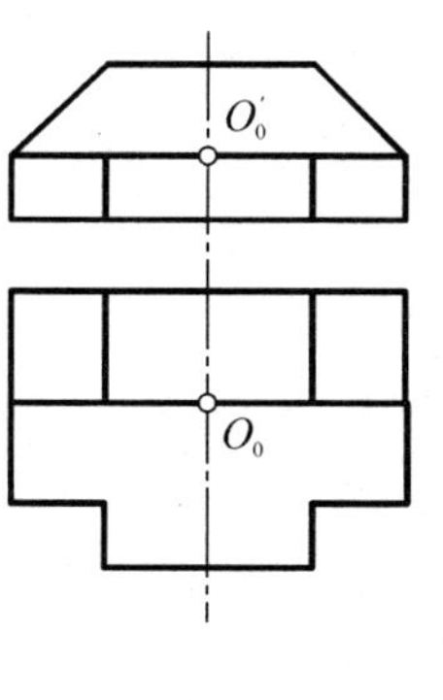

O

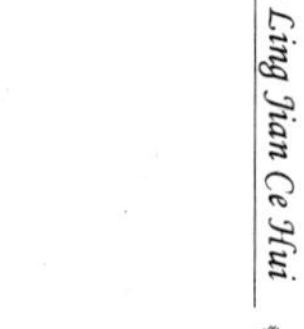

2. 按给定的三视图想象柱体的形状，补画视图中的缺线，并画正等轴测图。

(1)

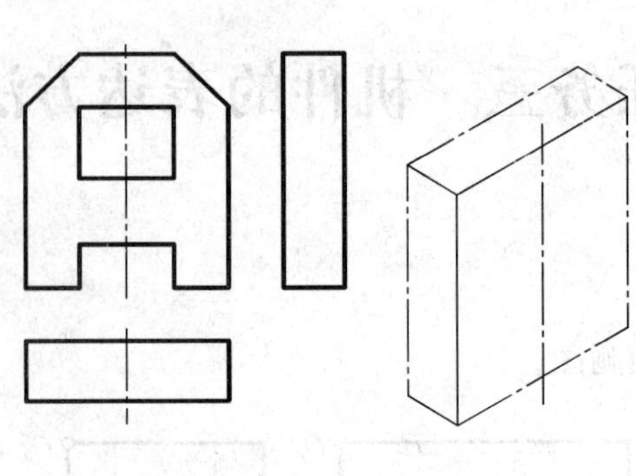

(2)

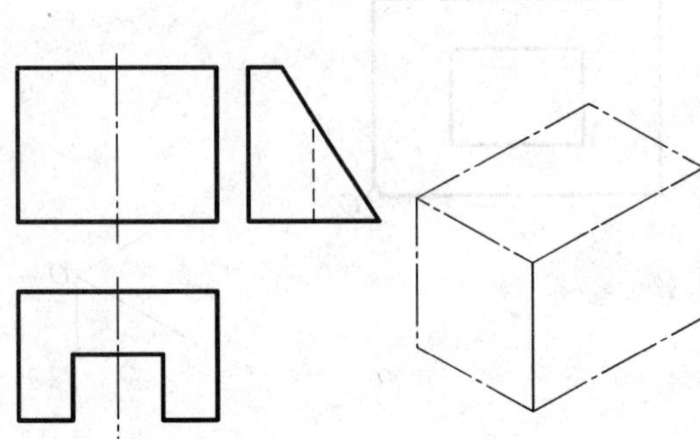

3. 由视图画正等轴测图(平面体)。

(1)

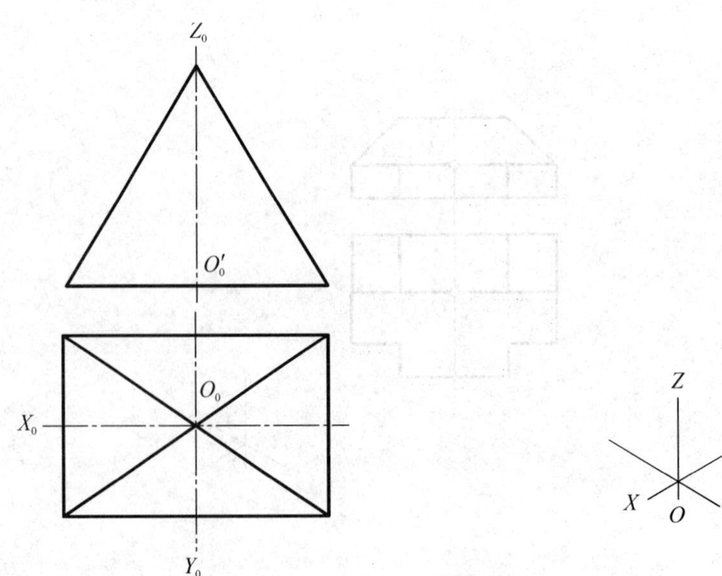

（2）

4. 根据组合体的视图画轴测图，尺寸按 1∶1 量取。

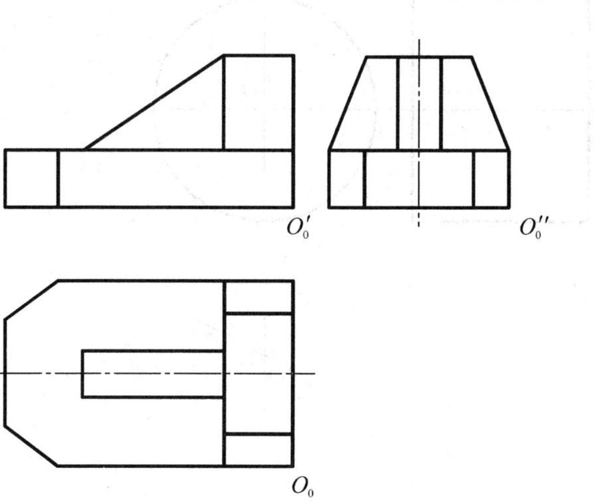

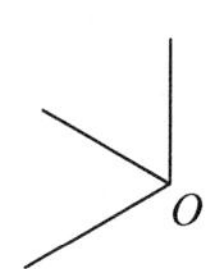

5. 由视图画正等轴测图(曲面体)。

(1)

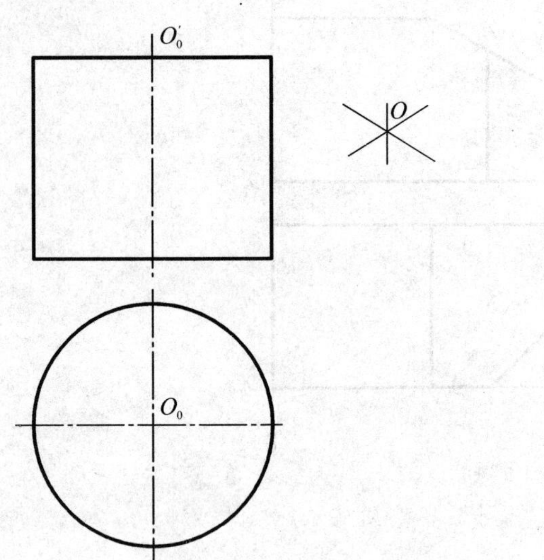

(2)

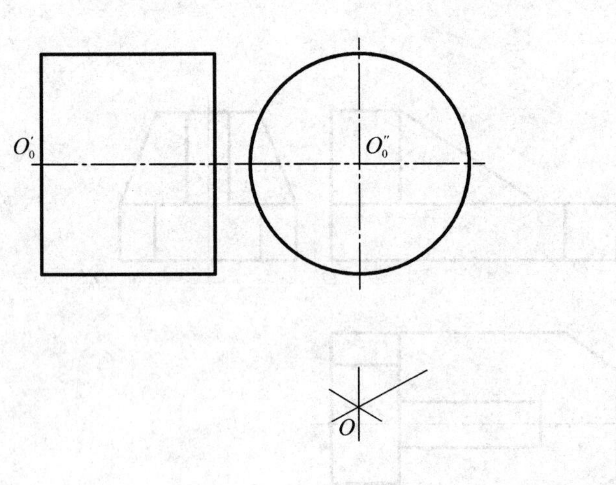

6. 按给定的两视图补画第三视图，并画正等轴测图。

（1）

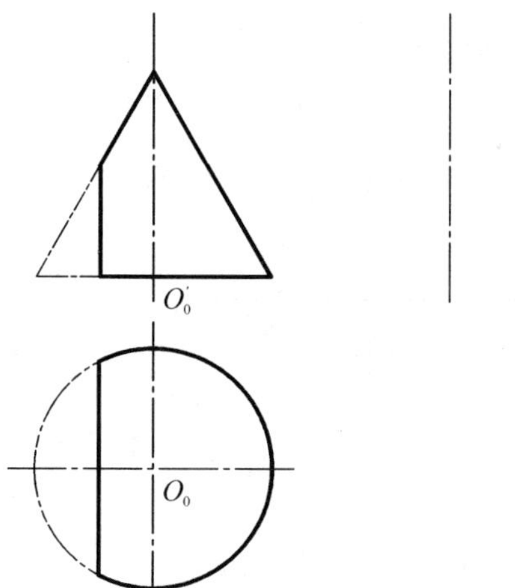

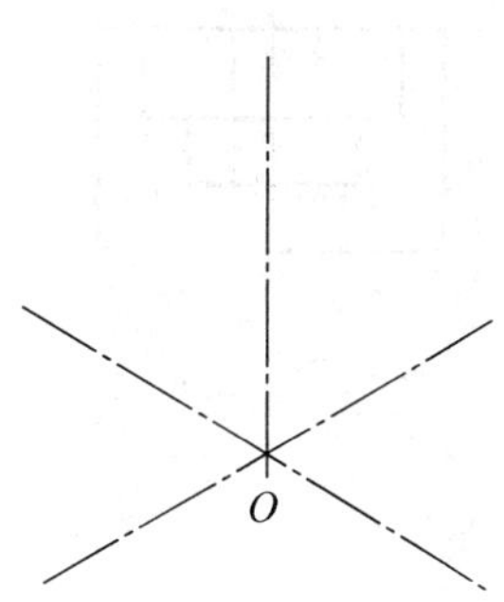

（2）

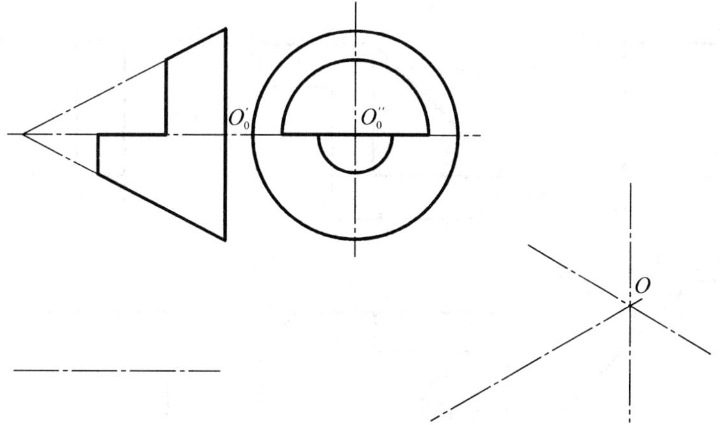

O

7. 根据立体的三视图，画出其斜二等轴测图。

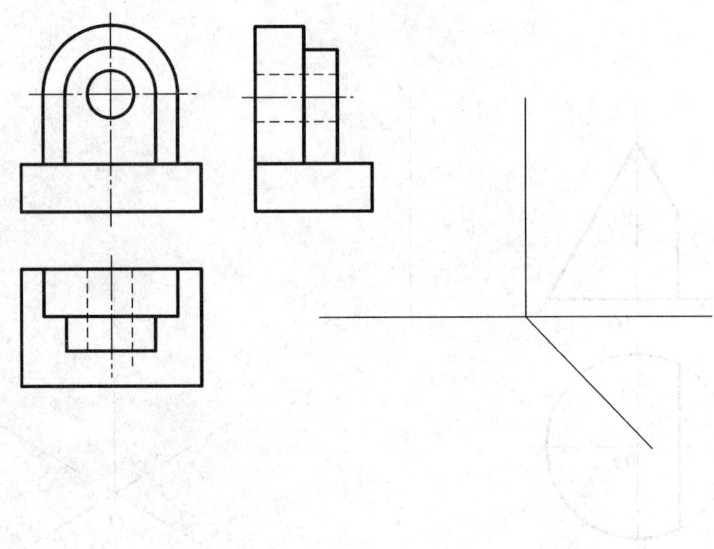

项目 2　视图

1. 看懂三视图，画出右视图和 A 向、B 向视图。

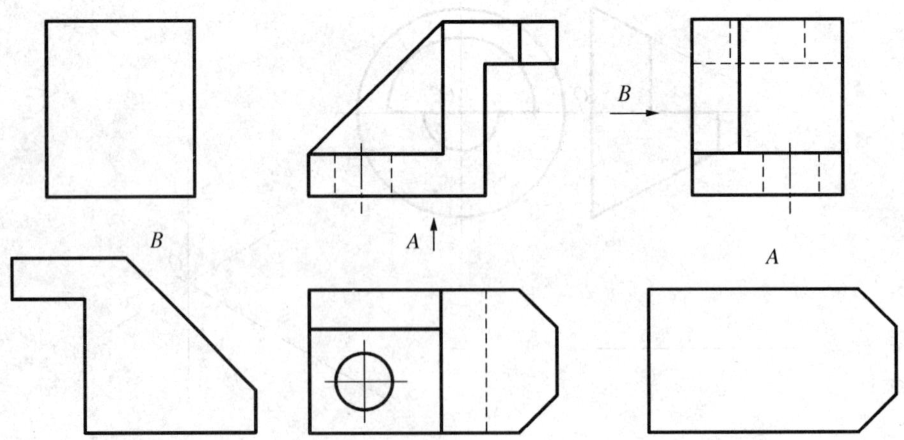

2. 在指定位置作局部视图和斜视图。

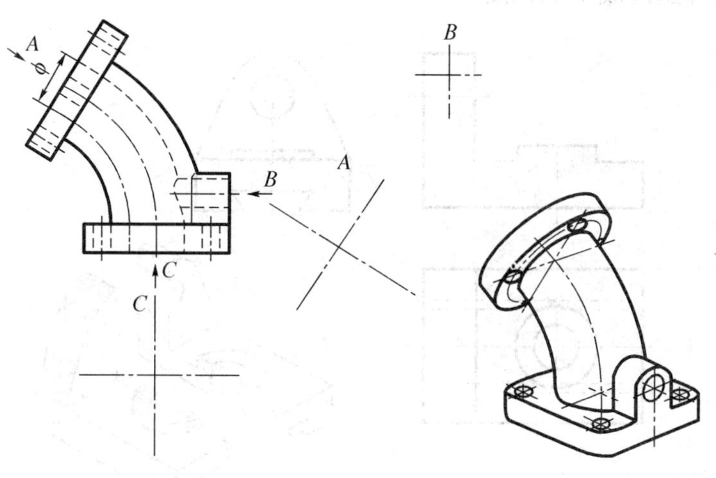

3. 读懂弯板的各部分形状后完成局部视图和斜视图，并按规定标注。

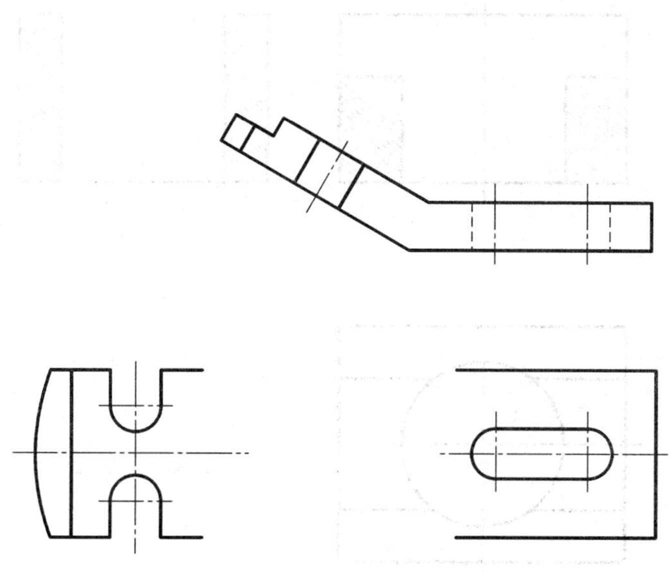

项目 3　剖视图

1. 将主视图画成全剖视图。

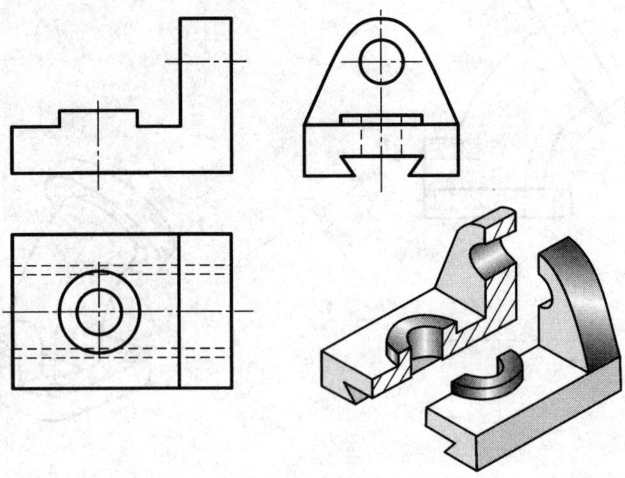

2. 补全剖视图中的漏线。

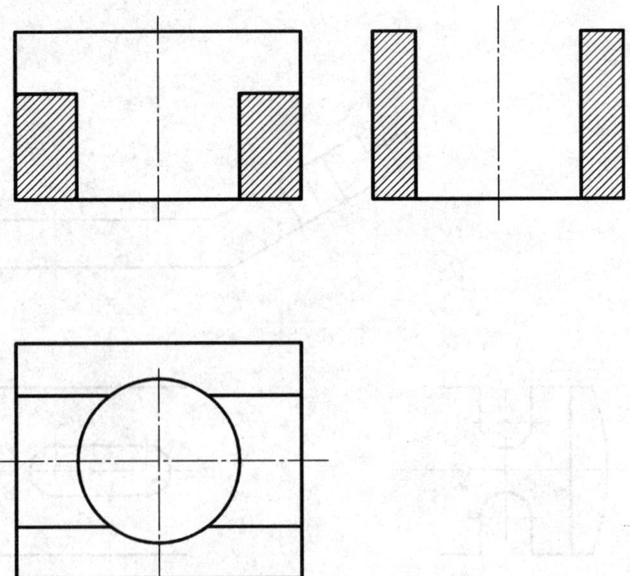

3. 在指定位置将主视图改画成全剖视图。

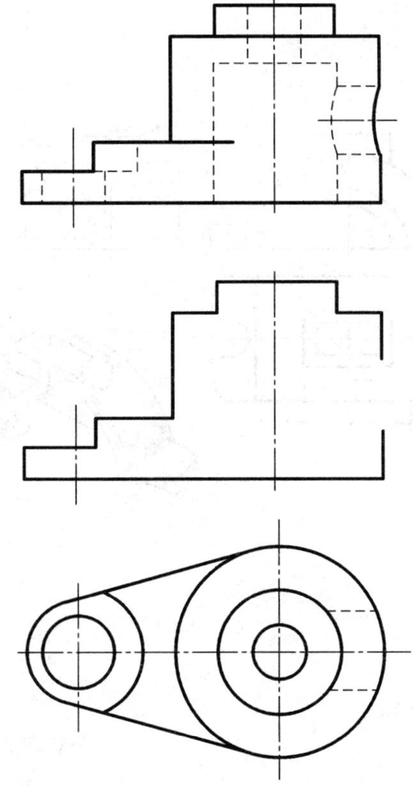

4. 作出 $B-B$ 全剖视图。

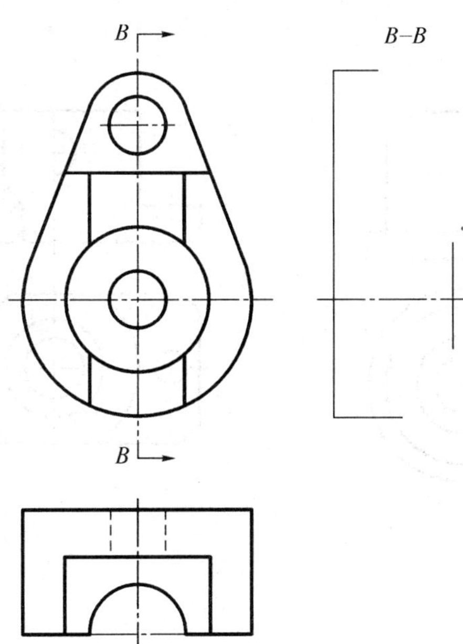

5. 将主视图画成半剖视，左视图画成全剖视。

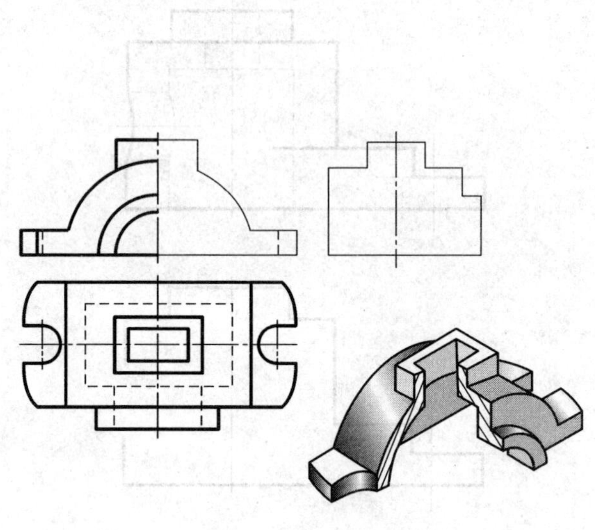

6. 补全主视图中的漏线。

(1) (2)

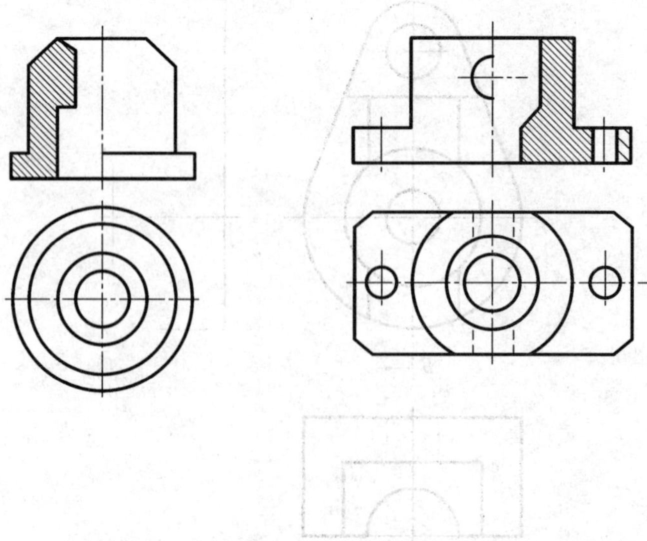

7. 作 $C-C$ 剖视图。

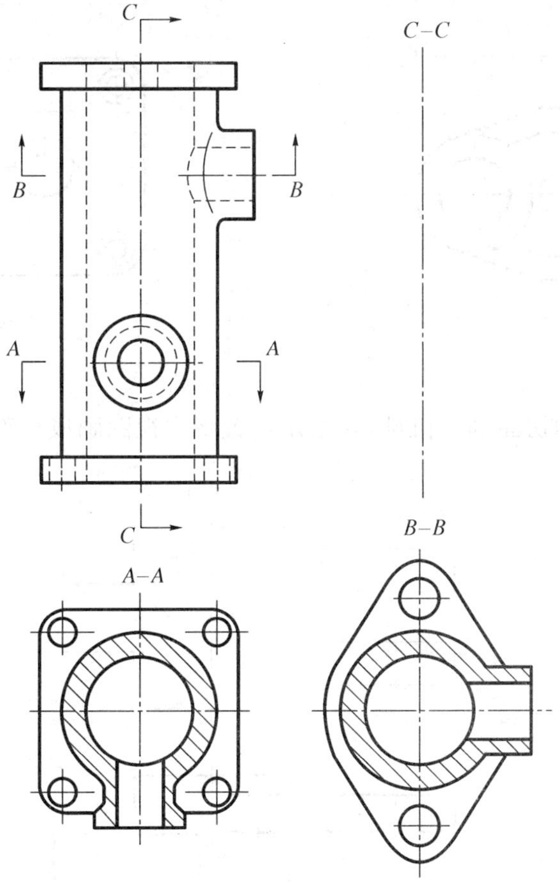

C

C–C

B B

A A

C

B–B

A–A

8. 用几个平行的剖切平面，将主视图画成全剖视图。

(1)

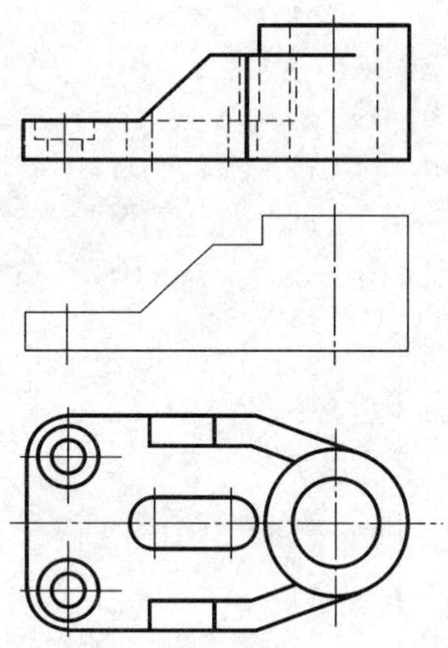

(2)

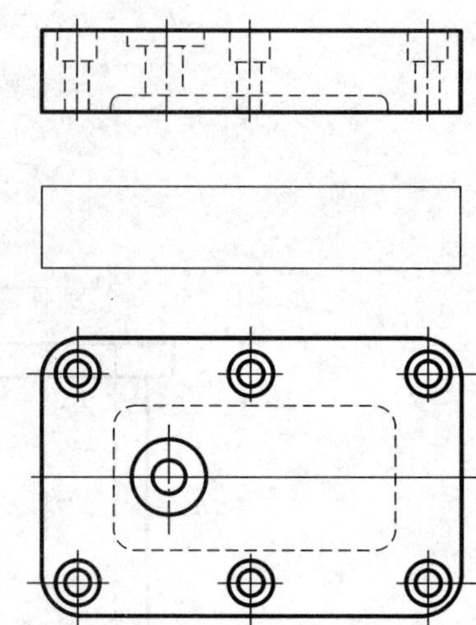

9. 用相交的剖切面剖开机件，在指定位置将主视图画成全剖。

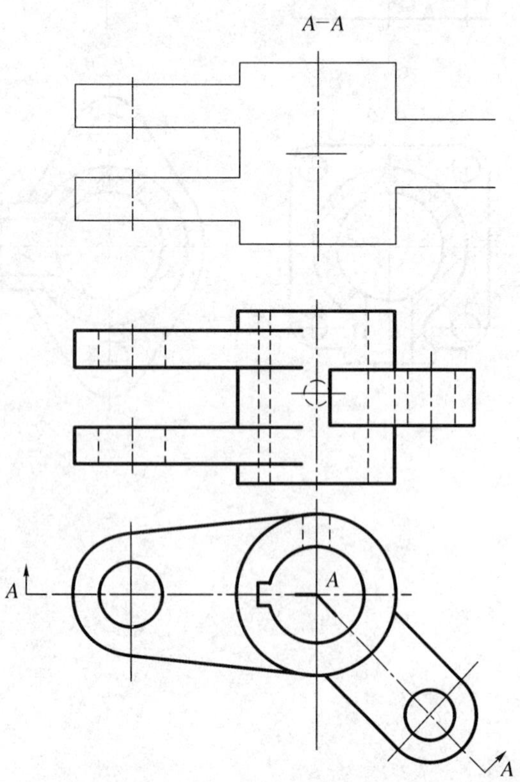

10. 改画成全剖视图。

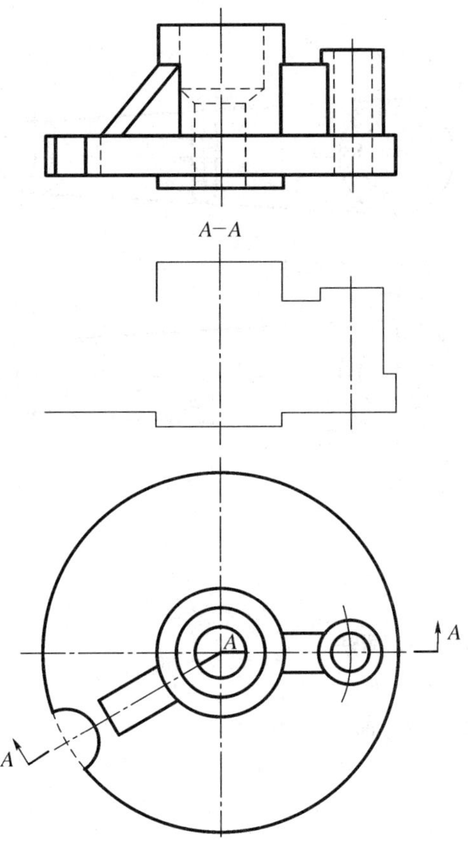

项目 4　断面图

1. 在指定位置作出断面图(单面键槽深 4 mm,右端面有双面平面)。

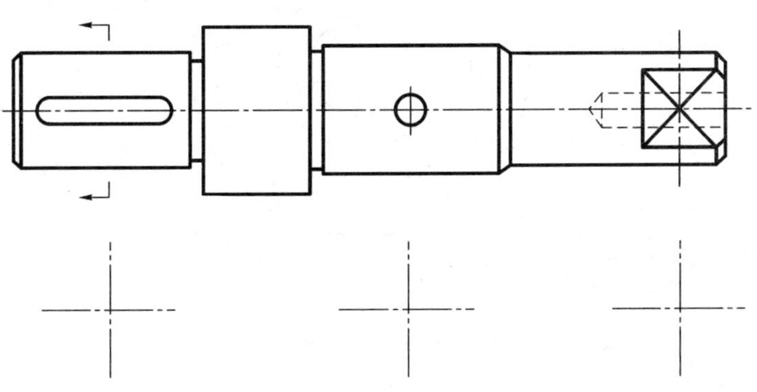

2. 分析断面图中的表达错误，画出正确的断面图。

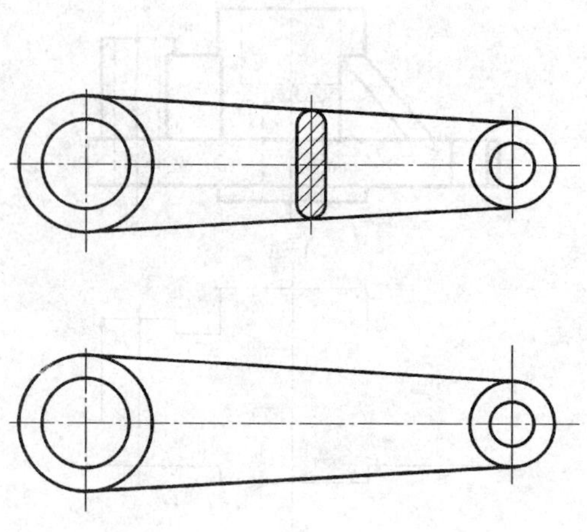

项目 5 局部放大图及简化画法

将俯视图改成简化画法，画在正下方。

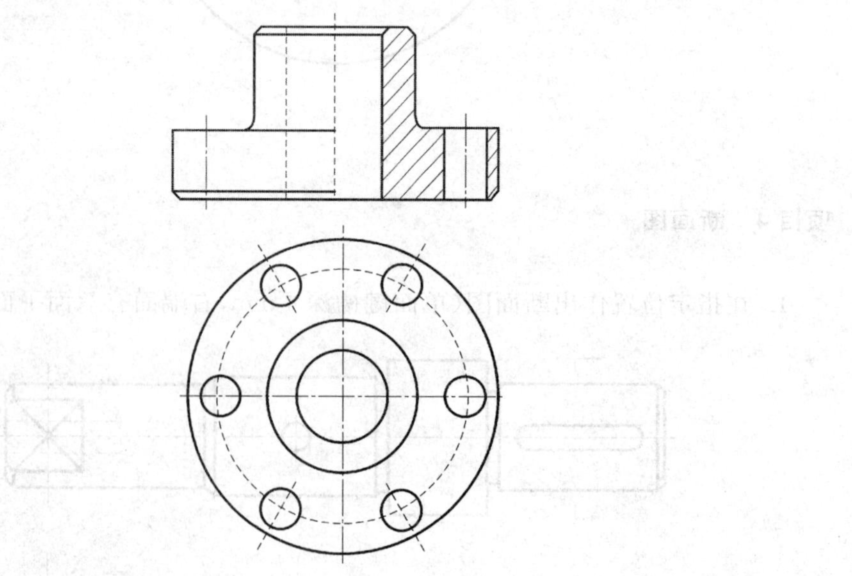

项目6　螺纹联接

1. 分析螺纹画法中的错误，并在指定位置画出其正确的图形。

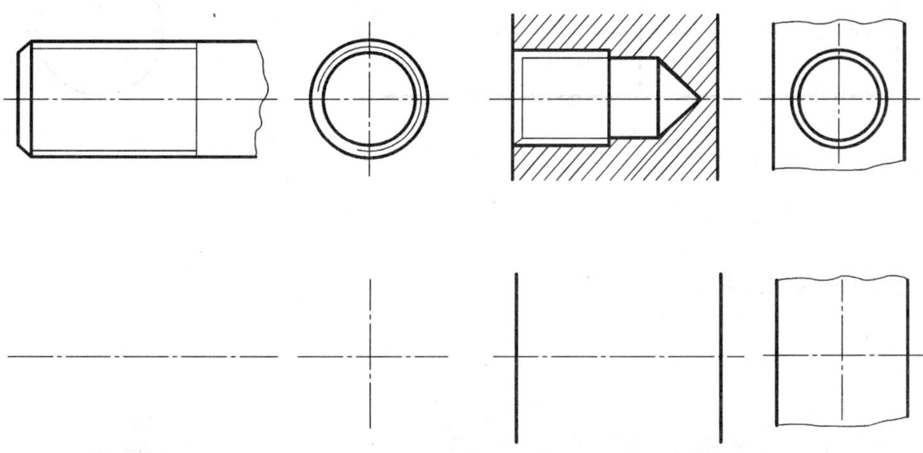

2. 按螺纹的标记填表。

螺纹标记	螺纹种类	大径	螺距	导程	线数	旋向	公差代号
M20—6h							
M16×1—5g6g							
M24LH—7H							
B32×6LH—7e							
Tr48×16(P8)—8H							

3. 按螺纹的标记填表。

螺纹标记	螺纹种类	尺寸代号	大　径	螺　距	旋　向	公差等级
G1A						
$R_1$1/2						
Rc1—LH						
Rp2						

4. 补画螺纹线。

（1）补画外螺纹线。

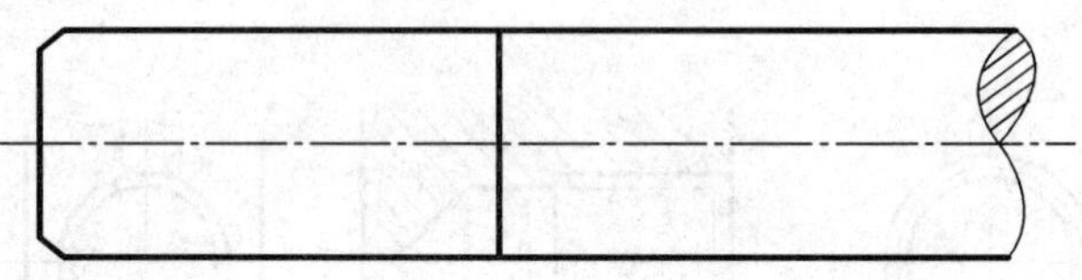

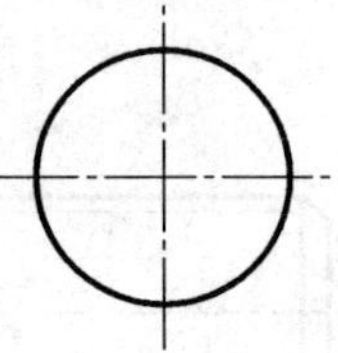

（2）补画内螺纹线。

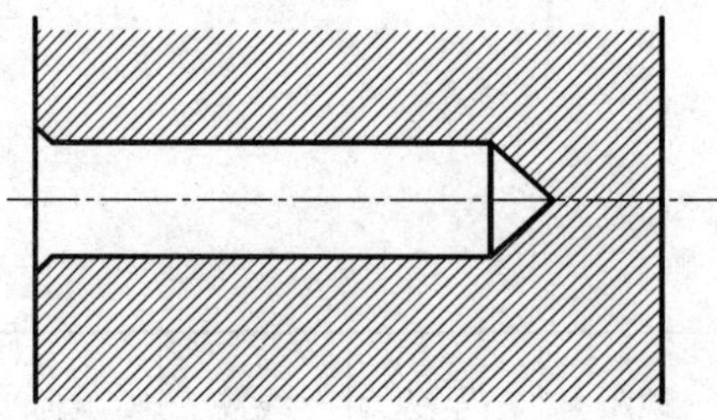

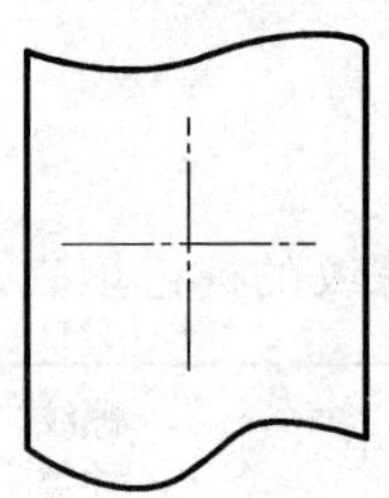

（3）补画螺纹连接线。

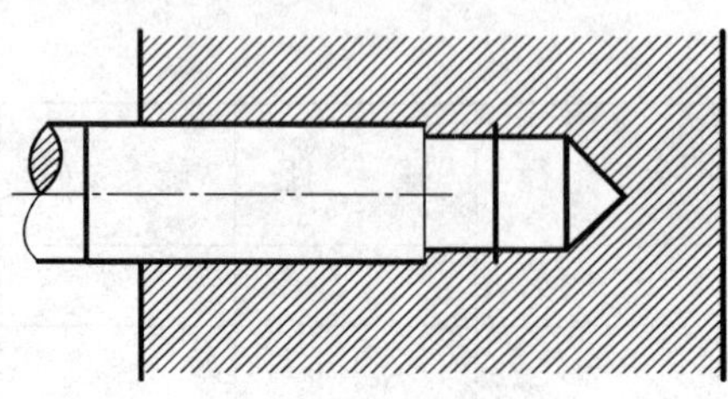

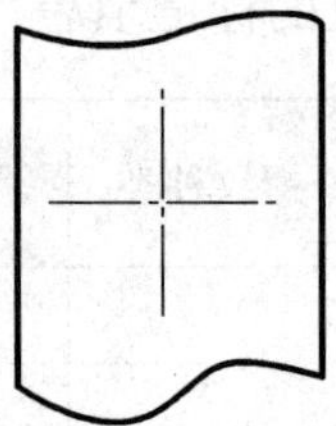

5. 补画螺栓连接线(螺栓 GB/T 5782 M12×55)。

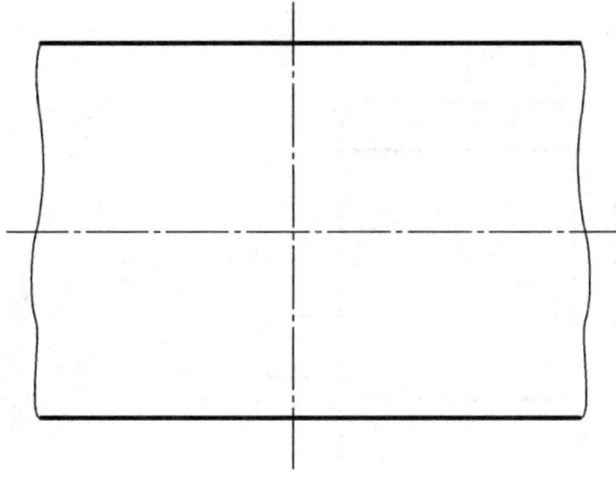

项目 7　键联接

1. 键联接

已知齿轮和轴用 A 型圆头普通平键联接，轴孔直径 20 mm，键的长度为 18 mm。

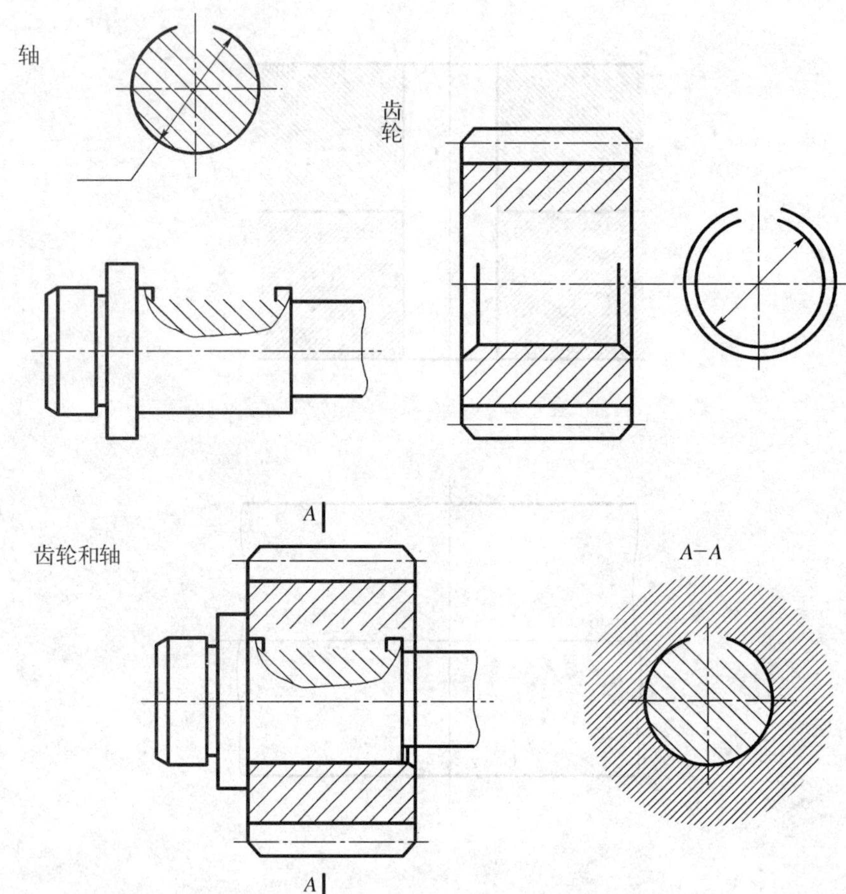

(1) 写出键的规定标记；

(2) 查表确定键和键槽的尺寸，画全上面视图、剖视图和断面图，并标注图中轴径和键槽的尺寸。

项目 8　滚动轴承

1. 写出下列轴承代号的含义：

(1) 625。

(2) 30210GB/297—1994。

2. 在下面空白处画出轴承 30210 的简化画法图示(比例 1：1)。

项目9　齿轮

1. 已知直齿圆柱齿轮 $m=5$，$z=40$，计算该齿轮的分度圆、齿顶圆和齿根圆的直径。用1∶2补全下列两视图，并标注尺寸。

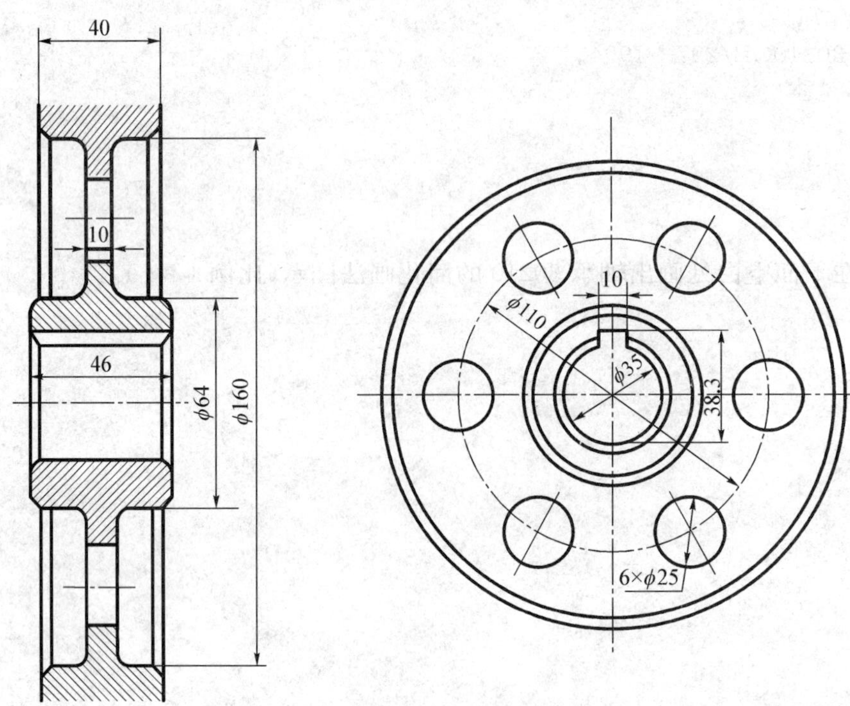

2. 已知大齿轮的模数 $m=4$，齿数 $z_2=38$，两齿的中心距 $a=108$ mm，试计算大齿轮分度圆、齿顶圆及齿根圆的直径，用1∶2比例补全直齿圆柱齿轮的啮合图。

计算：(1) 小齿轮　分度圆 $d_1=$________；

齿顶圆 $d_{a1}=$________；

齿根圆 $d_{f1}=$________。

(2) 大齿轮　分度圆 $d_2=$________；

齿顶圆 $d_{a2}=$________；

齿根圆 $d_{f2}=$________。

（3）传动比 $i=$________。

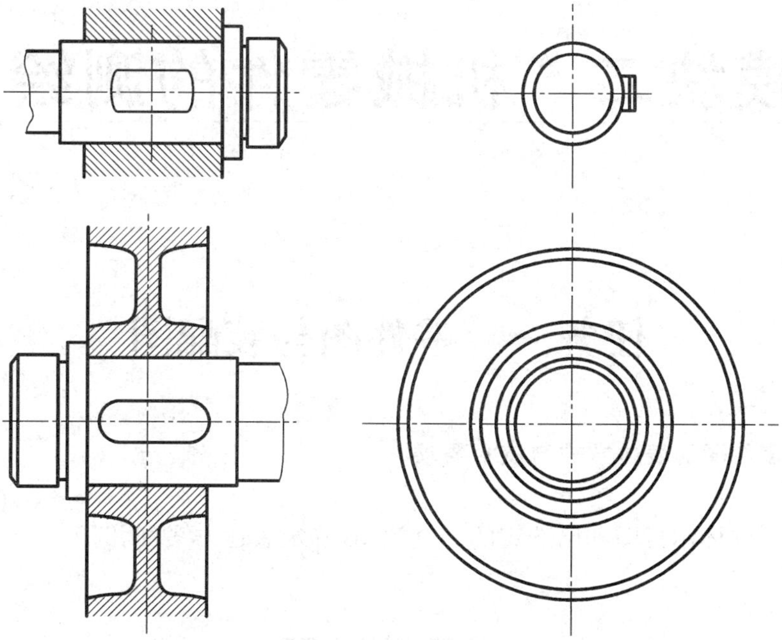

模块二　机械零件的测绘

任务一　零件图与装配图

项目 1　零件图的表达方式与技术要求

1. 参照立体示意图和已选定的一个视图，确定表达方案（比例 1∶1）。

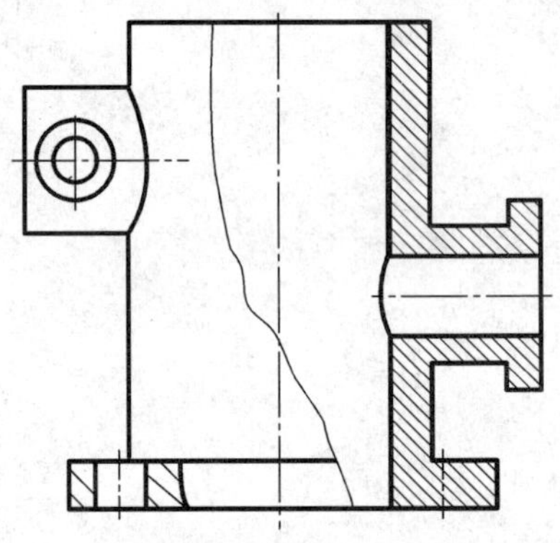

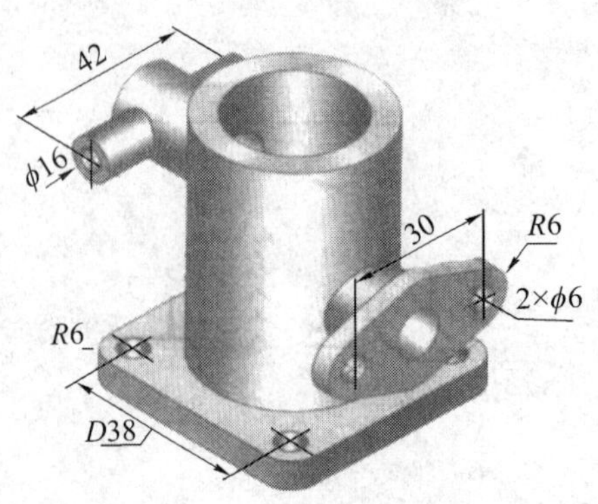

2. 用符号▲指出踏脚座长、宽、高三个方向的主要尺寸基准，注全尺寸，数值从图中量取(取整数)，比例 1：2。

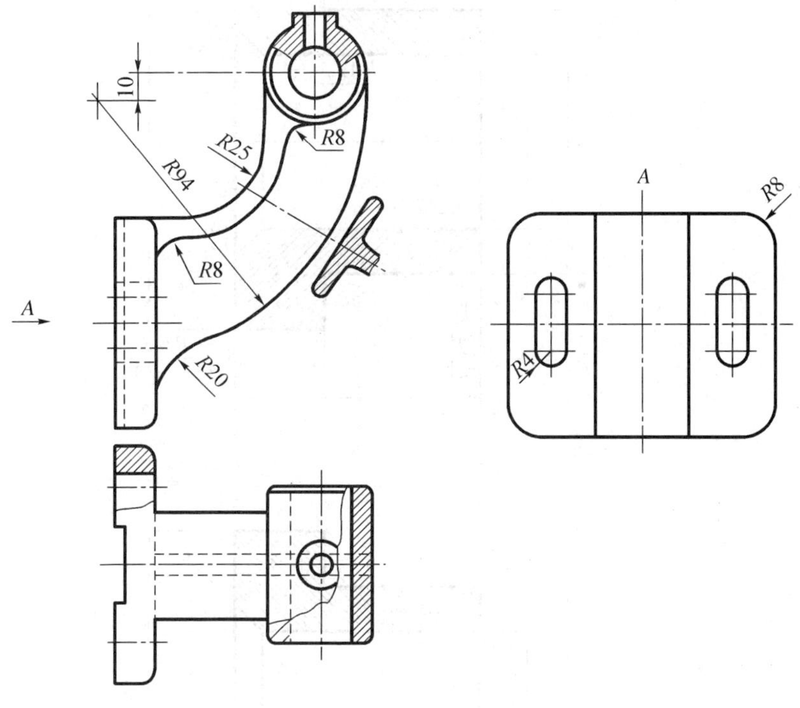

3. 分析图中表面粗糙度标注的错误，在下图正确标注。

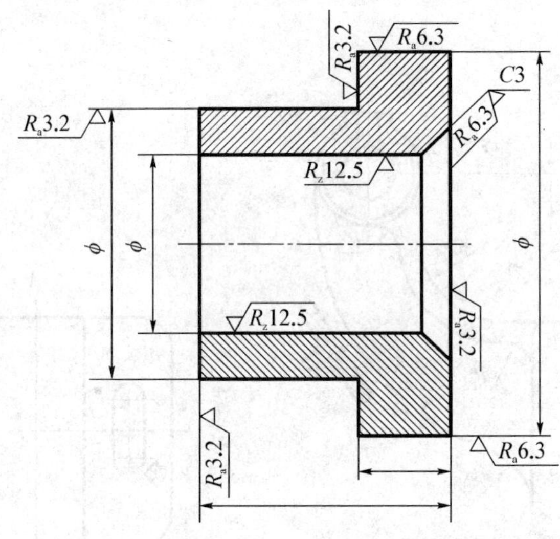

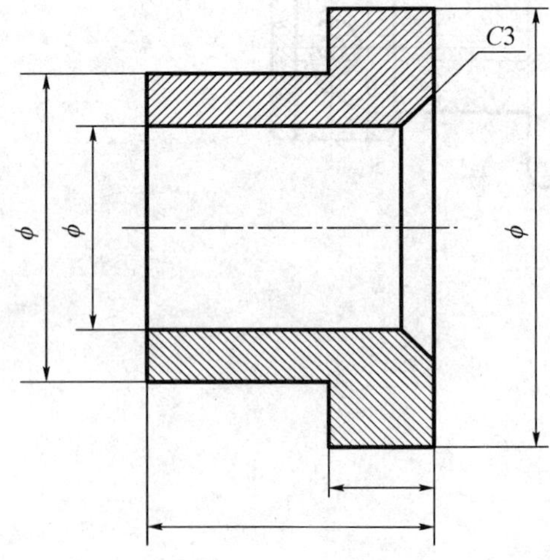

4. 将下列各题的形位公差标注在图上。

(1) 读图写出代号 ◎ | ϕ0.02 | A−B 的含义。

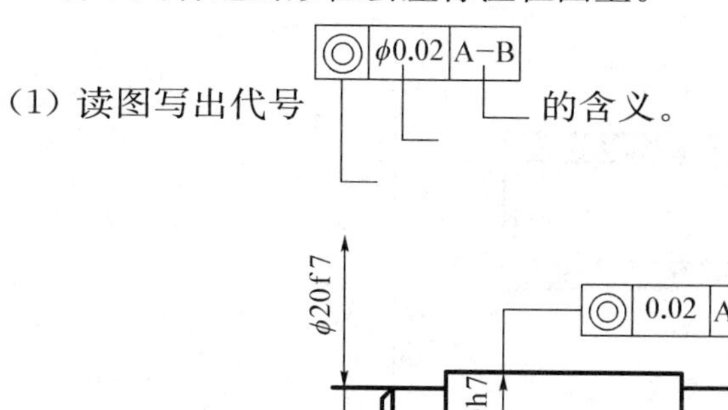

(2) ϕ30h7 表面的圆柱度公差为 0.021。

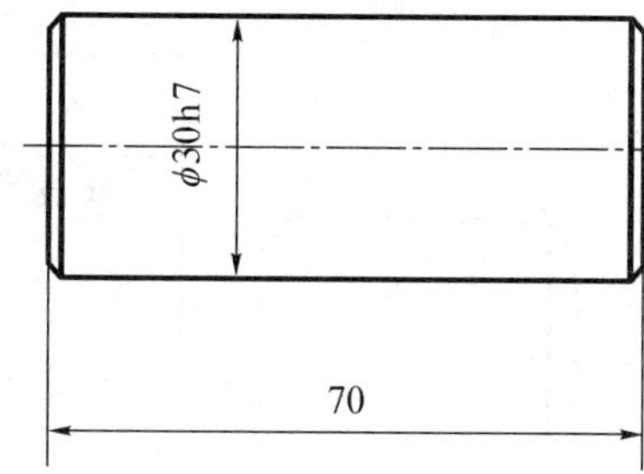

(3) 键槽宽 10 表面对 ϕ32 的对称度公差为 0.02。

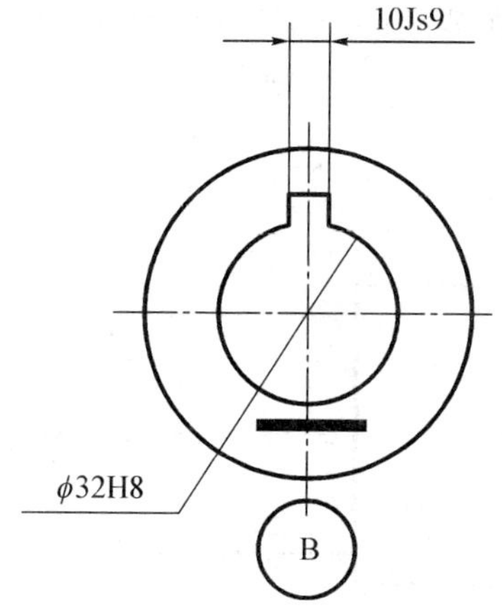

(4) ϕ25H8 轴线对左端面垂直度的公差为 0.04。

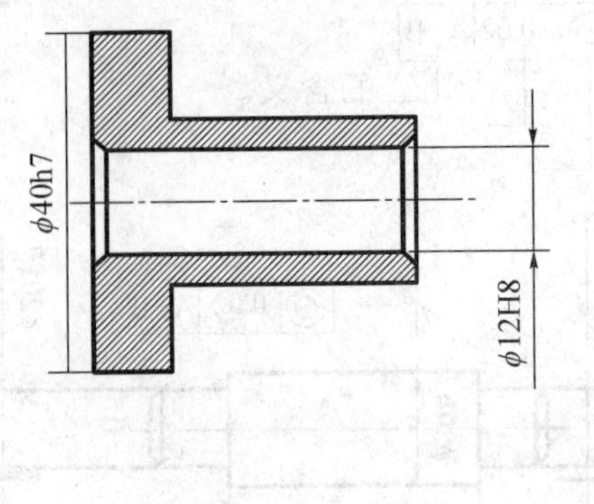

5. 根据图中标注,填写表格。

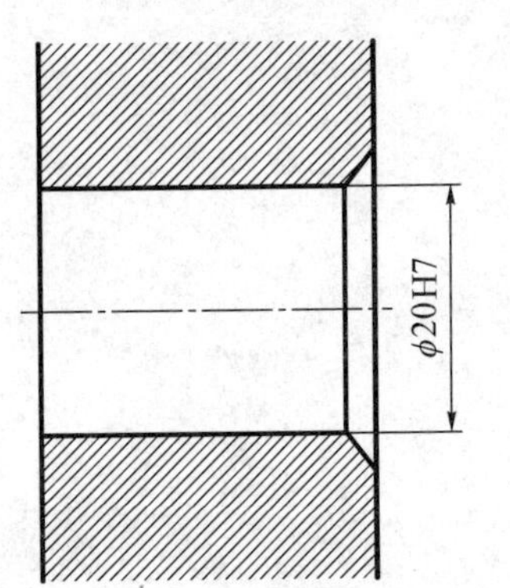

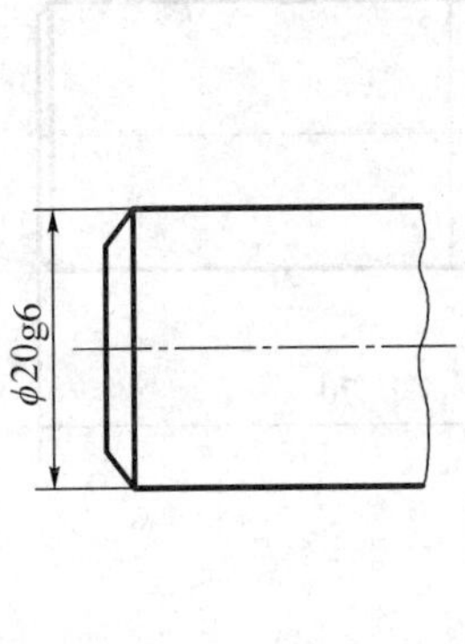

名　称	孔	轴
基本尺寸		
最大极限尺寸		
最小极限尺寸		
上　偏　差		
下　偏　差		
公　　差		

6. 根据零件图的标注,在装配图上标注出配合代号,并填空。

轴与轴套孔是________制________配合

轴套与泵体孔是________制________配合

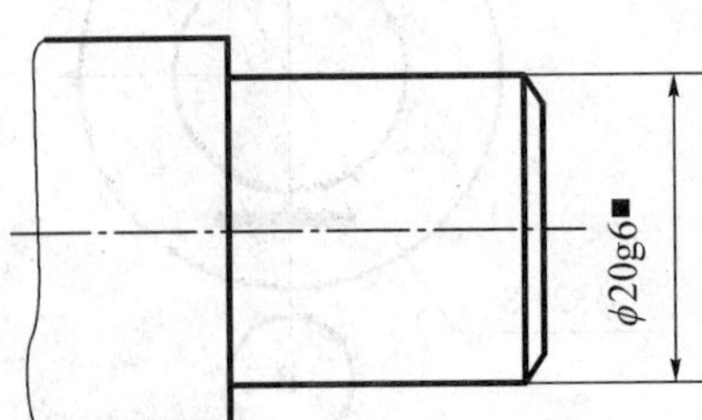

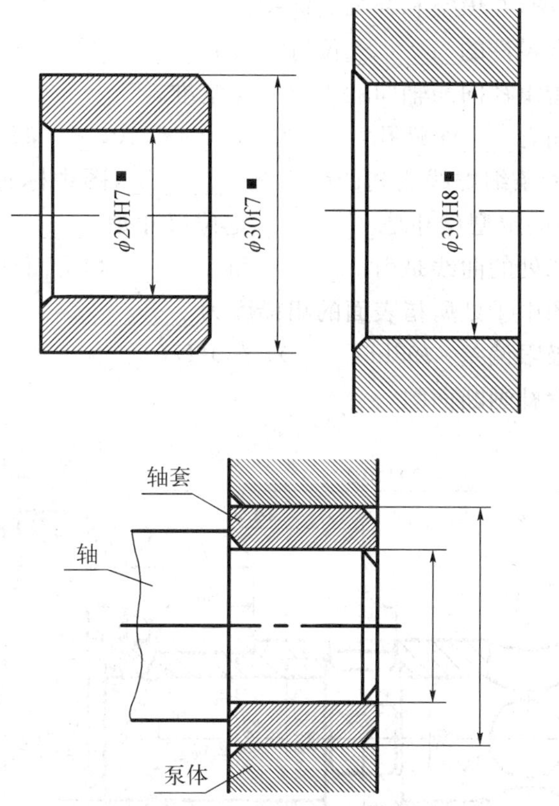

项目 2 零件图的识读

1. 读下面的零件图。

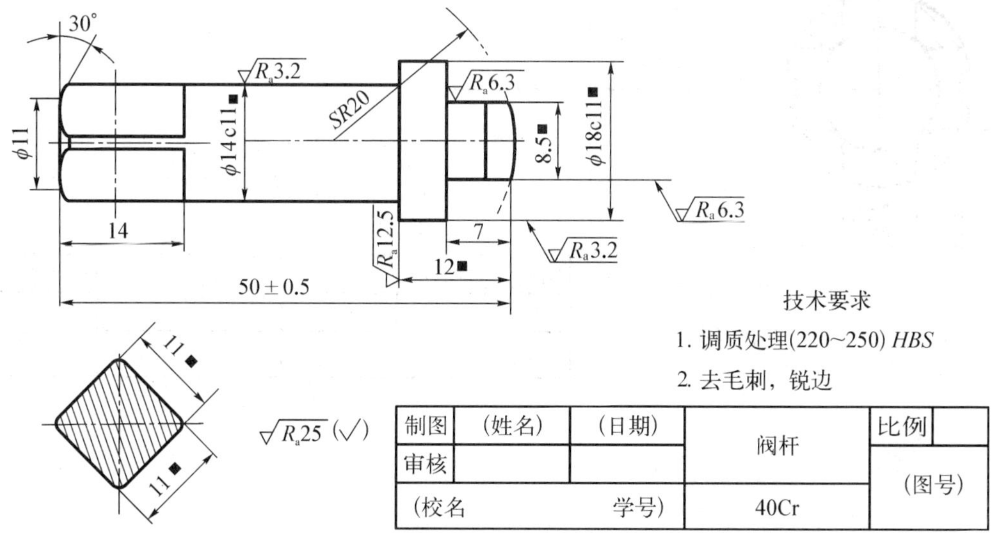

制图	(姓名)	(日期)	阀杆	比例	
审核				(图号)	
(校名		学号)	40Cr		

2. 读套筒零件图，并填空和补画断面图。

(1) 主视图符合零件的________位置，采用________图。

(2) 用符号▼指出径向与轴向的主要尺寸基准。

(3) 套筒左端面有____个螺孔，____为 8，____深 10，____深 12。

(4) 套筒左端两条细虚线之间的距离是________，图中标有①处的直径是________，标有②处线框的定型尺寸是________，定位尺寸是________。

(5) 图中标有③处的曲线是由________和________相交而形成的________线。

(6) 局部放大图中④处所指表面的粗糙度为________。

(7) 查表确定极限偏差：φ95h6(____)、φ60H7(____)

(8) 在给定位置补画断面图

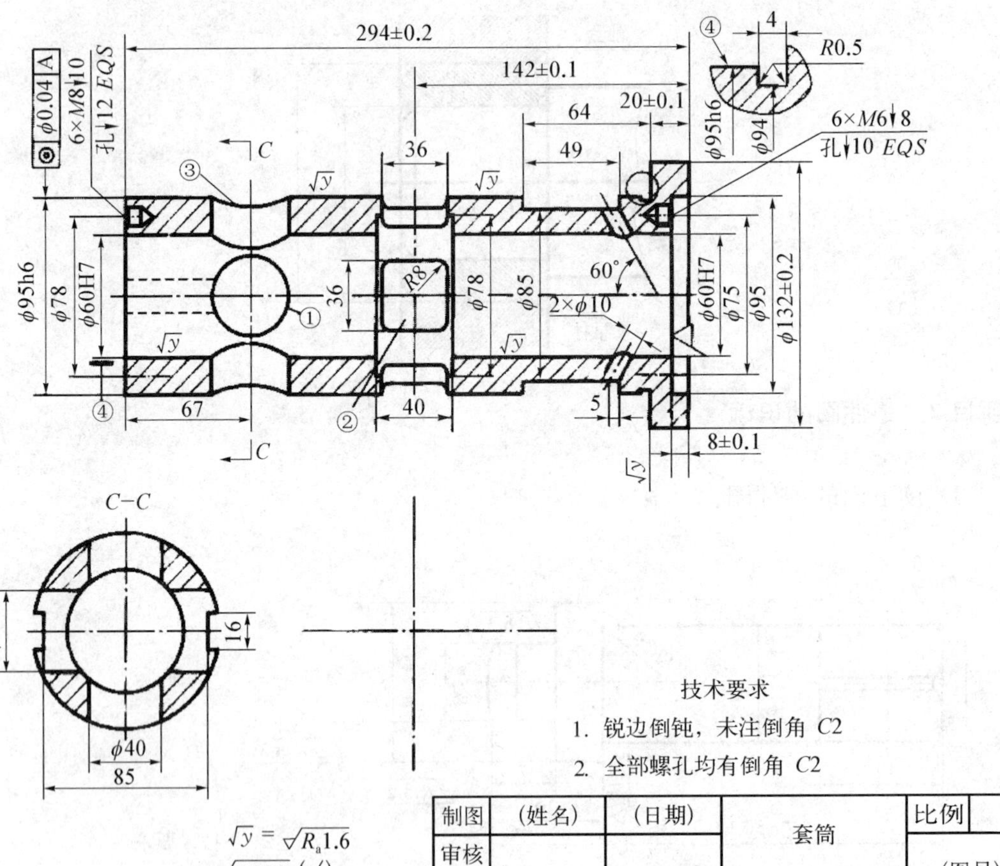

制图	(姓名)	(日期)	套筒	比例	
审核				(图号)	
(校名		学号)	(材　　料)		

项目3　装配图的作用及内容
项目4　装配图的画法与识读

1. 读圆柱齿轮减速器俯视图，回答下列问题。

(1) 箱体内都装配了哪些零件？

(2) 从动轴应选何种材料？轴上都将装配哪些零件？起何作用？

(3) 轴怎样作轴向定位？

(4) 轴承起何作用？据配合尺寸查附表写出型号。

(5) 箱体应选用何种材料？毛坯应如何加工？

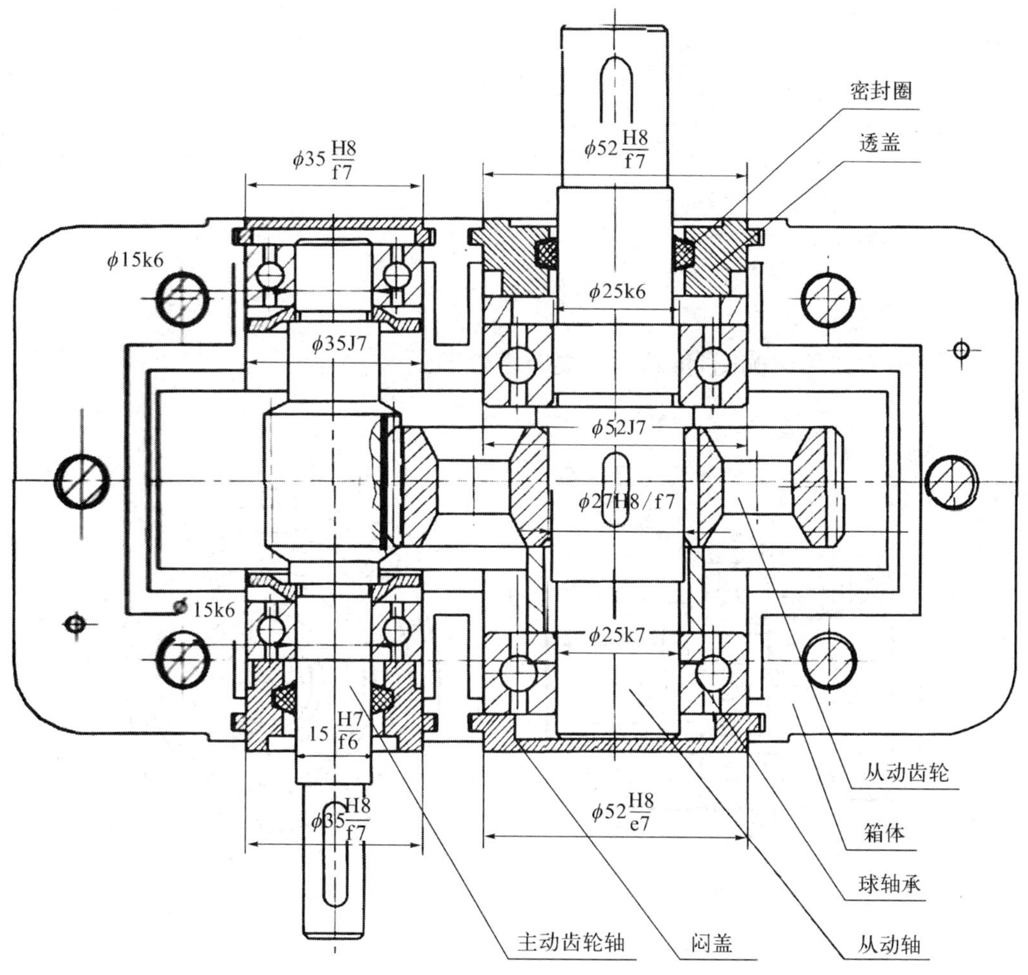

2. 分析顶尖零件图中的装配工艺结构、配合尺寸和简化画法等。

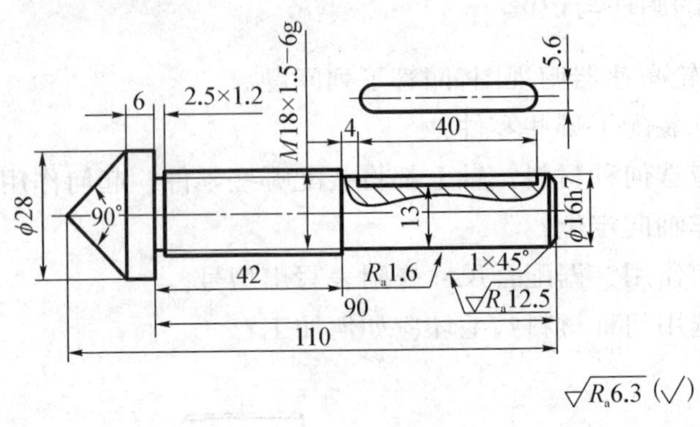

3. 看懂夹线体装配图,拆画件 2 夹套零件图。

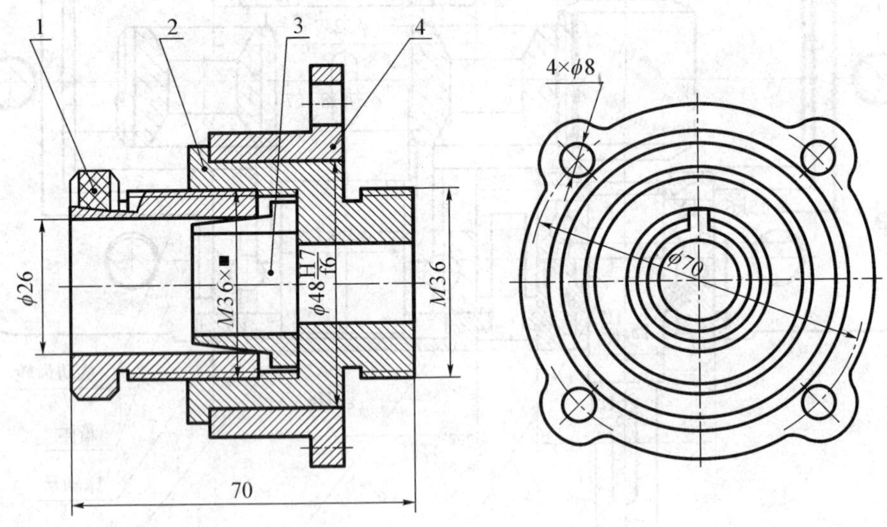

4. 读换向阀零件图,并要求填空。

(1) 本装配图共用________个图形表达,A-A 断面表示________和________之间的装配关系。

(2) 换向阀由________种零件组成,其中标准件有________种。

(3) 换向阀的规格尺寸为________,图中标记 $Rp_{3/8}$ 的含义是:Rp 是________代号,它表示________螺纹,3/8 是________代号。

(4) 3×ϕ8 孔的作用是________,其定位尺寸为________。

(5) 锁紧螺母的作用是________________________________。

(6) 拆画零件 1 阀体或零件 2 阀芯零件图。

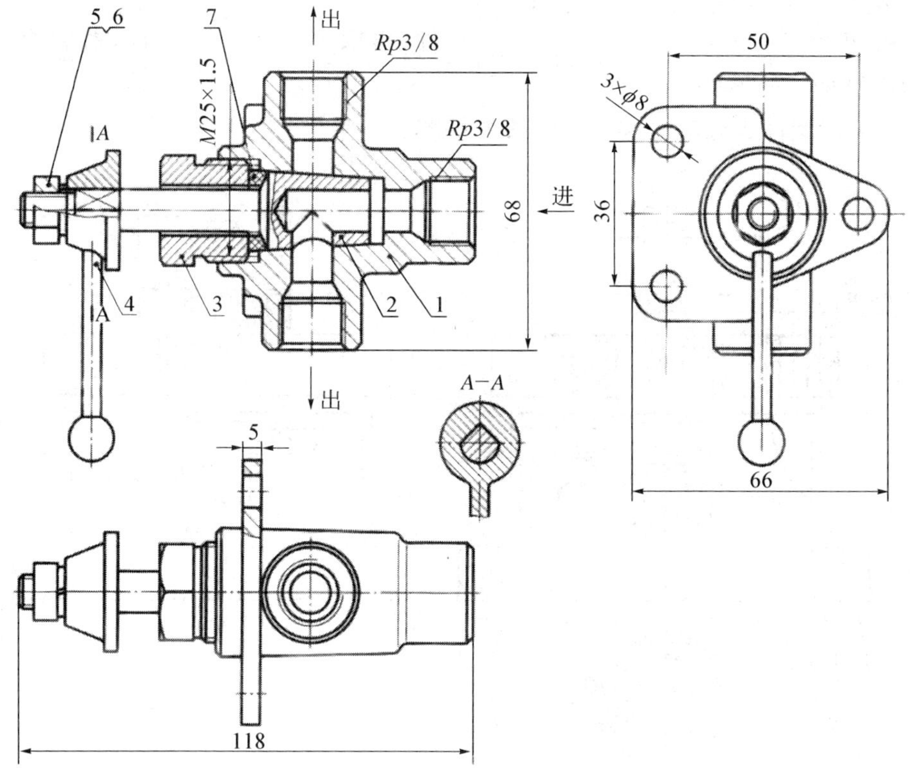

5. 读钻模零件图，并要求填空。

(1) 钻模由________种零件组成，其中标准件有________种。

(2) 主视图采用________图，俯视图采用________图，左视图采用________图。

(3) 件1底座侧面弧形槽的作用是________，共有________个槽。

(4) ϕ22H7/h6是件________与件________的________尺寸。件4的公差代号为________，件8的公差代号为________。

(5) ϕ26H7/h6表示件________与件________是________制________配合。

(6) ϕ66h6是________尺寸，ϕ86、73是________尺寸。

(7) 件4与件1是________配合，件3与件2是________配合。

(8) 被加工采用________画法表示。

(9) 拆卸工件时应先旋松________号件，再取下________号件，然后取下钻板模，取出被加工的零件。

(10) 拆画件1底座的零件草图或零件图。

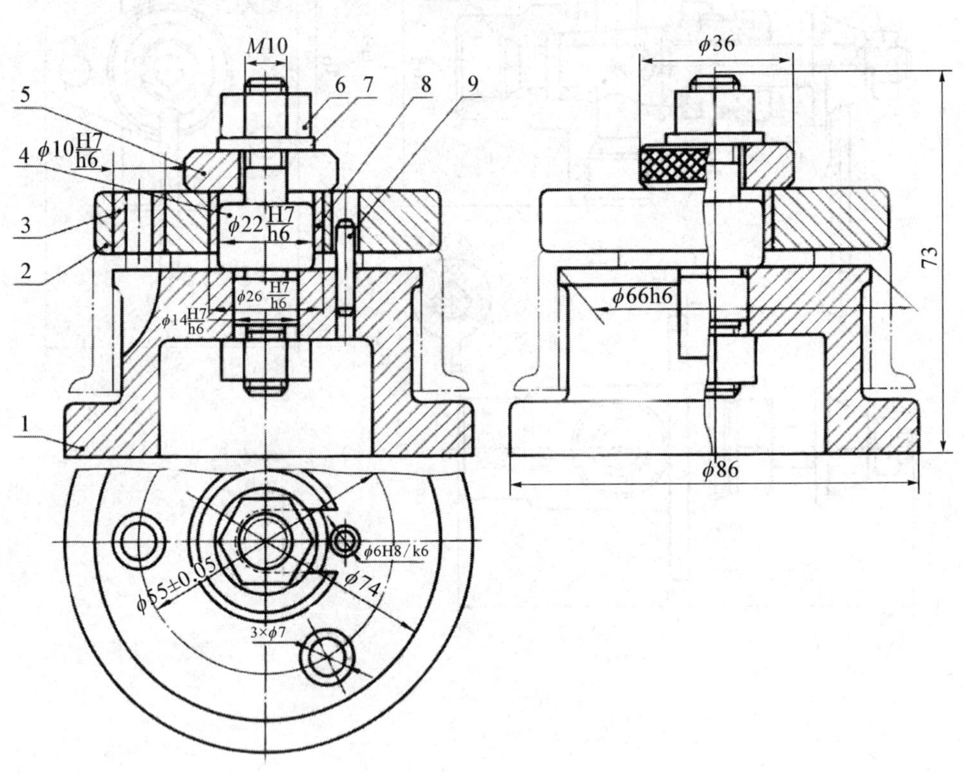

任务二　徒手画图及测量工具

项目 1　徒手画图的基本要求
项目 2　徒手画图的基本方法及步骤
项目 3　测绘工具及其使用方法简介

任务三　机械零件的测绘(即绘图实训)

项目 1　轴套类零件的测绘
项目 2　轮盘类零件的测绘
项目 3　叉架类零件的测绘
项目 4　箱体类零件的测绘

(上述任务 2 和任务 3 按教学计划组织对实际机件的测绘,从而达到练习和考评的教学目标。)

模块三 AutoCAD 机械制图与制图员培训

任务一 AutoCAD 绘图基本原理与操作程序

项目 1 AutoCAD 基础知识
项目 2 AutoCAD 基本命令
项目 3 机械平面图的绘制
项目 4 文字书写及尺寸标注
项目 5 图案填充、块及设计中心
项目 6 绘制三维图形

1.

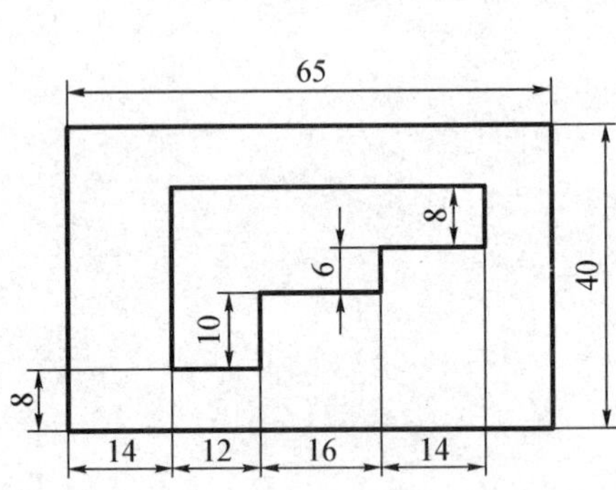

2.

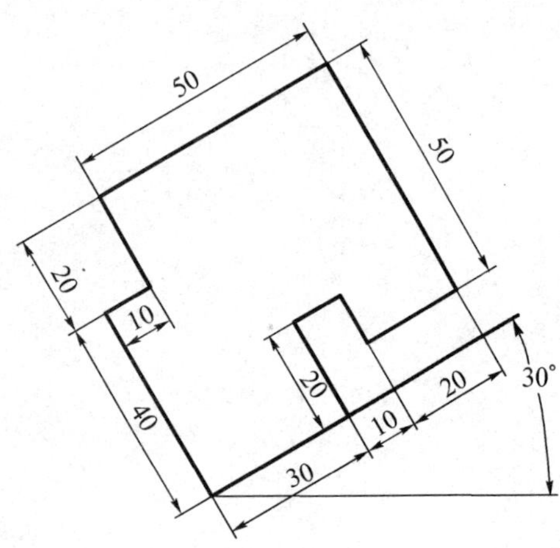

3.

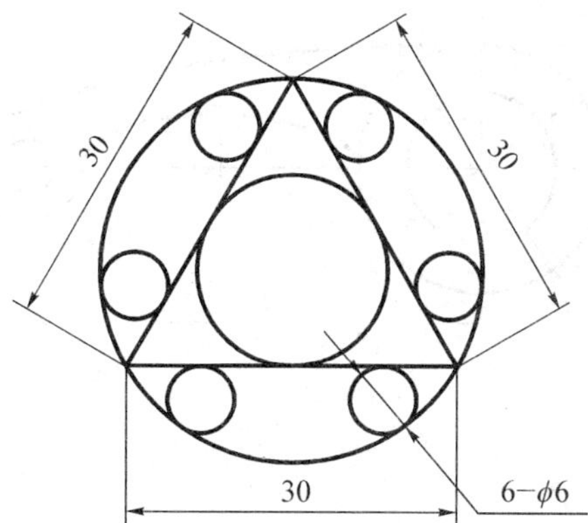
30
30
30
6−ϕ6

4.

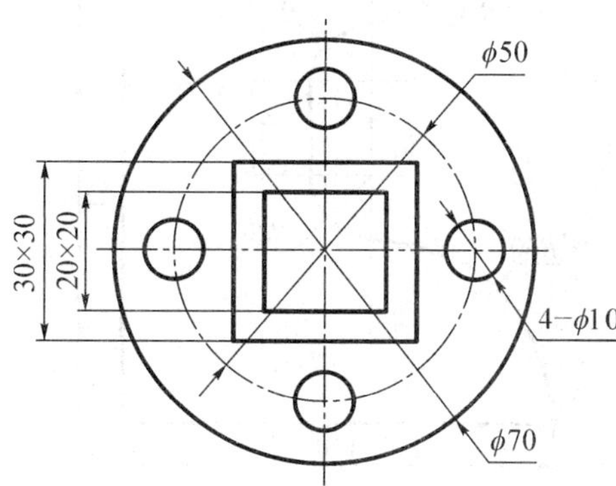
ϕ50
30×30
20×20
4−ϕ10
ϕ70

5.

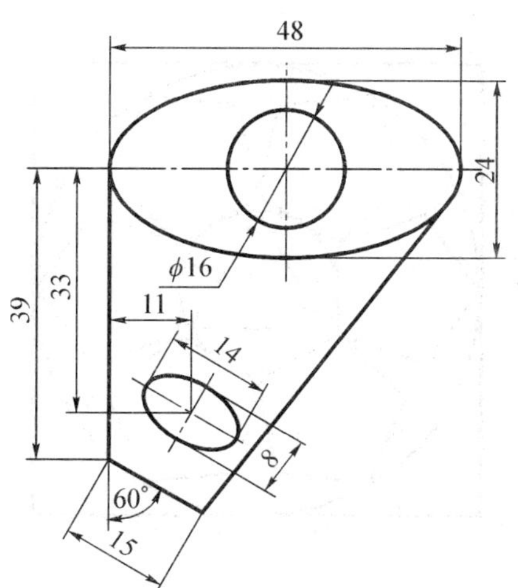
48
24
ϕ16
33
39
11
14
8
60°
15

6.

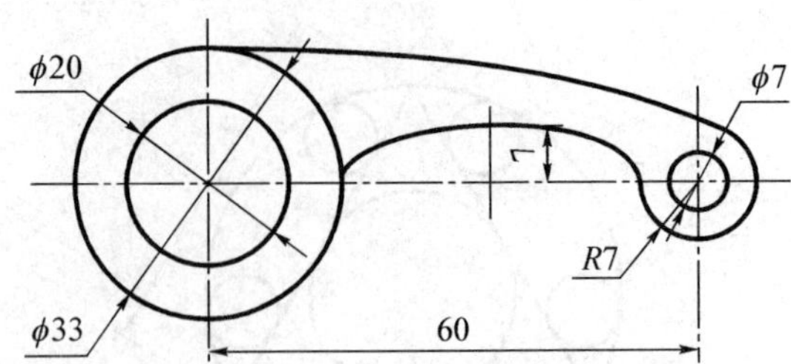

7.

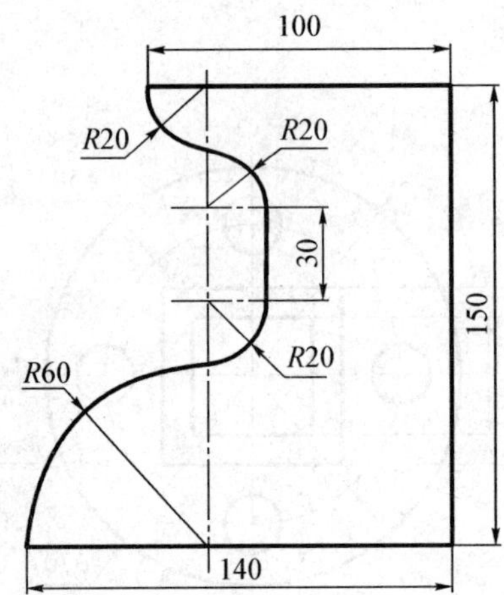

8.

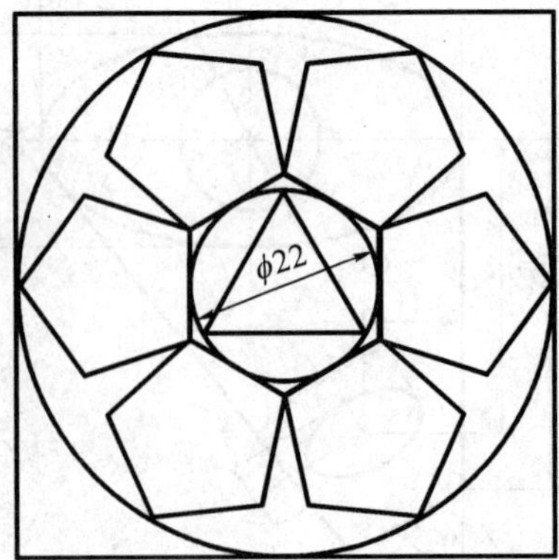

9.

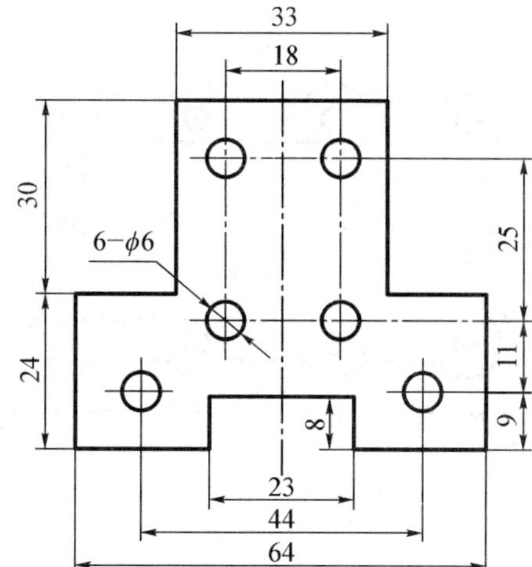
33
18
30
6-ϕ6
25
24
11
8
9
23
44
64

10.

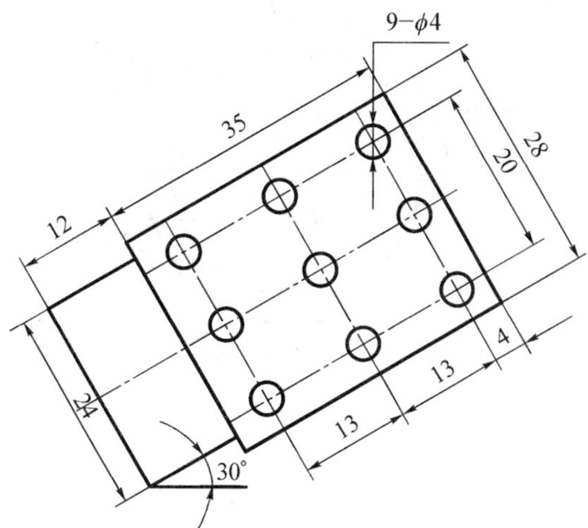
9-ϕ4
35
28
20
12
4
13
13
24
30°

11.

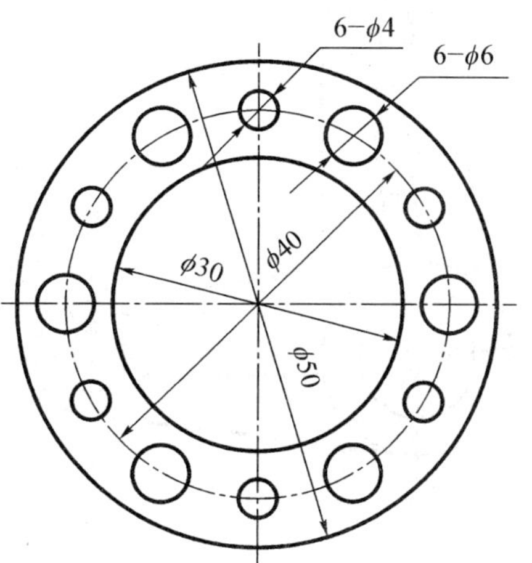
6-ϕ4
6-ϕ6
ϕ30
ϕ40
ϕ50

12.

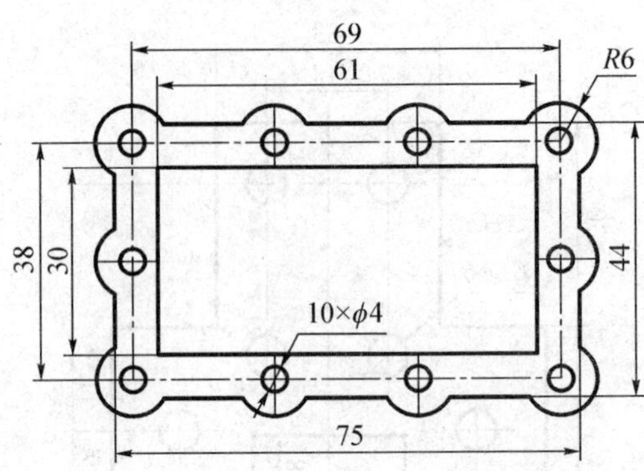
69
61
R6
38
30
44
10×ϕ4
75

13.

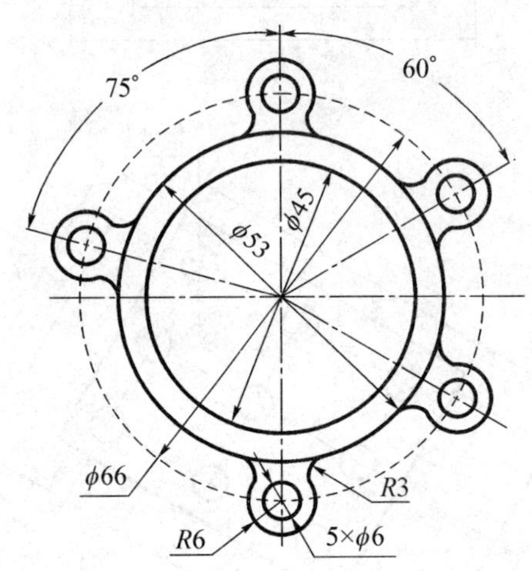
75°
60°
ϕ45
ϕ53
ϕ66
R3
R6
5×ϕ6

14.

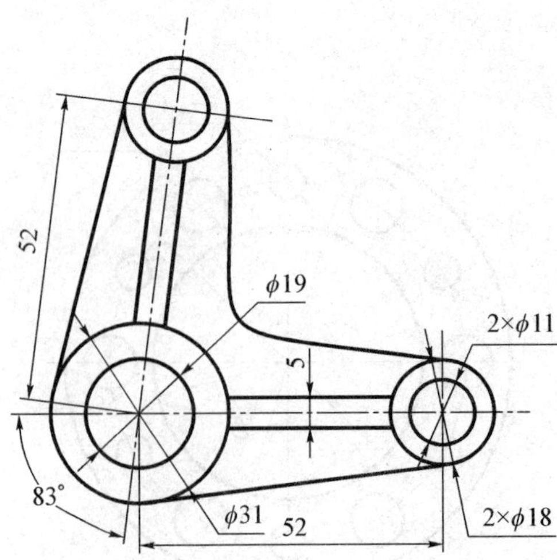
52
ϕ19
2×ϕ11
5
83°
ϕ31
52
2×ϕ18

15.

φ20
φ40
R8
39
20
R4
7
R10
R12
R20
40

16.

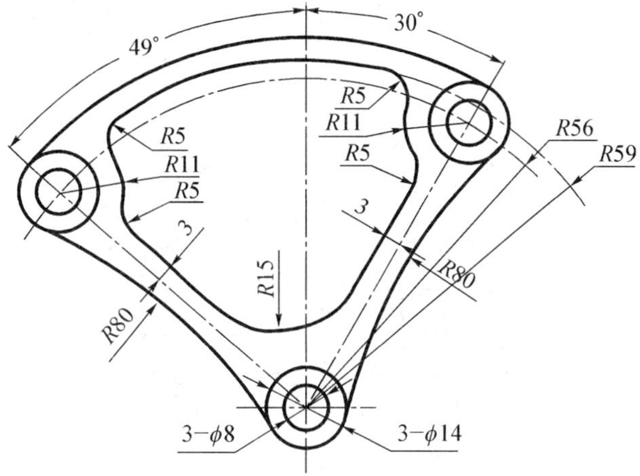

17.

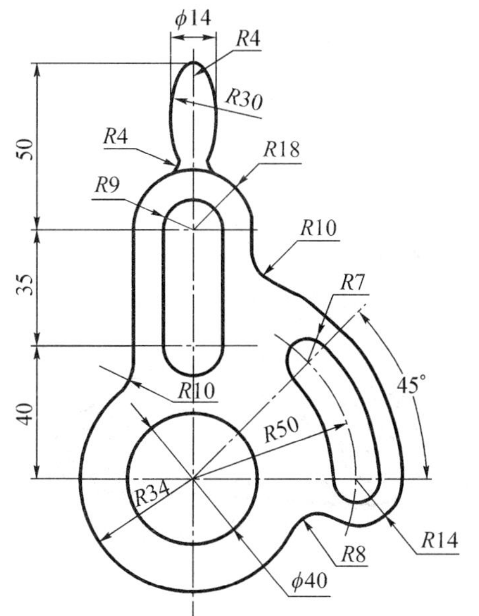

18.

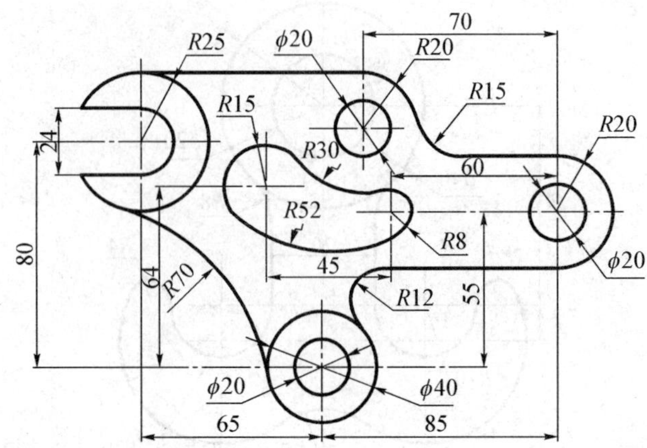
70
R25
φ20
R20
R15
R15
24
R20
R30
60
R52
80
R8
64
45
φ20
R70
R12
55
φ20
φ40
65
85

19. 旋转练习

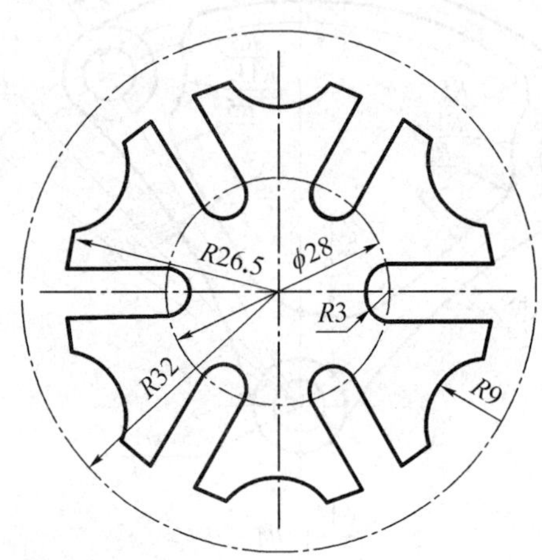
R26.5
φ28
R3
R32
R9

20.

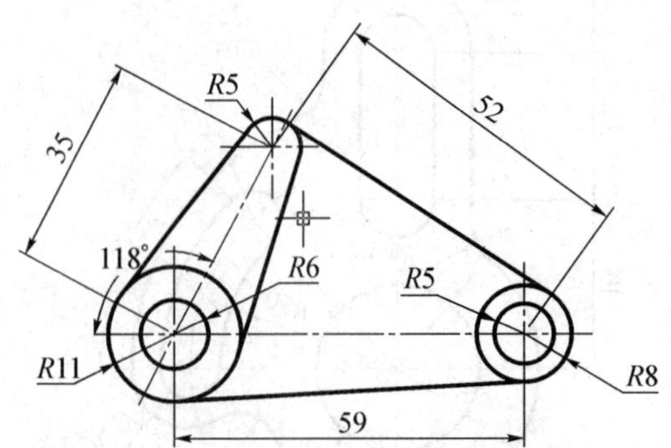
R5
52
35
118°
R6
R5
R11
R8
59

21.

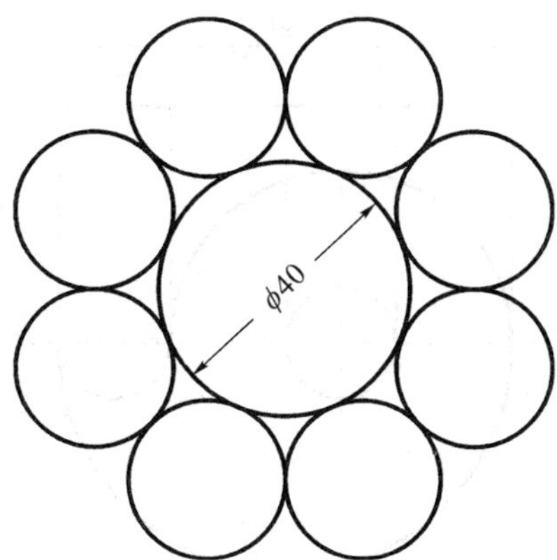

22.

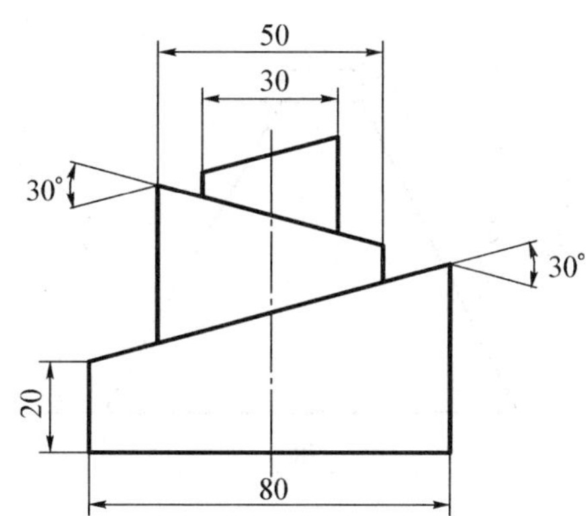

23.

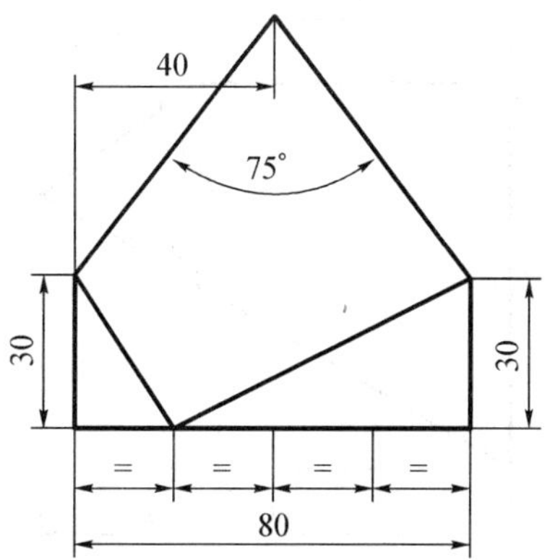

24.

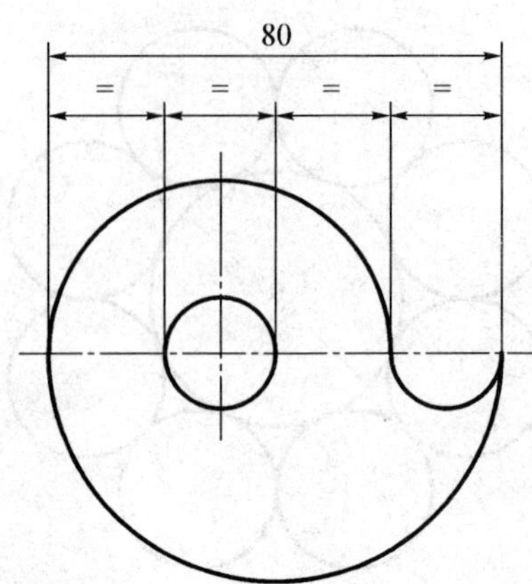

25.

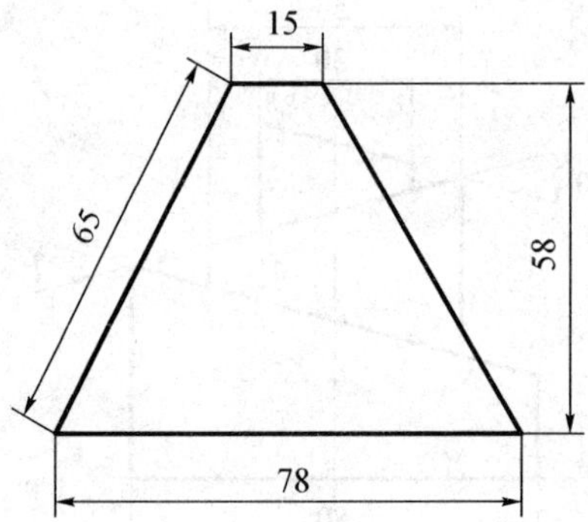

26.

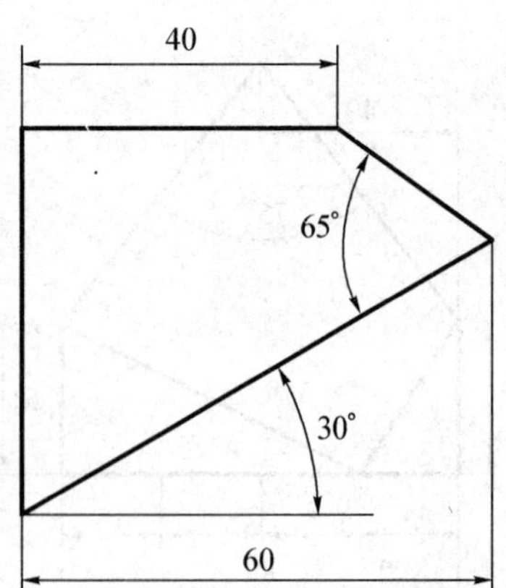

27.

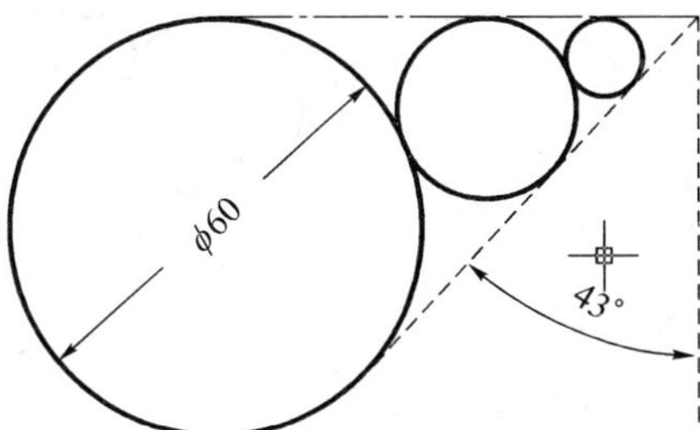

28.

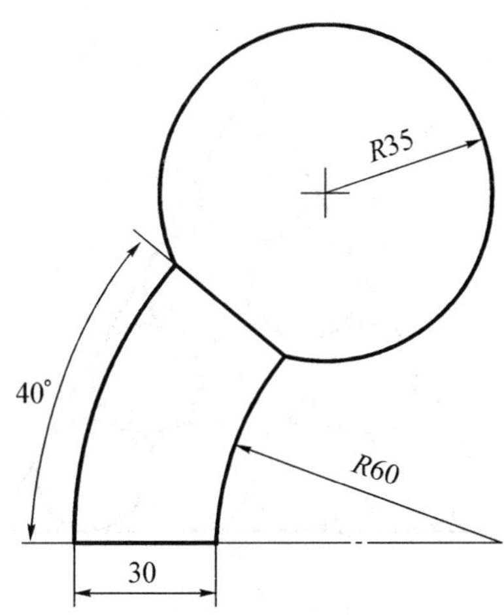

29.

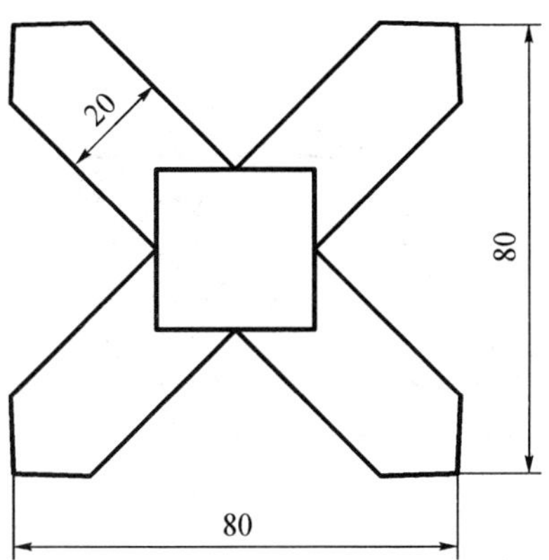

30.

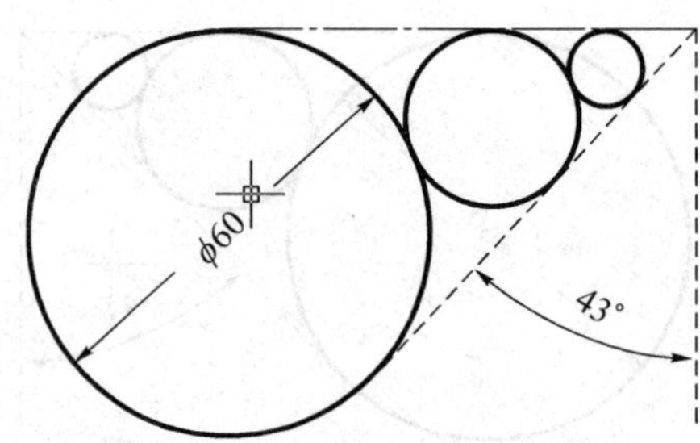

31.

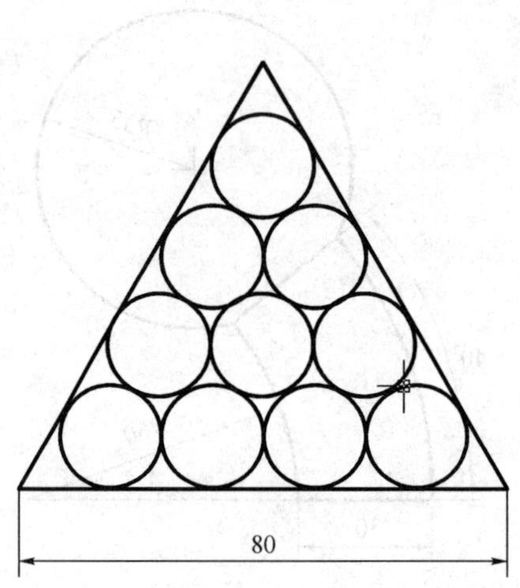

32.

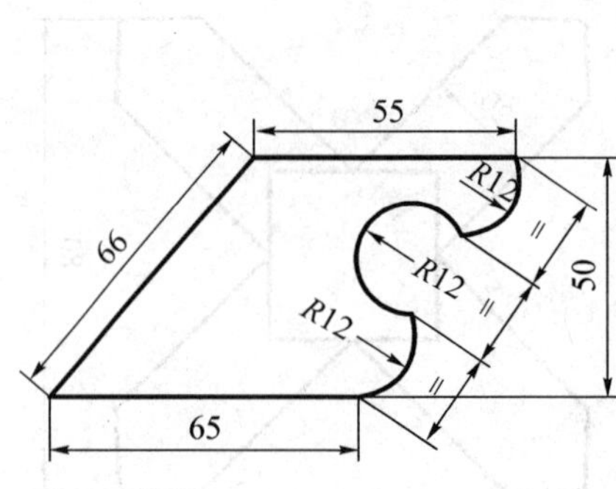

33.

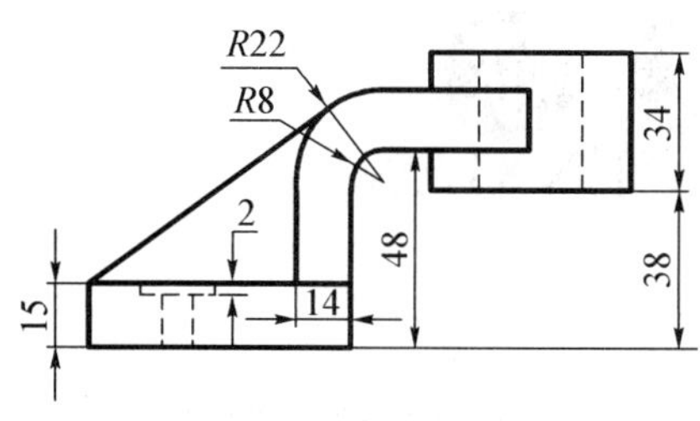

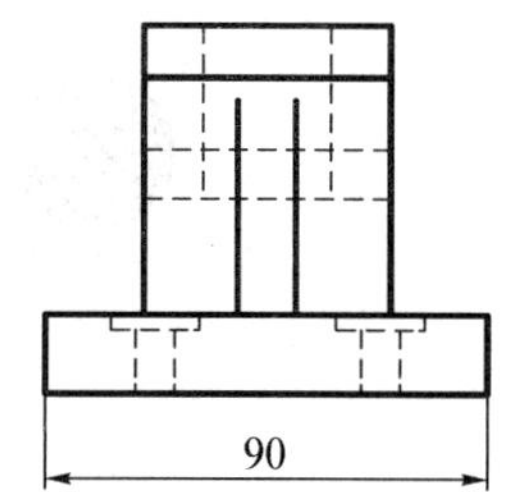

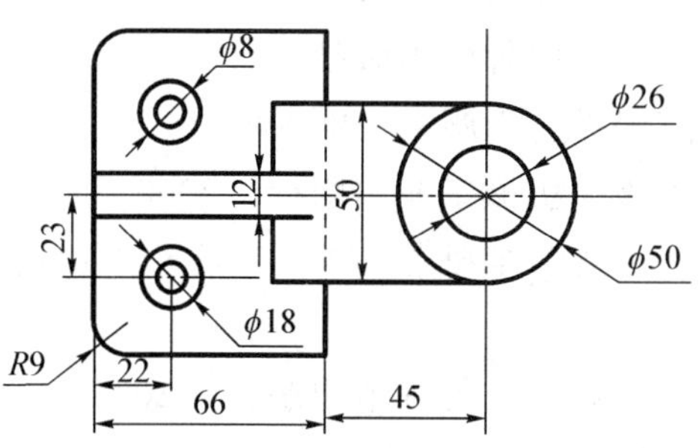

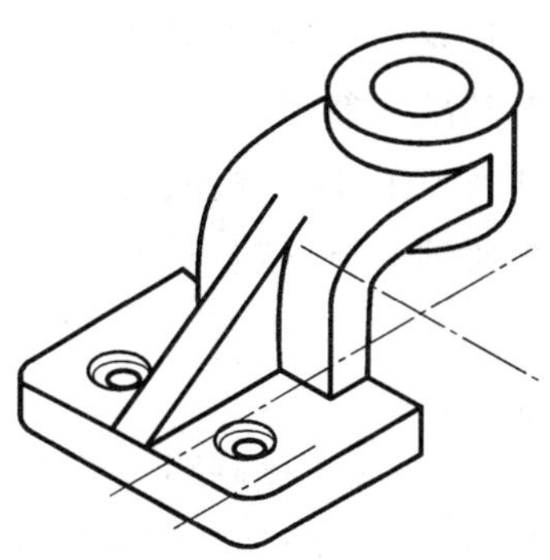

任务二　机械制图员培训及模拟考试

项目 1　制图员培训工作任务

项目 2　基本知识应知应会

项目 3　中级制图员知识测试模拟考试

项目 4　基本训练和检验

（任务 2 是通过机械制图员培训和模拟考试进行练习和评价。）

参考文献
CANKAO WENXIAN

[1] 耿海珍　艾小玲　《机械制图》 1版　同济大学出版社　2008

[2] 李景龙　《新编机械制图》 1版　西北工业大学出版社　2010

[3] 王其昌　翁民玲　《机械制图》 2版　人民邮电出版社　2011

[4] 刘力　王冰　《机械制图》 2版　高等教育出版社　2004

[5] 李典灿　《机械图样识读与测绘》 1版　机械工业出版社　2009

[6] 李兆宏　《AutoCAD2008中文版机械制图基础教程》 1版　人民邮电出版社　2008

[7] 曾令宜　《机械制图与计算机绘图》 1版　人民邮电出版社　2008

[8] 钟波　《AutoCAD机械制图》 清华大学出版社　2008

[9] 邵剑平　《机械制图与计算机绘图》 西南交通大学出版社　2006

[10] 王谟金　《AutoCAD2005机械制图与实训教程》 机械工业出版社　2005